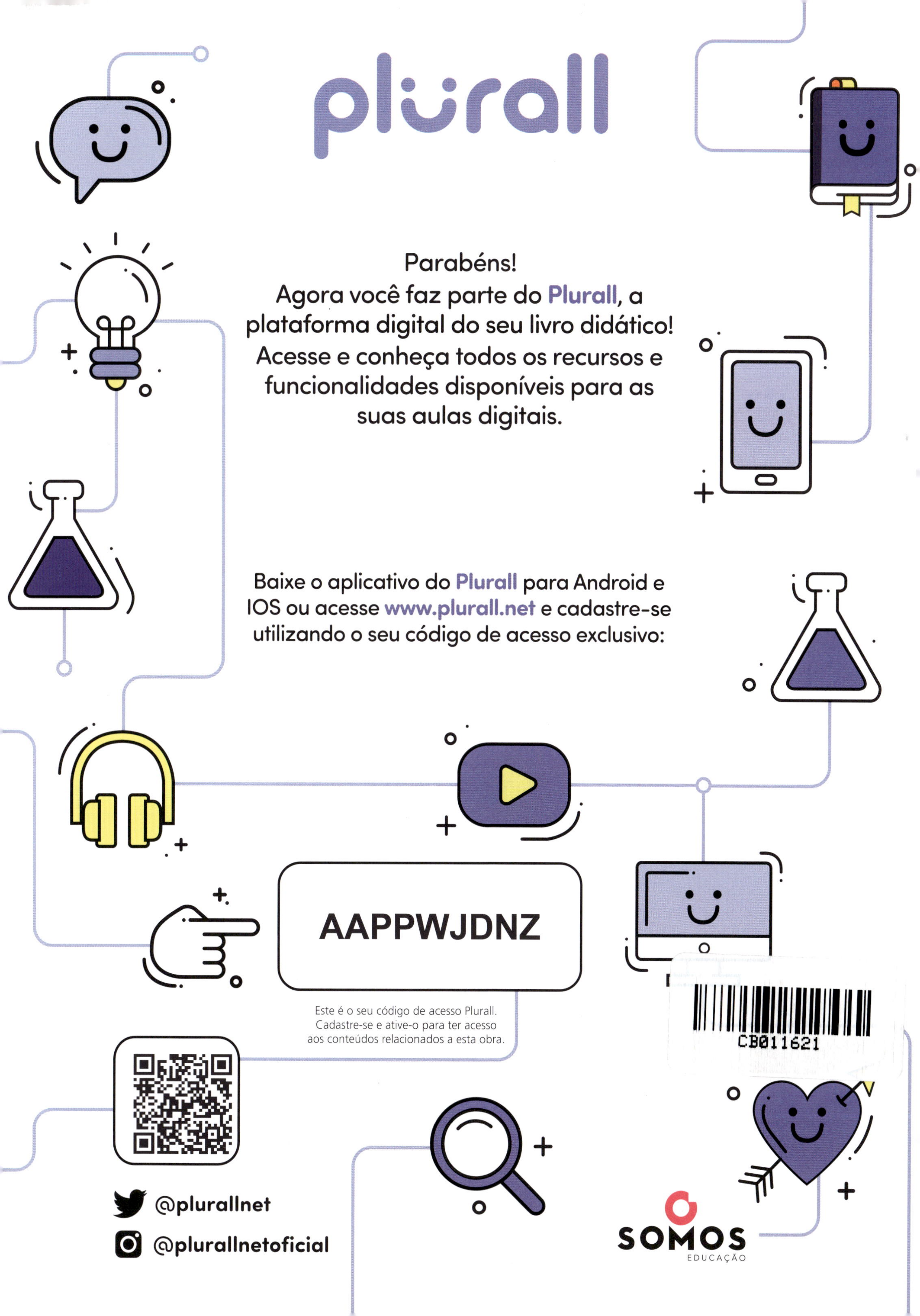
plurall
Parabéns!
Agora você faz parte do Plurall, a plataforma digital do seu livro didático!
Acesse e conheça todos os recursos e funcionalidades disponíveis para as suas aulas digitais.
Baixe o aplicativo do Plurall para Android e IOS ou acesse www.plurall.net e cadastre-se utilizando o seu código de acesso exclusivo:
AAPPWJDNZ
Este é o seu código de acesso Plurall. Cadastre-se e ative-o para ter acesso aos conteúdos relacionados a esta obra.
CB011621
@plurallnet
@plurallnetoficial
SOMOS
EDUCAÇÃO

Ensino Médio

João Carlos Moreira

Bacharel em Geografia pela Universidade de São Paulo
Mestre em Geografia Humana pela Universidade de São Paulo
Professor de Geografia da rede pública e privada de ensino por quinze anos
Advogado(OAB/SP)

Eustáquio de Sene

Bacharel e licenciado em Geografia pela Uiversidade de São Paulo
Doutor em Geografia Humana pela Universidade de São Paulo
Professor de Geografia da rede pública e privada de Ensino Médio por quinze anos
Professor de Metodologia do Ensino de Geografia na Faculdade de Educação da Universidade de São Paulo

editora scipione

Diretoria editorial: Lidiane Vivaldini Olo
Editoria de Ciências Humanas: Heloísa Pimentel
Editora: Francisca Edilania B. Rodrigues
Colaboradores: Beatriz de Almeida Francisco (parte 1) e Izabel Perez (partes 2 e 3)
Supervisor de arte e criação: Didier Moraes
Coordenadora de arte e criação: Andréa Dellamagna
Supervisor de arte e produção: Sérgio Yutaka
Editora de arte: Yong Lee Kim
Diagramação: Arte Ação
Design gráfico: UC Produção Editorial, Andréa Dellamagna (miolo e capa) e Rafael Leal
Gerente de revisão: Hélia de Jesus Gonsaga
Equipe de revisão: Rosângela Muricy (coord.), Ana Paula Chabaribery Malfa, Célia Carvalho, Gabriela Macedo de Andrade e Patrícia Travanca; Flávia Venézio dos Santos (estag.)
Supervisor de iconografia: Sílvio Kligin
Pesquisa iconográfica: Angelita Cardoso (parte 1), Danielle de Alcântara e Denise Durand Kremer (parte 2) e Carlos Luvizari e Evelyn Torrecilla (parte 3)
Tratamento de imagem: Cesar Wolf e Fernanda Crevin
Foto da capa: Pete Ryan/National Geographic/Getty Images
Grafismos: Shutterstock/Glow Images
(utilizados na capa e aberturas de capítulos e seções)
Ilustrações: Allmaps, Cassiano Röda, Douglas Galindo, Eduardo Asta, Erika Onodera, Formato comunicação, Gerson Mora, José Rodrigues, Júlio Dian, Filipe Rocha, Marcus Penna, Mario Kanno, Osni de Oliveira, Paulo Manzi, Sattu e Tiaggo Gomes
Cartografia: Allmaps

Direitos desta edição cedidos à Editora Scipione S.A.
Av. das Nações Unidas, 7221, 3º andar, setor D
Pinheiros – São Paulo – SP
CEP 05425-902
Tel.: 4003-3061
www.scipione.com.br / atendimento@scipione.com.br

Dados Internacionais de Catalogação na Publicação (CIP)
(Câmara Brasileira do Livro, SP, Brasil)

Moreira, João Carlos
Projeto Múltiplo : geografia, volume único : partes 1, 2 e 3 / João Carlos Moreira, Eustáquio de Sene. -- 1. ed. -- São Paulo : Scipione, 2014.

1. Geografia (Ensino médio) I. Sene, Eustáquio de. II. Título.

14-06251 CDD-910.712

Índice para catálogo sistemático:
1. Geografia : Ensino médio 910.712

2023
ISBN 978 85 262 9396-0 (AL)
ISBN 978 85 262 9397-7 (PR)
Código da obra CL 738776
CAE 502764 (AL)
CAE 502787 (PR)
1ª edição
9ª impressão

Impressão e acabamento: Gráfica Eskenazi

Apresentação

Diariamente recebemos enorme quantidade de informações via televisão, rádio, jornal, revistas e internet: catástrofes naturais, problemas ambientais, crises econômicas, desigualdades sociais, guerras, migrações, novas tecnologias, entre muitos outros temas.

Com os avanços nas telecomunicações e nos transportes, as distâncias se "encurtaram" e o tempo nos parece acelerado; as informações vão se sucedendo velozmente: surgem e desaparecem de repente. Quando começamos a compreender determinado acontecimento, ele é esquecido – como se deixasse de existir –, e a mídia elege outro para dar destaque. Parece que não existe passado nem continuidade histórica, tal é a instantaneidade dos acontecimentos. Muitas vezes, sentimo-nos impotentes diante da dificuldade de compreender o que está acontecendo no Brasil e no mundo.

Considerando todas essas questões, procuramos elaborar uma obra que dê conta de explicar o espaço geográfico mundial e brasileiro, onde os seres humanos interagem entre si e com o meio ambiente. Essas interações são mediadas por interesses contraditórios do ponto de vista econômico, político e social e se materializam nas paisagens urbanas e rurais.

Esta coleção foi feita com base no volume único da obra, que já está no mercado desde 1998.

Abrindo a coleção, há uma introdução na qual são tratados os conceitos mais importantes da Geografia, assim como um breve histórico da disciplina.

Na parte 1, o primeiro tema traz os fundamentos da Cartografia, pois a linguagem cartográfica é muito importante para a leitura de mapas, cartas, plantas e gráficos que aparecem no livro. Em seguida, são estudados os temas da Geografia física: estrutura geológica, relevo, solo, clima, hidrografia e vegetação, de forma encadeada, para facilitar o entendimento da dinâmica da natureza, assim como sua relação com a sociedade e os crescentes desequilíbrios ecológicos: efeito estufa, chuvas ácidas, desmatamentos, erosões, etc. Esta parte é concluída com o estudo das conferências internacionais sobre meio ambiente, destacando a importância do desenvolvimento sustentável.

A parte 2 apresenta alguns aspectos fundamentais da Economia, da Geopolítica e das sociedades do mundo contemporâneo para que se possa compreender os processos socioespaciais globais e a inserção do Brasil neles. São estudadas as diversas fases do capitalismo até a globalização, as diferenças no desenvolvimento humano, a ordem geopolítica e econômica e os conflitos armados da atualidade. Além disso, são abordados os processos de industrialização dos países desenvolvidos e emergentes mais importantes e o comércio internacional.

Fechando a coleção, a parte 3 apresenta como principais temas a industrialização e a política econômica brasileira, a energia, a população, a urbanização e a agropecuária no mundo e no Brasil.

Pretendemos, assim, ajudá-lo a compreender melhor o frenético e fascinante mundo em que vivemos e auxiliá-lo a acompanhar as transformações que o moldam e o tornam diferente a cada dia, para que você possa nele atuar como cidadão consciente.

Os Autores

Neste livro você vai encontrar

Cada parte da coleção é dividida em temas e capítulos. Ao longo do livro, você vai encontrar os seguintes boxes e seções:

Geografia física e meio ambiente

CAPÍTULO 5 Estrutura geológica

No lugar onde você mora o relevo é plano, ou há elevações que dificultam, por exemplo, um passeio de bicicleta ou *skate*? Você mora perto de praia ou floresta, ou mora em uma cidade onde quase não se vê mais vegetação? Chove bastante nesse lugar, ou ele é seco na maior parte do ano? Você sabia que todos esses elementos da natureza, entre outros, são estudados pela Geografia física? Durante o estudo desta unidade, procure relacionar os aspectos descritos em cada capítulo às características do lugar onde você mora, para que você possa conhecê-lo ainda mais. Repare como o ser humano interage constantemente com a natureza, tanto transformando-a conforme suas necessidades quanto adaptando-se àquilo que não há como mudar nela.

Fluxos de lava do vulcão Etna, na Sicília (Itália). Foto de 2013.

90 91

Capítulo

Na abertura, veja uma imagem significativa sobre o assunto que será abordado.

Aprenda com textos dinâmicos e imagens de impacto.

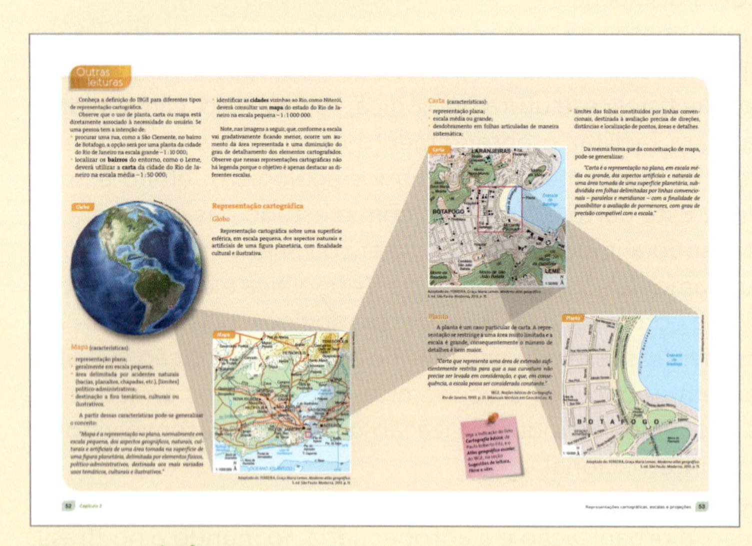
Outras leituras

Outras leituras

Textos citados que ampliam, enriquecem e aprofundam o seu conhecimento.

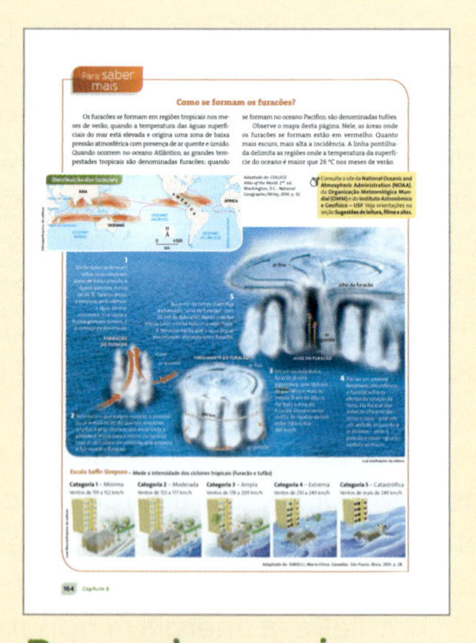
Para saber mais

Como se formam os furacões?

Para saber mais

Seção especial com texto dos próprios autores que ajudam a entender melhor os conceitos em estudo.

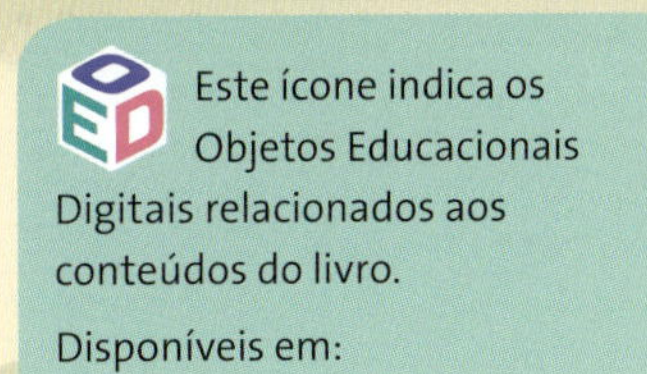

Este ícone indica os Objetos Educacionais Digitais relacionados aos conteúdos do livro.

Disponíveis em: <www.projetomultiplo.com.br>.

Infográfico

Imagens e textos se integram de forma prática e atrativa, ajudando a compreender as informações do capítulo com mais dinamismo.

Atividades

Compreendendo conteúdos retoma conceitos importantes e pontos fundamentais dos conteúdos de cada capítulo.

Desenvolvendo habilidades trabalha competências e habilidades ao articular, por meio de linguagens variadas, a teoria que se aprende na escola com a realidade vivida fora dela.

Vestibulares de Norte a Sul

Exercícios de vestibulares de todas as regiões do Brasil com diferentes abordagens dos assuntos.

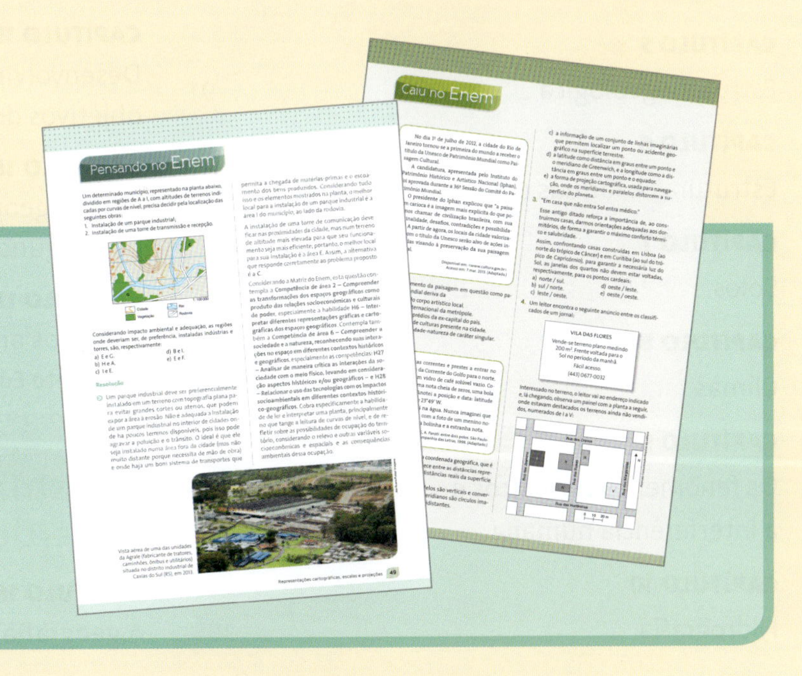

Preparamos duas seções especiais que vão aprimorar suas habilidades e competências: **Pensando no Enem** e **Caiu no Enem**. Com elas, você vai ficar mais do que pronto para encarar esse e outros desafios!

Sumário geral

Parte 1

Introdução

Fundamentos de Cartografia

Geografia física e meio ambiente

Parte 2

Mundo contemporâneo: economia, geopolítica e sociedade

Industrialização e comércio internacional

Parte 3

Brasil: industrialização e política econômica

Energia e meio ambiente

População

O espaço urbano e o processo de urbanização

O espaço rural e a produção agropecuária

Parte 1

Introdução

Fundamentos de Cartografia

Geografia física e meio ambiente

Gerson Gerloff/Pulsar Imagens

INTRODUÇÃO

Um pouco de teoria da Geografia

Walmir Monteiro/SambaPhoto

Museu de Arte Contemporânea de Niterói (RJ), em 2011. Projetado pelo arquiteto Oscar Niemayer (1907-2012). Suas impressões sobre o lugar onde o edifício seria erguido: "O mar, as montanhas do Rio, uma paisagem magnífica que eu deveria preservar".

A o longo da História os seres humanos foram transformando gradativamente a natureza com o objetivo de garantir a subsistência do grupo social a que pertenciam e melhorar suas condições de vida. Com isso, o espaço geográfico foi ficando cada vez mais artificializado. Pela ação do trabalho humano, novas técnicas foram desenvolvidas e incorporadas ao território. De um meio natural, as sociedades avançaram para um meio cada vez mais técnico.

Antrópico: do grego *anthropos*, 'homem', como espécie. É nesse sentido antropológico que utilizaremos o termo 'homem' ao longo do livro. Assim, uma transformação antrópica na natureza é provocada pela espécie humana.

Poucas áreas da superfície terrestre ainda não sofreram transformações **antrópicas**, e mesmo naquelas aparentemente intocadas, como muitas no interior da floresta Amazônica ou do continente antártico, o território está delimitado e sujeito a soberania nacional ou a acordos internacionais. Portanto, mesmo em um meio natural, aparentemente intocado, existem relações políticas e econômicas que nem sempre são visíveis na paisagem. Além disso, no interior da floresta Amazônica (ou de outras florestas tropicais) existem diversos grupos indígenas, alguns ainda isolados da sociedade moderna, que mesmo vivendo bastante integrados ao meio natural, ainda causam alguma transformação antrópica.

A **paisagem** é a aparência da realidade geográfica, aquilo que nossa percepção auditiva, olfativa, tátil e, principalmente, visual capta. Embora as paisagens materializem relações sociais, econômicas e políticas travadas entre os grupos humanos, elas nem sempre são percebidas. Desvendá-las requer observação, percepção e pesquisa, sendo esse o caminho para que o espaço produzido pelo homem seja apreendido em sua essência. Podemos dizer, então, que o **espaço geográfico** é formado tanto pela sociedade quanto pela paisagem permanentemente construída e reconstruída por ela. Reveja a foto que abre esta Introdução, na página 11. Repare que, embora em nosso dia a dia a paisagem seja associada muitas vezes à natureza, ela também expressa a sociedade. Ou seja, a paisagem é composta tanto de elementos culturais, construídos pelo trabalho humano, quanto de elementos naturais, resultantes da ação dos processos da natureza. O espaço geográfico materializa todos esses elementos mais as relações humanas que se desenvolvem na vida em sociedade. Para ilustrar essas relações e evidenciar a diferença entre paisagem e espaço, o geógrafo **Milton Santos** afirmou que, se eventualmente a humanidade fosse extinta, teríamos o fim da sociedade e, consequentemente, do espaço geográfico, mas ainda assim a paisagem construída permaneceria. Apesar de didática, há um problema nessa ideia: se a humanidade desaparecesse, quem

Segundo Milton Santos, "durante a Guerra Fria, os laboratórios do Pentágono chegaram a cogitar a produção de um engenho, a bomba de nêutrons, capaz de aniquilar a vida humana em uma dada área, mas preservando todas as construções. O presidente Kennedy afinal renunciou a levar a cabo esse projeto. Senão, o que na véspera seria ainda o espaço, após a temida explosão seria apenas paisagem.".

SANTOS, Milton. *A natureza do espaço*. São Paulo: Hucitec, 1996. p. 85.

chamaria a paisagem de paisagem? Perceba que o homem cria as coisas e também os conceitos que as definem. Não é possível dissociar o trabalho, o pensamento e a linguagem, que são características intrinsecamente humanas. Por isso, o psicólogo bielo-russo **Lev Vygotsky** (1896-1934) afirmou em suas obras que a relação do homem com o mundo se dá mediada por ferramentas (trabalho) e símbolos (linguagem).

Segundo os Parâmetros Curriculares Nacionais do Ensino Médio (PCN), espaço geográfico é o conceito mais amplo da Geografia, do qual se derivam outros conceitos-chave dessa disciplina. Então, para compreender melhor a relação sociedade-natureza materializada no espaço geográfico, é importante estudar seus recortes: a paisagem, o lugar, o território, a região e as escalas.

As pessoas vivem no **lugar**, por isso esse conceito é o ponto de partida para a compreensão do espaço geográfico, seja em escala nacional, regional ou mundial. É no lugar que as pessoas se relacionam, estabelecendo laços afetivos com outras pessoas e a paisagem. É nele, portanto, que construímos nossa identidade socioespacial.

Para compreender o espaço geográfico e os conceitos dele derivados, precisamos entender as relações sociais e as marcas deixadas pelos grupos humanos na paisagem dos lugares. A rigor, precisamos entender as relações próprias da natureza, as relações próprias da sociedade e, de forma integrada, as relações entre a **sociedade** e a **natureza**. É a isso que a **Geografia**, como ciência, se dedica, e é por isso que estudamos essa disciplina na escola.

É interessante perceber que a compreensão do espaço geográfico e de seus recortes conceituais também implica trabalhar com os recortes analíticos, isto é, com a noção de **escala geográfica**. Observe que na compreensão espacial há uma correlação entre os recortes conceituais e os analíticos. Assim, as **escalas geográficas** podem ser:

- **local**: exige a operacionalização do conceito de lugar, associado ao conceito de paisagem;
- **nacional**: implica a operacionalização do conceito de território controlado pelo Estado-nação, que pode ser trabalhado também nas esferas estadual ou provincial e municipal;
- **regional**: demanda trabalhar com o conceito de região em extensões variáveis em termos de área;
- **mundial**: abrange todo o globo terrestre, por isso também é chamada de escala global, e permite análises socioespaciais bastante panorâmicas.

Vista aérea de trechos da floresta Amazônica e do rio Negro no Parque Nacional de Anavilhanas, no estado do Amazonas (foto de 2010). Este parque foi criado para preservar o arquipélago fluvial de Anavilhanas, assim como permitir o estudo e a preservação desse bioma. Observe que se trata de uma paisagem natural aparentemente intocada, mas a própria preservação é fruto da ação humana.

João Marcos Rosa/Nitro

Geografia: breve histórico

Desde a Antiguidade, muitos pensadores elaboraram estudos considerados geográficos, embora o conhecimento fosse disperso e desarticulado. Diferentemente do que muitos pensam, a Geografia escolar não é derivada da Geografia acadêmica. Ao contrário, foi a presença da disciplina nos currículos dos sistemas de ensino nascentes na Europa do século XIX que trouxe a necessidade de criação de cursos universitários voltados para a formação de professores da escola básica. A partir da década de 1930, começou a gradativa expansão do sistema escolar no Brasil, e a Geografia manteve-se em todos os anos do ensino básico.

The Bridgeman Art Library/Keystone

Heródoto

(484 a.C.-420 a.C.)

Grécia

Busto de Heródoto no Museu Arqueológico Nacional, Nápoles (Itália).

Eratóstenes

(275 a.C.-194 a.C.)

Grécia

Busto de Eratóstenes, em local desconhecido.

The Bridgeman Art Library/Keystone

The Bridgeman Art Library/Keystone

Estrabão

(63 a.C.-c. 21 e 25 d.C.)

Grécia

Ilustração de Estrabão feita em 1584 por Andre Thevet, sacerdote e escritor francês.

- analisaram a dinâmica dos fenômenos naturais
- elaboraram descrições e paisagens
- estudaram a relação homem-natureza

Cláudio Ptolomeu

(c. 100-180)

Grécia

Retrato de Claudio Ptolomeu feito por Antonio Maria Crespi (1580-1630). Pinacoteca Ambrosiana, Milão (Itália).

Veneranda Biblioteca Ambrosiana/De Agostini/Glow Images

- em sua obra *Sintaxe Matemática e Geografia*, encontram-se importantes registros geográficos, cartográficos e astronômicos. Seus conhecimentos ajudaram na produção de mapas mais precisos, fundamentais para a expansão marítima do final do século XV

The Bridgeman Art Library/Keystone

Immanuel Kant

(1724-1804)

Alemanha

Busto de Immanuel Kant feito em mármore por Friedrich Hagemann (1773-1806), Museu Hamburger Kunsthalle, Hamburgo (Alemanha).

- um dos primeiros a se preocupar com a sistematização do conhecimento geográfico
- desenvolveu reflexões sobre os conceitos de espaço e tempo

Alexander von Humboldt

(1769-1859)

Alemanha

Retrato de Alexander von Humboldt feito por Henri Lehman (1814-1852), coleção privada.

The Bridgeman Art Library/Keystone

- fez diversas viagens exploratórias, entre as quais uma para a América do Sul e Central (1799-1804)
- na obra *Cosmos*, cinco volumes publicados entre 1845 e 1862 que registram anos de estudos geográficos, tentou fazer uma síntese da parte terrestre do cosmos

Karl Ritter

(1779-1859)

Alemanha

Karl Ritter, autoria desconhecida, c. 1900.

bilwissedition/akg-images/Latinstock

Fundadores da Geografia como ciência, Ritter e Humboldt iniciaram a sistematização de seus fundamentos teórico-metodológicos

A primeira cátedra de Geografia foi criada na Universidade de Berlim, em 1825, e foi ocupada por Karl Ritter. Em 1870 somente três universidades alemãs ofereciam o curso de Geografia – Berlim, Breslau e Göttingen –, mas em 1890 praticamente todas as universidades do país passaram a oferecê-lo.

Entrada da Geografia nos currículos dos primeiros sistemas de ensino

(início do século XIX)

Europa

Primeiro curso acadêmico de Geografia

(1825)

Alemanha

RIA Nowosti/Akg-images/Latinstock

Friedrich Wilhelm Gymnasium, em Trier (Alemanha). Karl Marx estudou nesta escola (1830-1835) antes de ingressar na Universidade de Berlim, onde foi aluno de Karl Ritter.

Entrada da Geografia no currículo do Colégio Pedro II

(1837)

Brasil

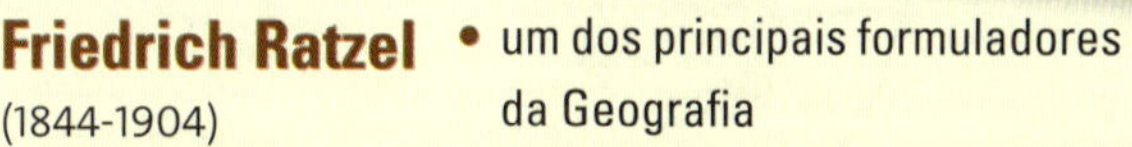

Reprodução/Biblioteca Nacional, Rio de Janeiro, RJ

O Imperial Colégio Pedro II, criado em 1837, passou a funcionar no antigo Seminário de São Joaquim, no Rio de Janeiro (RJ).

Mônica Zarattini/Agência Estado

Milton Santos

(1926-2001)

Brasil

Milton Santos durante entrevista em São Paulo (SP), em 2000.

- um dos primeiros, no Brasil, a defender a renovação crítica da Geografia
- avançou a reflexão teórica da Geografia brasileira e acabou laureado com o prêmio Vautrin Lud (1994), concedido anualmente em reconhecimento ao trabalho de um eminente geógrafo

Boyan Topaloff/Agência France-Presse

Yves Lacoste

(1929-)

França

- sua obra *A Geografia – isso serve, em primeiro lugar, para fazer a guerra* balançou as estruturas da Geografia tradicional ao denunciá-la como instrumento ideológico a serviço de interesses políticos e econômicos dominantes. Ao mesmo tempo, indicou caminhos para a renovação crítica da disciplina

Friedrich Ratzel

(1844-1904)

Alemanha

Ratzel, autoria desconhecida, c. 1900.

bilwissedition/akg-images/Latinstock

- um dos principais formuladores da Geografia
- definiu a Geografia como ciência humana, embora na prática a tenha tratado como ciência natural
- considerou a influência que as condições naturais exercem sobre a humanidade um objeto de estudo da disciplina
- seus discípulos radicalizaram suas ideias, dando origem ao "determinismo geográfico"

Paul Vidal de la Blache

(1845-1918)

França

Harlingue/Roger-Viollet/Agência France-Presse

La Blache, autoria desconhecida, década de 1910.

- criticou o método puramente descritivo e defendeu que a Geografia se preocupasse com a relação homem-meio

"O Departamento de Geografia da Faculdade de Filosofia, Letras e Ciências Humanas da USP tem sua origem no ano de 1934, na antiga subseção de Geografia e História da Faculdade de Filosofia, Ciências e Letras. Naquele ano, o primeiro ensino universitário de Geografia foi inaugurado com a cátedra de Geografia, sob a responsabilidade do professor Pierre Deffontaines, que veio especialmente da França para ocupá-la. Em 1935, a cátedra passou para a responsabilidade do professor Pierre Monbeig." (*O Departamento de Geografia*. Disponível em: <www.geografia.fflch.usp.br>. Acesso em: 17 dez. 2013).

Primeiro curso superior de Geografia em nosso país

(1934)

Brasil

Keiny Andrade/Agência Estado

Prédio do Departamento de Geografia da FFLCH-USP, na Cidade Universitária, em São Paulo (SP), em 2009.

Foto de fundo: javarman/Shutterstock/Glow Images

Segundo Ratzel, "a sociedade que consideramos, seja grande ou pequena, desejará sempre manter sobretudo a posse do território sobre o qual e graças ao qual ela vive. Quando esta sociedade se organiza com esse objetivo, ela se transforma em Estado."

RATZEL, Friedrich. Geografia do homem (antropogeografia). In: MORAES, Antonio Carlos R. *Ratzel*. São Paulo: Ática, 1990. p. 76.

A relação entre o **Estado** e o **espaço** é central na obra *Antropogeografia*, a mais importante de **Friedrich Ratzel**. Segundo ele, a partir do momento em que uma sociedade se organiza para defender um território, transforma-se em Estado. Donde se depreende que o território é o recorte do espaço geográfico sob o controle de um poder instituído – o Estado nacional e suas esferas subnacionais. Porém, há situações em que outros agentes podem controlar um território, por exemplo, um grupo guerrilheiro ou de narcotraficantes, muitas vezes, em disputa com um Estado legalmente constituído, como estudaremos no capítulo 5 da parte 2.

Ao criticar o método puramente descritivo e defender que a Geografia se preocupasse com a relação homem-meio, posicionando os seres humanos como agentes que sofrem influência da natureza e que também agem sobre ela, transformando-a, **Paul Vidal de la Blache** inaugurava uma corrente teórica conhecida como "possibilismo", em contraposição ao "determinismo", ambas influenciadas pelo **positivismo** e posteriormente rotuladas como "Geografia tradicional". A Geografia lablachiana, embora tenha avançado em relação à visão naturalista de Ratzel, não rompeu totalmente com ela; continuou sendo uma ciência dos lugares, não dos homens, empenhada em descrever os aspectos visíveis da realidade.

Positivismo: corrente filosófica criada pelo francês Auguste Comte (1798-1857). Valoriza apenas a verdade positiva, isto é, concreta, objetiva; na busca de leis que governam a realidade, preconiza a observação e a pesquisa empírica. No início do século XX, um grupo de filósofos austríacos, conhecido como "Círculo de Viena", foi além das propostas de Comte e desenvolveu o positivismo lógico ou neopositivismo.

Assim, até meados do século XX, a grande maioria dos geógrafos se limitava a descrever as características físicas, humanas e econômicas das diversas formações socioespaciais, procurando estabelecer comparações e diferenciações entre elas; e era assim que a Geografia aparecia nos materiais didáticos. Nesse período, desenvolveu-se a Geografia regional, fortemente influenciada pela escola francesa, e o conceito de região ganhou importância na análise geográfica.

Arranha-céus no bairro de Shinjuku, Tóquio (Japão). Ao fundo, o monte Fuji, o mais alto do país. Localizado a cerca de 100 km a sudoeste da capital, pode ser visto em dias claros, como na foto de 2011. Observe que nesta paisagem aparecem elementos culturais e naturais.

Kazuhiro Nogi/Agência France-Presse

Em Geografia, a **região** pode ser conceituada como uma determinada área da superfície terrestre, com extensão variável, que apresenta características próprias e particulares que a diferenciam das demais. Desde então o conceito de região ficou associado à categoria de **particularidade** e pode ser definido por diversos critérios. A **região** pode ser **natural**, quando o critério de distinção é a paisagem natural, ou **geográfica**, se a diferenciação for econômica, política, social ou cultural. No passado as regiões eram relativamente isoladas, e os estudos de Geografia regional eram dominantes. Atualmente, com o avanço da globalização e da sociedade informacional, num mundo organizado em redes, as regiões se modernizaram e estabelecem cada vez mais relações entre si – as conexões aumentaram significativamente –, o que tem reduzido o isolamento e a diferenciação entre elas.

Embora tenha um importante papel no desenvolvimento da Geografia como ciência, a Geografia tradicional nos legou um ensino escolar centrado na memorização. Essa estrutura perdurou até a segunda metade do século XX, quando a descrição das paisagens, com seus fenômenos naturais e sociais, passou a ser realizada de forma mais eficiente e atraente pela televisão. A partir daí, os geógrafos foram obrigados a buscar novos objetos de estudo que permitissem à Geografia sobreviver como disciplina escolar no ensino básico e como ramificação das ciências humanas em nível universitário.

Região do Triângulo Mineiro (MG)

0 160 km

Organizado pelos autores.

Uma região geográfica pode ser maior que o território de um Estado nacional, como a área abrangida pelos países da América Latina; mas pode ser menor, como as regiões do IBGE; ou, como mostra o mapa, menor que um estado.

Marxismo: corrente filosófica fundada pelo alemão Karl Marx (1818-1883). Como método de interpretação, baseia-se sobretudo nas categorias "materialismo histórico" e "luta de classes", por meio das quais enfatizava a determinação material da existência humana e a necessidade da revolução como via de transformação social; influenciou a Revolução Russa de 1917. Com o tempo se constituíram correntes neomarxistas, como a teoria Crítica, que buscaram atualizar o pensamento de Marx.

Fenomenologia: corrente filosófica desenvolvida pelo alemão Edmund Husserl (1859-1938). Esse método de interpretação valoriza o sujeito e busca apreender a essência dos fenômenos por meio da consciência e da vivência; contrapondo-se ao neopositivismo, valoriza a intuição, a percepção e a subjetividade. A adoção por muitos geógrafos dessa corrente filosófica, junto de outras, como o existencialismo, caracterizou a chamada Geografia humanista.

A mudança do objeto de estudo da disciplina teve seu divisor de águas na década de 1970, quando a Geografia – universitária e escolar – passou por uma renovação em seus fundamentos teórico-metodológicos. Esse processo teve como um dos pioneiros o geógrafo francês **Yves Lacoste**, que em 1976 publicou *A Geografia – isso serve, em primeiro lugar, para fazer a guerra* (obtenha mais informações sobre ele na seção **Sugestões de leitura, filmes e *sites***). Lacoste denunciou a existência da "Geografia dos Estados-maiores" – a serviço do Estado e do capital, ou seja, a **Geopolítica** – e da "Geografia dos professores" – ensinada nas salas de aula de universidades e escolas básicas e materializada em trabalhos acadêmicos e manuais didáticos. Segundo ele, a Geografia dos professores acabava servindo para mascarar o papel da Geopolítica e seus vínculos com os interesses dominantes. No Brasil, um dos pioneiros nesse processo de renovação foi o geógrafo Milton Santos, principalmente com uma de suas primeiras obras: *Por uma Geografia nova*, lançada em 1978.

Enquanto a renovação na França e no Brasil teve forte influência do pensamento de esquerda, sobretudo do **marxismo**, nos Estados Unidos a contraposição à corrente tradicional foi a Geografia quantitativa. Essa vertente da renovação, orientada metodologicamente pelo neopositivismo, condenava o atraso tecnológico da Geografia tradicional, passando a utilizar sistemas matemáticos e computacionais na interpretação do espaço geográfico. Essa corrente tecnicista e utilitarista, que em geral mascarava os conflitos e as contradições sociais denunciados pelos geógrafos críticos, era uma perspectiva conservadora, a serviço da manutenção do *status quo* (do latim, 'atual estado das coisas').

O fim da União Soviética e do socialismo real reduziu a influência do marxismo nas ciências humanas, abrindo caminho para a ampliação da influência de outras correntes teórico-metodológicas na Geografia, como a **fenomenologia**.

Reprodução/Editora Edusp

Reprodução/Editora Papirus

Ao lado, dois livros de autores que contribuíram para a divulgação de conceitos relacionados ao ensino da Geografia a partir da década de 1970.

Atualmente, consolida-se a certeza de que a Geografia é uma disciplina fundamental para a compreensão do mundo contemporâneo e de seus problemas. Mais do que tudo, é uma disciplina crucial para a formação de cidadãos conscientes e trabalhadores mais bem preparados para a sociedade do conhecimento.

Como vimos, cabe à Geografia – universitária e escolar – compreender as relações próprias da natureza, as relações próprias da sociedade e, de forma mais abrangente e integrada, as relações entre a sociedade e a natureza e suas consequências socioambientais. Isso se dá por meio de seus próprios conceitos e, numa perspectiva interdisciplinar, também de muitos conceitos emprestados de outras disciplinas: Economia, Ciência Política, Antropologia, História, Ecologia, etc., como veremos ao longo deste livro.

Pensando no Enem

> Portadora de memória, a paisagem ajuda a construir os sentimentos de pertencimento; ela cria uma atmosfera que convém aos momentos fortes da vida, às festas, às comemorações.
>
> CLAVAL, P. *Terra dos homens:* a Geografia. São Paulo: Contexto, 2010 (adaptado).

No texto é apresentada uma forma de integração da paisagem geográfica com a vida social. Nesse sentido, a paisagem, além de existir como forma concreta, apresenta uma dimensão

a) política de apropriação efetiva do espaço.
b) econômica de uso de recursos do espaço.
c) privada de limitação sobre a utilização do espaço.
d) natural de composição por elementos físicos do espaço.
e) simbólica de relação subjetiva do indivíduo com o espaço.

Resolução

A questão cobra a compreensão de um conceito-chave da Geografia – a paisagem –, assim como sua percepção, sua vivência. Como vimos na Introdução, o lugar, que é um recorte do espaço geográfico, é feito por suas relações sociais e sua paisagem. Assim, o vínculo das pessoas com um lugar é construído não apenas pelas relações sociais estabelecidas – parentesco, amizade, trabalho, etc. –, mas também pela relação subjetiva que cada um constrói com a paisagem local. Essa relação das pessoas com o lugar e sua paisagem, principalmente em momentos de festas e comemorações, garante o sentimento de pertencimento a que se refere o geógrafo francês Paul Claval. Por isso, é importante pensar que a paisagem não é apreendida apenas pela visão, embora este seja o principal sentido a apreendê-la. Quem, por exemplo, já não criou alguma ligação com a paisagem de um lugar pela contemplação de uma vista que lhe agrada, pelo cheiro do perfume de alguma flor desse lugar, pelo canto de um pássaro, pela sirene de uma fábrica ou ainda pela emoção de uma festa? Ou seja, a paisagem, assim como o lugar do qual ela é parte, possui uma dimensão concreta, feita pela natureza ou pelo trabalho humano, e uma dimensão simbólica, feita de percepção individual, de subjetividade. Assim, cada pessoa percebe e vivencia a paisagem de um modo particular. Portanto, a resposta correta é a alternativa **E**.

Esta questão trabalha com a **Competência de área 1 – Compreender os elementos culturais que constituem as identidades**, e, entre outras habilidades, com a **H5 – Identificar as manifestações ou representações da diversidade do patrimônio cultural e artístico em diferentes sociedades**.

Thomaz Vita Neto/Pulsar Imagens

Cavalhadas de Pirenópolis (GO), em 2012. Esta festa de origem portuguesa é uma encenação ao ar livre das batalhas entre Mouros e Cristãos (saiba mais em: <www.pirenopolis.com.br/ExibeNoticia.jsp?pkNoticia=351>. Acesso em: 8 abr. 2014). Este é um bom exemplo da integração da paisagem geográfica com a vida social e a história, criando identidades e sentido de pertencimento, tema tratado pela questão do Enem.

Fundamentos de Cartografia

Você já utilizou um GPS ou um mapa digital? Sabia que esses recursos tecnológicos contribuíram bastante para o aperfeiçoamento e popularização da Cartografia, disciplina encarregada de produzir mapas, plantas e outros produtos cartográficos que representam a superfície terrestre ou parte dela? Muitas vezes não nos damos conta, mas a Cartografia está constantemente presente em nosso dia a dia: no celular, na internet, no jornal, na televisão, no guia de ruas, na planta do metrô... Pense em algumas situações diárias em que você a utiliza. Vamos conhecê-la melhor? Como ela vai nos ajudar muito no estudo de diversos temas da Geografia e nos orientar em nossa viagem de descoberta dos conhecimentos geográficos, vamos estudá-la logo no início.

Jojje/Shutterstock/Glow Images

CAPÍTULO

1 Planeta Terra: coordenadas, movimentos e fusos horários

Luke Dodd/Science Photo Library/Latinstock

Constelação do Cruzeiro do Sul.

Na tirinha, Calvin e Haroldo estão nos Estados Unidos e planejam ir a Yukon, um território localizado no noroeste do Canadá. Para ir até lá saindo do estado de Washington, por exemplo, é necessário atravessar toda a província canadense da Colúmbia Britânica, ou seja, cerca de 1500 quilômetros (em linha reta) e, bem mais que isso, indo de carro. Eles consultaram um globo terrestre para terem uma ideia da distância e do tempo de viagem. Será que foi uma boa opção?

Situar-se no espaço geográfico sempre foi uma preocupação dos grupos humanos. Nos primórdios, isso acontecia pela necessidade de se deslocar para encontrar abrigo e alimentos. Com o passar do tempo, as sociedades se tornaram mais complexas e surgiram muitas outras necessidades. Isso explica a crescente importância da Cartografia.

Além das representações cartográficas feitas em papel, já podemos utilizar sistemas de mapas digitais; para nos orientarmos na cidade ou na estrada, é possível usar aparelhos GPS (Sistema de Posicionamento Global).

É importante também nos situarmos no tempo em relação às horas e às estações do ano, o que suscita perguntas como: "Se aqui são 15 horas, que horas serão em Londres... E em Nova York?"; "Por que todo ano o governo implanta o horário de verão?". Para responder a essas e a outras perguntas, precisamos estudar os movimentos da Terra, as estações do ano, as coordenadas geográficas, os fusos horários. É o que faremos a seguir.

Segundo a Associação Cartográfica Internacional, Cartografia é a "disciplina que trata da concepção, produção, disseminação e estudo de mapas". Para Fraser Taylor, cartógrafo da Universidade Carleton (Canadá), é a "disciplina que trata da organização, apresentação, comunicação e utilização da geoinformação nas formas gráficas, digital ou tátil, incluindo todos os processos, desde o tratamento dos dados até o uso final na criação de mapas e produtos relacionados com a informação espacial".

1 Formas de orientação

O ser humano sempre necessitou de referências para se orientar no espaço geográfico: um rio, um morro, uma igreja, um edifício, à direita, à esquerda, acima, abaixo, etc. Mas para ter referências um pouco mais precisas inventou os pontos cardeais e colaterais, como mostra a figura ao lado.

A rosa dos ventos indica os pontos cardeais e colaterais e aparece no mostrador da bússola, que tem uma agulha sempre apontando para o norte magnético (veja a foto abaixo).

A bússola, associada à rosa dos ventos, permite encontrar rumos em mapas, desde que tanto o mapa quanto a bússola estejam com a direção norte apontada corretamente. Assim, o usuário pode encontrar os outros pontos cardeais e os colaterais, orientando-se no espaço geográfico. Nos mapas, caso a direção norte não esteja indicada, convencionou-se que está no topo.

Com o avanço tecnológico, hoje em dia é muito mais preciso se orientar pelo GPS. Mas, se alguém não dispõe de uma bússola nem de um aparelho GPS, é possível se orientar de forma aproximada no espaço? Sim, veja a indicação no texto a seguir.

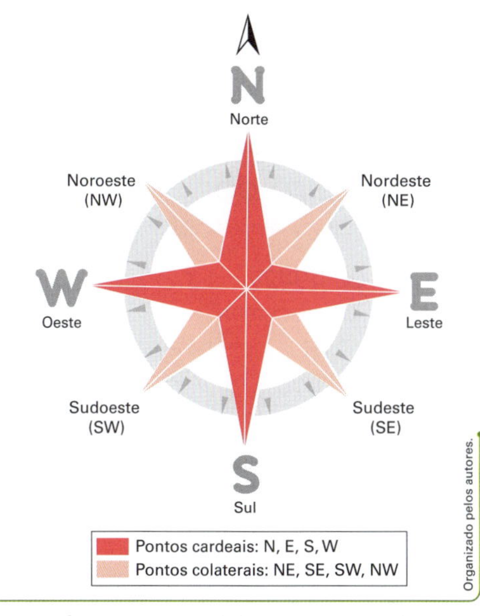

Organizado pelos autores.

A **rosa dos ventos** possibilita encontrar a direção de qualquer ponto da linha do horizonte (numa abrangência de 360°). O nome foi criado no século XV por navegadores do mar Mediterrâneo em associação aos ventos que impulsionavam suas embarcações.

sergign/Shutterstock/Glow Images

A bússola foi inventada pelos chineses provavelmente no século I, porém só foi utilizada bem mais tarde. No século XIII, passou a ser usada em embarcações venezianas e desde o século XV foi fundamental para orientar os marinheiros durante as Grandes Navegações.

Outras leituras

Orientação pelo Sol

Um dos aspectos mais importantes para a utilização eficaz e satisfatória de um mapa diz respeito ao sistema de orientação empregado por ele. O verbo orientar está relacionado com a busca do oriente, palavra de origem latina que significa 'nascente'. Assim, o "nascer" do sol, nessa posição, relaciona-se à direção (ou sentido) leste, ou seja, ao oriente.

Possivelmente, o emprego dessa convenção está ligado a um dos mais antigos métodos de orientação conhecidos. Esse método se baseia em estendermos nossa mão direita [braço direito] na direção do nascer do sol, apontando, assim, para a direção leste ou oriental; o braço esquerdo esticado, consequentemente, se prolongará na direção oposta, oeste ou ocidental; e a nossa fronte estará voltada para o norte, na direção setentrional ou boreal. Finalmente, as costas indicarão a direção do sul, meridional, ou ainda, austral. A representação dos pontos cardeais se faz por leste (E ou L); oeste (W ou O); norte (N); e sul (S). A figura apresenta essa forma de orientação.

FITZ, Paulo Roberto. *Cartografia básica*. São Paulo: Oficina de Textos, 2008. p. 34-35.

Organizado pelos autores. Ilustração: Paulo Manzi/Arquivo da editora

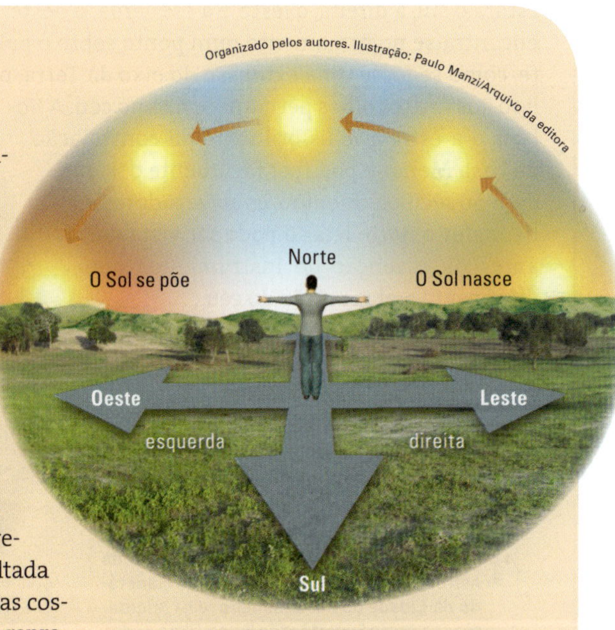

Segundo o autor do texto, "deve-se tomar cuidado ao fazer uso dessa maneira de representação, já que, dependendo da posição latitudinal do observador, nem sempre o Sol estará exatamente na direção leste".

"Se oriente, rapaz,
Pela constelação
do Cruzeiro do
Sul."

Gilberto Gil (1942), cantor e compositor.

Você já percebeu que, quando uma pessoa está perdida em algum lugar, costuma-se dizer que ela está desnorteada (perdeu o norte) ou desorientada[1] (perdeu o oriente)? Perceba que tanto o verbo "orientar" como o substantivo "orientação" derivam da palavra "oriente".

Além da orientação pelo Sol, como mostra o texto da página anterior, é possível orientar-se também pelas estrelas. Você sabia que o Cruzeiro do Sul, mostrado na foto de abertura deste capítulo, é utilizado como uma forma de orientação? A canção "Oriente", de Gilberto Gil, sugere isso. Presente no álbum *Expresso 2222*, de 1972, os versos ao lado foram compostos pelo artista na Espanha. A letra dessa música simboliza a saudade que Gilberto Gil sentia do Brasil. Nela, o Cruzeiro do Sul adquire uma conotação mais ampla: a da busca pela redescoberta de sua distante terra natal. Leia o texto a seguir.

Para saber mais

Orientação pelas estrelas

À noite, no hemisfério meridional, é possível encontrar a direção sul aproximada observando a constelação do Cruzeiro do Sul. Para isso, é necessário prolongar 4,5 vezes o tamanho do braço maior dessa constelação e, a partir deste ponto, traçar uma perpendicular em direção ao horizonte, como se pode ver na ilustração ao lado. Mas isso só vale para o hemisfério meridional, onde o Cruzeiro do Sul pode ser observado.

No hemisfério boreal, para encontrar a direção norte aproximada, basta localizar a estrela Polaris (também chamada de Polar ou do Norte) e projetá-la no horizonte: às costas do observador estará o sul, à direita, o leste, e à esquerda, o oeste. Essa estrela encontra-se no firmamento num ponto sobre o polo norte, como se fosse uma extensão do eixo da Terra, por isso aos nossos olhos permanece fixa no céu. A Polaris é a estrela mais brilhante da constelação de Ursa Menor e pode ser facilmente observada. Por séculos orientou os navegadores no hemisfério norte (ela só pode ser vista daí), antes da invenção de instrumentos que dispensam a observação do céu.

O Cruzeiro do Sul está representado em bandeiras nacionais de diversos países meridionais, como o Brasil, a Austrália e Papua-Nova Guiné.

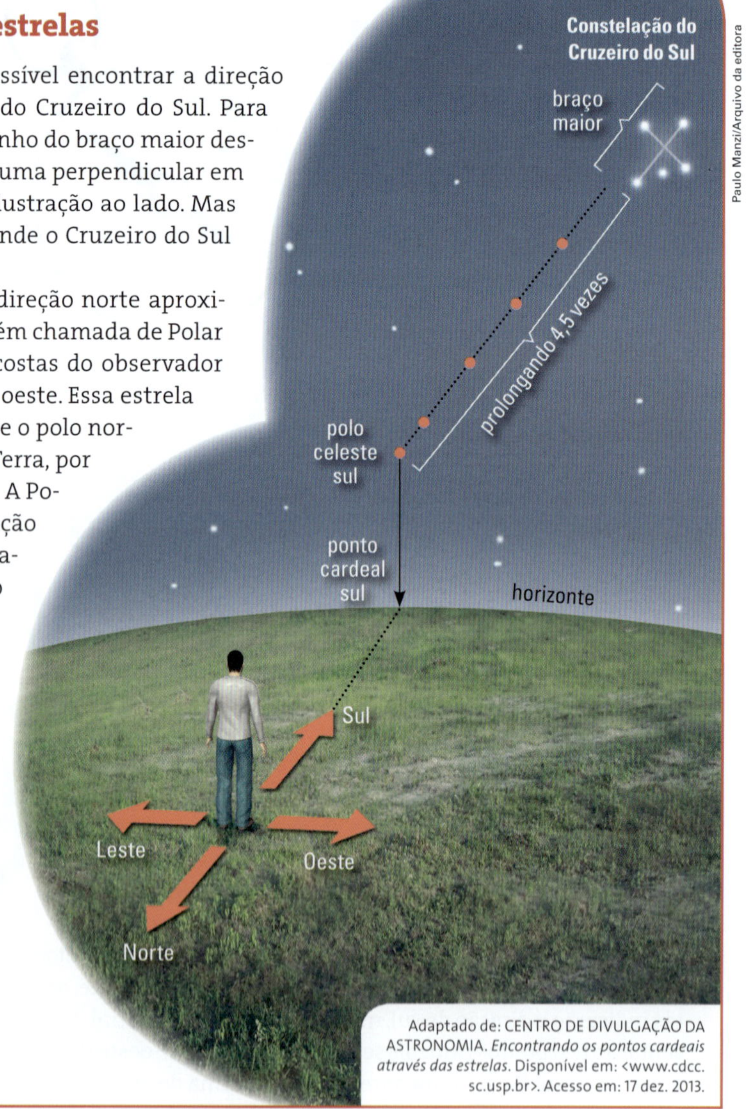

Adaptado de: CENTRO DE DIVULGAÇÃO DA ASTRONOMIA. *Encontrando os pontos cardeais através das estrelas*. Disponível em: <www.cdcc.sc.usp.br>. Acesso em: 17 dez. 2013.

Consulte o *site* do **Centro de Divulgação da Astronomia**, da USP, e o da **Fundação Planetário da Cidade do Rio de Janeiro**. Veja orientações na seção **Sugestões de livros, filme e *sites***.

[1] Com o passar do tempo, essas expressões, além da conotação geográfica, ganharam também um sentido figurado de cunho psicológico, como sinônimos de confusão mental, perplexidade.

2 Coordenadas

As coordenadas nos auxiliam na localização precisa de elementos no espaço geográfico. Elas podem ser **geográficas** ou **alfanuméricas**.

Geográficas

O globo terrestre, como vemos nas figuras desta página, pode ser dividido por uma rede de **linhas imaginárias** que permitem localizar qualquer ponto em sua superfície. Essas linhas determinam dois tipos de coordenadas: a latitude e a longitude, que em conjunto são chamadas de **coordenadas geográficas**. Num plano cartesiano, como você já deve ter aprendido ao estudar Matemática, a localização de um ponto é determinada pelo cruzamento das coordenadas *x* e *y*; numa esfera, o processo é semelhante, mas as coordenadas são medidas em graus.

As coordenadas geográficas funcionam como "endereços" de qualquer localidade do planeta. O equador corresponde ao círculo máximo da esfera, traçado num plano perpendicular ao eixo terrestre, e determina a divisão do globo em dois hemisférios (do grego *hemi*, 'metade', e *sphaera*, 'esfera'): o norte e o sul. A partir do equador, podemos traçar círculos paralelos que, à medida que se afastam para o norte ou para o sul, diminuem de diâmetro. A latitude é a distância em graus desses círculos, chamados **paralelos**, em relação ao equador e varia de 0° a 90° tanto para norte (N) quanto para sul (S).

Conhecer apenas a latitude de um ponto, porém, não é suficiente para localizá-lo. Se procurarmos, por exemplo, um ponto 20° ao sul do equador, encontraremos não apenas um, mas infinitos pontos situados ao longo do paralelo 20° S. Por isso é necessária uma segunda coordenada que nos permita localizar um determinado ponto.

Para determinar a segunda coordenada, a longitude, foram traçadas linhas que cruzam os paralelos perpendicularmente. Essas linhas, que também cruzam o equador, são denominadas **meridianos** (do latim *meridiánus*, 'de meio-dia, relativo ao meio-dia'). Observe na figura que os meridianos são semicircunferências que têm o mesmo tamanho e convergem para os polos. Como referência, convencionou-se internacionalmente adotar como meridiano 0° o que passa pelo Observatório Astronômico de Greenwich, nas proximidades de Londres (Inglaterra), e o meridiano oposto, a 180°, é chamado de antimeridiano. Esses meridianos dividem a Terra em dois hemisférios: ocidental, a oeste de Greenwich, e oriental, a leste. Assim, os demais meridianos podem ser identificados por sua distância, medida em graus, ao meridiano de Greenwich. Essa distância é a longitude e varia de 0° a 180° tanto para leste (E) quanto para oeste (W).

Allmaps/Arquivo da editora

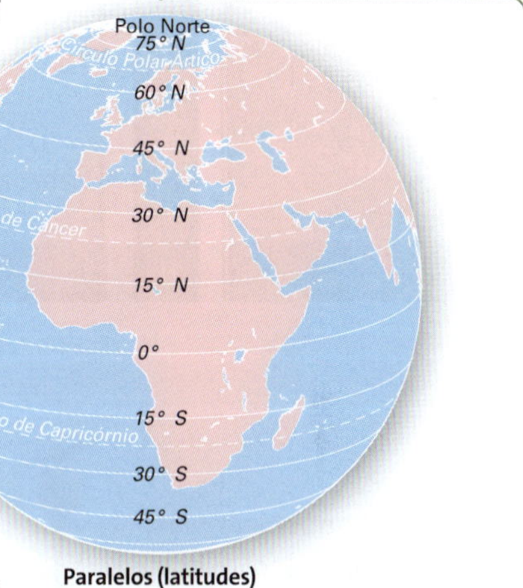

Paralelos (latitudes)

Meridianos (longitudes)

A grade de paralelos e meridianos (coordenadas geográficas)

Adaptado de: NATIONAL Geographic Student Atlas of the World. 3rd ed. Washington, D.C.: National Geographic Society, 2009. p. 8.

Estes globos mostram as **coordenadas geográficas**. O trópico de Câncer e o trópico de Capricórnio são linhas imaginárias situadas à latitude aproximada de 23° N e de 23° S, respectivamente. Os círculos polares também são linhas imaginárias, situadas à latitude aproximada de 66° N e de 66° S. Nas figuras, o círculo polar Antártico não aparece por causa da posição da representação da Terra.

Se procurarmos, por exemplo, um ponto de coordenadas 20° S e 44° W, será fácil encontrá-lo: estará no cruzamento do paralelo 20° S com o meridiano 44° W. Consultando um mapa, verificaremos que esse ponto está muito próximo do município de Belo Horizonte, em Minas Gerais.

Para localizar com exatidão um ponto no território, indicam-se as medidas em graus, minutos e segundos. As coordenadas geográficas do centro de Belo Horizonte, por exemplo, são 19°55'15" S e 43°56'16" W.

Observatório Astronômico de Greenwich, nas proximidades de **Londres** (Reino Unido), em foto de 2012. Os turistas costumam tirar fotografias com um pé no hemisfério ocidental e outro no hemisfério oriental. No detalhe, o meridiano 0° traçado nos jardins desse observatório. No chão há a longitude de diversas cidades.

Alfanuméricas

Também podemos utilizar as coordenadas alfanuméricas para localizar algo em um mapa ou em uma planta. Elas não são tão precisas como as coordenadas geográficas, mas auxiliam na localização de elementos da paisagem, como uma rua, uma praça, um teatro, uma estação de trem ou de ônibus, num guia de uma cidade.

Se um turista quiser localizar algum desses elementos, basta consultar a lista dos principais pontos de interesse, que aparecem em guias turísticos acompanhados de sua respectiva coordenada, e localizá-los na planta turística da cidade. Imagine que você é esse turista e quer visitar o Teatro Municipal, na praça Ramos de Azevedo, em São Paulo, além de outras atrações interessantes próximas dali. Veja suas coordenadas e localize-o na planta urbana a seguir.

Rubens Chaves/Acervo do fotógrafo

Trecho do centro histórico da cidade de São Paulo (SP), em foto de 2012. Em primeiro plano aparece o viaduto do Chá, que cruza o vale do Anhangabaú; ao fundo, o Teatro Municipal e, à sua frente, a praça Ramos de Azevedo.

Planta turística do centro de São Paulo (SP)

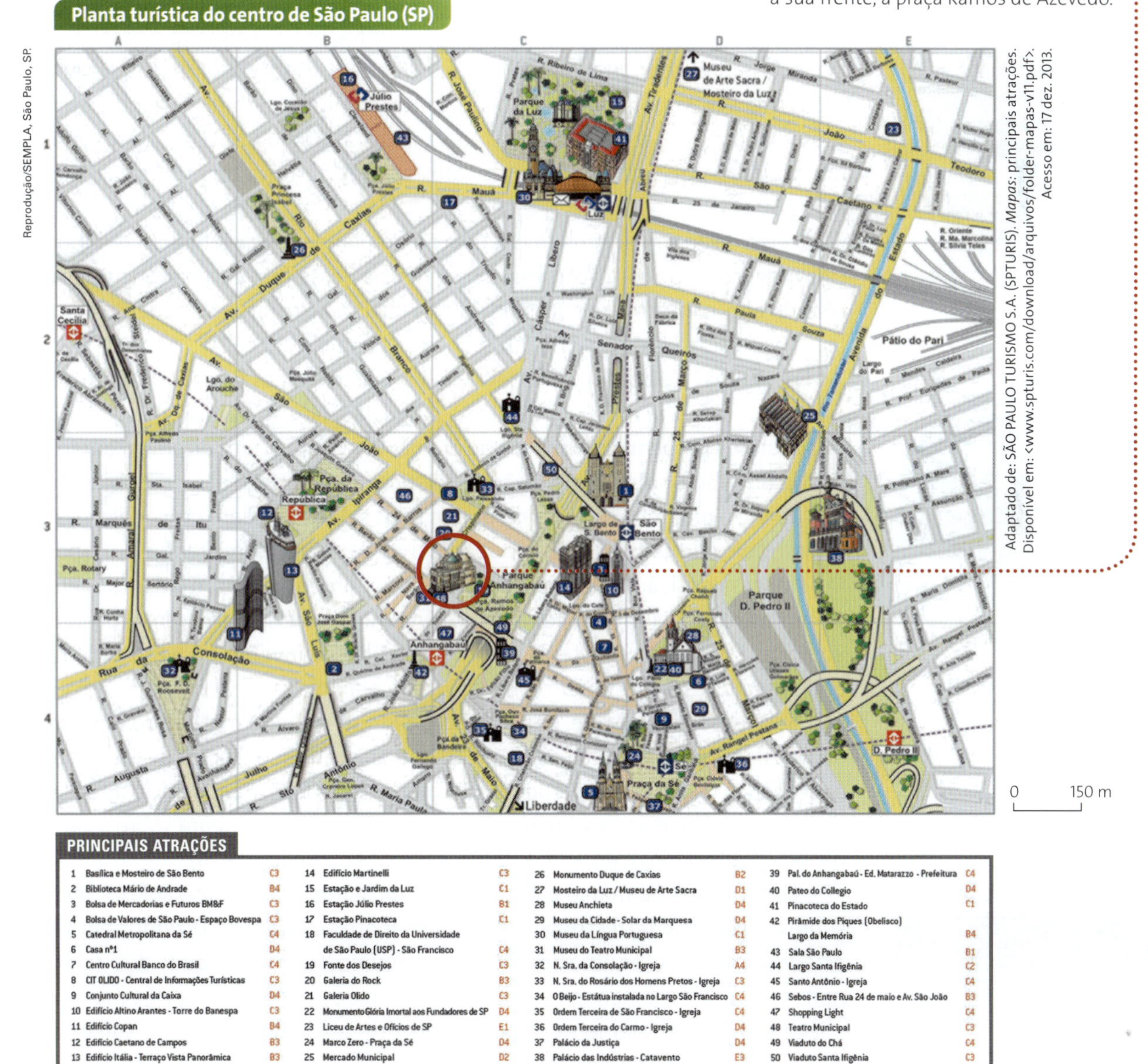

PRINCIPAIS ATRAÇÕES

Nº	Atração	Coordenada
1	Basílica e Mosteiro de São Bento	C3
2	Biblioteca Mário de Andrade	B4
3	Bolsa de Mercadorias e Futuros BM&F	C3
4	Bolsa de Valores de São Paulo - Espaço Bovespa	C3
5	Catedral Metropolitana da Sé	C4
6	Casa nº1	D4
7	Centro Cultural Banco do Brasil	C4
8	CIT OLIDO - Central de Informações Turísticas	C3
9	Conjunto Cultural da Caixa	D4
10	Edifício Altino Arantes - Torre do Banespa	C3
11	Edifício Copan	B4
12	Edifício Caetano de Campos	B3
13	Edifício Itália - Terraço Vista Panorâmica	B3
14	Edifício Martinelli	C3
15	Estação e Jardim da Luz	C1
16	Estação Júlio Prestes	B1
17	Estação Pinacoteca	C1
18	Faculdade de Direito da Universidade de São Paulo (USP) - São Francisco	C4
19	Fonte dos Desejos	C3
20	Galeria do Rock	B3
21	Galeria Olido	C3
22	Monumento Glória Imortal aos Fundadores de SP	D4
23	Liceu de Artes e Ofícios de SP	E1
24	Marco Zero - Praça da Sé	D4
25	Mercado Municipal	D2
26	Monumento Duque de Caxias	B2
27	Mosteiro da Luz / Museu de Arte Sacra	D1
28	Museu Anchieta	D4
29	Museu da Cidade - Solar da Marquesa	D4
30	Museu da Língua Portuguesa	C1
31	Museu do Teatro Municipal	B3
32	N. Sra. da Consolação - Igreja	A4
33	N. Sra. do Rosário dos Homens Pretos - Igreja	C3
34	O Beijo - Estátua instalada no Largo São Francisco	C4
35	Ordem Terceira de São Francisco - Igreja	C4
36	Ordem Terceira do Carmo - Igreja	D4
37	Palácio da Justiça	D4
38	Palácio das Indústrias - Catavento	E3
39	Pal. do Anhangabaú - Ed. Matarazzo - Prefeitura	C4
40	Pateo do Collegio	D4
41	Pinacoteca do Estado	C1
42	Pirâmide dos Piques (Obelisco) Largo da Memória	B4
43	Sala São Paulo	B1
44	Largo Santa Ifigênia	C2
45	Santo Antônio - Igreja	C4
46	Sebos - Entre Rua 24 de maio e Av. São João	B3
47	Shopping Light	C4
48	Teatro Municipal	C3
49	Viaduto do Chá	C4
50	Viaduto Santa Ifigênia	C3

Reprodução/SEMPLA, São Paulo, SP.

Adaptado de: SÃO PAULO TURISMO S.A. (SPTURIS). *Mapas:* principais atrações. Disponível em: <www.spturis.com/download/arquivos/folder-mapas-v11.pdf>. Acesso em: 17 dez. 2013.

3 Movimentos da Terra e estações do ano

Fotos: Marilyn Barbone/Shutterstock/Glow Images

Não se sabe exatamente quando o ser humano descobriu que a Terra é esférica. Os antigos gregos, observando a sombra da Terra sobre a Lua durante os eclipses, já tinham certeza da esfericidade de nosso planeta. O desaparecimento progressivo das embarcações que se distanciavam no horizonte do mar também fornecia argumentos aos defensores dessa ideia.

Eratóstenes, astrônomo e matemático grego, foi o primeiro a calcular, há mais de 2 mil anos, com uma precisão impressionante, a circunferência da Terra. A diferença entre a circunferência calculada por Eratóstenes (40 000 quilômetros) e a determinada hoje, com o auxílio de métodos muito mais precisos (40 075 quilômetros, no equador), como se vê, é bem pequena.

A esfericidade de nosso planeta é responsável pela existência das diferentes **zonas climáticas** (polares, temperadas e tropicais), porque os raios solares atingem a Terra com diferentes inclinações e intensidades. Próximo ao equador, os raios solares incidem perpendicularmente sobre a superfície terrestre, porém, quanto mais nos afastamos dessa linha, mais inclinada é essa incidência. Consequentemente, a mesma quantidade de energia se distribui por uma área cada vez maior, diminuindo, portanto, sua intensidade. Esse fato torna as temperaturas progressivamente mais baixas à medida que nos aproximamos dos polos (observe a incidência de raios solares na Terra no infográfico das páginas 30 e 31).

O eixo da Terra é inclinado em relação ao plano de sua órbita ao redor do Sol (movimento de translação). Uma consequência desse fato é a ocorrência das **estações do ano**, conforme se pode verificar na ilustração sobre o movimento de translação e as estações do ano, no infográfico das páginas 30 e 31.

Em 21 ou 22 de dezembro (a data e a hora de início das estações variam de ano para ano, conforme mostra a tabela na página ao lado), o hemisfério sul recebe os raios solares perpendicularmente ao trópico de Capricórnio; dizemos, então, que está ocorrendo o **solstício de verão**. O solstício (do latim *solstitium*, 'Sol estacionário') define o momento do ano em que os raios solares incidem perpendicularmente ao trópico de Capricórnio, dando início ao verão no hemisfério sul. Depois de incidir nessa posição, parecendo estacionar por um momento, o Sol inicia seu movimento aparente (visto da Terra parece que é o Sol que se movimenta) em direção ao norte. Esse mesmo instante marca o **solstício de inverno** no hemisfério norte, onde os raios estão incidindo com inclinação máxima.

Seis meses mais tarde, em 20 ou 21 de junho, quando metade do movimento de translação já se completou, as posições se invertem: o trópico de Câncer passa a receber os raios solares perpendicularmente (solstício), dando início ao verão no hemisfério norte e ao inverno no hemisfério sul (observe a figura sobre a variação da insolação ao longo do ano no infográfico das páginas 30 e 31).

Em 20 ou 21 de março e em 22 ou 23 de setembro, os raios solares incidem sobre a superfície terrestre perpendicularmente ao equador. Dizemos então que estão ocorrendo os **equinócios** (do latim *aequinoctium*, 'igualdade dos dias e das noites'), ou seja, os hemisférios estão iluminados por igual. Nesses momentos, iniciam-se, respectivamente, o outono e a primavera no hemisfério sul; ocorre o inverso no hemisfério norte.

O dia e a hora do início dos solstícios e dos equinócios mudam de ano para ano; consequentemente, a duração de cada estação também varia. Consulte na tabela abaixo as datas e os horários dos solstícios e equinócios no hemisfério sul para os anos de 2013 a 2020.

Estações do ano								
Ano	Equinócio de outono		Solstício de inverno		Equinócio de primavera		Solstício de verão	
	Dia	Hora	Dia	Hora	Dia	Hora	Dia	Hora
2013	20 mar.	08:02	21 jun.	02:04	22 set.	17:44	21 dez.	15:11
2014	20 mar.	13:57	21 jun.	07:51	22 set.	23:29	21 dez.	21:03
2015	20 mar.	19:45	21 jun.	13:38	23 set.	05:20	22 dez.	02:48
2016	20 mar.	01:30	20 jun.	19:34	22 set.	11:21	21 dez.	08:44
2017	20 mar.	07:29	21 jun.	01:24	22 set.	17:02	21 dez.	14:28
2018	20 mar.	13:15	21 jun.	07:07	22 set.	22:54	21 dez.	20:22
2019	20 mar.	18:58	21 jun.	12:54	23 set.	04:50	22 dez.	02:19
2020	20 mar.	00:50	20 jun.	18:43	22 set.	10:31	21 dez.	08:02

INSTITUTO DE FÍSICA DA UFRGS. *Astronomia e Astrofísica*. Disponível em: <http://astro.if.ufrgs.br/sol/estacoes.htm>. Acesso em: 17 dez. 2013.

Os raios solares só incidem perpendicularmente em pontos localizados entre os trópicos (a chamada zona tropical), que, por isso, apresentam temperaturas mais elevadas. Nas zonas temperadas (entre os trópicos e os círculos polares) e polares, o Sol nunca fica a pino, porque os raios sempre incidem obliquamente.

Outra consequência da inclinação do eixo terrestre, associada ao **movimento de rotação** da Terra, é a desigual **duração do dia e da noite** ao longo do ano. Nos dois dias de equinócio, quando os raios solares incidem perpendicularmente ao equador, o dia e a noite têm 12 horas de duração em todo o planeta, com exceção dos polos, que têm 24 horas de **crepúsculo**. No dia de solstício de verão, ocorrem o dia mais longo e a noite mais curta do ano no respectivo hemisfério; já no solstício de inverno, acontecem a noite mais longa e o dia mais curto. Observe a ilustração e os gráficos no infográfico das páginas 30 e 31.

Como é possível observar no infográfico sobre a variação da insolação ao longo do ano, no equador não há variação no **fotoperíodo**, e a diferença aumenta à medida que nos afastamos dele. Conforme aumenta a latitude, tanto para o norte como para o sul, os dias ficam mais longos no verão e as noites mais longas no inverno. A tabela a seguir mostra isso para o hemisfério norte. Nas regiões polares o dia, no verão, e a noite, no inverno, duram meses.

Crepúsculo: claridade no céu entre o fim da noite e o nascer do sol ou entre o pôr do sol e a chegada da noite; transição entre o dia e a noite.

Fotoperíodo: período em que um ponto qualquer da superfície terrestre fica exposto à incidência dos raios solares.

Latitude	Verão		Inverno	
	Dia mais longo	Noite mais curta	Noite mais longa	Dia mais curto
25° N	13h42min	10h18min	13h25min	10h35min
40° N	15h02min	8h58min	14h40min	9h20min
60° N	18h53min	5h07min	18h08min	5h52min

U. S. NAVY. The United States Naval Observatory (Usno). *Comparative Length of Days and Nights*. Disponível em: <http://aa.usno.navy.mil/faq/docs/longest_day.php>. Acesso em: 17 dez. 2013.

Consulte o *site* do **Observatório Astronômico Frei Rosário**, da UFMG. Veja orientações na seção **Sugestões de livros, filme e *sites***. Veja também, nessa seção, a indicação do livro **O ABCD da Astronomia e Astrofísica**, de Jorge Horvath, e do **Atlas geográfico escolar**, do IBGE.

Infográfico

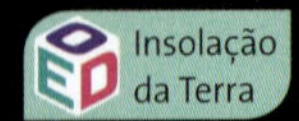

INSOLAÇÃO DA TERRA

A insolação é a quantidade de energia emitida pelo Sol (radiação eletromagnética) que incide sobre a Terra, nos provendo de luz e calor. Atinge a superfície terrestre de forma desigual, por causa da esfericidade do planeta, da inclinação de seu eixo, do movimento de rotação – alternância dia-noite – e do movimento de translação – alternância das estações.

VARIAÇÃO DA INSOLAÇÃO AO LONGO DO ANO

A inclinação do eixo da Terra em relação ao plano de sua órbita em torno do Sol determina, de um lado, dias mais longos e maior insolação no hemisfério em que está ocorrendo o verão e, de outro, dias mais curtos e menor insolação no hemisfério em que está ocorrendo o inverno.

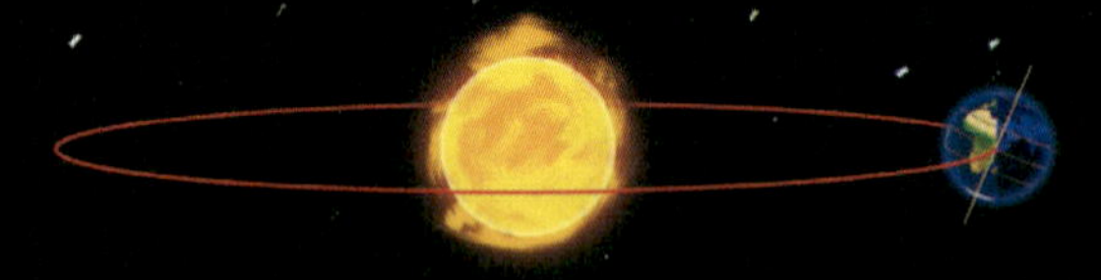

INCIDÊNCIA DA RADIAÇÃO SOLAR NA TERRA

Em razão da esfericidade do planeta, uma mesma quantidade de energia solar incide sobre áreas de tamanhos diferentes nas proximidades do equador e dos polos. À medida que aumenta a latitude e, portanto, a inclinação dos raios solares em relação à superfície terrestre, a área de incidência vai se ampliando. No esquema abaixo, pode-se observar esse fenômeno.

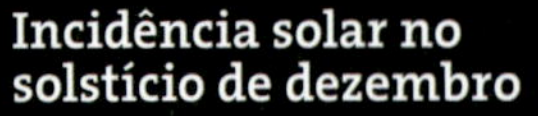

AS ESTAÇÕES

Durante o movimento de translação há dois solstícios e dois equinócios que permitem dividir o ano em quatro estações com características climáticas diferentes e bem definidas nas zonas temperadas: **primavera** (primeiro verão), estação amena que antecede o **verão** (período mais quente), seguido pelo **outono** (período da colheita) e depois **inverno** (período de hibernação), associado ao frio.

SOL: NASCENTE E POENTE

A duração do dia e da noite varia muito dependendo da estação e da latitude. Por exemplo, o primeiro gráfico mostra que em 21 ou 22 de dezembro (solstício de verão no hemisfério sul) o Sol nasce por volta de 5h15min na latitude 20° S (regiões Sudeste e Centro-Oeste do Brasil) e em torno de 2h30min na latitude 60° S (quase na Antártida). O segundo gráfico mostra que, nessas mesmas latitudes, o Sol se põe, aproximadamente, às 18h30min e às 21h15min, respectivamente.

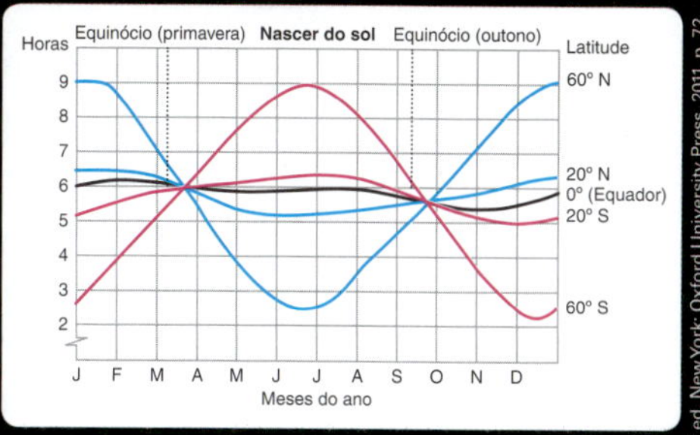

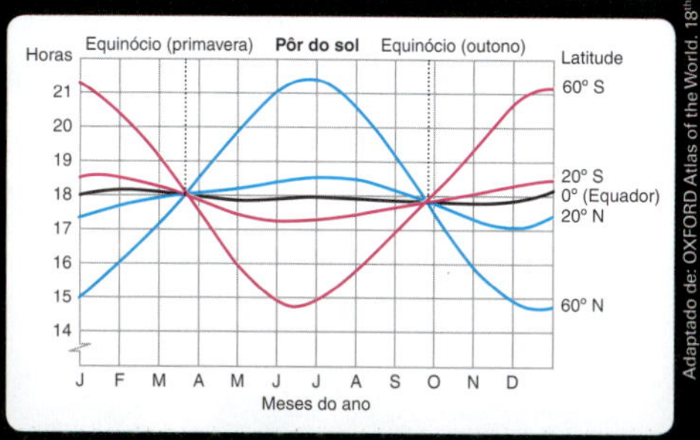

Adaptado de: OXFORD Atlas of the World. 18th ed. New York: Oxford University Press, 2011. p. 72.

Ilustrações: Marcus Penna/Arquivo da editora

20 OU 21 DE MARÇO
EQUINÓCIO

Hemisfério norte
início da primavera

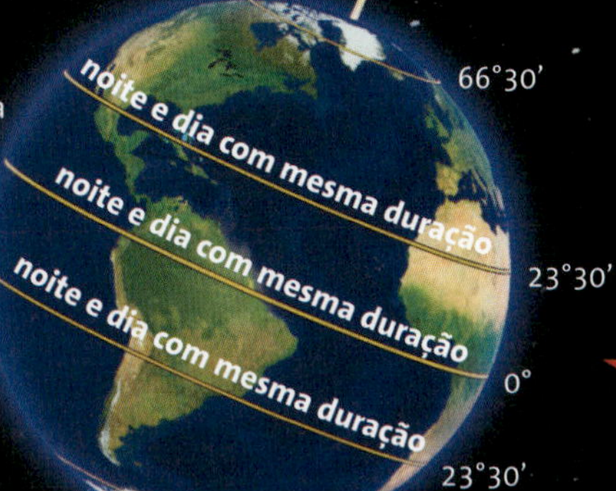

Hemisfério sul
início do outono

21 OU 22 DE DEZEMBRO
SOLSTÍCIO

Hemisfério norte
início do inverno

Hemisfério sul
início do verão

noite polar
66°30'
23°30'
0°
23°30'
66°30'
dia curto
noite longa
noite e dia com mesma duração
dia longo
noite curta
dia polar

22 OU 23 DE SETEMBRO
EQUINÓCIO

Hemisfério norte
início do outono

noite e dia com mesma duração
noite e dia com mesma duração
noite e dia com mesma duração
66°30'
23°30'
0°
23°30'
66°30'

Hemisfério sul
início da primavera

Adaptado de: OXFORD Atlas of the World. 18th ed. New York: Oxford University Press, 2011. p. 72.
Ilustração esquemática, sem escala.

4 Fusos horários

Por causa do movimento de rotação da Terra, em um mesmo momento, diferentes pontos longitudinais da superfície do planeta têm horários diversos.

Para adotar um sistema internacional de marcação do tempo, foram criados os fusos horários. Dividindo-se os 360 graus da esfera terrestre pelas 24 horas de duração aproximada do movimento de rotação[2], resultam 15 graus. Portanto, a cada 15 graus que a Terra gira, passa-se uma hora, e cada uma dessas 24 divisões recebe o nome de fuso horário. Observe a figura desta página, que mostra o **movimento de rotação, datas e fusos horários**.

Em 1884, 25 países se reuniram na Conferência Internacional do Meridiano, realizada em Washington, capital dos Estados Unidos. Nesse encontro ficou decidido que as regiões situadas num mesmo fuso adotariam o mesmo horário. Foi também acordado pela maioria dos delegados dos países participantes (a República Dominicana votou contra, a França e o Brasil se abstiveram) que o meridiano de Greenwich seria a linha de referência para definir as longitudes e acertar os relógios em todo o planeta.

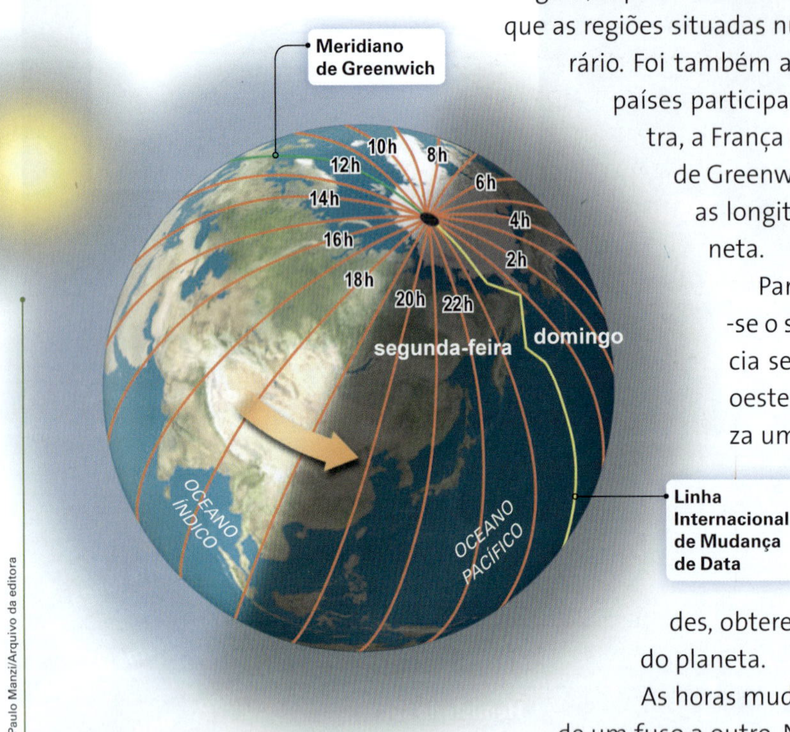

Adaptado de: NATIONAL Geographic Student Atlas of the World. 3rd ed. Washington, D.C.: National Geographic Society, 2009. p. 13.

Na imagem, vemos movimento de rotação, datas e fusos horários da Terra. O planeta tem, simultaneamente, duas datas, que mudam em dois pontos: no fuso em que for meia-noite e no fuso oposto ao meridiano de Greenwich, por onde passa a Linha Internacional de Mudança de Data.

Para estabelecer os fusos horários, definiu-se o seguinte procedimento: o fuso de referência se estende de 7°30' para leste a 7°30' para oeste do meridiano de Greenwich, o que totaliza uma faixa de 15 graus. Portanto, a longitude na qual termina o fuso seguinte a leste é 22°30' E (e, para o fuso correspondente a oeste, 22°30' W). Somando continuamente 15° a essas longitudes, obteremos os **limites teóricos** dos demais fusos do planeta.

As horas mudam, uma a uma, à medida que passamos de um fuso a outro. No entanto, como as linhas que os delimitam atravessam várias unidades político-administrativas, os países fizeram adaptações estabelecendo, assim, os **limites práticos** dos fusos. Nesses casos, os limites dos fusos coincidem com os limites administrativos, na tentativa de manter, na medida do possível, um horário unificado num determinado território, evitando transtornos provocados pela diferença de horas em regiões muito povoadas e/ou integradas economicamente. A China, por exemplo, apesar de ser cortada por três fusos teóricos, adotou apenas um horário (+8h) para o país inteiro. Alguns poucos países utilizam um horário intermediário, como a Índia, que adota um fuso de +5 h 30min em relação a Greenwich, e a Venezuela, que adotou em 2008 um fuso de –4 h 30 min. No caso dos fusos teóricos, bastaria, para se determinar a diferença de horário entre duas localidades, saber a distância leste-oeste entre elas, em graus, e dividi-la por 15 (medida de cada fuso). Porém, com a adoção dos limites práticos, em alguns locais os fusos podem medir mais ou menos que os tradicionais 15°. Observe o mapa da página ao lado.

2 Uma volta completa da Terra em torno de seu eixo dura 23 horas, 56 minutos e 4 segundos.

O mapa-múndi de fusos mostra que as horas aumentam para leste e diminuem para oeste, a partir de qualquer referencial adotado. Isso ocorre porque a Terra gira de oeste para leste. Como o Sol nasce a leste, à medida que nos deslocamos nessa direção, estamos indo para um local onde o Sol nasce antes; portanto, nesse lugar as horas estão "adiantadas" em relação ao local de onde partimos. Quando nos deslocamos para oeste, entretanto, estamos nos dirigindo a um local onde o Sol nasce mais tarde; logo, nesse lugar as horas estão "atrasadas" em relação ao nosso ponto de partida.

Além da mudança das horas, tornou-se necessário definir também um meridiano para a mudança da data no mundo. Na Conferência de 1884 ficou estabelecido que o meridiano 180°, conhecido como antimeridiano porque está exatamente no extremo oposto a Greenwich, seria a Linha Internacional de Mudança de Data (ou simplesmente Linha de Data).

Fotos: sextoacto/Shutterstock/Glow Images

O fuso horário que tem essa linha como meridiano central tem uma única hora, como todos os outros, entretanto em dois dias diferentes. A metade situada a oeste desta linha estará sempre um dia adiante em relação à metade a leste. Com isso, ao se atravessar a Linha de Data indo de leste para oeste é necessário aumentar um dia.

Por exemplo, numa hipotética viagem de São Paulo (Brasil) para Tóquio (Japão) via Los Angeles (Estados Unidos), um avião partiu às 19 horas de um domingo e entrou no fuso horário da Linha de Data às 10 horas desse mesmo dia; imediatamente após cruzar essa linha, ainda no mesmo fuso, continuarão sendo 10 horas, mas do dia seguinte, uma segunda-feira (identifique essa rota no mapa abaixo). Ao contrário, a viagem de volta será de oeste para leste e quando o avião cruzar a Linha de Data deve-se diminuir um dia. Esse exemplo pode causar certa estranheza: estamos acostumados a observar, no planisfério centrado em Greenwich, o Japão situado a leste, mas como o planeta é esférico, podemos ir a esse país voando para oeste.

Consulte o *site* do **Time and Date**. Veja orientações na seção **Sugestões de livros, filme e *sites***.

Fusos horários práticos

Adaptado de: OXFORD Atlas of the World. 18th ed. New York: Oxford University Press, 2011. p. 73.

Como observamos no mapa de fusos horários, a partir do meridiano de Greenwich, as horas vão aumentando para leste e diminuindo para oeste. Entretanto, diversamente do que muitas vezes se pensa, ao atravessar a Linha de Data indo para leste deve-se diminuir um dia e, ao contrário, para oeste, aumentar um dia.

E por que isso ocorre? Leia a seguir o trecho do livro *A volta ao mundo em 80 dias*, romance ficcional do escritor francês Júlio Verne lançado em 1873, e observe novamente o mapa de fusos horários da página anterior. Em 2 de outubro de 1872, Phileas Fogg, protagonista da história, apostou com seus amigos que faria uma viagem ao redor do mundo em 80 dias e retornaria ao Reform Club, em Londres, até às 8h45 da noite de 21 de dezembro.

Como se pode observar no mapa, assim como os meridianos que definem os fusos horários civis, a Linha Internacional de Mudança de Data também adota limites práticos, caso contrário alguns países-arquipélago do Pacífico, como Kiribati, teriam dois dias diferentes em seus territórios. Observe também que na metade do fuso localizada a leste da Linha Internacional de Mudança de Data é domingo e na metade a oeste, segunda-feira. Perceba que a referência aqui considerada foi a Linha de Data, assim a metade do fuso situada a leste dela está a oeste em relação a Greenwich (portanto, no hemisfério ocidental) e a outra metade, situada a oeste dela, está a leste do meridiano principal (no hemisfério oriental). Lembre-se: a definição dos pontos cardeais (e colaterais) depende sempre de um referencial.

Balefire/Shutterstock

Outras leituras

Capítulo XXXVII

Em que fica provado que Phileas Fogg nada ganhou fazendo a volta ao mundo, a não ser a felicidade

[...]

O relógio marcava oito horas e quarenta e cinco, quando apareceu no grande salão.

Phileas Fogg tinha completado a volta ao mundo em oitenta dias!...

Phileas Fogg tinha ganhado sua aposta de vinte mil libras!

E agora, como é que um homem tão exato, tão meticuloso, tinha podido cometer este erro de dia? Como se acreditava no sábado à noite, 21 de dezembro, ao desembarcar em Londres, quando estava na sexta, 20 de dezembro, setenta e nove dias somente após sua partida?

Eis a razão deste erro. Bem simples.

Phileas Fogg tinha, "sem dúvida", ganhado um dia sobre seu itinerário — e isto unicamente porque tinha feito a volta ao mundo indo para leste, e teria, pelo contrário, perdido este dia indo em sentido inverso, ou seja, para oeste.

Com efeito, andando para o leste, Phileas Fogg ia à frente do Sol, e, por conseguinte os dias diminuíam para ele tantas vezes quatro minutos quanto os graus que percorria naquela direção. Ora, temos trezentos e sessenta graus na circunferência terrestre, e estes trezentos e sessenta graus, multiplicados por quatro minutos, dão precisamente vinte e quatro horas — isto é, o dia inconscientemente ganho. Em outros termos, enquanto Phileas Fogg, andando para leste, viu o Sol passar oitenta vezes pelo meridiano, seus colegas que tinham ficado em Londres só o viram passar setenta e nove vezes. Eis porque, naquele dia, que era sábado e não domingo, como supunha Mr. Fogg, eles o esperaram no salão do Reform Club.

VERNE, Júlio. *A volta ao mundo em 80 dias*. Domínio público. p. 760-762. Disponível em: <www.dominiopublico.gov.br/download/texto/ph000439.pdf>. Acesso em: 17 dez. 2013.

Fusos horários brasileiros

No Brasil, até 1913 as cidades tinham sua própria hora. Por exemplo, segundo o Observatório Nacional "quando na Capital Federal, atual cidade do Rio de Janeiro, eram 12 horas, em Recife eram 12h33 e em Porto Alegre eram 11h28". Com o desenvolvimento dos transportes isso começou a provocar muita confusão, tornando-se necessário a adoção de fusos horários. Em 18 de junho de 1913 o então presidente Hermes da Fonseca sancionou um Decreto (n. 2 784) criando quatro fusos horários no país, situação que perdurou até 2008. Apesar da adoção do fuso horário prático, dois estados brasileiros — Pará e Amazonas — permaneceram "cortados ao meio".

Em 24 de abril de 2008 foi aprovada uma lei (n. 11 662) que eliminou o antigo fuso de –5 horas em relação a Greenwich e reduziu a quantidade de fusos horários brasileiros para três. O sudoeste do estado do Amazonas e todo o estado do Acre, que antes estavam no fuso –5 horas, foram incorporados ao fuso –4 horas. O estado do Pará deixou de ter dois fusos horários e seu território ficou inteiramente no fuso –3 horas em relação a Greenwich.

No entanto, grande parte da população do Acre não ficou satisfeita com essa mudança, porque ela causava transtornos em seu dia a dia. Por exemplo: de manhã, muitos estudantes e trabalhadores saíam de casa com o céu ainda escuro. Por isso, num plebiscito realizado em 31 de outubro de 2010, mesmo dia em que se votou para presidente da República, a maioria da população decidiu pela volta do antigo fuso. O eleitor acriano respondeu à seguinte pergunta: "Você é a favor da recente alteração do horário legal promovida em seu estado?". Do total de eleitores, 56,9% votaram pelo não, e com isso abriu-se a possibilidade de tramitação de uma nova lei no Congresso Nacional, regulamentando o desejo da maioria da população do Acre. Em 30 de outubro de 2013 foi aprovada a Lei n. 12 876 que revogou a legislação de 2008 e reintroduziu o fuso –5 horas (essa mudança entrou em vigor em 10 de novembro de 2013).

Cartazes evidenciam o descontentamento com a mudança no fuso horário do Acre. Como se infere do cartaz à direita, os fusos horários são estabelecidos tendo como referência a natureza, isto é, o movimento de rotação da Terra e a alternância dia-noite.

Reprodução/http://www.oriobranco.net

Assim, como mostra o mapa abaixo, o estado do Acre e o sudoeste do estado do Amazonas voltaram a fazer parte do quarto fuso brasileiro (–5 horas em relação a Greenwich e –2 horas em relação ao horário de Brasília, diferença que aumenta para 3 horas quando o horário de verão está em vigor). Perceba que não houve mudança com o estado do Pará, que permanece inteiramente no segundo fuso brasileiro (UTC –3 horas).

Compare o mapa de fusos horários com o que mostra os estados brasileiros em que vigora o horário de verão (na página 40) e perceba que, durante sua vigência, a hora oficial do país se iguala ao horário do nosso primeiro fuso e que o horário dos estados de Mato Grosso e Mato Grosso do Sul, que estão no terceiro fuso, iguala-se ao horário do Pará e dos estados da região Nordeste, localizados no segundo fuso.

Esse fato, além de exigir cuidados com o planejamento de viagens e horários diferenciados para o funcionamento de bancos, correios e repartições públicas, faz que, em muitos estados brasileiros, os programas de televisão transmitidos ao vivo do Sudeste sejam recebidos num horário mais cedo em outras regiões. Por exemplo, um telejornal produzido e exibido em São Paulo ou Rio de Janeiro às 20h locais (Hora Oficial) é visto na maior parte do Amazonas às 19h (no sudoeste deste estado e no Acre, às 18h). Quando entra em vigor o horário de verão no fuso de Brasília, o programa passa a ser visto respectivamente às 18h e às 17h, quando a maioria das pessoas ainda está voltando do trabalho.

Consulte mapas de fusos horários no *site* do **Observatório Nacional**, do Ministério da Ciência e Tecnologia. Veja orientações na seção **Sugestões de leitura, filme e *sites***.

O fuso UTC –2 horas (em relação a Greenwich) é exclusivo de ilhas oceânicas.
O fuso UTC –3 horas corresponde ao horário de Brasília, a Hora Oficial do Brasil.
O limite entre os fusos UTC –4 e –5 é uma linha imaginária que parte do município de Tabatinga, no estado do Amazonas, até o município de Porto Acre, no estado do Acre.
Para acertar o relógio de acordo com a Hora Legal Brasileira, medida pelo relógio atômico de césio do Observatório Nacional, acesse o *site* da instituição (veja indicação na seção **Sugestões de leitura, filme e *sites***).

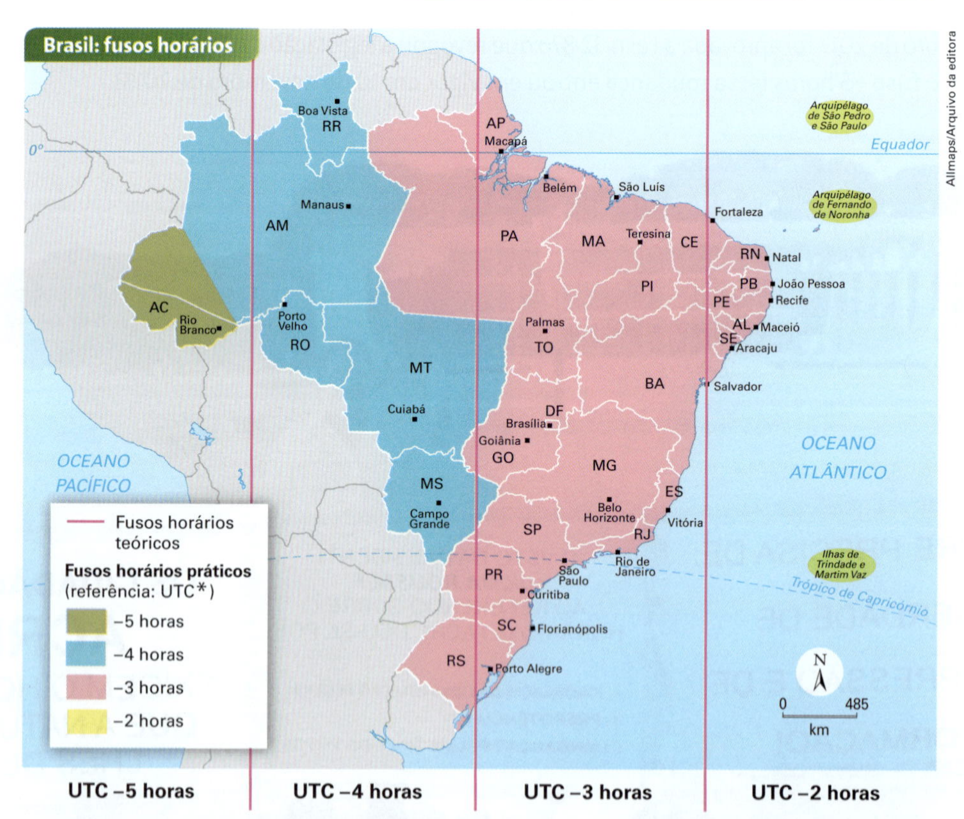

Adaptado de: OBSERVATÓRIO NACIONAL. *Divisão Serviço da Hora (DSHO). Histórico do horário de verão.* Disponível em: <http://pcdsh01.on.br>. Acesso em: 17 dez. 2013.

* Sigla em inglês para Tempo Universal Coordenado, que é definido com base em relógios atômicos muito precisos. O fuso do meridiano de Greenwich é UTC 0.

Pensando no Enem

O sistema de fusos horários foi proposto na Conferência Internacional do Meridiano, realizada em Washington, em 1884. Cada fuso corresponde a uma faixa de 15° entre dois meridianos. O meridiano de Greenwich foi escolhido para ser a linha mediana do fuso zero. Passando-se um meridiano pela linha mediana de cada fuso, enumeram-se 12 fusos para leste e 12 fusos para oeste do fuso zero, obtendo-se, assim, os 24 fusos e o sistema de zonas de horas. Para cada fuso a leste do fuso zero, soma-se 1 hora, e, para cada fuso a oeste do fuso zero, subtrai-se 1 hora. A partir da Lei n. 11 662/2008, o Brasil, que fica a oeste de Greenwich e tinha quatro fusos, passou a ter somente três fusos horários.

Em relação ao fuso zero, o Brasil abrange os fusos 2, 3 e 4. Por exemplo, Fernando de Noronha está no fuso 2, o estado do Amapá está no fuso 3 e o Acre, no fuso 4.

A cidade de Pequim, que sediou os XXIX Jogos Olímpicos de Verão, fica a leste de Greenwich, no fuso 8. Considerando-se que a cerimônia de abertura dos jogos tenha ocorrido às 20h8min, no horário de Pequim, do dia 8 de agosto de 2008, a que horas os brasileiros que moram no estado do Amapá devem ter ligado seus televisores para assistir ao início da cerimônia de abertura?

a) 9h8min, do dia 8 de agosto.
b) 12h8min, do dia 8 de agosto.
c) 15h8min, do dia 8 de agosto.
d) 1h8min, do dia 9 de agosto.
e) 4h8min, do dia 9 de agosto.

Resolução

- Considerando a Matriz de Referência do Enem, esta questão contempla a **Competência de área 6 – Compreender a sociedade e a natureza, reconhecendo suas interações no espaço em diferentes contextos históricos e geográficos**, especialmente a habilidade **H27 – Analisar de maneira crítica as interações da sociedade com o meio físico, levando em consideração aspectos históricos e/ou geográficos**.

Esta questão cobra, especificamente, a habilidade de se situar no sistema internacional de fusos horários e de estabelecer correspondências de horas em diferentes lugares do globo terrestre. Como foi dito no enunciado e pode ser observado no mapa da página 36, o estado do Amapá situa-se no fuso UTC –3 (hora oficial do Brasil), isto é, está a menos três horas em relação ao meridiano de Greenwich (UTC 0). Como Pequim situa-se a oriente, no fuso UTC +8, conclui-se que está 11 horas adiantadas em relação à hora de Brasília (ou a capital brasileira está 11 horas atrasadas em relação à vigente na capital chinesa, como propõe o problema). Assim, se a abertura dos Jogos Olímpicos de Pequim teve início às 20h8min do dia 8 de agosto de 2008, os telespectadores do Amapá, assim como todos os brasileiros que vivem sob a hora do fuso UTC –3, viram o início dessa cerimônia às 9h8min do mesmo dia. Portanto, a alternativa que responde corretamente ao problema proposto é a **A**. Observe o mapa de fusos horários práticos na página 33 e visualize o raciocínio feito para a resolução desta questão do Enem. Perceba que a China, por sua extensão leste-oeste, poderia ter quatro fusos horários (assim como o Brasil), mas, por razões práticas, todo o país adota a hora vigente no fuso UTC +8 (hora de Pequim).

Perceba que, quando essa questão foi cobrada na prova do Enem, ainda estávamos sob a vigência da Lei n. 11 662/2008: "A partir da Lei n. 11 662/2008, o Brasil, que fica a oeste de Greenwich e tinha quatro fusos, passa a ter somente três fusos horários.". No entanto, como vimos, com a aprovação da Lei n. 12 876/2013, o país passou a ter novamente quatro fusos horários, voltando à situação que vigorou de 1913 a 2008.

Entardecer em Santa Maria (RS), 2013, com horário de verão em vigor. Observe que apesar de o relógio marcar quase 20 h, o Sol ainda não desapareceu.

Gerson Gerloff/Pulsar Imagens

5 Horário de verão

A origem do horário de verão data do início do século XX. No Brasil, foi adotado pela primeira vez em 1931. Tinha como objetivo economizar energia, mas não foi adotado permanentemente desde então. Só a partir de 1985 vem sendo implantado todos os anos em parte do território nacional. Com a publicação do Decreto n. 6 558, de 8 de setembro de 2008, o horário de verão passou a ter caráter permanente nos estados das regiões Sul, Sudeste e Centro-Oeste (veja o mapa da página 40) entre zero hora do terceiro domingo de outubro e zero hora do terceiro domingo de fevereiro do outro ano, exceto quando coincide com o Carnaval (nesse caso é postergado para o domingo seguinte). Nesse período, nos estados em que for implantado, os relógios são adiantados em 1 hora em relação à Hora Legal Brasileira.

Outras leituras

Notícias Brasil

Horário de verão 2013/2014 começa no dia 20 de outubro; saiba que estados participam

Portal EBC 13.09.2013 - 13h26 | Atualizado em 21.10.2013 - 12h15

Horário de verão 2013/2014: Saiba a hora em seu estado

O Operador Nacional do Sistema Elétrico (ONS) confirmou o início do horário de verão para às 0 horas do dia 20 de outubro de 2013. Neste período, moradores de estados das regiões Sul, Sudeste e Centro-Oeste têm de adiantar os seus relógios em uma hora.

ENQUETE: você gosta do horário de verão?

O estado da Bahia novamente não fará parte do programa este ano, conforme confirmou o governador baiano, Jaques Wagner.

Início do horário de verão 2013/2014

No dia 16 de fevereiro de 2014, os relógios serão atrasados em uma hora, com o fim do horário de verão.

Ajuste seu relógio e saiba que horas são

EBC Horário de Verão

saiba a hora na sua cidade

Passe o mouse sob seu estado para saber que horas são

O início do horário de verão é divulgado em diversos meios de comunicação. O *site* da Empresa Brasil de Comunicação (EBC) informa que o horário de verão 2013/2014 estará em vigor de zero hora do dia 20 de outubro de 2013 até zero hora do dia 16 de fevereiro de 2014.

Histórico do horário de verão

Princípio básico

Durante parte do ano, nos meses de verão, o Sol nasce antes que a maioria das pessoas tenha se levantado. Se os relógios forem adiantados, a luz do dia será melhor aproveitada pois a maioria da população passará a acordar, trabalhar, estudar, etc., em consonância com a luz do Sol.

O começo

As origens do horário de verão remontam ao ano de 1907, quando William Willett, um construtor britânico e membro da Sociedade Astronômica Real, deu início a uma campanha para adoção do horário de verão naquele país.

Naqueles dias o argumento utilizado era que haveria mais tempo para o lazer, menor criminalidade e redução no consumo de luz artificial. Surgiram opositores de todas as áreas: fazendeiros, pais preocupados com as crianças que teriam que acordar mais cedo, etc. Willett não viveu o suficiente para ver a sua ideia ser colocada em prática. O primeiro país a adotá-la foi a Alemanha em 1916, no que foi seguida por diversos países da Europa, devido à Primeira Guerra Mundial.

A economia de energia elétrica foi vista como um esforço de guerra, propiciando uma economia de carvão, a principal fonte de energia da época.

OBSERVATÓRIO NACIONAL. Divisão Serviço da Hora. Histórico do horário de verão. *Disponível em: <http://pcdsh01.on.br>. Acesso em: 23 ago. 2013.*

O horário de verão é adotado apenas nos estados brasileiros mais distantes da linha do equador, onde a diferença de fotoperíodo permite que essa medida proporcione economia no consumo de energia elétrica (observe o mapa na próxima página). Como mostra o gráfico a seguir, nos meses finais e iniciais do ano, o dia é mais longo que a noite (sobretudo nos estados mais ao sul do país), e isso significa que o sol ali nasce antes das 6h e se põe depois das 18h. Nas proximidades do trópico de Capricórnio, por exemplo, ao adiantarmos os relógios em uma hora, o sol passa a nascer aproximadamente entre 6h e 6h30min e a se pôr entre 19h30min e 20h.

Assim, em sua maioria, as pessoas saem do trabalho ou da escola e chegam em casa antes de escurecer, quando ainda não há necessidade de iluminação artificial – pública, comercial ou doméstica. A economia de energia nesse período é significativa por ser este o **horário de pico** do consumo, pois, ao chegar em casa, as pessoas também ligam chuveiros e aparelhos elétricos. A economia de energia elétrica total é pequena: nas regiões Sudeste, Centro-Oeste, Sul e no estado de Tocantins correspondeu em 2012/2013 a 0,5% do consumo total; no entanto, representa muito no horário de pico, como se constata pelos números da tabela. Por exemplo, a redução da demanda de energia no horário de pico no Sudeste/Centro-Oeste equivaleu à metade do consumo da cidade do Rio de Janeiro.

Redução de demanda no período de pico durante o horário de verão no Brasil – 2012/2013

Sistemas abrangidos	Megawatts (MW)	Porcentagem (%)	Equivale aproximadamente a: (no horário de pico)
Região Sudeste + Centro-Oeste	1858	4,4	50% da demanda do Rio de Janeiro (RJ)
Região Sul	610	4,8	75% da demanda de Curitiba (PR)
Tocantins (Norte)	9	4,0	10% da demanda de Palmas (TO)
Sudeste + Centro-Oeste + Sul + Tocantins*	2477	4,5	–

OPERADOR NACIONAL DO SISTEMA ELÉTRICO (ONS). *Término do horário de verão 2012/2013*. p. 11-12. Disponível em: <www.ons.org.br/analise_carga_demanda/horario_verao.aspx>. Acesso em: 17 dez. 2013.

* O Decreto n. 7 826, publicado em 2012, alterou o artigo 2º do Decreto n. 6 558, de 2008; com isso, Tocantins adotou o horário de verão no período 2012/2013.

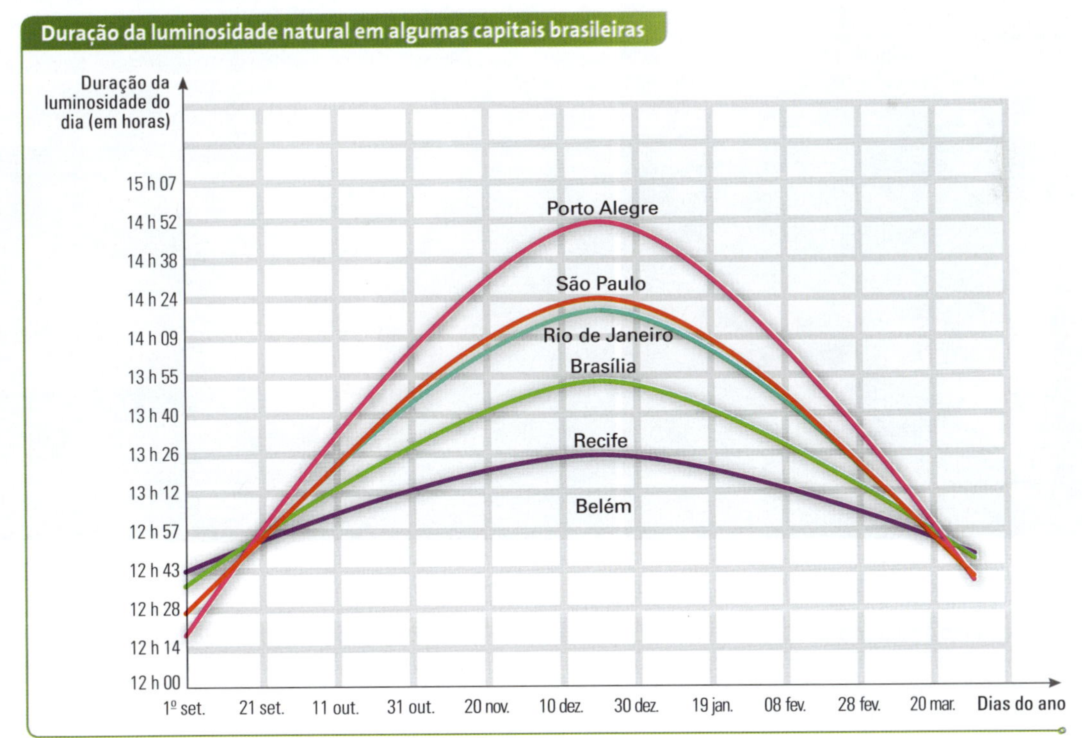

OPERADOR NACIONAL DO SISTEMA ELÉTRICO (ONS). *Expectativa dos benefícios com a implantação do horário de verão 2007-2008*. p. 5. Disponível em: <www.ons.org.br/analise_carga_demanda/horario_verao.aspx>. Acesso em: 17 dez. 2013.

Brasil: horário de verão – 2013/2014

AC, AM, RR, AP, PA, MA, CE, RN, PB, PE, AL, SE, PI, TO, BA, RO, MT, DF, GO, MG, ES, MS, SP, RJ, PR, SC, RS

Estados em que vigora o horário de verão

Allmaps/Arquivo da editora

Nas proximidades do equador a medida não é adotada porque a variação de fotoperíodo, quando existe, é muito pequena. Caso se adotasse o horário de verão nessas regiões, a energia economizada à noite seria gasta pela manhã quando as pessoas acordassem. Os estados da região Nordeste situados mais a leste também não se beneficiariam da adoção do horário de verão, como mostram as imagens de satélite a seguir.

Após as restrições ao consumo de energia elétrica impostas no Brasil em 2001, quando os reservatórios das hidrelétricas estiveram num nível abaixo do normal por causa da falta de chuvas, a população adotou algumas medidas que contribuíram para reduzir ainda mais o consumo residencial de energia, como substituição de lâmpadas incandescentes por fluorescentes e de aparelhos antigos por novos mais econômicos.

O horário de verão é um recurso adotado em muitos países para evitar sobrecarga no sistema de produção e distribuição nos períodos de pico do consumo, uma vez que a energia elétrica em seu estado final não pode ser armazenada, ou seja, ela precisa ser consumida à medida que é gerada.

Adaptado de: OBSERVATÓRIO NACIONAL. *Divisão Serviço da Hora. Hora Legal Brasileira.* Disponível em: <http://pcdsh01.on.br>. Acesso em: 17 dez. 2013; PRESIDÊNCIA DA REPÚBLICA. Casa Civil. Subchefia para Assuntos Jurídicos. Decreto n. 8 112, de 30 de setembro de 2013. Disponível em: <www.planalto.gov.br/ccivil_03/_Ato2011-2014/2013/Decreto/D8112.htm#art1>. Acesso em: 17 dez. 2013.

O Decreto n. 8 112, publicado em 2013, alterou novamente o artigo 2º do Decreto n. 6 558 e definiu que Tocantins deixou de adotar o horário de verão a partir de 2013/2014. Com isso, apenas os estados das regiões Sul, Sudeste e Centro-Oeste continuarão a adotá-lo, voltando-se à situação inicial da lei de 2008.

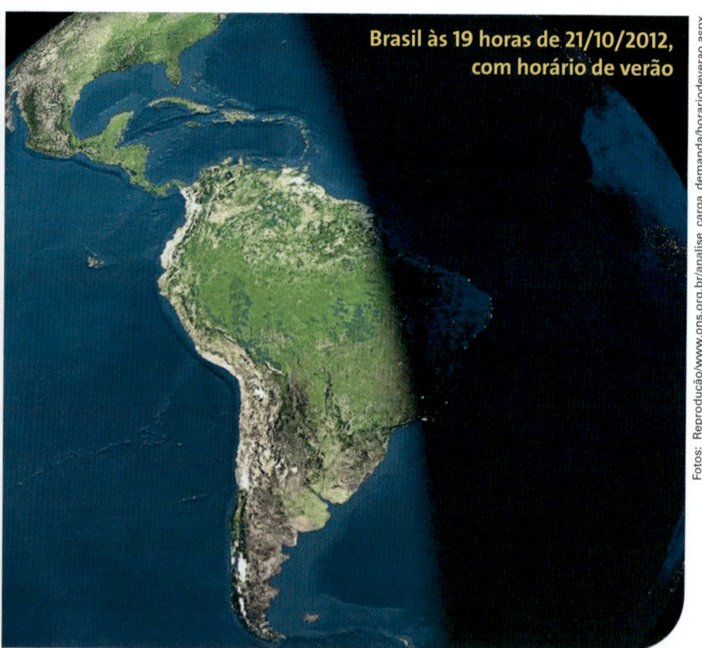

Fotos: Reprodução/www.ons.org.br/analise_carga_demanda/horariodeverao.aspx

OPERADOR NACIONAL DO SISTEMA ELÉTRICO (ONS). *Término do horário de verão 2012/2013.* p. 7. Disponível em: <www.ons.org.br/analise_carga_demanda/horario_verao.aspx>. Acesso em: 17 dez. 2013.

Segundo o relatório da ONS: "No Nordeste, apenas parte da Bahia, Maranhão e parte do Ceará se beneficiariam mais efetivamente, no início do horário de verão, uma vez que nos demais estados, na parte mais a leste dessa região, próxima ao litoral, já seria noite com ou sem a implantação do horário de verão". Isso acontece porque a porção oriental da região Nordeste está no fuso horário teórico UTC –2, embora por razões práticas tenha sido colocada no fuso UTC –3 (hora de Brasília); portanto, aí escurece mais cedo.

Atividades

Compreendendo conteúdos

1. Explique as consequências da esfericidade do planeta, da inclinação do eixo terrestre e do movimento de translação para a insolação e as estações do ano.

2. Explique a diferença entre os limites teóricos e práticos nos fusos horários.

3. Aponte a finalidade da adoção do horário de verão. Por que o Brasil não o adota em todos os estados?

Desenvolvendo habilidades

4. Observe o mapa-múndi e responda:
   a) Quais são as coordenadas geográficas dos pontos **A**, **B** e **C**?
   b) Em que hemisférios estão localizados esses pontos?
   c) Se na longitude 0° os relógios marcam 14h, que horas são nos pontos **A**, **B** e **C**?
   d) Que horas são no ponto **A** quando está em vigor o horário de verão brasileiro?

5. Releia o trecho do livro *A volta ao mundo em 80 dias* na página 34 e responda:
   a) Por que Phileas Fogg, protagonista da ficção de Júlio Verne, fez sua viagem de volta ao mundo em 79 dias, e não em 80 dias, como está no título do livro?
   b) Por que o personagem só se deu conta disto quando retornou a Londres?

Mapa-múndi de Mercator

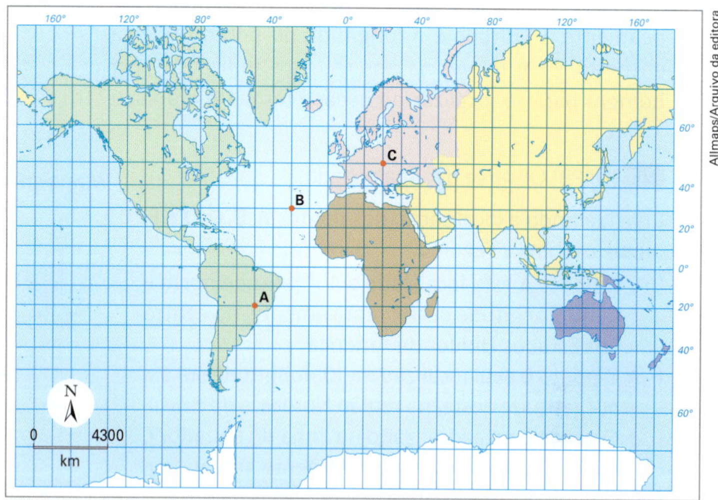

Adaptado de: CHARLIER, Jacques (Dir.). *Atlas du 21e siècle édition 2012*. Groningen: Wolters-Noordhoff; Paris: Éditions Nathan, 2011. p. 8.

6. Imagine que você está visitando São Paulo (SP) e pretende conhecer alguns pontos de interesse cultural da cidade. Você comprou ingresso para assistir a uma apresentação da Orquestra Sinfônica do Estado de São Paulo (Osesp), na Sala São Paulo, e quer aproveitar para conhecer a Estação Júlio Prestes, que fica ao lado. Antes, porém, decide ver uma exposição de pinturas na Pinacoteca do Estado e conhecer o Museu da Língua Portuguesa, que funciona no edifício da Estação da Luz. Consultando a legenda das principais atrações na planta turística do centro de São Paulo (consulte-a na página 27), você descobre o número de cada uma delas, assim como sua respectiva coordenada alfanumérica. Agora basta localizá-las e explorar o que elas têm para oferecer.

Consulte o *site* da **São Paulo Turismo S.A. (SPTuris)** e da associação **Viva o Centro de São Paulo**. Veja orientações na seção **Sugestões de livros, filme e *sites***.

A Sala São Paulo, sede da Osesp, é um local de concertos inaugurado em 1999 numa ala do edifício que abriga a estação ferroviária Júlio Prestes (foto de 2011). Essa estação já foi terminal de trens de passageiros que viajavam para o interior (a antiga estrada de ferro Sorocabana), mas hoje nela só funcionam os trens da Companhia Paulista de Trens Metropolitanos (CPTM), que ligam a capital a municípios da Zona Oeste da Grande São Paulo (linha 8 – Diamante).

Vestibulares de Norte a Sul

1. CO (UnB-DF) A necessidade de orientação no espaço terrestre esteve presente na humanidade desde as sociedades primitivas. A observação de corpos celestes foi a base para a elaboração de técnicas simples de localização, muito usadas desde a Antiguidade. Embora tais técnicas não tenham sido totalmente abandonadas, atualmente dispõe-se de sofisticada tecnologia, sendo possível a uma pessoa, com um instrumento do tamanho de um telefone celular, obter quase que instantaneamente a latitude e a longitude do ponto onde se encontra. Com referência aos recursos utilizados pelo homem para se localizar no espaço terrestre e ao seu conhecimento acerca da posição e da movimentação da Terra no Sistema Solar, julgue os itens abaixo.

( ) O Sol nasce sempre no mesmo ponto do horizonte, o qual convencionou-se chamar de leste.

( ) Ao contrário do que ocorre com a utilização de outros meios, o uso da bússola é uma forma precisa de orientação.

( ) A Lua, assim como o Sol, nasce a leste e põe-se a oeste, permitindo o estabelecimento dos pontos cardeais, de forma aproximada.

( ) O uso da constelação do Cruzeiro do Sul como forma de localização só é possível no hemisfério sul.

2. NE (UFPB) Observe o mapa ao lado:

Considerando a localização dos pontos **A**, **B**, **C**, **D** e **E**, julgue os itens a seguir:

( ) O ponto **A** está localizado a 40° latitude norte e a 100° longitude oeste, praticamente, no centro dos Estados Unidos da América.

( ) O ponto **B** está localizado a 10° longitude sul e a 40° latitude oeste, na região Nordeste do Brasil.

( ) O ponto **C** está localizado na linha do equador e a 20° longitude leste, no continente africano.

( ) O ponto **D** está localizado a 60° latitude norte e a 100° longitude leste, no continente asiático.

( ) O ponto **E** está localizado a 20° longitude sul e a 130° latitude leste, na Austrália.

Mapa-múndi de Mercator

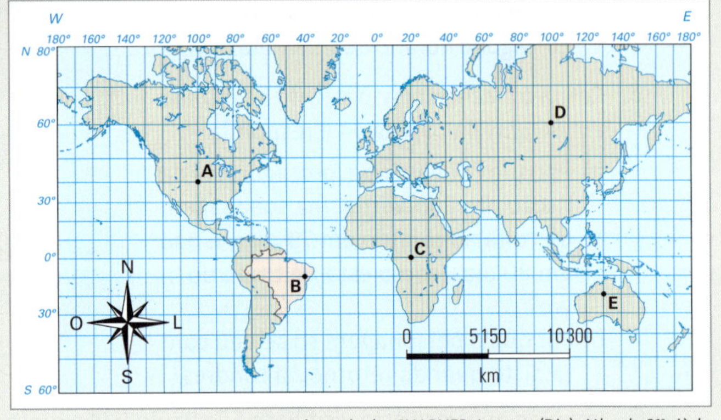

Adaptado de: CHARLIER, Jacques (Dir.). *Atlas du 21e siècle*. Paris: Éditions Nathan/VUEF, 2002. p. 170.

3. SE (UFU-MG) A Terra é inclinada em relação ao plano da sua órbita ao redor do Sol e no seu próprio eixo. Essa inclinação, somada ao movimento de translação, é responsável pela formação das estações do ano, como demonstra a figura abaixo.

A análise da figura indica que, entre os dias

a) 21 e 22 de dezembro, como o hemisfério sul está recebendo os raios solares perpendicularmente ao trópico de Capricórnio, e o centro do hemisfério está voltado para o Sol, a estação do ano que ocorre no hemisfério sul é o inverno.

b) 21 e 22 de junho, ocorre o solstício de verão no hemisfério sul e, no hemisfério norte, o solstício de inverno.

c) 21 e 22 de março, os raios solares incidem sobre a superfície da Terra perpendicularmente ao equador, quando se inicia a primavera ou o outono, ou seja, ocorre concomitantemente o equinócio no hemisfério norte e sul.

d) 22 e 23 de setembro, ocorre o equinócio de primavera no hemisfério norte e, no hemisfério sul, o equinócio de outono.

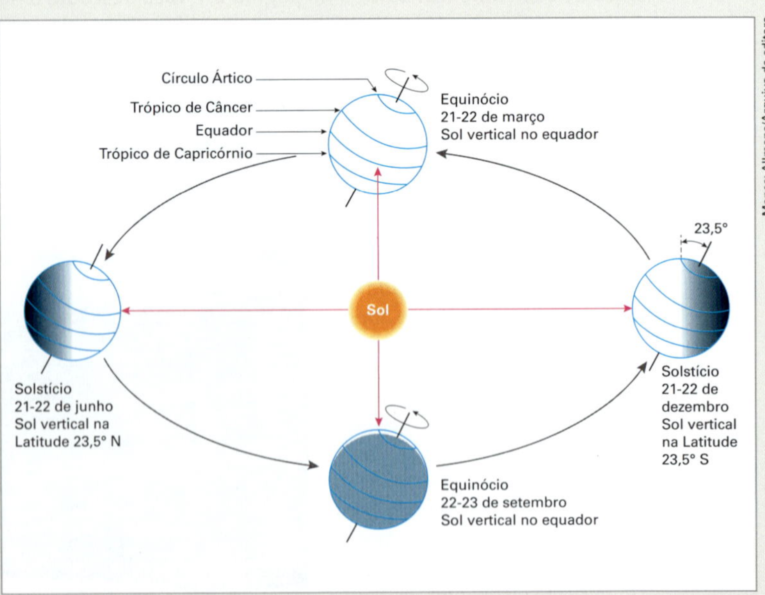

PEREIRA, A. R. et al. *Agrometeorologia:* fundamentos e aplicações práticas. Guaíba: Agropecuária, 2002.

Mapas: Allmaps/Arquivo da editora

CAPÍTULO

2 Representações cartográficas, escalas e projeções

Biblioteca Britânica, Londres, Inglaterra

Mapa do Saltério, presente no *Livro de Salmos*, século XIII.

Devemos utilizar a representação mais adequada à nossa necessidade. Por exemplo, para encontrar uma rota de viagem por terra não é apropriado utilizar o mapa-múndi, menos ainda o globo, como fizeram Calvin e Haroldo no quadrinho do capítulo anterior, e sim um mapa rodoviário. Como o globo terrestre é feito numa escala muito pequena, o lugar para onde pretendiam ir lhes pareceu perto. A escala é considerada pequena quando se reduzem muito os elementos representados. Imagine quantas vezes o planeta Terra (e os elementos sociais e naturais que o compõem) foi reduzido para caber num globo como o que eles consultaram ou num planisfério do tamanho desta folha, porém é grande quando os elementos são pouco reduzidos. Como veremos, por meio de vários exemplos, o uso da escala adequada é fundamental.

O globo terrestre, embora mantenha as características do planeta em termos de formas e distâncias, tem utilização prática reduzida: é difícil transportá-lo em viagens ou fazer medidas em sua superfície. Por isso os cartógrafos inventaram projeções que permitem representar o planeta esférico numa superfície plana. O problema é que qualquer projeção provoca algum tipo de distorção. Por que será que isso ocorre?

Imagine o mapa-múndi: pense em como estão distribuídos os continentes. A Europa está no centro e no topo do mapa, e a África, ao sul dela; a América está a oeste da Europa e nós, na América do Sul, estamos a sudoeste, correto? Então o Japão aparece na Ásia, no Extremo Oriente, mas será que os japoneses veem o mundo assim?

Por que quase sempre vemos o hemisfério norte no topo dos mapas? Podemos, em vez disso, pôr o sul no topo? Poderíamos representar o Brasil no centro do mapa-múndi? Você acharia isso estranho? São questões que serão esclarecidas neste capítulo.

Turista consulta planta de Buenos Aires em frente à Casa Rosada, sede do Poder Executivo da Argentina (foto de 2013).

Sarah Morgan/Flickr Vision/Getty Images

1 Representação cartográfica

Evolução tecnológica

O mapa é uma das mais antigas formas gráficas de comunicação, precedendo a própria escrita. Na história humana, parafraseando Paulo Freire, a leitura do mundo e sua representação gráfica precederam a leitura da palavra. Mesmo hoje, a leitura do mundo, em sentido amplo, muitas vezes precede a leitura de textos escritos sobre ele. Em Geografia, como vimos na Introdução, a observação da paisagem é o primeiro procedimento para a compreensão do espaço geográfico, seguido do registro do que foi observado – daí a importância do mapa.

Em um mapa, os elementos que compõem o espaço geográfico são representados por pontos, linhas, texturas, cores e textos, ou seja, são usados símbolos próprios da Cartografia. Diante da complexidade do espaço geográfico, algumas informações são sempre priorizadas em detrimento de outras. Seria impossível representar todos os elementos – físicos, econômicos, humanos e políticos – num único mapa. Seu objetivo fundamental é permitir o registro e a localização dos elementos cartografados e facilitar a orientação no espaço geográfico. Portanto, qualquer mapa será sempre uma simplificação da realidade para atender ao interesse do usuário.

Além das **coordenadas geográficas** ou **alfanuméricas** (localização) e da **indicação do norte** (orientação), que vimos no capítulo anterior, um mapa precisa ter:

- **título**, que nos informa quais são os fenômenos representados;
- **legenda**, que nos mostra o significado dos símbolos utilizados;
- **escala**, que indica a proporção entre a representação e a realidade, e permite calcular as distâncias no terreno com base em medidas feitas no mapa.

"A leitura do mundo precede a leitura da palavra."
Paulo Freire (1921-1997), educador brasileiro mundialmente reconhecido.

Pessoas observam o mapa político da França, na cidade de Lille, em 2014. O território francês é dividido em regiões, que, por sua vez, são divididas em departamentos.

Philippe Huguen/ Agência France-Presse

Os primeiros mapas eram modelados em pedra ou argila. O mapa que você vê na página ao lado é o de Ga-Sur, o mais antigo de que se tem notícia. Ele foi encontrado em 1930 nas ruínas dessa cidade, situada a cerca de 300 quilômetros ao norte da antiga Babilônia. Trata-se de um esboço rústico modelado num pedaço de argila cozida de 8 cm × 7 cm. Estima-se que tenha sido feito por volta de 2 500 a.C. na Mesopotâmia, pelos sumérios. Observe, também na página ao lado, uma interpretação dele.

Consulte o *site* do **Instituto Brasileiro de Geografia e Estatística (IBGE)**. Veja orientações na seção **Sugestões de leitura, filme e *sites***.

Com o tempo, os mapas passaram a ser desenhados em tecido, couro, pergaminho ou papiro. Com a invenção da imprensa, começaram a ser gravados em originais de pedra ou metal e, em seguida, impressos em papel. Hoje, são processados em computador e podem ser analisados diretamente na tela. Observe a localização das ruínas de Ga-Sur no mapa abaixo, elaborado com base na imagem de satélite que o acompanha, um recurso tecnológico atual bastante utilizado para a confecção de mapas, como estudaremos no capítulo 4.

O aprimoramento dos satélites e dos computadores permitiu grandes avanços nas técnicas de coleta, processamento, armazenamento e representação de informações da superfície terrestre, causando grande impacto nos processos de elaboração de mapas e nos conceitos da Cartografia.

Imagem de satélite: Bagdá e ruínas de Ga-Sur e Babilônia (Iraque)

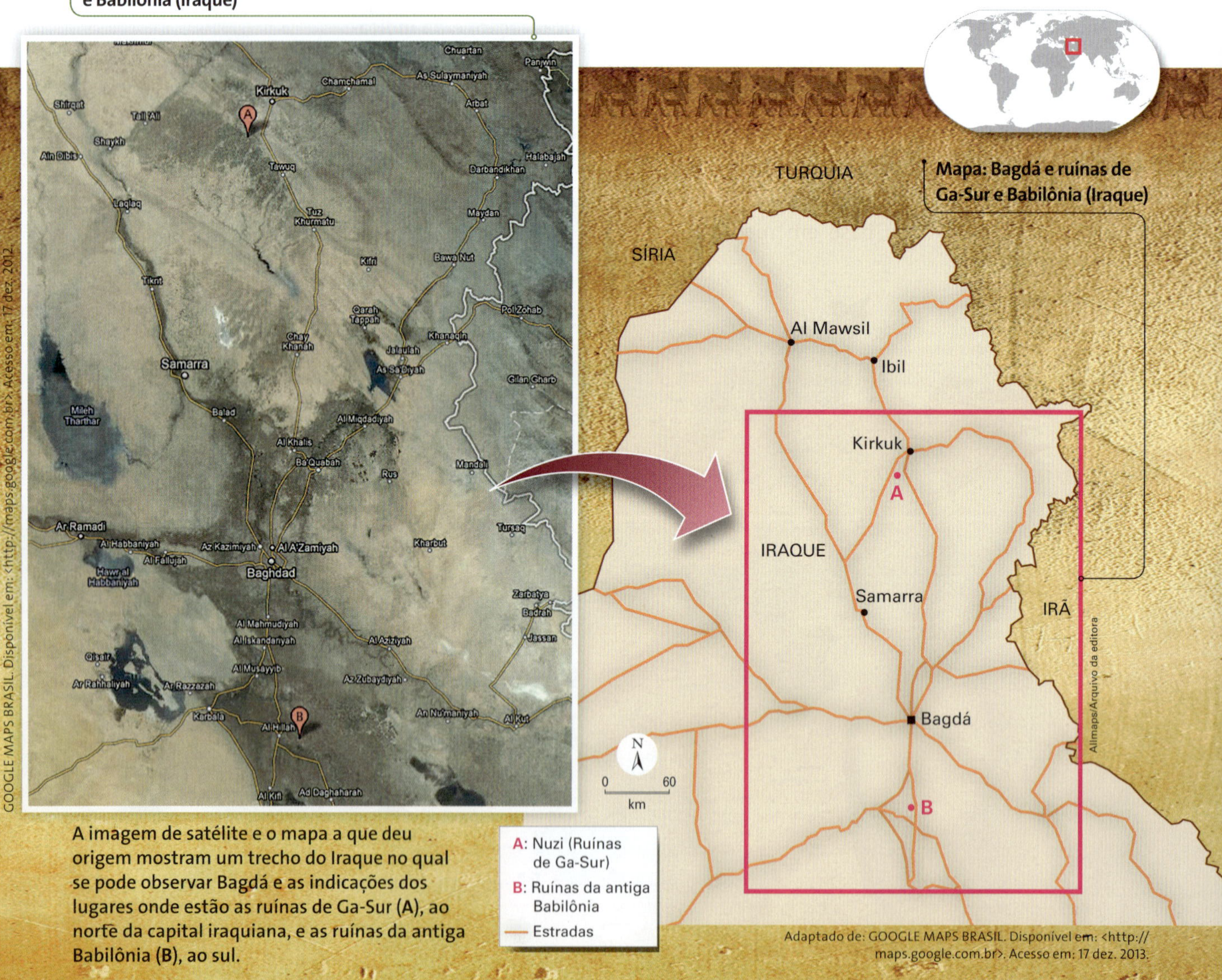

GOOGLE MAPS BRASIL. Disponível em: <http://maps.google.com.br>. Acesso em: 17 dez. 2012.

Mapa: Bagdá e ruínas de Ga-Sur e Babilônia (Iraque)

Allmaps/Arquivo da editora

A imagem de satélite e o mapa a que deu origem mostram um trecho do Iraque no qual se pode observar Bagdá e as indicações dos lugares onde estão as ruínas de Ga-Sur (A), ao norte da capital iraquiana, e as ruínas da antiga Babilônia (B), ao sul.

Adaptado de: GOOGLE MAPS BRASIL. Disponível em: <http://maps.google.com.br>. Acesso em: 17 dez. 2013.

Tipos de produtos cartográficos

Os **mapas** podem ser classificados em **topográficos** (ou de base) e **temáticos**. Num mapa topográfico, representa-se a superfície terrestre o mais próximo possível da realidade, dentro das limitações impostas pela escala pequena. Na **carta topográfica**, feita em escala média ou grande, há mais precisão entre a representação e a realidade. Observe abaixo um trecho de uma folha da **Carta Topográfica do Brasil**. Trata-se da reprodução de uma parte do município de Garuva, no estado de Santa Catarina.

Na carta topográfica, as variáveis da superfície da Terra são representadas com maior grau de detalhamento e a localização é mais precisa. Isso torna possível identificar a posição **planimétrica** – fenômenos geográficos representados no plano, na horizontal – e a **altimétrica** – representação vertical, altitude do relevo – de alguns elementos visíveis do espaço. Mapas e cartas topográficas são resultantes de **levantamentos sistemáticos** feitos por órgãos governamentais ou empresas privadas. Os mapas topográficos servem de base para os mapas temáticos.

Levantamento sistemático: conjunto de medidas planimétricas e altimétricas precisas de uma parte da superfície terrestre que atendem a uma série de regras fixas, como a precisão da escala, do traçado das coordenadas e das curvas de nível.

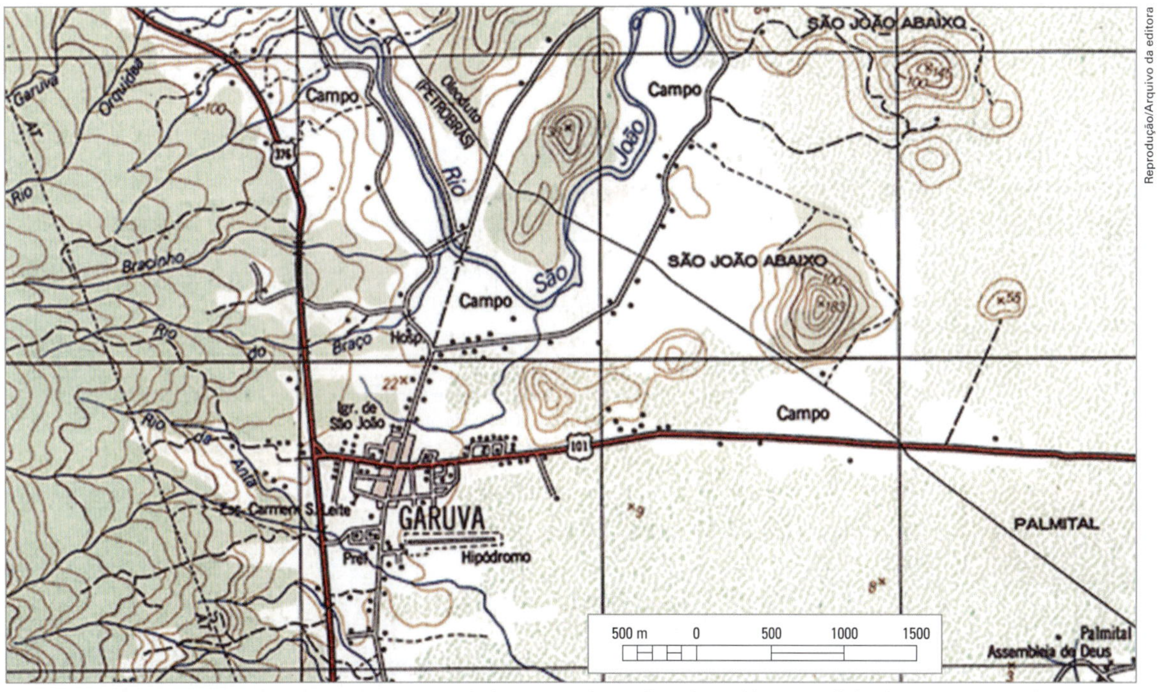

Reprodução/Arquivo da editora

IBGE. Secretaria de Planejamento da Presidência da República. Garuva (SC). Folha SG-22-Z-B-II-1. Rio de Janeiro, 1981.

Reprodução/Museu de Bagdá, Iraque

Reprodução/Arquivo do autor

ilolab /Shutterstock/Glow Images

Imagem que mostra o mapa de Ga-Sur, o mais antigo de que se tem notícia. Ao lado uma interpretação do mapa.

Os **mapas temáticos** contêm informações selecionadas sobre determinado fenômeno ou tema do espaço geográfico: naturais – geologia, relevo, vegetação, clima, etc. – ou sociais – população, agricultura, indústrias, urbanização, etc. (observe o mapa ao lado). Nesses mapas a precisão planimétrica ou altimétrica tem importância menor; as representações quantitativa e qualitativa dos temas selecionados são mais relevantes.

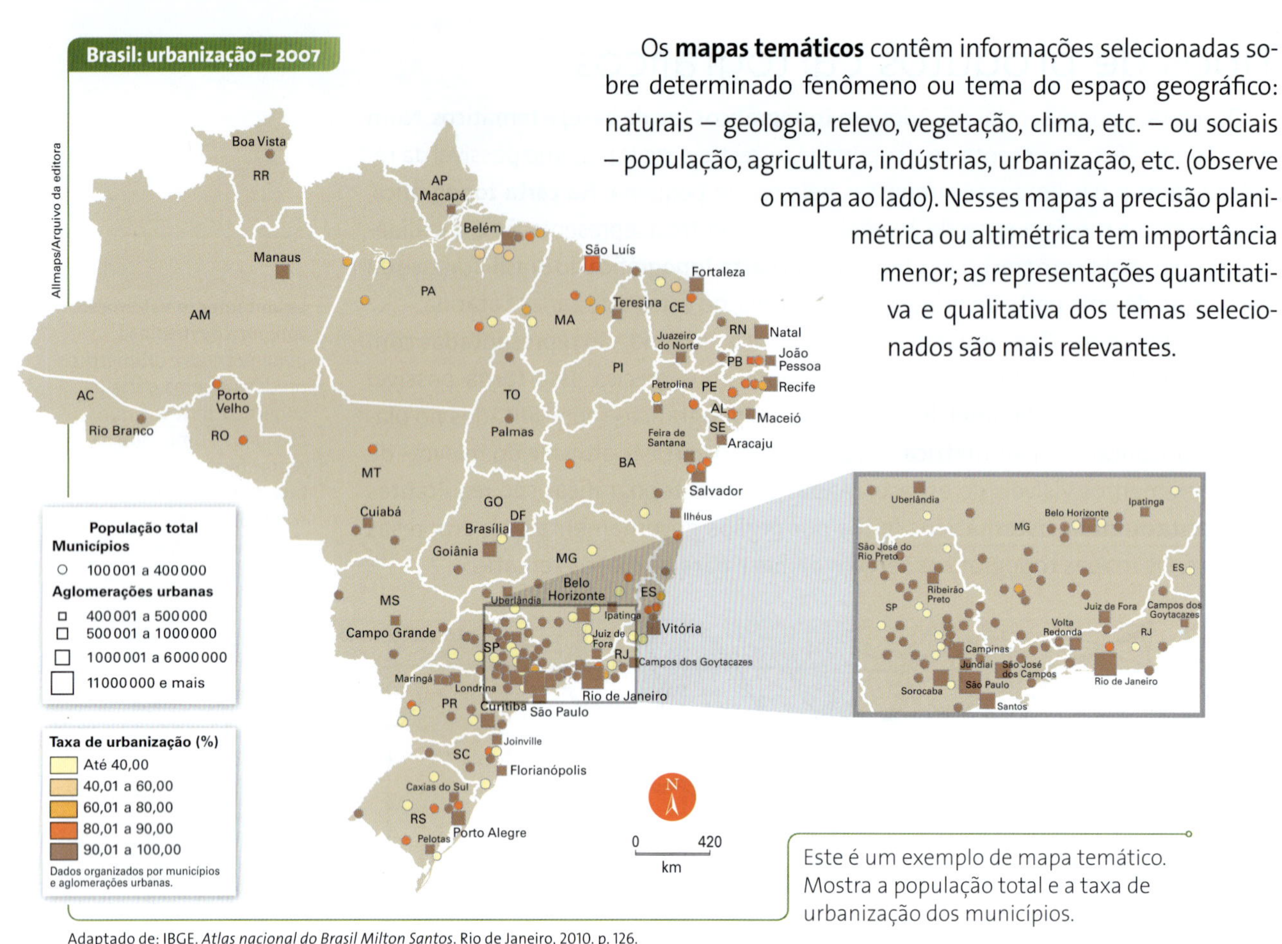

Adaptado de: IBGE. *Atlas nacional do Brasil Milton Santos*. Rio de Janeiro, 2010. p. 126.

Este é um exemplo de mapa temático. Mostra a população total e a taxa de urbanização dos municípios.

Consulte o *site* do **Laboratório de Cartografia Tátil e Escolar (LABTATE)**, do Departamento de Geociências da Universidade Federal de Santa Catarina. Veja orientações na seção **Sugestões de leitura, filme e *sites*.**

Para saber mais

Representação do relevo em carta topográfica

As curvas de nível (ou isoípsas) correspondem à intersecção entre o terreno e um conjunto de planos horizontais imaginários, separados por altitudes iguais. São, portanto, linhas que unem os pontos do relevo que têm a mesma altitude. Traçadas na carta, permitem a visualização da declividade (inclinação) do relevo. Veja a sua representação ao lado.

Quanto maior a declividade, mais próximas as curvas de nível aparecem representadas; quanto menor a declividade, maior o afastamento entre elas. Observe na Carta Topográfica do Brasil (na página anterior) que a distribuição das curvas de nível e a organização da rede de drenagem (os rios, representados por linhas azuis) indicam as diferentes declividades das vertentes.

A maior ou menor declividade do relevo torna os solos mais ou menos suscetíveis à erosão ou a escorregamentos; facilita ou dificulta a construção de cidades, rodovias, ferrovias ou oleodutos; favorece ou não a instalação de fábricas ou a mecanização agrícola. Como você percebeu, a topografia interfere na ocupação do espaço geográfico.

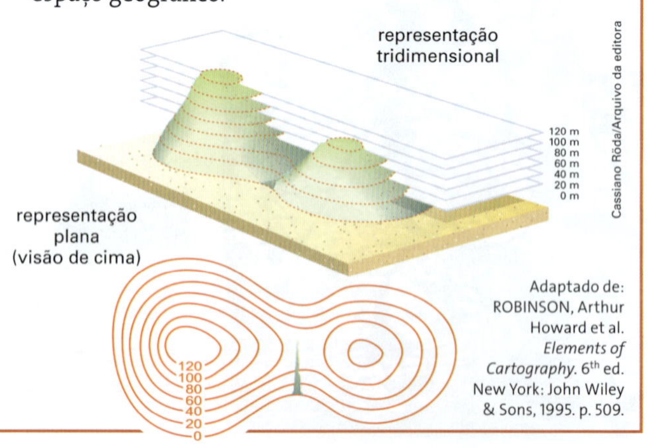

Adaptado de: ROBINSON, Arthur Howard et al. *Elements of Cartography*. 6th ed. New York: John Wiley & Sons, 1995. p. 509.

Pensando no Enem

Um determinado município, representado na planta abaixo, dividido em regiões de A a I, com altitudes de terrenos indicadas por curvas de nível, precisa decidir pela localização das seguintes obras:

1. Instalação de um parque industrial;
2. Instalação de uma torre de transmissão e recepção.

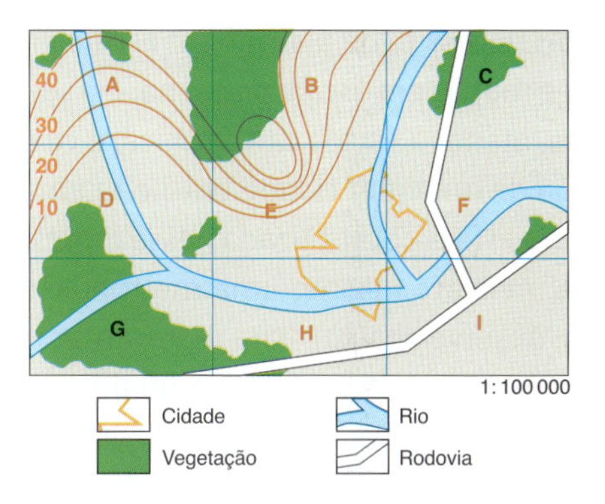

Considerando impacto ambiental e adequação, as regiões onde deveriam ser, de preferência, instaladas indústrias e torres, são, respectivamente:

a) E e G.
b) H e A.
c) I e E.
d) B e I.
e) E e F.

Resolução

Um parque industrial deve ser preferencialmente instalado em um terreno com topografia plana para evitar grandes cortes ou aterros, que podem expor a área à erosão. Não é adequada a instalação de um parque industrial no interior de cidades onde há poucos terrenos disponíveis, pois isso pode agravar a poluição e o trânsito. O ideal é que ele seja instalado numa área fora da cidade (mas não muito distante porque necessita de mão de obra) e onde haja um bom sistema de transportes que permita a chegada de matérias-primas e o escoamento dos bens produzidos. Considerando tudo isso e os elementos mostrados na planta, o melhor local para a instalação de um parque industrial é a área I do município, ao lado da rodovia.

A instalação de uma torre de comunicação deve ficar nas proximidades da cidade, mas num terreno de altitude mais elevada para que seu funcionamento seja mais eficiente; portanto, o melhor local para sua instalação é a área E. Assim, a alternativa que responde corretamente ao problema proposto é a **C**.

Considerando a Matriz do Enem, esta questão contempla a **Competência de área 2 – Compreender as transformações dos espaços geográficos como produto das relações socioeconômicas e culturais de poder**, especialmente a habilidade **H6 – Interpretar diferentes representações gráficas e cartográficas dos espaços geográficos**. Contempla também a **Competência de área 6 – Compreender a sociedade e a natureza, reconhecendo suas interações no espaço em diferentes contextos históricos e geográficos**, especialmente as competências: **H27 – Analisar de maneira crítica as interações da sociedade com o meio físico, levando em consideração aspectos históricos e/ou geográficos** – e **H28 – Relacionar o uso das tecnologias com os impactos socioambientais em diferentes contextos histórico-geográficos**. Cobra especificamente a habilidade de ler e interpretar uma planta, principalmente no que tange a leitura de curvas de nível, e de refletir sobre as possibilidades de ocupação do território, considerando o relevo e outras variáveis socioeconômicas e espaciais e as consequências ambientais dessa ocupação.

Ale Ruaro/Pulsar Imagens

Vista aérea de uma das unidades da Agrale (fabricante de tratores, caminhões, ônibus e utilitários) situada no distrito industrial de Caxias do Sul (RS), em 2013.

2 Escala e representação cartográfica

Inicialmente é importante fazer uma distinção entre **escala geográfica** e **escala cartográfica**. A primeira define a escala da análise geográfica, o recorte espacial: local, regional, nacional ou mundial. A segunda define a escala de representação, ou seja, indica a relação entre o tamanho dos objetos representados na planta, carta ou mapa e o tamanho deles na realidade (veja indicação de *sites* na seção **Sugestões de leitura, filme e *sites***, nos quais é possível observar representações em diversas escalas). A seguir, ao estudarmos a escala cartográfica e suas relações matemáticas, vamos perceber sua permanente relação com a escala geográfica. Por exemplo, a análise de fenômenos locais necessita de plantas em escala grande, já a análise de fenômenos mundiais exige mapas em escala pequena. Ou seja, quanto maior a escala de análise geográfica, menor a escala cartográfica, e vice-versa.

É impossível encontrarmos uma rua de qualquer cidade brasileira em um mapa-múndi ou no mapa político do Brasil (a escala utilizada nessa representação – 1 : 30 000 000 – é pequena, nela até mesmo uma metrópole se torna apenas um ponto; observe abaixo). Para representar uma rua, é preciso usar uma escala grande, na qual seja possível visualizar os quarteirões, como a de 1 : 10 000 (veja a planta do bairro de Botafogo, na cidade do Rio de Janeiro, na página 53, e em seguida o quadro "Usando a escala", na página ao lado).

Brasil: divisão política

Num mapa feito nesta escala, mesmo as capitais dos estados brasileiros ficam reduzidas a pontos, até mesmo a maior cidade do país, São Paulo (SP), que em 2010, segundo o IBGE, tinha 11,3 milhões de habitantes.

Adaptado de: IBGE. *Atlas geográfico escolar*. 6. ed. Rio de Janeiro, 2012. p. 90.

Para saber mais

Usando a escala

Vamos desenvolver um exemplo de como a escala pode ser usada. Para acompanhar, observe o trecho da carta de Garuva (SC), apresentada na página 47, e considere as seguintes convenções:

Escala = 1/N
N = denominador da escala.
D = distância na superfície terrestre.
d = distância no documento cartográfico.

Suponhamos o seguinte problema:

Um motorista, vindo pela BR-376, depois que entrar na BR-101, percorrerá que distância até cruzar o oleoduto da Petrobras? Na carta apresentada, essa distância mede cerca de 8 centímetros.

Temos:

Escala da carta = 1/50 000 (N = 50 000), pode-se ler também 1 : 50 000 (um por cinquenta mil).

Logo, 1 centímetro na carta equivale a 50 000 centímetros ou 500 metros ou 0,5 quilômetro na superfície terrestre.

Assim, temos o denominador da escala já convertido para quilômetro, a distância na carta e queremos saber a distância na superfície terrestre.

N = 0,5 km   d = 8 cm   D = ?

Aplicando uma regra de três simples:

1 cm — 0,5 km   D = 8 × 0,5
8 cm — D   D = 4 km

Portanto:

D = d × N

Resposta ao problema: a distância a ser percorrida pelo motorista é de 4 quilômetros.

Agora, temos a distância na superfície terrestre, o denominador da escala e queremos encontrar a distância na carta:

D = 4 km   1 cm — 0,5 km
N = 0,5 km   d — 4 km
d = ?   d × 0,5 = 1 × 4
d = 4 / 0,5
d = 8 cm

Portanto:

d = D / N

Finalmente, temos a distância na superfície terrestre e na carta e queremos saber a escala:

D = 4 km
d = 8 cm
Escala = ?
1 cm — N
8 cm — 4 km
N × 8 = 1 × 4
N = 4 / 8
N = 0,5 km (que equivale a 50 000 cm)
Escala = 1 / N
Escala = 1 / 50 000 ou 1 : 50 000

Portanto:

N = D / d

Uma escala pode ser expressa de duas formas:

- numérica:

1 : 50 000

- gráfica:

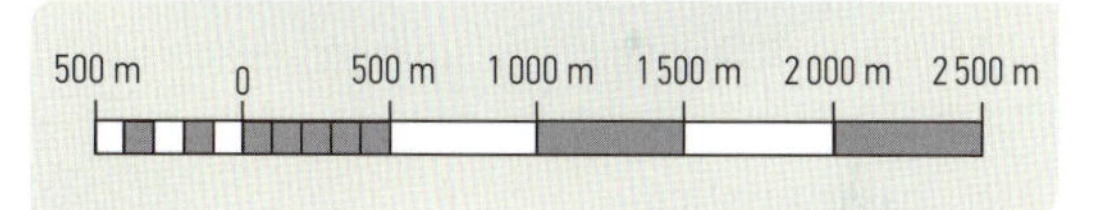

Em alguns mapas, abaixo da escala (numérica ou gráfica) há um lembrete: por exemplo, "1 cm no mapa corresponde a 0,5 quilômetro no terreno".

Para medir em uma carta ou mapa a extensão de linhas sinuosas, como rodovias, ferrovias, rios, etc., utiliza-se um curvímetro, como aparece na foto. Não dispondo desse aparelho, um modo prático de fazer medidas, embora não muito preciso, é estender um barbante sobre o traçado de, por exemplo, uma rodovia, medi-lo com uma régua e, considerando a escala, fazer o cálculo da distância; ou então, se houver escala gráfica, esticá-lo diretamente sobre ela.

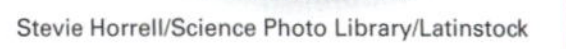
Stevie Horrell/Science Photo Library/Latinstock

Outras leituras

Conheça a definição do IBGE para diferentes tipos de representação cartográfica.

Observe que o uso de planta, carta ou mapa está diretamente associado à necessidade do usuário. Se uma pessoa tem a intenção de:

- procurar uma rua, como a São Clemente, no bairro de Botafogo, a opção será por uma planta da cidade do Rio de Janeiro na escala grande – 1 : 10 000;
- localizar os **bairros** do entorno, como o Leme, deverá utilizar a **carta** da cidade do Rio de Janeiro na escala média – 1 : 50 000;
- identificar as **cidades** vizinhas ao Rio, como Niterói, deverá consultar um **mapa** do estado do Rio de Janeiro na escala pequena – 1 : 1 000 000.

Note, nas imagens a seguir, que, conforme a escala vai gradativamente ficando menor, ocorre um aumento da área representada e uma diminuição do grau de detalhamento dos elementos cartografados. Observe que nessas representações cartográficas não há legenda porque o objetivo é apenas destacar as diferentes escalas.

Representação cartográfica

Globo

Representação cartográfica sobre uma superfície esférica, em escala pequena, dos aspectos naturais e artificiais de uma figura planetária, com finalidade cultural e ilustrativa.

Mapa (características):

- representação plana;
- geralmente em escala pequena;
- área delimitada por acidentes naturais (bacias, planaltos, chapadas, etc.), [limites] político-administrativos;
- destinação a fins temáticos, culturais ou ilustrativos.

A partir dessas características pode-se generalizar o conceito:

"Mapa é a representação no plano, normalmente em escala pequena, dos aspectos geográficos, naturais, culturais e artificiais de uma área tomada na superfície de uma figura planetária, delimitada por elementos físicos, político-administrativos, destinada aos mais variados usos temáticos, culturais e ilustrativos."

Adaptado de: FERREIRA, Graça Maria Lemos. *Moderno atlas geográfico*. 5. ed. São Paulo: Moderna, 2013. p. 11.

Carta (características):

- representação plana;
- escala média ou grande;
- desdobramento em folhas articuladas de maneira sistemática;
- limites das folhas constituídos por linhas convencionais, destinada à avaliação precisa de direções, distâncias e localização de pontos, áreas e detalhes.

Carta

Adaptado de: FERREIRA, Graça Maria Lemos. *Moderno atlas geográfico.* 5. ed. São Paulo: Moderna, 2013. p. 11.

Da mesma forma que da conceituação de mapa, pode-se generalizar:

"Carta é a representação no plano, em escala média ou grande, dos aspectos artificiais e naturais de uma área tomada de uma superfície planetária, subdividida em folhas delimitadas por linhas convencionais – paralelos e meridianos – com a finalidade de possibilitar a avaliação de pormenores, com grau de precisão compatível com a escala."

Planta

A planta é um caso particular de carta. A representação se restringe a uma área muito limitada e a escala é grande, consequentemente o número de detalhes é bem maior.

"Carta que representa uma área de extensão suficientemente restrita para que a sua curvatura não precise ser levada em consideração, e que, em consequência, a escala possa ser considerada constante."

IBGE. *Noções básicas de Cartografia.* Rio de Janeiro, 1999. p. 21. (Manuais técnicos em Geociências; 8).

Adaptado de: FERREIRA, Graça Maria Lemos. *Moderno atlas geográfico.* 5. ed. São Paulo: Moderna, 2013. p. 11.

Mapas: Allmaps/Arquivo da editora

3 Projeções cartográficas

Uma projeção cartográfica é o resultado de um conjunto de operações que permite representar no plano, tendo como referência paralelos e meridianos, os fenômenos que estão dispostos na superfície esférica. Quando vista do espaço sideral, a Terra parece ser uma esfera perfeita, mas nosso planeta apresenta uma superfície irregular e é levemente achatado nos polos. Por isso os cartógrafos, geógrafos e outros profissionais que produzem mapas fazem seus cálculos utilizando uma elipse, que ao girar em torno de seu eixo menor forma um volume, o elipsoide de revolução. Segundo o IBGE, "o elipsoide é a superfície de referência utilizada nos cálculos que fornecem subsídios para a elaboração de uma representação cartográfica".

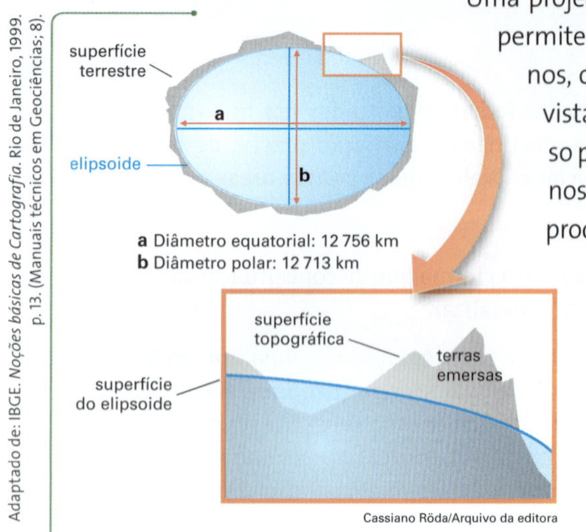

Cassiano Röda/Arquivo da editora

Adaptado de: IBGE. *Noções básicas de Cartografia*. Rio de Janeiro, 1999. p. 13. (Manuais técnicos em Geociências; 8).

O **elipsoide de revolução** é uma superfície teórica regular, criada para fins cartográficos, que evidencia o achatamento nos polos terrestres. Na figura, que não está em escala, esse achatamento está bastante exagerado: na realidade a diferença entre o diâmetro equatorial e o polar é de apenas 43 quilômetros.

Ao fazerem a transferência de informações do elipsoide para o plano, os cartógrafos se deparam com um problema insolúvel: qualquer que seja a projeção adotada, sempre haverá algum tipo de distorção nas áreas, nas formas ou nas distâncias da superfície terrestre. Só não há distorção perceptível em representações de escala suficientemente grande, como é o caso das plantas, nas quais não é necessário considerar a curvatura da Terra.

As projeções podem ser classificadas em conformes, equivalentes, equidistantes ou afiláticas, dependendo das propriedades geométricas presentes na relação globo terrestre/mapa-múndi. Além disso, podem ser agrupadas em três categorias principais, dependendo da figura geométrica empregada em sua construção: cilíndricas (as mais comuns), cônicas ou azimutais (também chamadas de planas).

Observe que na **projeção cilíndrica** o globo terrestre parece estar envolvido por um cilindro de papel no qual são projetados os paralelos e os meridianos.

Na **projeção cônica**, o globo parece estar envolvido por um cone de papel no qual são projetados os paralelos e os meridianos.

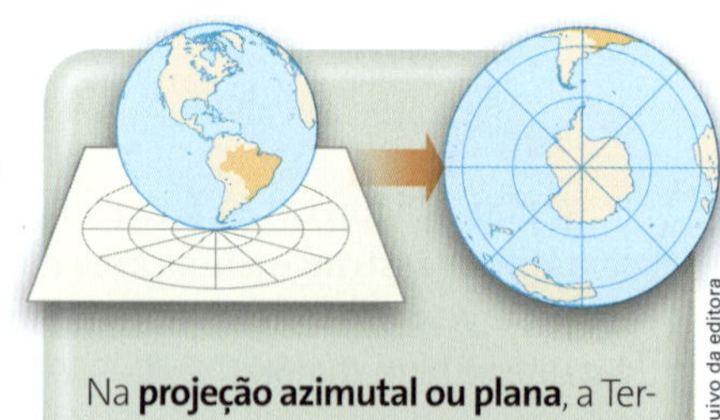

Na **projeção azimutal ou plana**, a Terra parece ser tangenciada em qualquer ponto por um pedaço de papel no qual são projetados os paralelos e os meridianos. Quando o globo é tangenciado num dos polos, dizemos que se trata de uma projeção polar.

Mapas: Allmaps/Arquivo da editora

Adaptado de: IBGE. *Atlas geográfico escolar*. 6. ed. Rio de Janeiro, 2012. p. 21.

Conformes

Projeção **conforme** é aquela na qual os ângulos são idênticos aos do globo, seja em um mapa-múndi, seja em um regional. Nesse tipo de projeção, as formas terrestres são representadas sem distorção, porém com alteração do tamanho de suas áreas. Apenas nas proximidades do centro de projeção, que neste caso é o equador, é que se verifica distorção mínima. Quanto maior o afastamento a partir dessa linha imaginária, maior é a distorção. Por essa razão, quando se utiliza esse tipo de projeção, geralmente só são reproduzidos os territórios situados até 80° de latitude.

A mais conhecida projeção conforme é a de **Mercator**, cartógrafo e matemático belga cujo nome verdadeiro era Gerhard Kremer (1512-1594). Em 1569, época em que os europeus comandavam a Expansão Marítima, Mercator abriu novas perspectivas para a Cartografia, ao construir uma projeção cilíndrica conforme que imortalizou seu codinome (veja-a a seguir). Essa representação foi elaborada para facilitar a navegação, pois possibilitava representar com precisão, no mapa, a rede de coordenadas geográficas e os ângulos obtidos pela bússola.

Projeção de Mercator original

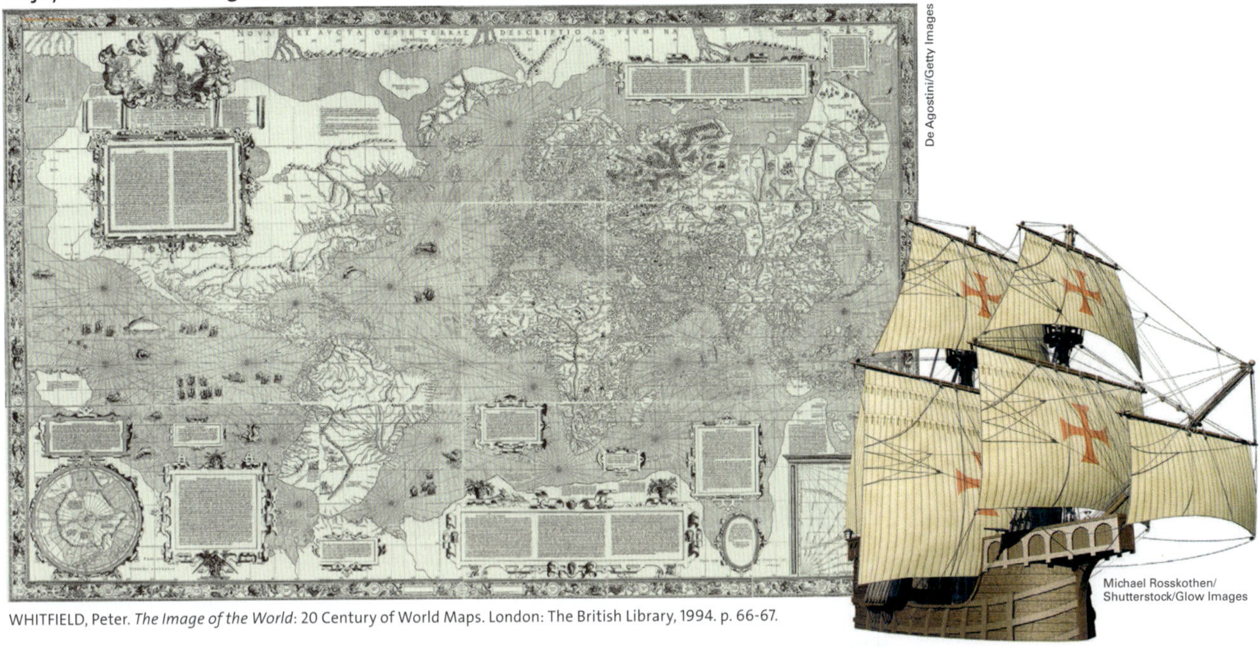

De Agostini/Getty Images

Michael Rosskothen/ Shutterstock/Glow Images

WHITFIELD, Peter. *The Image of the World*: 20 Century of World Maps. London: The British Library, 1994. p. 66-67.

No mapa-múndi de Mercator a Europa aparece numa posição central, superior e, por se situar em altas latitudes, proporcionalmente maior do que é na realidade acabou se transformando no principal representante da visão eurocêntrica do mundo. Durante séculos, foi uma das projeções mais usadas na elaboração de planisférios, e, apesar do surgimento posterior de muitas outras, ainda hoje é bastante usada.

Projeção de Mercator atual

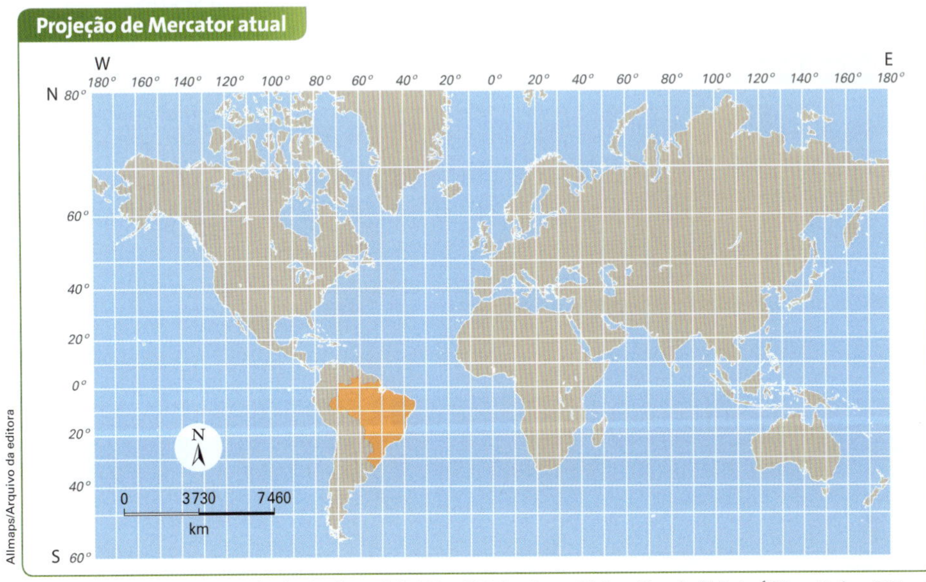

Allmaps/Arquivo da editora

Adaptado de: CHARLIER, Jacques (Dir.). *Atlas du 21e siècle édition 2012*. Groningen: Wolters-Noordhoff; Paris: Éditions Nathan, 2011. p. 8.

Quando representada na projeção de Mercator, a Groenlândia parece ser maior que o Brasil e até mesmo que a América do Sul. O mapa originalmente feito por Mercator, como se pode ver acima, não mostrava os continentes de forma precisa como este planisfério, produzido de acordo com a projeção por ele criada, mas com as técnicas cartográficas disponíveis atualmente.

Equivalentes

Num mapa-múndi ou regional com projeção **equivalente** as áreas mantêm-se proporcionalmente idênticas às do globo terrestre, embora as formas estejam deformadas em comparação com a realidade. Um exemplo desse tipo de projeção é o mapa-múndi de **Peters**, elaborado pelo historiador e cartógrafo alemão Arno Peters (1916-2002) e publicado pela primeira vez em 1973.

Nessa projeção parece que os continentes e países foram alongados nos sentidos norte-sul. Há uma distorção em suas formas, mas todos mantêm seu tamanho proporcional. Por exemplo, a Groenlândia, embora irreconhecível, aparece bem menor que o Brasil e a América do Sul, como é na realidade.

Projeção de Peters

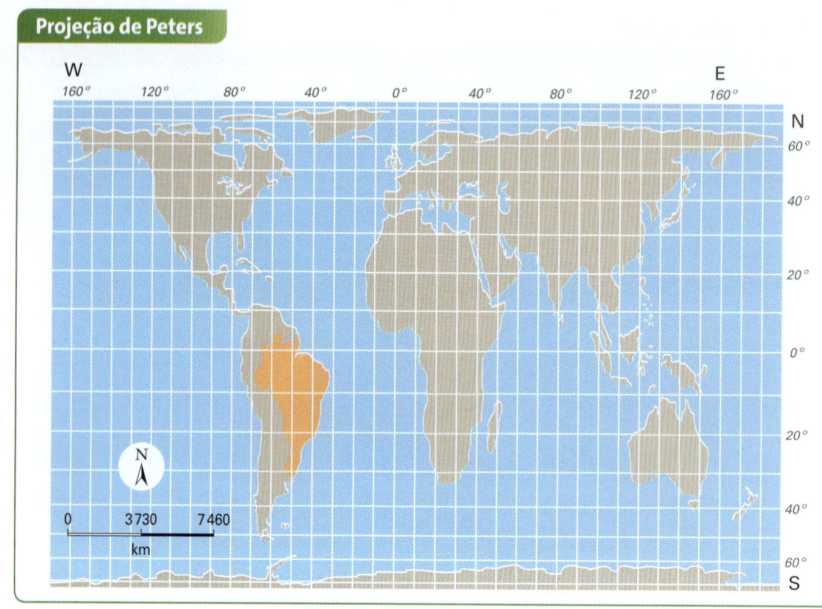

Adaptado de: CHARLIER, Jacques (Dir.). *Atlas du 21e siècle édition 2012*. Groningen: Wolters-Noordhoff; Paris: Éditions Nathan, 2011. p. 8.

Consulte o *site* da **Oxford Cartographers**. Veja orientações na seção **Sugestões de leitura, filme e *sites*.**

Embora essa projeção não tenha rompido completamente com a visão eurocêntrica, acabou dando destaque aos países de baixa latitude, o que atendeu aos anseios dos Estados que se tornaram independentes após a Segunda Guerra Mundial (1939-1945) e que nessa época eram considerados subdesenvolvidos, situados em grande parte ao sul das regiões mais desenvolvidas. Chegou a ser impressa em alguns lugares de forma invertida em relação à convenção cartográfica dominante, mostrando o sul na parte superior. O mapa-múndi de **Hobo-Dyer**, outra projeção equivalente, também representa o mundo de forma "invertida", como se pode ver a seguir.

Esse mapa-múndi é uma projeção cilíndrica equivalente, semelhante à de Peters, e foi criado em 2002 para mostrar uma visão alternativa do mundo. Foi encomendado por Bob Abramms e Howard Bronstein, fundador e presidente da empresa ODT Maps (sediada em Amherst, Estados Unidos), ao cartógrafo inglês Mick Dyer. O nome da projeção resulta da junção das duas letras iniciais dos nomes de Howard e Bob com o sobrenome de Mick. Está centrada na África e mostra o sul em destaque.

Projeção de Hobo-Dyer

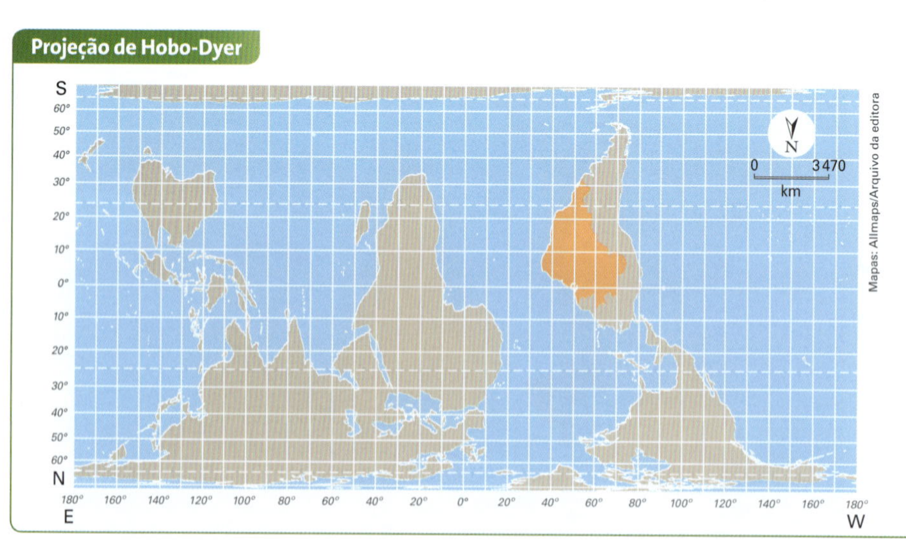

Adaptado de: ODT MAPS. *Hobo-Dyer Equal Area. The World Turned Upside Down*. Disponível em: <http://odtmaps.com>. Acesso em: 17 dez. 2013.

Equidistantes

Nos mapas-múndi com projeção azimutal ou plana **equidistante**, a representação das distâncias entre as regiões é precisa. Elaborada pelo astrônomo e filósofo francês **Guillaume Postel** (1510-1581) e publicada no ano de sua morte, adota como centro da projeção um ponto qualquer do planeta para que seja possível medir a distância entre esse ponto e qualquer outro. Por isso esse tipo de projeção é utilizado especialmente para definir rotas aéreas ou marítimas.

A projeção equidistante mais comum é centrada em um dos polos, geralmente o polo norte, como no mapa ao lado. No centro da projeção, pode-se situar a capital de um país, uma base aérea, a sede de uma empresa transnacional, etc. Entretanto, ela apresenta enormes distorções nas áreas e nas formas dos continentes, que aumentam com o afastamento do ponto central.

Projeção azimutal com centro no polo norte

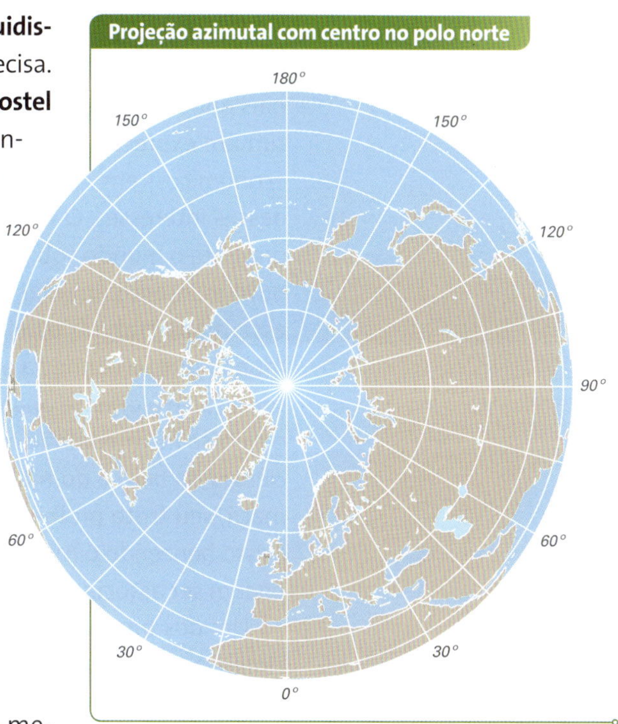

Adaptado de: CHARLIER, Jacques (Dir.). *Atlas du 21e siècle édition 2012*. Groningen: Wolters-Noordhoff; Paris: Éditions Nathan, 2011. p. 9.

Na projeção azimutal equidistante as distâncias só são precisas se traçadas radialmente do centro – no caso desta, o polo norte – até um ponto qualquer do mapa (na página 60 veremos uma projeção plana centrada em Brasília-DF).

Afiláticas

Atualmente é comum a utilização de projeções com menores índices de distorção para o mapeamento do planeta, como a de **Robinson** (observe o mapa abaixo). Essa projeção afilática não preserva nenhuma das propriedades de conformidade, equivalência ou equidistância, mas em compensação não distorce o planeta de forma tão acentuada como as projeções que vimos anteriormente; por isso, tem sido uma das mais utilizadas para mostrar o mundo em atlas escolares e mapas de divulgação.

Projeção de Robinson

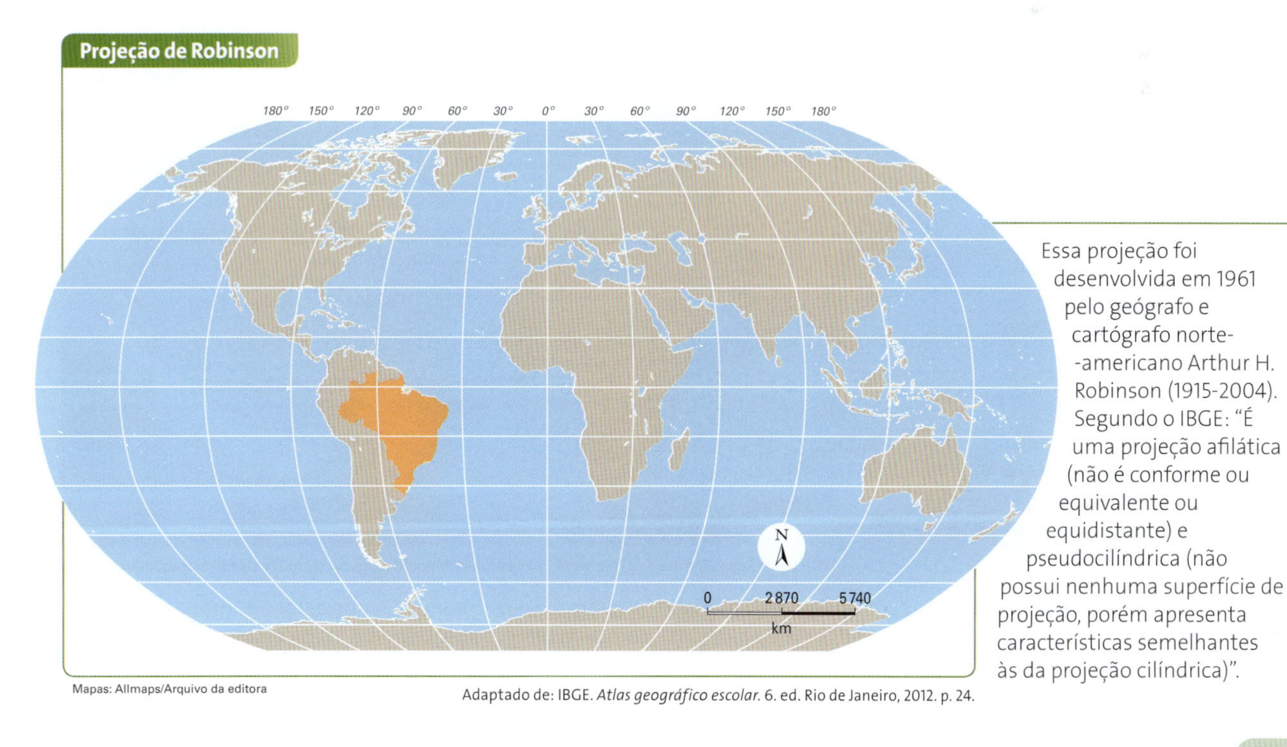

Essa projeção foi desenvolvida em 1961 pelo geógrafo e cartógrafo norte-americano Arthur H. Robinson (1915-2004). Segundo o IBGE: "É uma projeção afilática (não é conforme ou equivalente ou equidistante) e pseudocilíndrica (não possui nenhuma superfície de projeção, porém apresenta características semelhantes às da projeção cilíndrica)".

Mapas: Allmaps/Arquivo da editora

Adaptado de: IBGE. *Atlas geográfico escolar*. 6. ed. Rio de Janeiro, 2012. p. 24.

4 Diferentes visões do mundo

Nosso planeta é um só, mas, como vimos, pode ser representado de formas diferentes ou visto de perspectivas diversas. Como os mapas são feitos por profissionais que vivem no território de um Estado e têm diferentes valores culturais, costumam expressar um ponto de vista particular, além de interesses geopolíticos e econômicos; em contrapartida, também podem expressar um questionamento desses interesses. O mapa mostrado na abertura deste capítulo, por exemplo, representa o mundo sob um ponto de vista religioso. Produzido na Europa medieval, num momento em que a Igreja católica exercia grande poder sobre a sociedade, esse mapa traz vários elementos da crença e dos valores cristãos, aplicados ao mundo que se conhecia até então. A cidade de Jerusalém está no centro da representação e o oriente aparece em destaque, no topo do mapa, onde se encontraria o paraíso (no medalhão estão representados Adão e Eva, separados pela "árvore da ciência do bem e do mal", plantada por Deus no Jardim do Éden, e uma pequena maçã, seu fruto proibido). A porção superior do mapa foi reservada à imagem de Cristo benzendo o mundo ladeado por anjos, e a porção inferior, aos dragões, que podem ser associados ao demônio.

Um dos primeiros mapas-múndi foi elaborado em 1508 por um cartógrafo de Florença chamado Francesco Rosseli. Esse mapa não tinha precisão nenhuma nem mostrava a Oceania, continente que ainda não era conhecido dos europeus. Um pouco mais tarde, em 1569, foi elaborado um dos mapas-múndi mais importantes da História, o mapa de Mercator, cujas características vimos há pouco.

WHITFIELD, Peter. *The Image of the World:* 20 Centuries of World Maps. London: The British Library, 1994. p. 50-51.

Antes das Grandes Navegações existiam um planeta ou um globo terrestre e vários "mundos", considerando "mundo" como o espaço geográfico conhecido por determinado povo; a partir daí, com as viagens transoceânicas, os diversos povos da Terra foram aos poucos entrando em contato e hoje se pode dizer que planeta, globo e mundo são sinônimos. Na imagem, o **mapa-múndi de Rosseli**.

Esses primeiros mapas-múndi, especialmente o de Mercator, colocavam a Europa em destaque: esse continente aparecia no centro do mapa e na parte de cima. Os europeus estavam explorando o mundo e fundando colônias; portanto, era natural que ao representar o planeta se vissem no centro e no topo. O eurocentrismo era a materialização cartográfica do **etnocentrismo** europeu. Mas não devemos nos esquecer de que a Terra é um planeta esférico, em movimento no espaço sideral; portanto, nele não existe nem "acima" nem "abaixo".

Etnocentrismo: tendência de um indivíduo ou povo a valorizar sua cultura e a julgar as outras negativamente por ser diferente da sua.

Antes das Grandes Navegações, os cartógrafos italianos, influenciados pelos árabes, costumavam colocar o sul na parte de cima, como mostra o mapa a seguir, feito em 1459 pelo monge veneziano Fra Mauro (mapas com o sul no topo voltaram a ser produzidos, como ilustra a projeção de Hobo-Dyer). Os cartógrafos árabes costumavam representar o mundo com o sul no topo e com o centro em Meca, a principal cidade sagrada da religião islâmica. Como mostra a imagem da abertura, até o leste ou oriente já chegou a figurar no topo, como era comum nos mapas elaborados na Idade Média, de onde surgiu o sentido original da palavra orientação ("direcionar-se para o oriente"), como vimos no capítulo anterior.

Assim, o fato de o norte aparecer no topo, com a Europa no centro, é apenas mais uma convenção. Entretanto, essa visão eurocêntrica do mundo acabou se consolidando em 1884, ano em que se realizou a Conferência Internacional do Meridiano. Como estudamos no capítulo anterior, nesse encontro foi acordado que o meridiano principal, o zero da longitude, seria o meridiano de Greenwich, portanto o "centro" do mundo.

WHITFIELD, Peter. *The Image of the World: 20 Centuries of World Maps*. London: The British Library, 1994. p. 33.

Observe que, neste **mapa de Fra Mauro**, as terras em torno do mar Mediterrâneo, região mais conhecida na época pelos europeus, têm contornos mais próximos da realidade (localize a Itália e a península Ibérica); entretanto, quanto mais distante da Europa, maior a deformação.

Nada impede que o mundo seja visto de outras perspectivas e, em cada país, os atlas sejam produzidos valorizando sua localização no globo. Por exemplo, nos Estados Unidos, gerações de estudantes cresceram vendo seu país no centro do mapa-múndi com projeção de Mercator. Como antes aconteceu com os europeus, além de estar no centro do mundo o território norte-americano ainda aparecia ampliado. Era uma metáfora da superioridade geopolítica do país no período pós-Segunda Guerra. Os japoneses, que se recuperam da derrota nessa guerra, também costumam representar o planeta com seu país situado no centro, como mostra o mapa-múndi abaixo, publicado em um atlas escolar.

Projeção azimutal equidistante centrada em Brasília

Allmaps/Arquivo da editora

Brasília
Latitude 15°47'03" S
Longitude 47°55'24" W

Adaptado de: OLIVEIRA, Cêurio de. *Curso de Cartografia moderna*. 2. ed. Rio de Janeiro: IBGE, 1993. p. 63.

O Brasil no centro do mundo apareceu em 1981 no livro *Conjuntura política nacional: o Poder Executivo & geopolítica do Brasil*, do general Golbery do Couto e Silva (1911-1987), um dos expoentes do pensamento geopolítico do período militar (1964-1985). Há outro mapa com o Brasil no centro do mundo num livro do geógrafo Cêurio de Oliveira, publicado em 1993 (observe-o ao lado). Mais recentemente, mapas-múndi com o Brasil no centro podem ser encontrados no *Atlas geográfico escolar do IBGE*. Entretanto, uma visão brasileira do mundo nunca foi muito difundida e acabamos nos habituando a ver o planeta da perspectiva eurocêntrica.

Com isso, podemos concluir que não há uma forma certa ou errada de representar o mundo, mas cada uma delas expressa um ponto de vista de um Estado nacional ou de um povo. A Cartografia expressa, em cada um de seus produtos, um ponto de vista sobre o mundo, uma versão da realidade.

A visão nipocêntrica do mundo

(c) Mapa-múndi Atlas Japonês

Este mapa-múndi consta de um atlas geográfico escolar japonês de 1993.

Atividades

Compreendendo conteúdos

1. Aponte as diferenças fundamentais entre mapa, carta e planta.
2. Explique para que serve a escala e como ela pode aparecer numa representação cartográfica.
3. Aponte as distorções verificadas nas seguintes projeções: Mercator, Peters e azimutal.
4. Explique por que o mundo pode ser visto de diferentes perspectivas cartográficas. Dê exemplos.

Desenvolvendo habilidades

5. Observe as representações cartográficas do Rio de Janeiro nas páginas 52 e 53 e localize a Estação Botafogo do metrô. Imagine que você está em frente a ela e pretende ir à rua Marquês de Olinda.
   a) Quantos metros aproximadamente você teria de caminhar pela rua Muniz Barreto?
   b) Qual das representações observadas permite responder a essa pergunta?
6. Retome a planta da página 27 e continue em sua viagem imaginária a São Paulo. Agora você está no Museu da Língua Portuguesa e decide conhecer o Teatro Municipal. Você poderia ir de metrô, mas resolve ir a pé.
   a) Qual é o caminho mais rápido entre esses dois pontos de interesse cultural?
   b) Que distância aproximadamente você caminharia? É possível ir a pé ou é necessário tomar o metrô?
   c) Caso decidisse ir de metrô, como faria?
7. Observe o trecho abaixo da folha de Macapá (AP) da Carta Topográfica do Brasil, compare-a com o trecho da folha de Garuva (SC) na página 47 e solucione os problemas apresentados:
   a) Constate que em Macapá a distância reta entre o **início** da rodovia 010 e a Colônia Penal é de 4 centímetros. Na realidade, essa distância é de 4 quilômetros. Com esses dados, descubra em que escala essa carta foi construída.
   b) Que diferença você observa ao comparar esse trecho da folha de Macapá com o trecho da de Garuva?
   c) Na folha de Garuva, identifique a porção do espaço representado mais favorável à prática da agricultura mecanizada ou à instalação de indústrias e explique o porquê de sua opção.
   d) Uma pessoa que queira localizar um endereço na cidade de Macapá pode utilizar essa carta? Caso considere que não possa, qual é a opção? Para auxiliar na reflexão veja novamente as representações cartográficas do Rio de Janeiro.

IBGE. Ministério do Planejamento e Orçamento. Macapá (AP). Folha NA-22-Y-D-VI. Rio de Janeiro, 1995.

Vestibulares de Norte a Sul

1. **NE** (UFRN) O Brasil sediará a Copa do Mundo em 2014 e, na cidade do Rio de Janeiro, serão disputados importantes jogos. Um torcedor que decidir permanecer na cidade do Rio de Janeiro visando a assistir aos jogos precisará de uma representação cartográfica que lhe permita localizar as principais vias de acesso ao estádio, como ruas e avenidas. Para atingir este objetivo, terá à sua disposição os dois tipos de representação cartográfica com escalas diferentes, mostrados a seguir:

Figura 1

Figura 2

Adaptado de: FERREIRA, Graça Maria Lemos. *Moderno atlas geográfico*. 4. ed. São Paulo: Moderna, 2003.

Para que o torcedor possa se locomover na cidade com mais facilidade, o tipo de representação cartográfica que melhor o orientará é o apresentado na

a) figura 1, porque tem uma escala pequena, expressando uma área maior, com menor número de detalhes.
b) figura 1, que possui uma escala grande, representando uma área menor, com maior grau de detalhamento.
c) figura 2, que possui uma escala grande, representando uma área maior, com menor grau de detalhamento.
d) figura 2, porque tem uma escala pequena, expressando uma área menor, com maior número de detalhes.

2. **CO** (UFG-GO) Leia o texto a seguir.

Nove municípios da região Noroeste Paulista [...] deverão ter terras desapropriadas para a construção da Ferrovia Norte-Sul [...]." O projeto prevê a desapropriação de uma faixa de 80 m de largura ao longo da ferrovia.

Adaptado de: CIDADÃONET. Ferrovia Norte-Sul deve desapropriar terras em nove municípios. *Notícias*. Fernandópolis, SP. 5 maio 2009. Disponível em: <www.cidadaonet.com.br/?pg=noticias-conteudo&id=4336>. Acesso em: 15 set. 2011.

Ao estimar-se a área, conforme previsto nesse projeto, de um trecho retilíneo a ser desapropriado, verificou-se que seu comprimento era de 98 cm em um mapa, na escala de 1 : 5 000. Essa área, em hectares, corresponde a

a) 784 000.
b) 392 000.
c) 7 840.
d) 78,4.
e) 39,2.

3. **SE** (UFU-MG) Observe o mapa do Brasil.

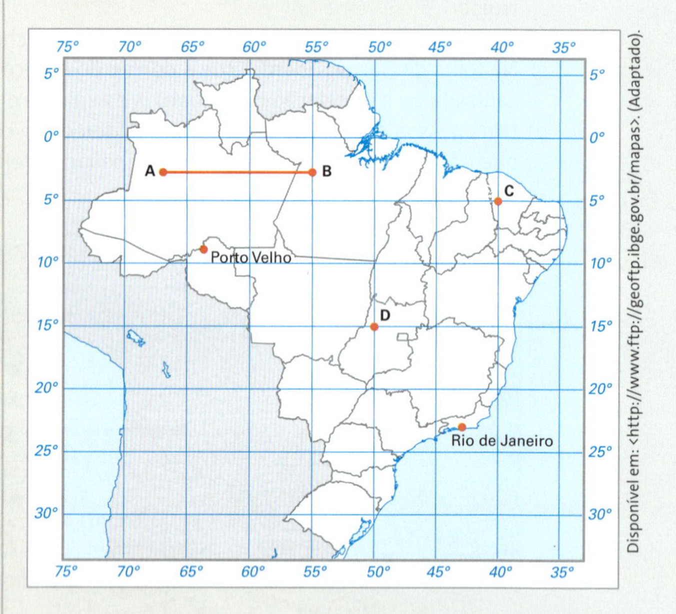

Disponível em: <http://www.ftp://geoftp.ibge.gov.br/mapas>. (Adaptado).

Faça o que se pede.

a) Sabendo-se que o segmento AB possui 2 cm no mapa e equivale a 1112 km, qual a escala do mapa?
b) Quais são as coordenadas geográficas das localidades C e D?
c) Sabendo-se que no Rio de Janeiro são 14 horas, que horas são em Porto Velho (RO)?
d) Observando as informações presentes no mapa, determine a circunferência equatorial da Terra.

CAPÍTULO

3 Mapas temáticos e gráficos

Gerhard Mercator em gravura feita em 1574 por Frans Hogenberg.

Costa/Leemage/Agência France-Presse

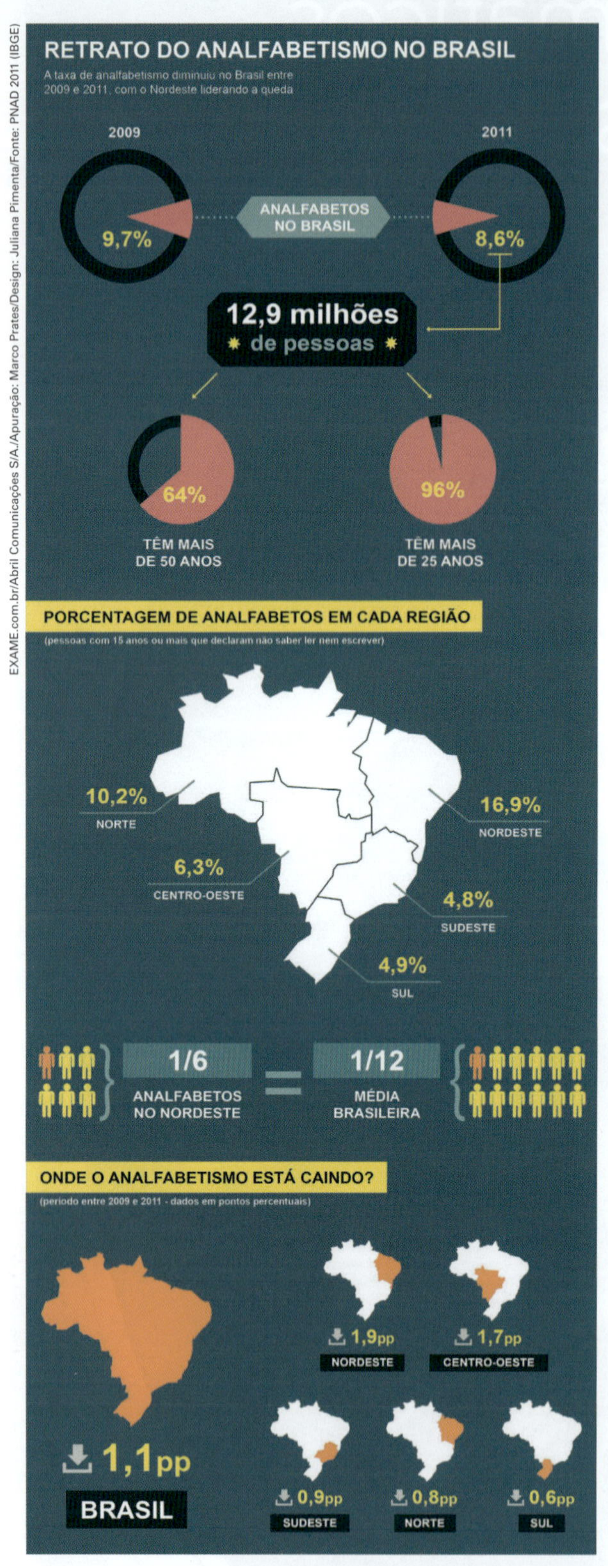

Você já se deu conta da quantidade de vezes que se deparou com diversos tipos de mapas e gráficos? Se ainda não, fique atento e procure reparar neles. Você vai perceber que os mapas, principalmente os temáticos, assim como os gráficos, estão muito presentes em nosso dia a dia. Eles representam com imagens e números os diversos fenômenos socioespaciais, como a produção de energia, o crescimento populacional, as formas do relevo e os tipos de clima, entre muitos outros exemplos. Eles são importantes para facilitar as ações planejadas por governos e outros agentes sociais sobre os serviços públicos, a produção agrícola, a organização de parques industriais e de sistemas de transportes, bem como de muitos outros aspectos que estruturam o espaço geográfico. Se ficar atento perceberá que diariamente nos deparamos com variados tipos de mapas temáticos e gráficos nos noticiários televisivos, na internet e em livros, jornais e revistas. Para entendê-los e extrair deles todas as informações dos fenômenos representados é importante que nos familiarizemos com esse tipo de linguagem, aprendendo a decodificar seus símbolos e convenções. É o que faremos a seguir.

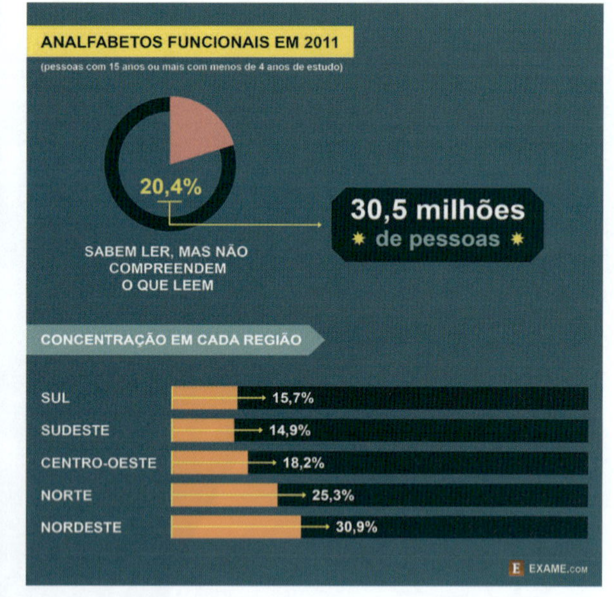

Infográfico disponível no *site* da revista Exame.com, publicado em 21 de dezembro de 2012, com mapas e gráficos que retratam o analfabetismo no Brasil.

Cartografia temática

Todo mapa apresenta algumas informações essenciais e "responde" a certas perguntas sobre os elementos nele cartografados. A primeira pergunta que geralmente fazemos quando observamos um mapa é: onde se localiza determinado fenômeno? Como vimos no início da unidade, para facilitar a localização dos elementos representados, o mapa apresenta uma rede de coordenadas. A segunda pergunta é: qual é o tamanho do fenômeno representado? Como também já vimos, em toda representação cartográfica há uma escala, que nos revela a proporção entre os elementos cartografados e seus correspondentes na realidade.

Os mapas podem, entretanto, mostrar mais do que a localização dos fenômenos no espaço geográfico e sua proporção. Podem mostrar diversos aspectos da existência humana em sua vida em sociedade, assim como variados aspectos da natureza. Podem representar, em diferentes escalas geográficas, os fenômenos sociais e naturais em sua diversidade:

- **qualitativa**: responde à pergunta "o quê?" e representa os diferentes elementos cartografados – cidades, rios, mineração, indústrias, climas, cultivos, transportes, etc. – em diversos tipos de mapas;
- **quantitativa**: elucida a dúvida sobre "quanto?" e indica, por exemplo, o número da população urbana e o tamanho das cidades, a quantidade de chuva mensal, o total da produção industrial, entre outros, permitindo a comparação entre territórios diferentes;
- **de classificação**: registra a ordenação e a hierarquização de um fenômeno num determinado território, por exemplo, a ordem das cidades no mapa que mostra a hierarquia urbana brasileira ou a ordem das altitudes do relevo no mapa físico do Brasil;
- **dinâmica**: mostra a variação de um fenômeno ao longo do tempo e sua movimentação no espaço geográfico: o fluxo de população no território brasileiro, o fluxo de mercadorias no comércio internacional, entre outros.

Para representar esses fenômenos, podemos utilizar pontos, linhas ou áreas, dependendo da forma como se manifestam no espaço geográfico. Eles podem ser cartografados separadamente, em mapas diferentes, e também juntos num mesmo mapa. Leia o texto e observe as imagens da próxima página para saber mais sobre os métodos de representação cartográfica.

A Cartografia temática facilita o planejamento de intervenções realizadas no espaço geográfico pelo poder público e por empresas privadas, porque auxilia a compreender a organização dos temas ou fenômenos que o compõem. Por exemplo, o planejamento em uma cidade fica mais fácil a partir do registro da ocupação de seu solo urbano em cartas temáticas, nas quais podemos visualizar o tamanho e a distribuição de sua população, a melhor direção para expandir a área urbana, os lugares sujeitos a alagamentos ou desmoronamentos, entre outros fenômenos.

É importante lembrarmos que os fenômenos socioespaciais estão interligados, logo, a intervenção num aspecto da realidade interfere em outros e isso pode ser registrado cartograficamente. Por exemplo: casas construídas em encostas íngremes estão sujeitas a desmoronamentos; construções na várzea de rios correm o risco de serem alagadas.

"Mapas codificam o milagre da existência."

Nicholas Crane (1954), geógrafo britânico, autor de *Mercator: o homem que mapeou o planeta*, dentre outros livros.

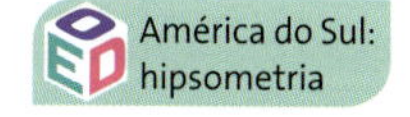

Veja a indicação do livro ***Mapas da geografia e cartografia temática***, de Marcello Martinelli, na seção **Sugestões de leitura, filme e *sites***.

Os métodos de representação da cartografia temática

Representações qualitativas

As representações qualitativas em mapas são empregadas para mostrar a presença, a localização e a extensão das ocorrências dos fenômenos que se diferenciam pela sua natureza e tipo, podendo ser classificados por critérios estabelecidos pelas ciências que estudam tais fenômenos.

Conforme os fenômenos se manifestam em pontos, linhas ou áreas, no mapa utilizamos respectivamente pontos, linhas e áreas, que terão uma variação visual com propriedade de perspectiva compatível com a diversidade: a seletividade visual.

Na manifestação pontual usamos preferencialmente a variação de forma ou de orientação.

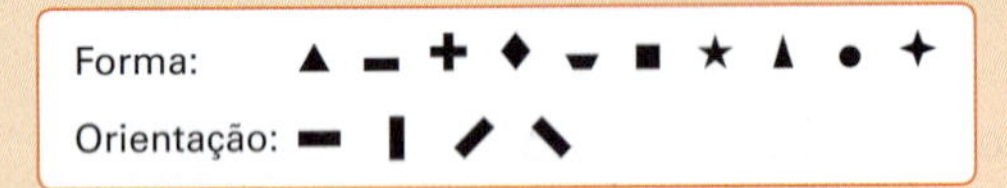

Para facilitar a memorização dos signos [símbolos], principalmente nos mapas para crianças, podemos explorar a analogia entre sua forma e o que eles representam. São os "símbolos" evocativos ou icônicos:

Na manifestação linear convém usar basicamente a variação de forma:

Forma:

Na manifestação zonal, a cor tem maior eficácia. Na impossibilidade de se poder contar com a cor, devemos empregar texturas diferenciadas compostas por elementos pontuais ou lineares, do mesmo valor visual (uma textura não pode ficar mais escura que a outra).

[...]

Cores:
Violeta | Azul | Verde | Amarelo | Laranja | Vermelho

Texturas com elementos pontuais:

Texturas com elementos lineares:

Representações ordenadas

As representações ordenadas em mapas são indicadas quando os fenômenos admitem uma classificação segundo uma ordem, com categorias deduzidas de interpretações qualitativas, quantitativas ou de datações.

Conforme os fenômenos se manifestam em pontos, linhas ou áreas no mapa, utilizamos respectivamente pontos, linhas e áreas, que terão uma variação visual com propriedade perceptiva compatível com a ordenação: a ordem visual. [...]

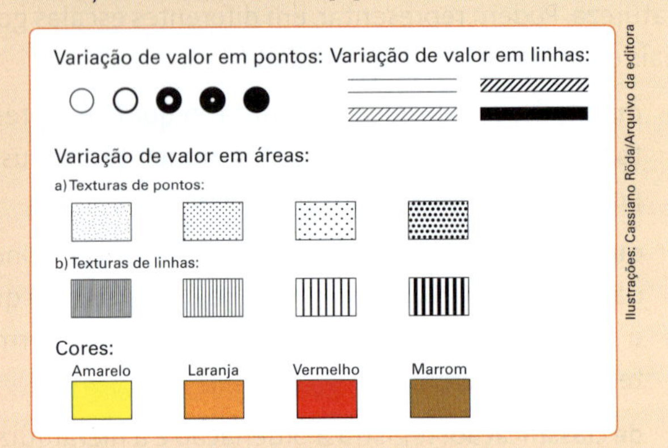

Ilustrações: Cassiano Röda/Arquivo da editora

Representações quantitativas

As representações quantitativas em mapas são empregadas para evidenciar a relação de proporcionalidade entre objetos (B é quatro vezes maior que A). Esta relação deve ser transcrita por uma relação visual de mesma natureza. A única variação visual que transcreve corretamente esta noção é a de tamanho.

Conforme os fenômenos se manifestem em pontos, linhas ou áreas, no mapa, utilizamos respectivamente pontos, linhas e áreas que terão uma variação com propriedade perceptiva compatível com a proporcionalidade: a proporcionalidade visual.

Na manifestação pontual modulamos o tamanho do local de ocorrência. Esta solução é ideal para a representação de fenômenos localizados com efetivos elevados, como é o caso da população urbana. O tamanho de uma forma escolhida – o círculo, por exemplo – é proporcional à intensidade da ocorrência em valores absolutos. Para resolver esta representação, aplicamos o Método das Figuras Geométricas Proporcionais. As áreas das figuras serão proporcionais às quantidades a serem representadas.

Na manifestação linear, variamos a espessura da linha proporcionalmente à intensidade do fenômeno. Dessa maneira, podemos representar a intensidade de fluxo entre dois pontos.

MARTINELLI, Marcello. *Cartografia temática:* cadernos de mapas. São Paulo: Edusp, 2003. p. 27, 28, 36, 54, 55.

América do Sul: mineração e indústria

Carvão
Petróleo
Gás natural
Ferro
Manganês
Cobre
Chumbo e zinco
Estanho
Prata
Ouro
Bauxita
Nitrato
Indústria de alta tecnologia
Principais regiões industriais

Adaptado de: CHARLIER, Jacques (Dir.). *Atlas du 21ᵉ siècle édition 2012*. Groningen: Wolters-Noordhoff; Paris: Éditions Nathan, 2011. p. 154.

Vejamos alguns exemplos de mapas temáticos.

Construído sobre uma base cartográfica que mostra os limites políticos da América do Sul, o mapa ao lado evidencia os recursos minerais e energéticos dos países sul-americanos, indicando sua diversidade, distribuição e tamanho relativo das reservas. Para representar **fenômenos pontuais** como esses, o mais adequado é utilizar símbolos com formas, cores e tamanhos diferentes. Cidades, indústrias, portos, aeroportos, hidrelétricas, etc. são outros exemplos de fenômenos pontuais. Vale lembrar, entretanto, que dependendo da escala um fenômeno pontual poder virar zonal. Por exemplo, num mapa de escala pequena, como este, uma cidade é um ponto; mas numa planta de escala grande, a mesma cidade será representada como uma área.

Observe que no mapa também estão cartografadas as principais regiões industriais da América do Sul, um fenômeno zonal.

Para cartografar **fenômenos lineares** como tipos diferentes de ferrovias, mostradas no mapa da França ao lado, foram utilizadas linhas diferenciadas por cores. Mas, como o mapa mostra esse tema de forma proporcional, essas linhas têm larguras e tonalidades diferentes, expressando maior ou menor volume de passageiros e mercadorias transportados por dia. Rodovias, hidrovias, oleodutos, redes de alta-tensão, etc. são outros exemplos de fenômenos lineares.

Adaptado de: CHARLIER, Jacques (Dir.). *Atlas du 21ᵉ siècle édition 2012*. Groningen: Wolters-Noordhoff; Paris: Éditions Nathan, 2011. p. 24.

Observe que nesse mapa também estão cartografados fenômenos pontuais proporcionais: Paris, maior entroncamento ferroviário do país, Lyon, Bordeaux e outras cidades francesas.

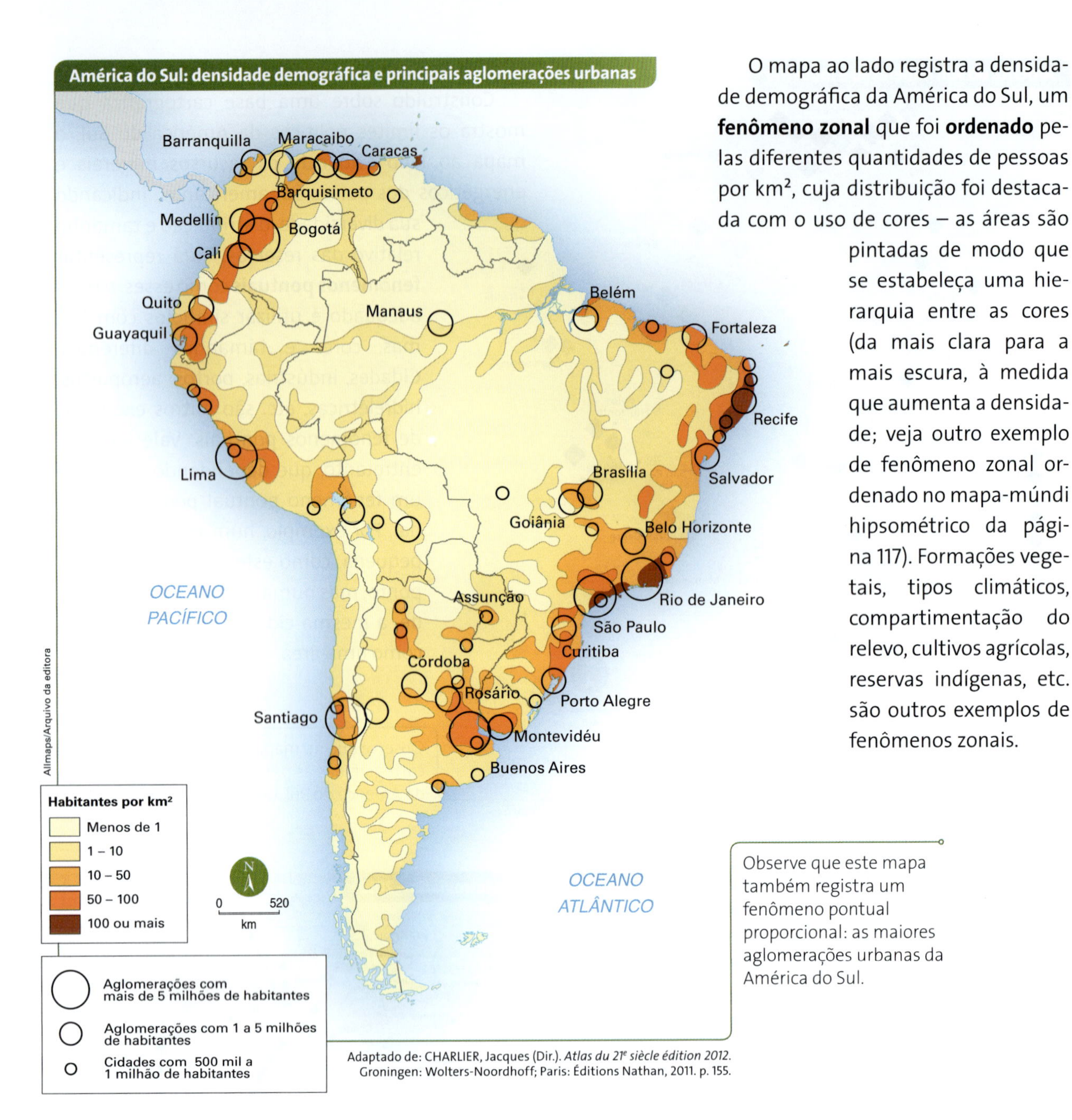

Adaptado de: CHARLIER, Jacques (Dir.). *Atlas du 21e siècle édition 2012*. Groningen: Wolters-Noordhoff; Paris: Éditions Nathan, 2011. p. 155.

O mapa ao lado registra a densidade demográfica da América do Sul, um **fenômeno zonal** que foi **ordenado** pelas diferentes quantidades de pessoas por km², cuja distribuição foi destacada com o uso de cores – as áreas são pintadas de modo que se estabeleça uma hierarquia entre as cores (da mais clara para a mais escura, à medida que aumenta a densidade; veja outro exemplo de fenômeno zonal ordenado no mapa-múndi hipsométrico da página 117). Formações vegetais, tipos climáticos, compartimentação do relevo, cultivos agrícolas, reservas indígenas, etc. são outros exemplos de fenômenos zonais.

Observe que este mapa também registra um fenômeno pontual proporcional: as maiores aglomerações urbanas da América do Sul.

Há fenômenos zonais que aparecem registrados em mapas por meio de cores sem que haja hierarquia entre elas. Veja alguns exemplos nos quais as cores são diferenciadas somente para distinguir as classificações dos fenômenos: tipos de clima na zona tropical (ver página 152), tipos climáticos do Brasil (página 169), compartimentação do relevo brasileiro (páginas 122 e 123), formações vegetais do mundo (páginas 216 e 217).

As cidades ou regiões metropolitanas podem ser representadas por pontos simples (fenômeno qualitativo), se o que se pretende é apenas localizá-las no espaço geográfico. Também podemos destacar o tamanho de suas populações (fenômeno quantitativo), como foi feito no mapa acima, ou enfatizar a relação hierárquica entre elas (fenômeno ordenado). A relação hierárquica entre as cidades pode ser estabelecida com base em diversos critérios: tamanho da população, infraestrutura de comércio e serviços, influência na rede urbana nacional ou mundial, etc. Observe o primeiro mapa da página ao lado.

Também é possível representar cartograficamente **fenômenos dinâmicos** no espaço e no tempo. Por exemplo, pode-se mostrar o grau de destruição da mata Atlântica desde o começo da ocupação do território brasileiro ou a movimentação da população desde o início do processo de industrialização do país.

Os mais conhecidos exemplos de mapas que representam fenômenos dinâmicos são aqueles que mostram fluxos de pessoas ou mercadorias em diversas escalas geográficas. Como vimos anteriormente, além das direções, podem ser registradas as quantidades proporcionais desses fluxos, utilizando para isso diferentes larguras de linhas ou setas. Observe, no mapa abaixo, as principais rotas aéreas internacionais.

Brasil: hierarquia urbana

Adaptado de: IBGE. *Atlas geográfico escolar*. 6. ed. Rio de Janeiro, 2012. p. 152.

Principais rotas aéreas internacionais e maiores aeroportos

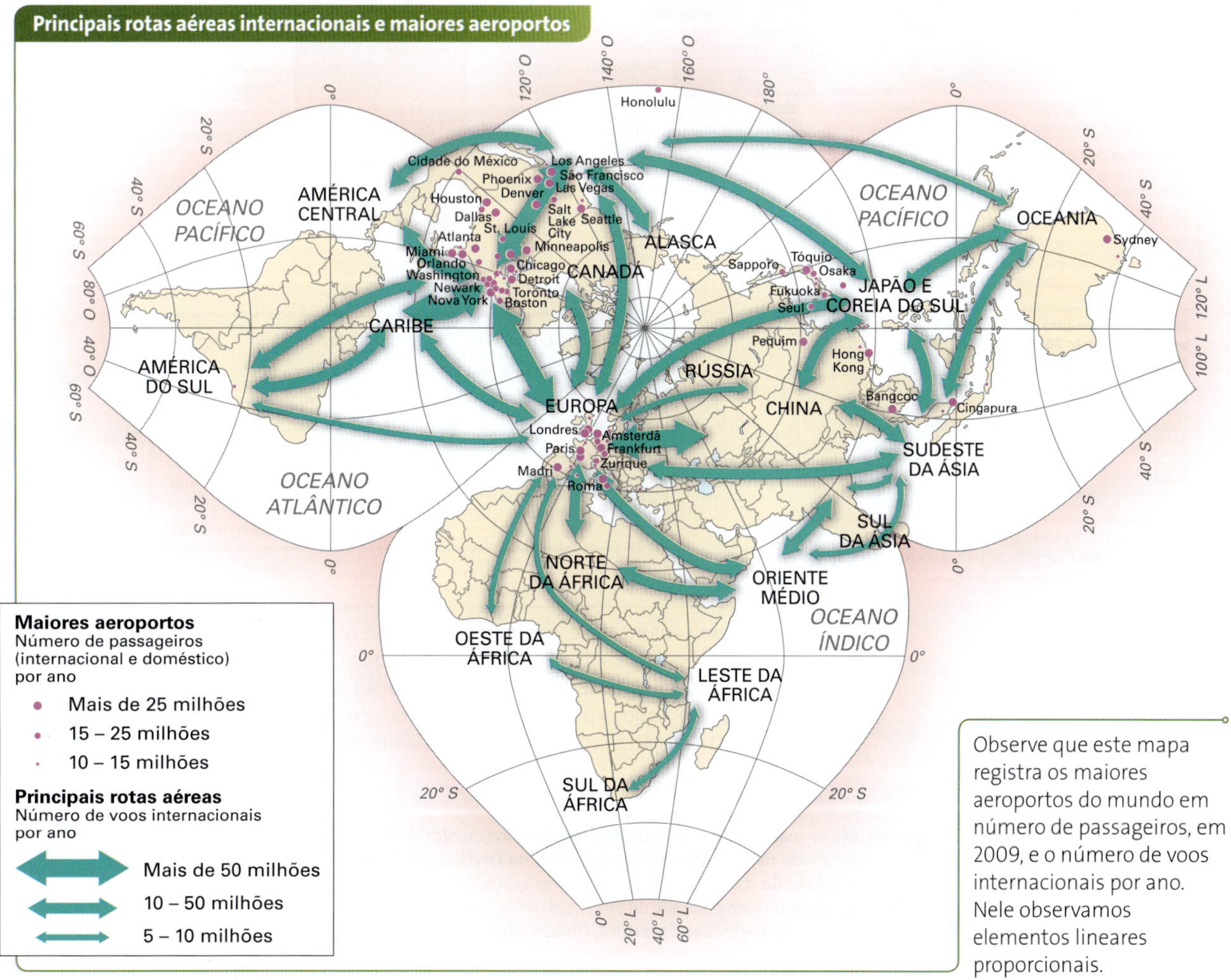

Adaptado de: ATLAS of the World. 18th ed. New York: Oxford University Press, 2011. p. 107.

Observe que este mapa registra os maiores aeroportos do mundo em número de passageiros, em 2009, e o número de voos internacionais por ano. Nele observamos elementos lineares proporcionais.

Há um tipo particular de mapa temático em que as áreas dos países são mostradas em tamanhos proporcionais à importância de sua participação no fenômeno representado. Esse tipo de "mapa" – de fato, um cartograma – é chamado de **anamorfose geográfica**. Veja um exemplo abaixo.

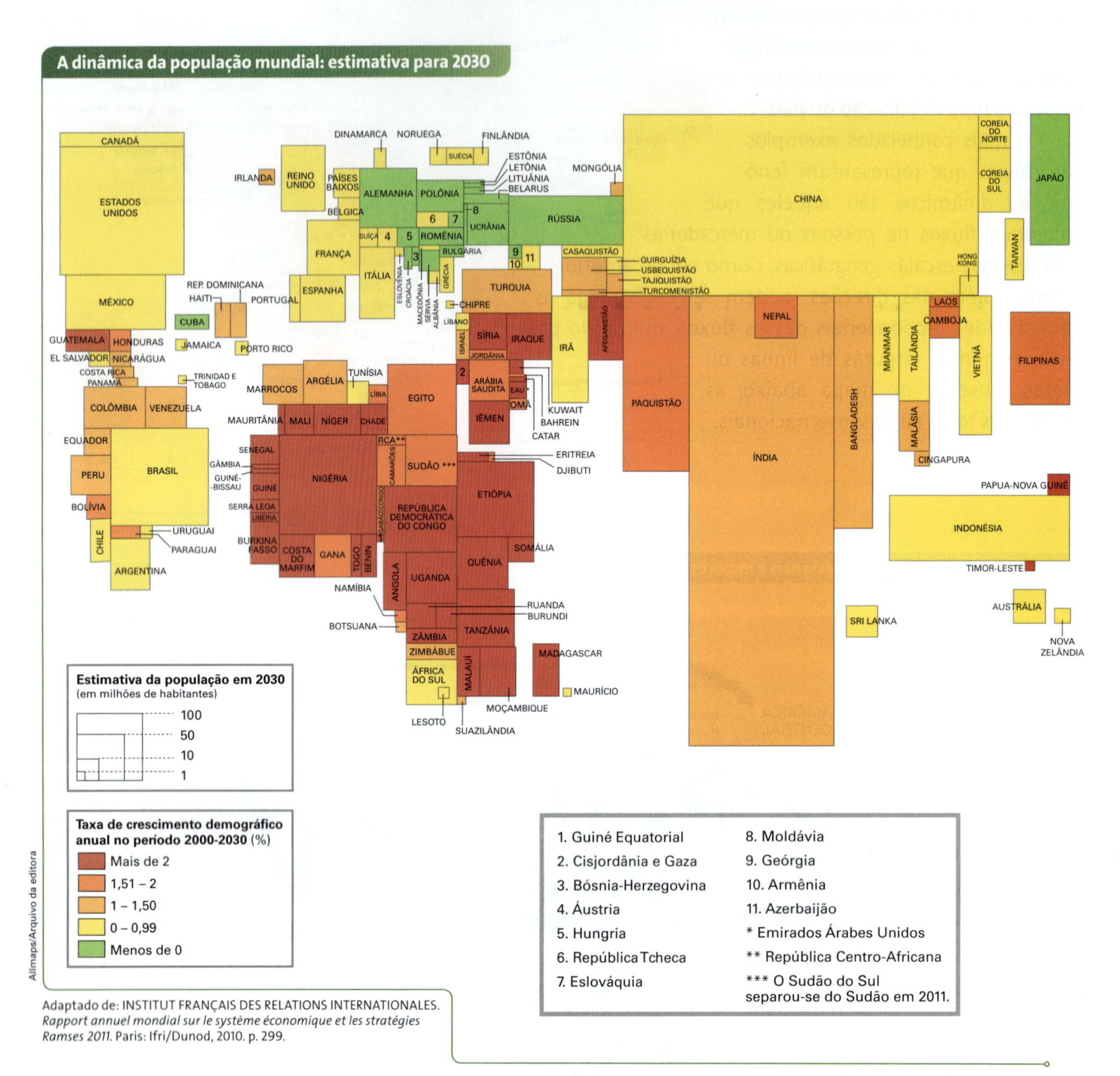

Adaptado de: INSTITUT FRANÇAIS DES RELATIONS INTERNATIONALES. *Rapport annuel mondial sur le système économique et les stratégies Ramses 2011*. Paris: Ifri/Dunod, 2010. p. 299.

Numa anamorfose, os elementos representados não aparecem em escala cartográfica e não há fidelidade nas formas territoriais. Em contrapartida, é mais fácil perceber o peso da participação de cada país no fenômeno representado (a população mundial em 2030, neste caso), pois essa participação é proporcional ao tamanho mostrado.

Consulte os mapas disponíveis no ***Atlas geográfico escolar***, do IBGE, e nos portais do **IBGE**, da **Seção Cartográfica da ONU**, da **Biblioteca Perry-Castañeda** da Universidade do Texas (Estados Unidos) e do **Worldmapper** da Universidade de Sheffield (Reino Unido). Veja orientações na seção **Sugestões de leitura, filme e *sites***.

2 Gráficos

Um **gráfico** estabelece relação entre as informações da realidade que podem ser expressas numericamente. Há diversos tipos de gráficos e eles são utilizados para expressar dados estatísticos de forma mais simples, rápida e clara do que tabelas.

No sistema de coordenadas cartesianas, desenvolvido pelo filósofo e matemático francês René Descartes (1596-1650), são utilizadas duas variáveis: uma marcada sobre o eixo X (abscissa) e outra sobre o eixo Y (ordenada), a partir da origem O. Observe o gráfico e perceba que cada par dessas variáveis X e Y define um ponto P.

Observe no gráfico abaixo que indicamos no eixo X os meses do ano (tempo) e no Y os índices de inflação (valores), conforme os dados da tabela ao lado. Cada mês corresponde a um índice, definindo os diversos pontos P. Qual visualização dos índices mensais de inflação ao longo do ano de 2011 é mais simples e rápida: gráfico ou tabela?

Brasil: inflação em 2011 – IPCA* **(índices mensais e anual)**

Mês	Porcentagem
Janeiro	0,83
Fevereiro	0,80
Março	0,79
Abril	0,77
Maio	0,47
Junho	0,15
Julho	0,16
Agosto	0,37
Setembro	0,53
Outubro	0,43
Novembro	0,52
Dezembro	0,50
Ano	6,50

IBGE. *Sistema IBGE de Recuperação Automática (Sidra). Banco de Dados Agregados. Brasil: IPCA – percentual no mês.* Disponível em: <www.sidra.ibge.gov.br>. Acesso em: 17 dez. 2013.

* O Índice Nacional de Preços ao Consumidor Amplo (IPCA), calculado pelo IBGE e utilizado pelo Banco Central para a fixação das metas de inflação no Brasil, mede a variação mensal de preços ao consumidor para as famílias com rendimento entre um e quarenta salários mínimos, independentemente da fonte de renda. A pesquisa de preços abrange nove regiões metropolitanas – Porto Alegre, Curitiba, São Paulo, Rio de Janeiro, Belo Horizonte, Salvador, Recife, Fortaleza e Belém –, além de Brasília e do município de Goiânia. Com base na média desses índices regionais, o IBGE obtém o IPCA – Brasil.

Brasil: inflação em 2011 (IPCA – percentual no mês)

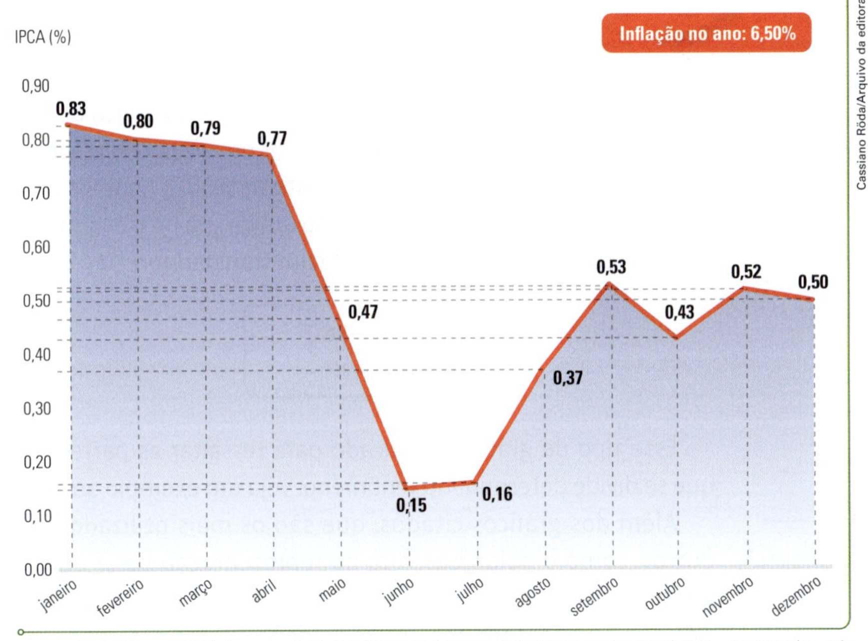

IBGE. *Sistema IBGE de Recuperação Automática (Sidra). Banco de Dados Agregados. Brasil: IPCA – percentual no mês.* Disponível em: <www.sidra.ibge.gov.br>. Acesso em: 17 dez. 2013.

Gráficos de linhas são indicados para representar séries estatísticas cronológicas, como a taxa de inflação ao longo de um ano ou de décadas. Perceba que no gráfico a visualização da variação mensal da inflação é simples e rápida.

Para a elaboração de gráficos cartesianos, além de linhas podemos utilizar barras ou colunas. O climograma, por exemplo, combina essas duas possibilidades ao utilizar colunas para expressar o índice pluviométrico e linhas para a variação da temperatura ao longo do ano. Observe o climograma de Cuiabá, em Mato Grosso.

Climograma de Cuiabá (MT)

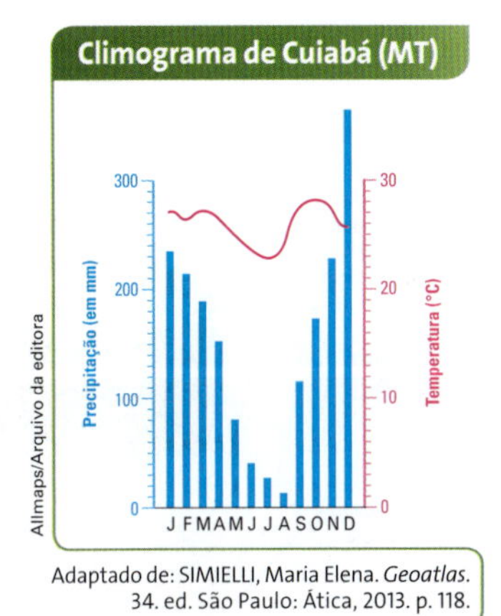

Adaptado de: SIMIELLI, Maria Elena. *Geoatlas*. 34. ed. São Paulo: Ática, 2013. p. 118.

Neste climograma, as colunas expressam a quantidade de chuva de cada mês, mensurada em milímetros (valores à esquerda do gráfico). A linha mostra a variação da temperatura média (em grau Celsius), mês a mês ao longo do ano (valores à direita).

Os índices de inflação no Brasil em 2011 também foram expressos por meio de gráficos de colunas e de barras (observe-os a seguir).

Brasil: inflação em 2011 (IPCA – percentual no mês)

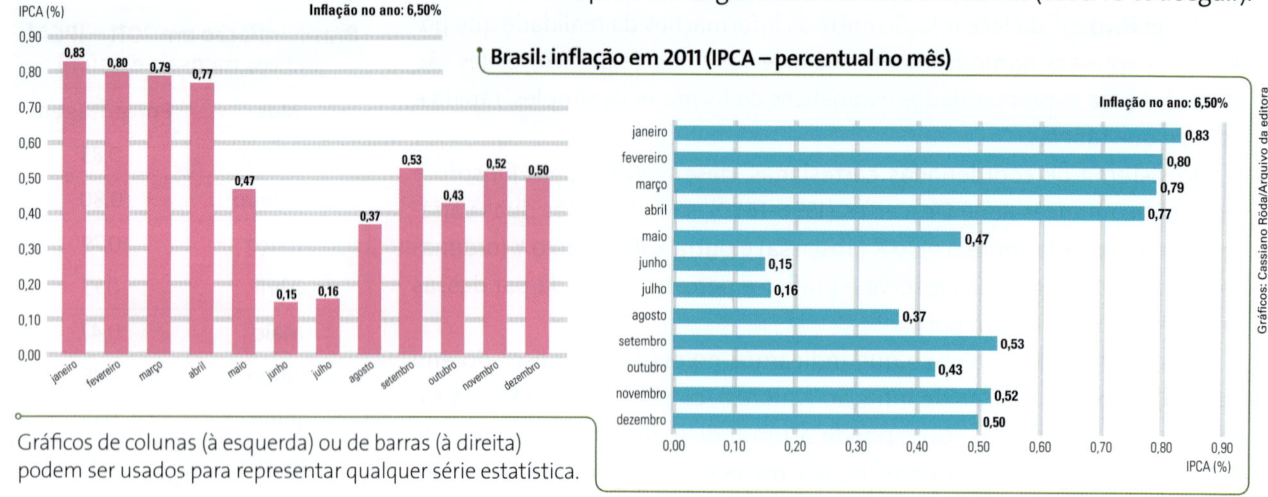

Gráficos de colunas (à esquerda) ou de barras (à direita) podem ser usados para representar qualquer série estatística.

IBGE. *Sistema IBGE de Recuperação Automática (Sidra). Banco de Dados Agregados. Brasil: IPCA – percentual no mês*. Disponível em: <www.sidra.ibge.gov.br>. Acesso em: 17 dez. 2013.

Brasil: matrículas na Educação Básica por etapas e modalidades de ensino – 2011

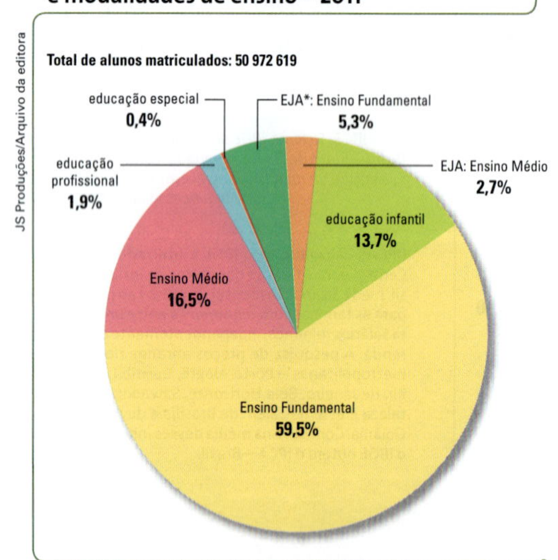

Adaptado de: INSTITUTO NACIONAL DE ESTUDOS E PESQUISAS EDUCACIONAIS ANÍSIO TEIXEIRA (INEP). *Sinopse Estatística da Educação Básica 2011*. Disponível em: <http://portal.inep.gov.br/basica-censo-escolar-sinopse-sinopse>. Acesso em: 17 dez. 2013.

* Educação de jovens e adultos.

No gráfico de setores, popularmente conhecido como "gráfico de *pizza*", os diferentes valores são representados por partes de um círculo e proporcionais ao total do fenômeno representado. Para traçar essas partes, adota-se como ponto de origem o centro do círculo. A soma de todos os valores representados (100%) corresponde ao círculo inteiro (360°). Pode-se descobrir o valor de cada setor aplicando uma regra de três simples e depois construir o gráfico usando um transferidor:

Total – 360°
Setor – X°

Esse tipo de gráfico é indicado para ressaltar as partes em que se divide determinado fenômeno. Veja um exemplo ao lado.

Além dos gráficos citados, que são os mais utilizados, há outros, como o polar, baseado na representação polar ou trigonométrica dos pontos num plano. É ideal para mostrar séries que apresentam determinada periodicidade: o consumo de energia elétrica no mês ou no ano, por exemplo. Observe novamente os índices da inflação brasileira em 2011, agora num gráfico polar.

Brasil: inflação em 2011 (IPCA – percentual no mês)

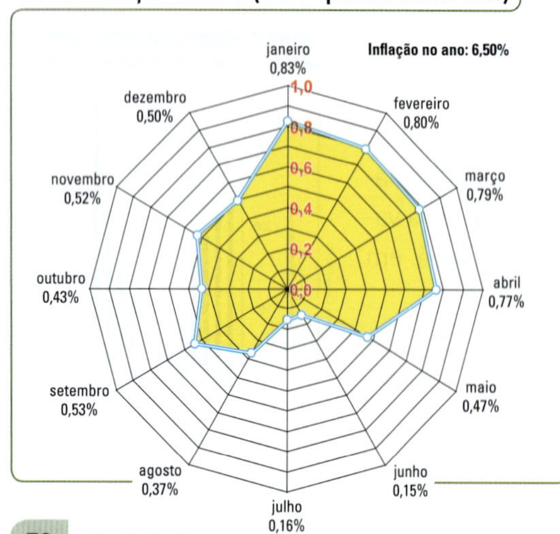

Veja a indicação do livro ***Gráficos e mapas: construa-os você mesmo***, de Marcello Martinelli, na seção **Sugestões de leitura, filme e *sites***.

Neste gráfico polar, os valores de cada mês foram ligados com uma linha, e a figura formada foi colorida para facilitar a visualização.

IBGE. *Sistema IBGE de Recuperação Automática (Sidra). Banco de Dados Agregados. Brasil: IPCA – percentual no mês*. Disponível em: <www.sidra.ibge.gov.br>. Acesso em: 17 dez. 2013.

Atividades

Compreendendo conteúdos

1. Defina mapa temático e explique qual é a relevância da Cartografia temática.
2. Aponte quais são os métodos de representação da Cartografia temática.
3. O que é anamorfose geográfica? Dê um exemplo.

Desenvolvendo habilidades

4. Com base no que foi estudado no capítulo e na leitura do texto a seguir, extraído do livro *Narraciones*, do escritor argentino Jorge Luis Borges (1899-1986), responda às questões propostas.

Do rigor na ciência

Naquele império, a arte da cartografia alcançou tal perfeição que o mapa de uma só província ocupava toda uma cidade, e o mapa do império, toda uma província. Com o tempo, esses mapas desmedidos não satisfaziam e os colégios de cartógrafos levantaram um mapa do império, que tinha o tamanho do império e coincidia ponto por ponto com ele. Menos apegadas ao estudo da cartografia, as gerações seguintes entenderam que esse extenso mapa era inútil e não sem impiedade o entregaram às inclemências do Sol e dos invernos. [...]

BORGES, Jorge Luis. *Narraciones*. 16. ed. Madrid: Cátedra, 2005. p. 133. Traduzido pelos autores.

a) Por que um mapa que quisesse representar tudo o que existe num determinado território – seus aspectos políticos, físicos, humanos e econômicos –, além de inviável, seria inútil?
b) Por que, em um produto cartográfico (mapa, carta ou planta), os elementos do espaço geográfico necessariamente devem aparecer reduzidos? Como se garante a proporção entre o fenômeno real e sua representação?

5. Observe novamente cada um dos quatro gráficos que mostram os índices mensais da inflação brasileira de 2011, compare-os e responda:
   - Qual deles é mais fácil de ler e expressa mais claramente os índices de inflação? Justifique sua resposta.

6. Que gráficos são mais indicados para representar as informações da tabela abaixo? Construa, no caderno, dois gráficos: um para o total em milhões de toneladas e outro para o percentual sobre o consumo mundial.

Os dez maiores consumidores de energia – 2010

Países	Total (em milhões de toneladas métricas equivalente de petróleo)	Percentual (% sobre o consumo mundial)
China	2 417	19,6
Estados Unidos	2 216	18,0
Rússia	702	5,7
Índia	693	5,6
Japão	497	4,0
Alemanha	327	2,7
Brasil	266	2,2
França	262	2,1
Canadá	252	2,0
Coreia do Sul	250	2,0
Outros países	4 446	36,1
Mundo	**12 328**	**100,0**

THE WORLD BANK. *World Development Indicators 2013*. Washington, D.C.: The World Bank, 2013. Disponível em: <http://wdi.worldbank.org/table/3.6>. Acesso em: 17 dez. 2013.

Vestibulares de Norte a Sul

1. N (UFT-TO) A estrutura fundiária no Brasil está concentrada nas mãos de uma pequena parcela da população, criando assim os conflitos por terra. Diante deste problema, o mapa ao lado mostra a distribuição territorial mais conflitante em 2009 no território brasileiro. Assinale a alternativa correta.

A região no Brasil com maior número de conflitos por terra é a:

a) região Norte.
b) região Nordeste.
c) região Centro-Oeste.
d) região Sudeste.
e) região Sul.

Brasil: conflitos por terra

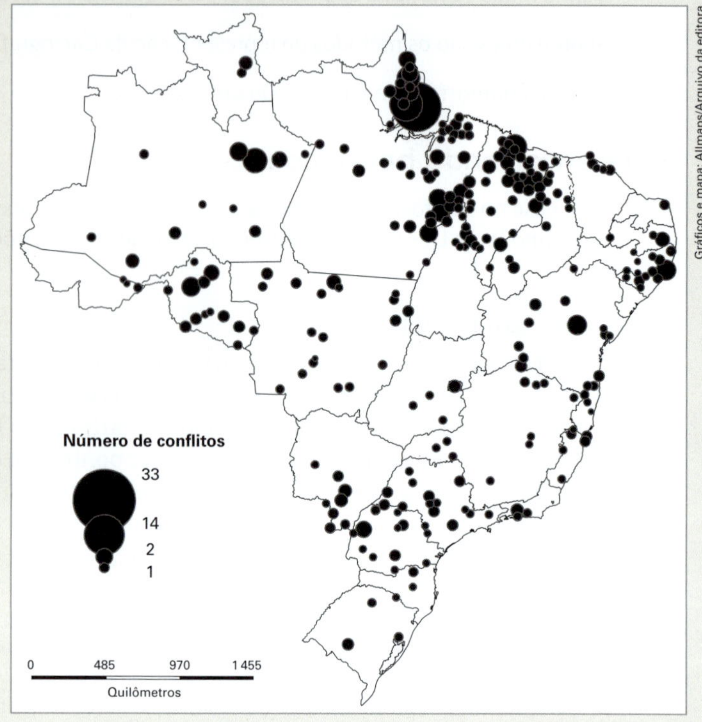

2. SE (Fuvest-SP) Observe os gráficos.

Distribuição do investimento externo direto (IED) da China na África – 2000-2009

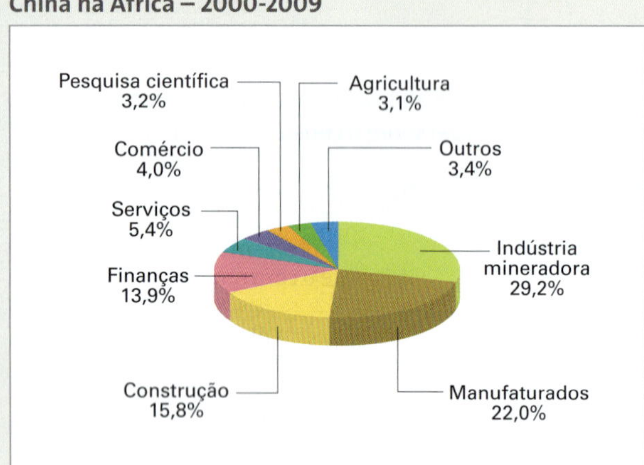

Disponível em: <www.mofcom.gov.cn>. Acesso em: jul. 2012.

Comércio China-África

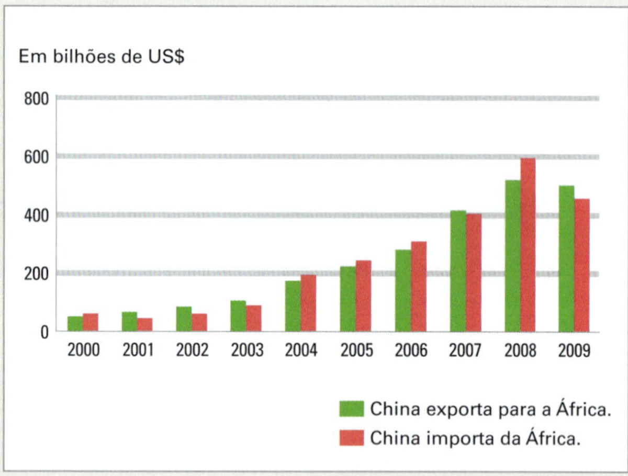

Disponível em: <www.mofcom.gov.cn>. Acesso em: jul. 2012.

Com base nos gráficos e em seus conhecimentos, assinale a alternativa correta.

a) O comércio bilateral entre China e África cresceu timidamente no período e envolveu, principalmente, bens de capital africanos e bens de consumo chineses.
b) As exportações chinesas para a África restringem-se a bens de consumo e produtos primários destinados a atender ao pequeno e estagnado mercado consumidor africano.
c) A implantação de grandes obras de engenharia, com destaque para rodovias transcontinentais, ferrovias e hidrovias, associa-se ao investimento chinês no setor da construção civil na África.
d) O agronegócio foi o principal investimento da China na África em função do exponencial crescimento da população chinesa e de sua grande demanda por alimentos.
e) O investimento chinês no setor minerador, na África, associa-se ao crescimento industrial da China e sua consequente demanda por petróleo e outros minérios.

CAPÍTULO

4 Tecnologias modernas utilizadas pela Cartografia

Utah Images / NASA / Alamy/Glow Images

Satélite em órbita da Terra. Imagem da Nasa.

© Fernando Gonsales/Acervo do cartunista

As tecnologias de informação e comunicação criadas nas últimas décadas – satélites, computadores, câmeras digitais e internet, por exemplo – têm possibilitado a utilização de novas técnicas de coleta e processamento de dados do espaço geográfico. Novos horizontes se abriram para a Cartografia e os mapas estão cada vez mais precisos. Diversas operações, que no passado eram caras e demoradas, hoje são feitas com muita rapidez e a um custo cada vez menor.

Equipamentos fotogramétricos, imagens captadas por satélites, mapas digitais, sistema de posicionamento global (GPS) e sistemas de informações geográficas (SIG) são recursos tecnológicos que têm contribuído para a popularização da Cartografia.

Neste capítulo, vamos estudar as características básicas do sensoriamento remoto, do GPS e dos SIG.

A possibilidade de utilizar uma combinação de mapas digitais e informações georreferenciadas para localização de endereços, como no Google Maps (um tipo de SIG), e de observar a superfície da Terra por meio de programas de voo virtual, como o Google Earth, significa um grande avanço tecnológico. Esses programas permitem observar a superfície da Terra desde escalas pequenas (pouco detalhadas) até escalas grandes (muito detalhadas), com um simples ajuste do *zoom*.

Consulte os *sites* do **Google Earth** e do **Google Maps**. Veja orientações na seção **Sugestões de leitura, filme e *sites***.

Google Earth/Digital Globe

Imagem do **Google Earth** mostrando o centro financeiro de Nova York (Estados Unidos), em 2013. Nela é possível observar detalhes como o traçado de ruas e a forma das construções. Observe o local marcado com a letra **A**, onde fica o edifício One World Trade Center e o 9/11 Memorial, em homenagem às vítimas do atentado terrorista de 2001.

Sensoriamento remoto

Sensoriamento remoto é o conjunto de técnicas de captação e registro de imagens à distância, sem contato direto com o elemento registrado, por meio de diferentes tipos de sensores. O olho humano é um tipo de sensor e serviu de referência para a construção de sensores eletrônicos que equipam satélites, por exemplo. Em qualquer tipo de sensor as imagens são captadas por meio da radiação eletromagnética que se situa entre o espectro visível e o de micro-ondas. Segundo o Instituto de Física da Universidade Federal do Rio Grande do Sul (IF-UFRGS), "o espectro eletromagnético é a distribuição da intensidade da radiação eletromagnética com relação ao seu comprimento de onda ou frequência". Como se observa no esquema ao final desta página, entre todas as ondas do espectro da radiação eletromagnética, os raios gama são os que apresentam a maior frequência e o menor comprimento.

O sensor é considerado passivo quando só recebe radiação, como as máquinas fotográficas e imageadores que equipam a maioria dos satélites, e ativo quando emite ondas e as recebe de volta, como o radar. Observe os esquemas da próxima página.

Hz (Hertz): unidade de medida de frequência. Quilo-hertz (kHz), mega-hertz (MHz) e giga-hertz (GHz) são múltiplos do hertz (Hz).
Radiação ionizante: radiação que possui energia suficiente para arrancar elétrons de átomos (ionização) e modificar as moléculas. Em altas doses pode danificar as células humanas e de outros seres vivos, causando mutações genéticas e doenças, como o câncer, podendo até levar à morte.

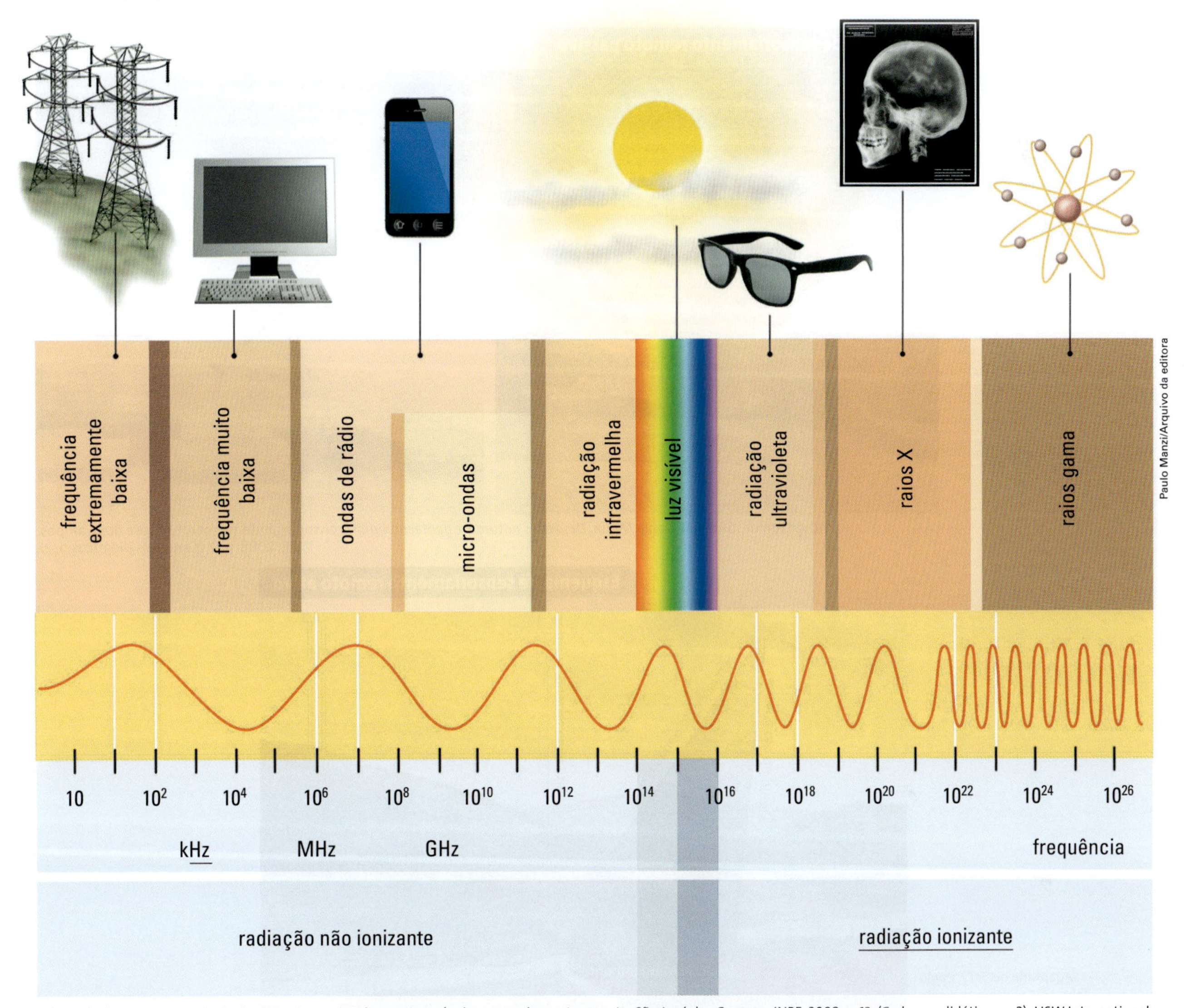

Adaptado de: SAUSEN, Tania Maria. *Desastres naturais e geotecnologias*: sensoriamento remoto. São José dos Campos: INPE, 2008. p. 13. (Cadernos didáticos n. 2); HSW International. *Como tudo funciona*. Disponível em: <http://informatica.hsw.uol.com.br/radiacao-dos-telefones-celulares1.htm>. Acesso em: 17 dez. 2013.

A energia solar é refletida pela superfície da Terra como ondas de calor, que podem ser captadas por sensores de satélites, e como ondas visíveis em cores, que podem ser fotografadas por câmeras acopladas a aeronaves, registrando assim seus elementos naturais e sociais.

Existe ainda outra possibilidade de sensoriamento remoto: um radar acoplado a um avião ou satélite emite micro-ondas que são refletidas de volta pela Terra, permitindo o registro de sua superfície pelo mesmo equipamento (veja o segundo esquema abaixo).

As micro-ondas sofrem menos interferência das nuvens do que as ondas do espectro visível e infravermelho, possibilitando fazer imagens de radar mesmo em dias nublados ou à noite, algo impossível para sensores passivos.

As aerofotos e as imagens de satélite e de radar revelam muitos detalhes dos aspectos físicos e humanos da superfície terrestre, tais como:

- relevo, rios, florestas, desmatamento e incêndios florestais;
- áreas de cultivo, sistemas de transportes, cidades e indústrias;
- dinâmica da atmosfera, como massas de ar, furacões e tornados.

Por isso, são fundamentais para a produção de mapas, cartas e plantas.

Esquema de sensoriamento remoto passivo

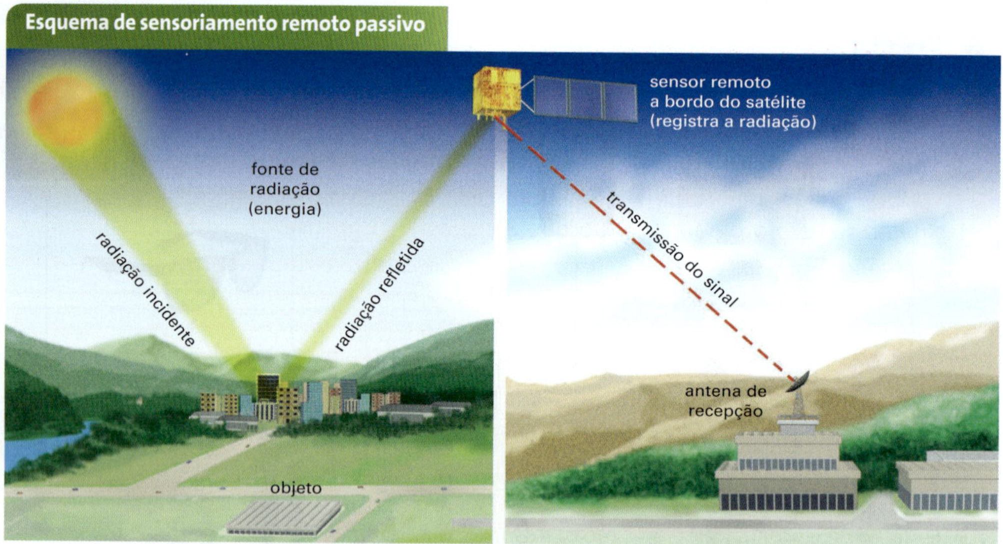

Adaptado de: SAUSEN, Tania Maria. *Desastres naturais e geotecnologias:* sensoriamento remoto. São José dos Campos: INPE, 2008. p. 9. (Cadernos didáticos n. 2).

Esquema de sensoriamento remoto ativo

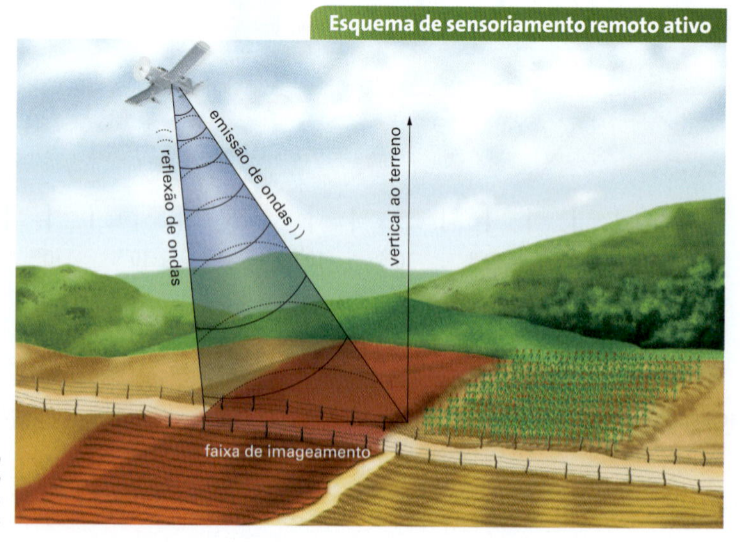

Adaptado de: FITZ, Paulo Roberto. *Geoprocessamento sem complicação.* São Paulo: Oficina de Texto, 2008. p. 112.

Fotografia aérea 

Embora as primeiras imagens aéreas da superfície da Terra tenham sido tiradas de balões, ainda no século XIX, o sensoriamento remoto só se desenvolveu a partir da Primeira Guerra Mundial (1914-1918), com a utilização de aviões. Nessa época, os interesses militares propiciaram um grande avanço na **aerofotogrametria**, que consiste em captar imagens da superfície terrestre com equipamentos fotográficos especiais acoplados ao piso de um avião. Observe a ilustração desta página, que mostra esse processo de obtenção de fotografias aéreas.

Enquanto o avião sobrevoa linhas paralelas, chamadas linhas de voo, previamente estabelecidas, a uma velocidade constante e orientado pelo GPS, a câmera fotográfica acoplada em seu piso vai tirando, na vertical, fotografias do terreno. Essas fotos aéreas registram as coordenadas geográficas da área tomada e são parcialmente sobrepostas, em intervalos regulares. Além de uma sobreposição longitudinal, como mostra a ilustração, há outra lateral, de 30%. Essas sobreposições são necessárias para obter uma imagem com melhor qualidade no processo seguinte. Nele, as fotos passam por **restituidores**. Esses aparelhos têm esse nome porque restituem as informações contidas nas fotografias, corrigindo as imperfeições das imagens. Atualmente as fotos aéreas são feitas com câmeras digitais, e os equipamentos de restituição e produção de imagens são computadorizados. O processo é mais rápido e preciso, além de mais barato.

Até hoje a maioria dos mapas topográficos é produzida por intermédio da aerofotogrametria, porque ela é bastante precisa e detalhada. Entretanto, novos avanços no sensoriamento remoto advieram do uso de satélites e computadores.

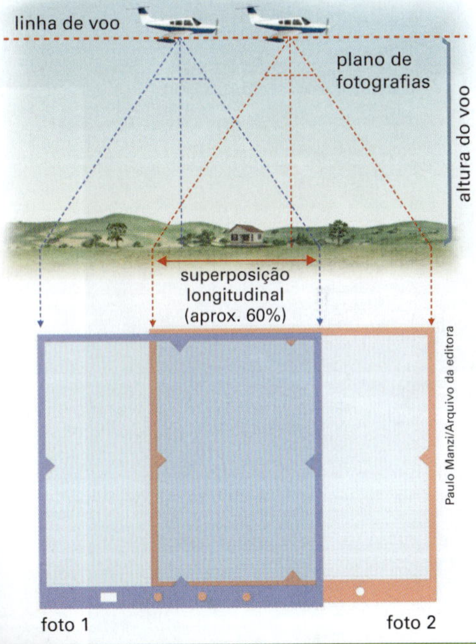

Adaptado de: IBGE. *Atlas geográfico escolar*. 6. ed. Rio de Janeiro, 2012. p. 27.

Aerofoto digital na escala de 1 : 1 000 de trecho da cidade de Fortaleza (CE) obtida em 2010 por aerolevantamento.

Consulte o *site* da empresa **Base Aerofotogrametria** e explore a versão para internet do ***Atlas geográfico escolar*** do IBGE. Veja orientações na seção **Sugestões de leitura, filme e *sites*.**

"A Terra é azul!"
Yuri Gagarin (1934-1968), cosmonauta russo.

MarcelClemens/Shutterstock/Glow Images

Imagem de satélite

Yuri Gagarin (1934-1968), cosmonauta russo, foi o primeiro ser humano a observar a Terra do espaço sideral, numa viagem orbital de 1h48min a bordo da espaçonave Vostok 1 ('Oriente 1', em russo), em 12 de abril de 1961. Onze anos depois, em 1972, a Nasa lançou o primeiro satélite de observação terrestre, da série **Landsat**. Órgãos governamentais como o United States Geological Survey (USGS), dos Estados Unidos, o Institut National de L'Information Géographique et Forestière (IGN), da França, e o Instituto Nacional de Pesquisas Espaciais (INPE), do Brasil, passaram a ter imagens de todo o planeta à disposição.

Além do Landsat, há satélites de diversos países na órbita da Terra rastreando permanentemente sua superfície, como os da série francesa Spot (Sistema Probatório de Observação da Terra), da Agência Espacial Europeia (ESA), o CBERS (sigla em inglês para Satélite Sino-Brasileiro de Recursos Terrestres), o Envisat, também da ESA, e o Radarsat, da Agência Espacial Canadense (os dois últimos são equipados com sensores ativos).

O primeiro satélite artificial, o Sputnik 1 ('Satélite 1', em russo), foi lançado em 1957 pelos soviéticos, mas só emitia um sinal sonoro; foi o precursor dos satélites de comunicação. O sétimo satélite da série Landsat foi lançado em 1999 e em 2013 ainda funcionava; juntando-se a ele, o Landsat 8 foi lançado em fevereiro de 2013 e está em operação desde maio daquele ano.

Imagem de fundo: Nienora/Shutterstock/Glow Images

INSTITUTO Nacional de Pesquisas Espaciais (INPE). *Satélite Sino-Brasileiro de Recursos Terrestres (CBERS)*. Censor CCD/CBERS 2-B. Rondônia. 26/9/2007. Disponível em: <www.cbers.inpe.br/galeria_imagens/imagens_cbers2.php>. Acesso em: 17 dez. 2013.

O município de Pimenta Bueno (RO), na confluência de dois rios na parte superior da imagem, próximo ao município de Ji-Paraná (RO), caracteriza-se por um acelerado processo de ocupação agrícola ocorrido ao longo das três últimas décadas. As áreas em verde são remanescentes de cerrados, florestas ou áreas em regeneração. As áreas em rosa são solos expostos.

O projeto CBERS é resultado de um acordo tecnológico entre o Brasil e a China. Foi desenvolvido por meio da cooperação entre o INPE e a Academia Chinesa de Tecnologia Espacial (CAST), que resultou no lançamento do CBERS 1, em 1999 (desativado em 2003), e do CBERS 2, em 2003 (gerou imagens até o início de 2009).

Em 2007 foi lançado o CBERS 2-B (idêntico aos dois primeiros) para dar continuidade ao programa enquanto os CBERS 3 e 4, mais modernos, estavam em construção. Entretanto, o CBERS 2-B (veja abaixo imagem feita por ele) parou de funcionar em 2010, antes de o novo satélite ficar pronto. O CBERS 3 foi lançado em 9 de dezembro de 2013, porém uma falha no foguete chinês Longa Marcha, ocorrida durante seu voo, impediu que ele entrasse em órbita. O CBERS 4 estava previsto para o final de 2015, mas diante da perda do satélite que deveria antecedê-lo os dois países planejam antecipar sua montagem e lançamento para o final de 2014. Nesse meio tempo o Brasil vem utilizando imagens do satélite indiano Resourcesat 2 e do americano Landsat 8.

Consulte as páginas eletrônicas do INPE – a do **Satélite Sino-Brasileiro de Recursos Terrestres (CBERS)** e a do **Centro de Previsão de Tempo e Estudos Climáticos (CPTEC)** –, da **Empresa Brasileira de Pesquisa Agropecuária (Embrapa)** e da **Agência Espacial Europeia (ESA)**. Veja orientações na seção **Sugestões de leitura, filme e *sites***.

As imagens feitas pelos satélites são convertidas em dados numéricos e enviadas a uma estação terrestre, onde são processadas por computadores. Com essas informações, podem ser produzidas diversas imagens digitais da superfície do planeta, incluindo os mapas, com grande rapidez. Usualmente se confeccionam mapas temáticos, de escala pequena, nos quais o que mais interessa são os temas representados; os topográficos, de escala grande, como as cartas, em que se exige mais precisão, continuam sendo feitos principalmente com base em fotos aéreas.

A utilização de satélites para sensoriamento remoto apresenta outra grande vantagem: a de registrar a sequência de eventos ao longo do tempo. Imagens de uma mesma área podem ser registradas em intervalos regulares de tempo, o que permite acompanhar a ocorrência de muitos fenômenos.

Um dos exemplos mais conhecidos da utilização de imagens de satélites é a **previsão do tempo**. Satélites meteorológicos captam imagens das massas de ar, visíveis por meio das formações de nuvens, em intervalos regulares de tempo. Com essas imagens são feitas animações que auxiliam os meteorologistas a prever chuvas, períodos de seca ou passagem de furacões (fundamental para a atuação da Defesa Civil). Alguns dados obtidos em estações e balões meteorológicos também ajudam os especialistas na previsão do tempo.

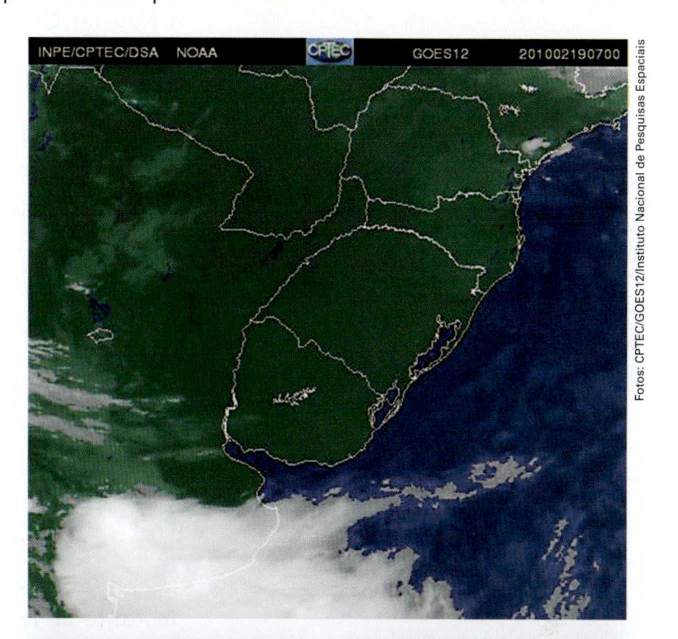

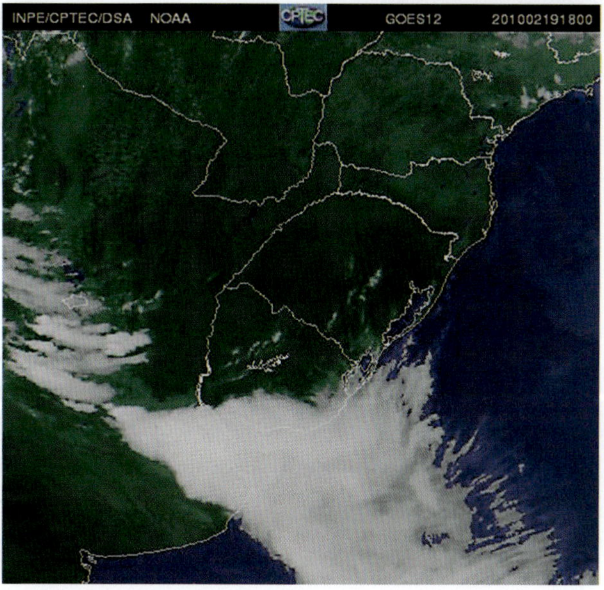

Fotos: CPTEC/GOES12/Instituto Nacional de Pesquisas Espaciais

Imagens do satélite Goes 12 operado pela National Oceanic and Atmospheric Administration (Noaa), agência de monitoramento da atmosfera e dos oceanos, pertencente ao governo dos Estados Unidos. Ambas as imagens foram feitas no dia 19 de fevereiro de 2010: a primeira, às 7h, e a segunda, às 18h. Observe o quanto a massa de ar se deslocou em algumas horas.

2 Sistemas de posicionamento e navegação por satélites

Um **sistema global de posicionamento e navegação** é composto de três segmentos:

- **espacial:** constelação de satélites em órbita da Terra;
- **controle terrestre:** estações de monitoramento e antenas de recepção na superfície;
- **usuários:** aparelhos receptores móveis ou acoplados em veículos terrestres, aéreos ou aquáticos.

Esse complexo sistema serve para localizar com precisão um objeto ou pessoa, assim como fornecer sua velocidade (caso esteja em movimento) na superfície terrestre ou num ponto qualquer próximo a ela. Inicialmente foi projetado para uso militar, mas hoje em dia apresenta diversos usos civis, como veremos a seguir.

Em 2013 havia dois desses sistemas em operação plena: um norte-americano, o Navstar/GPS (Navigation Satellite with Time and Ranging/Global Positioning System), e um russo, o Glonass (Global Navigation Satellite System). Ambos começaram a ser desenvolvidos no contexto da Guerra Fria, época da corrida armamentista entre os Estados Unidos e a extinta União Soviética. Sistemas semelhantes estão em fase inicial de desenvolvimento, tanto pela União Europeia, o Galileo Navigation, como pela China, o Beidou Navigation System. Não há data precisa para se tornarem plenamente operacionais.

GPS.GOV. Official U.S. Government Information About the Global Positioning System (GPS). *Space Segments. Satellite Orbits.* Disponível em: <www.gps.gov/systems/gps/space>. Acesso em: 17 dez. 2013. Ilustração sem escala.

O GPS começou a ser desenvolvido em 1973 pelo Departamento de Defesa dos Estados Unidos. Em 1978 foi lançado um primeiro satélite experimental, mas só em 1995, dois anos após o lançamento do 24º satélite, o sistema atingiu a capacidade operacional plena. Em setembro de 2013 o GPS dispunha de trinta e dois satélites girando em torno da Terra (há no mínimo 24 satélites em operação e o restante de reserva: são acionados para substituir algum que esteja em manutenção). Esses satélites – um deles pode ser visto na imagem de abertura deste capítulo – orbitam o planeta em seis planos distintos (são quatro por plano) a 20 200 quilômetros de altitude (observe o esquema ao lado, que mostra a **constelação de satélites do GPS**).

O Glonass começou a ser desenvolvido em 1976, ainda na época da União Soviética, e o primeiro satélite do sistema foi lançado em 1982. Com o fim da antiga superpotência em 1991 e a profunda crise pela qual passou a Rússia ao longo daquela década, o programa ficou paralisado e tornou-se obsoleto. No início dos anos 2000, a Agência Espacial Russa retomou os investimentos no programa: novos satélites foram desenvolvidos e gradativamente lançados ao espaço. Em 2011 o sistema tornou-se plenamente operacional e passou a cobrir todo o planeta. Em setembro de 2013, contava com 29 satélites em órbita da Terra (24 em operação e o restante de reserva) a 19 100 quilômetros de altitude.

Consulte *site* oficial do **Global Positioning System (GPS)**. Veja orientações na seção **Sugestões de leitura, filme e *sites***.

Os satélites do GPS e do Glonass cumprem órbitas fixas e estão dispostos de modo que, de qualquer ponto da superfície terrestre ou próximo a ela, seja possível receber ondas de rádio de pelo menos quatro deles. Os receptores fixos ou móveis captam essas ondas e calculam as coordenadas geográficas do local em graus, minutos e segundos. Além da latitude e longitude, obtém-se a altitude do ponto de leitura, o que facilita a confecção e atualização de mapas topográficos, e a hora local com exatidão.

O potencial estratégico-militar dos sistemas de posicionamento e navegação ficou demonstrado na Guerra do Golfo (1991) e na invasão do Iraque (2003). Nessas ocasiões, os alvos a serem atingidos pelas forças armadas norte-americanas, fixos ou móveis, puderam ser localizados com grande precisão. Da mesma forma, os mísseis teleguiados, lançados de aviões ou embarcações de guerra, eram "orientados" pelo GPS.

Além da utilização militar, o GPS e o Glonass são empregados também para orientar a navegação aérea e marítima e apresentam vários outros usos civis.

Shutterstock/Glow Images

Pessoa usando aparelho de posicionamento por satélites numa região montanhosa nas proximidades do lago Baikal, Rússia, em 2010. Nesse país é possível se orientar tanto pelo GPS como pelo Glonass. Já existem aparelhos capazes de captar os sinais de rádio dos dois sistemas. Porém, no Brasil, em 2013 ainda havia poucos aparelhos que conseguiam receber sinais do Glonass.

A **agricultura de precisão** tem utilizado uma combinação de GPS com SIG. Por exemplo, com mapas digitais que contêm informações sobre a fertilidade do solo e utilizando o GPS, um agricultor pode distribuir a quantidade ideal de adubo em cada pedaço da área cultivada, o que proporciona eficácia e economia. Há tratores que já vêm equipados da fábrica com computador de bordo com SIG instalado e conectado ao GPS. Entretanto, o alto custo dessa tecnologia ainda limita sua maior disseminação na agricultura, principalmente nos países pobres.

Agricultura de precisão: prática agrícola que utiliza tecnologias de georreferenciamento, como GPS, SIG, sensoriamento remoto, para fazer o manejo do solo com mais precisão, buscando aumentar a produtividade e a rentabilidade da propriedade rural.

O GPS também está disponível em alguns modelos de automóveis mais caros fabricados no Brasil e no exterior. Os veículos saem da fábrica equipados com computador de bordo conectado ao GPS e com mapas rodoviários e guias de cidades armazenados em sua memória, o que permite ao motorista uma orientação contínua por meio dos satélites do sistema. As locadoras de automóveis, os taxistas e muitas pessoas dispõem de veículos equipados com GPS, o que facilita a circulação, especialmente na intrincada rede de ruas e avenidas das grandes cidades.

Nos últimos anos, órgãos governamentais brasileiros vêm utilizando imagens de satélites e o GPS para identificar com precisão os limites de fazendas improdutivas a serem desapropriadas para a reforma agrária, para controlar queimadas em florestas e para demarcar limites fronteiriços, entre outras finalidades.

Consulte o *site* da **FlightAware – rastreio em tempo real**. Veja orientações na seção **Sugestões de leitura, filme e *sites***.

Outras aplicações práticas do sistema GPS são o planejamento de rotas e o rastreamento de veículos terrestres, principalmente carretas que transportam cargas valiosas (em caso de roubo, é possível localizá-las com precisão, o que possibilita uma ação mais rápida e eficaz da polícia). O sistema pode ser utilizado também para o rastreamento de veículos marítimos e aéreos. O programa FlightAware, por exemplo, permite o rastreamento de aviões em tempo real.

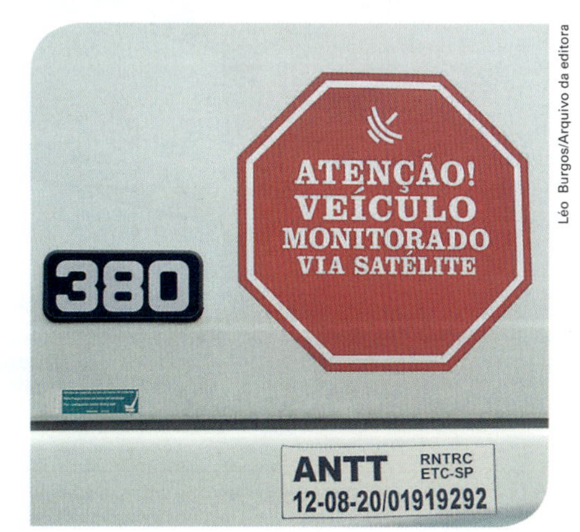

Léo Burgos/Arquivo da editora

O GPS tem sido utilizado para rastrear veículos de carga e até mesmo automóveis de passeio. Na foto de 2009, caminhão circulando na marginal Tietê, em São Paulo (SP), com o adesivo alertando que é monitorado por satélite.

3 Sistemas de informações geográficas

Um **sistema de informações geográficas (SIG)** é composto de um conjunto de **equipamentos** (*hardware*) e de **programas** (*software*) que processam **informações georreferenciadas**, isto é, situadas no território e localizadas por coordenadas geográficas, que podem ser identificadas por GPS. Entretanto, o mais importante nesse sistema são as pessoas que vão gerar, processar e utilizar essas informações, isto é, os **usuários**.

Há diversos SIG em uso no mundo. O mais utilizado é o ArcGis, do Environmental System Research Institute (Esri), com sede na Califórnia (Estados Unidos). No Brasil, além dos programas estrangeiros, a maioria deles pagos, como o ArcGis, os usuários têm à disposição, gratuitamente, o Sistema de Processamento de Informações Georreferenciadas (Spring) e o TerraView, criados pelo INPE.

Os SIG permitem coletar, armazenar, processar, recuperar, correlacionar e analisar diversos dados espaciais, a partir dos quais são produzidas informações geográficas expressas em mapas, tabelas, gráficos, etc. (observe o esquema ao lado). Os dados espaciais são coletados separadamente e sobrepostos em camadas (*layers*), o que possibilita sua integração/correlação para produzir as informações geográficas que interessam ao usuário (veja a figura abaixo). Trata-se de um poderoso instrumento de apoio ao planejamento territorial, servindo para organizar a ocupação e o uso do solo urbano e rural.

Esquema de funcionamento de um SIG

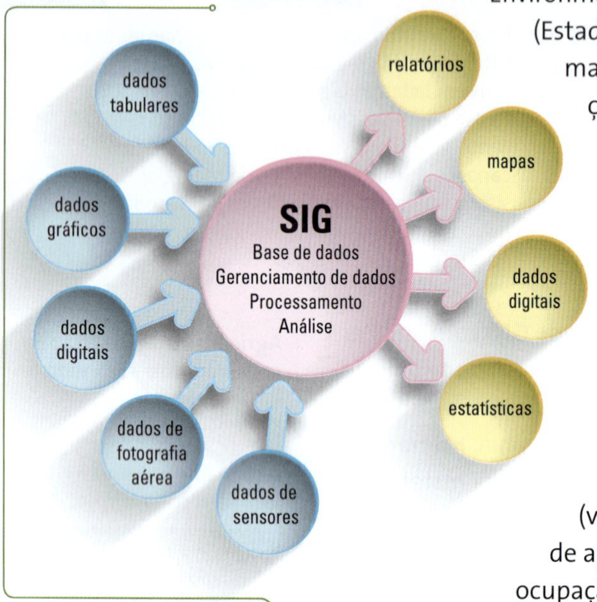

Cassiano Röda/Arquivo da editora

LABGIS – Laboratório de Geotecnologias do Departamento de Geologia Aplicada da Faculdade de Geologia da Universidade Estadual do Rio de Janeiro (Uerj). Disponível em: <www.fgel.uerj.br/labgis>. Acesso em: 22 jan. 2010.

Representação das camadas de um SIG

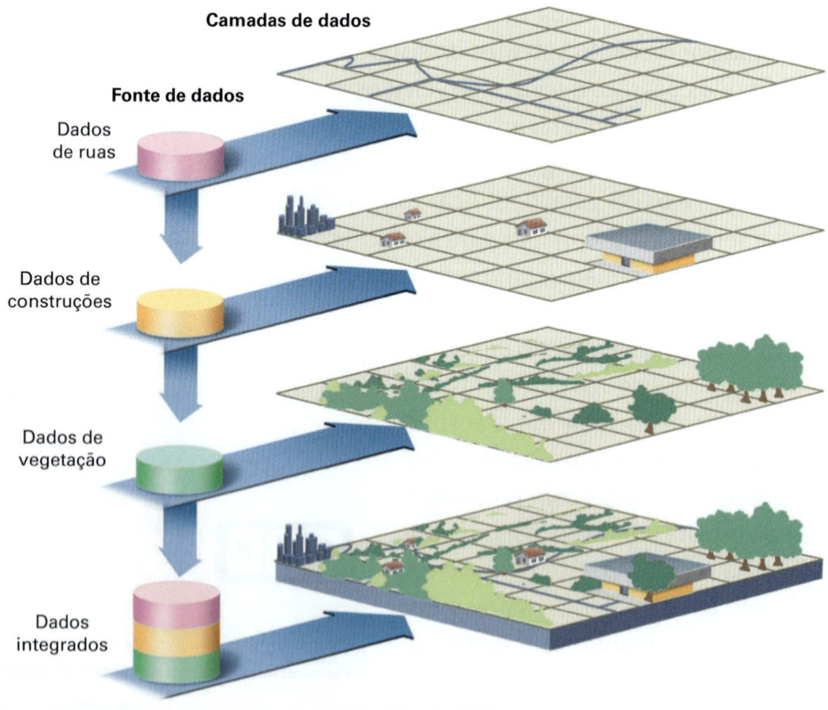

Paulo Manzi/Arquivo da editora

NATIONAL Geographic Education. *Geographic Information System (GIS)*. Disponível em: <http://education.nationalgeographic.com/education/photo/new-gis/?ar_a=1>. Acesso em: 17 dez. 2013.

Consulte o portal do **Sistema de Processamento de Informações Georreferenciadas (Spring)**. Veja orientações na seção **Sugestões de leitura, filme e *sites***.

O uso dos SIG evidencia as enormes possibilidades de coleta e processamento de dados espaciais com a utilização da informática. Entretanto, como mostra o texto a seguir, antes mesmo do desenvolvimento de computadores e mapas digitais já era possível a sobreposição manual de informações espaciais para auxiliar a tomada de decisões.

Consulte o portal da **Infraestrutura Nacional de Dados Espaciais (INDE)**. Veja orientações na seção **Sugestões de leitura, filme e *sites***.

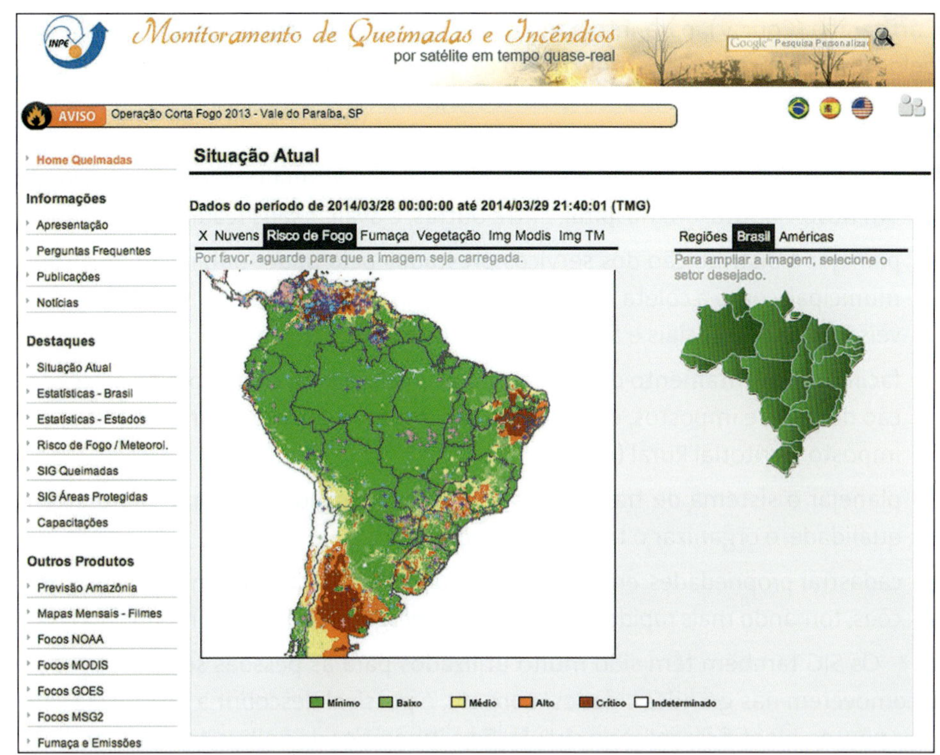

INPE – Instituto Nacional de Pesquisas Espaciais. Portal do Monitoramento de Queimadas e Incêndios. Disponível em: <www.inpe.br/queimadas>. Acesso em: 30 mar. 2014.

O monitoramento de queimadas e incêndios na América do Sul é feito pelo INPE com base em imagens do satélite Aqua (feitas entre a 0h de 28/03/2014 e 21h40min de 29/03/2014) e no *software* TerraView. Este SIG permite sobrepor diversas informações: limites políticos, focos de queimadas, áreas com risco de fogo (como se vê na imagem), vegetação, etc.

Outras leituras

SIG

Uma das funções mais amplamente utilizadas dos sistemas de informação geográfica é a sobreposição de informação, que permite realizar uma análise integrada dos dados. Os primeiros registros que se têm da sobreposição de mapas em forma manual são: a sobreposição de mapas para mostrar os movimentos das tropas na Batalha de Yorktown (1781) da revolução americana; o Atlas da Estrada de Ferro da Irlanda que mostrava em um mesmo mapa-base a população, o fluxo de tráfego, a geologia e a topografia das áreas onde passava a estrada de ferro (1850); e, talvez o exemplo mais conhecido, o do Dr. Snow, que em 1854 correlacionou a distribuição dos poços de água da cidade de Londres e os registros de casos de cólera, e verificou que a maioria dos casos estavam concentrados em torno de um único poço, confirmando a hipótese de que a água é o agente transmissor da doença.

No início, os sistemas de informação geográfica estavam restritos a um pequeno número de pesquisadores e de aplicações, devido às limitações de *hardware* e *software*. Hoje, esta tecnologia tem crescido rapidamente e tem aplicações para diversas áreas, tais como manejo de recursos naturais, análise ambiental, saúde pública, planificação urbana e regional, mapeamento de desastres naturais, dentre outros. O crescimento acelerado do uso dos sistemas de informação geográfica está relacionado com o aumento da demanda de informação e os desenvolvimentos da tecnologia da computação.

LACRUZ, Maria Silvia Pardi; SOUZA FILHO, Manoel de Araújo de. *Desastres naturais e geotecnologias*: sistemas de informação geográfica. São José dos Campos: INPE, 2009. p. 5-6. (Caderno didático n. 4).

Veja a indicação do livro ***Geoprocessamento sem complicação***, de Paulo Roberto Fitz, na seção **Sugestões de leitura, filme e *sites***.

O primeiro SIG foi o Canadian Geographic Information System, criado nos anos 1960 pelo governo canadense para processar os dados espaciais coletados pelo Inventário de Terras daquele país. Mas foi a partir dos anos 1980/1990, com o desenvolvimento dos computadores, das imagens de satélites e do GPS, que essa tecnologia teve grande impulso. No Brasil, em 2008, o governo criou a Infraestrutura Nacional de Dados Espaciais (INDE), coordenada pela Comissão Nacional de Cartografia (Concar), para integrar as informações georreferenciadas espalhadas pelos diversos órgãos e instituições do Estado brasileiro, facilitando sua distribuição e acesso a elas.

Os SIG podem ser utilizados para:

- planejar investimentos em obras públicas, como a canalização de um córrego, um novo viaduto, um hospital, entre outras, e avaliar seus resultados;
- planejar a distribuição dos serviços prestados pelo poder público no território municipal, como a coleta e a destinação do lixo, assim como avaliar seus possíveis impactos – sociais e ambientais – e os custos;
- facilitar o levantamento de imóveis no município para o controle da arrecadação de taxas e impostos, como o Imposto Predial e Territorial Urbano (IPTU) e o Imposto Territorial Rural (ITR);
- planejar o sistema de transportes coletivos, buscando melhorar sua oferta e qualidade, e organizar o tráfego urbano;
- cadastrar propriedades, empresas e moradores, com grande número de informações, tornando mais rápidos e eficientes os programas de atendimento.

Os SIG também têm sido muito utilizados para as pessoas se situarem e se locomoverem nas grandes cidades. Com ele, é possível descobrir a distância entre dois pontos, identificar rotas de circulação e itinerários de ônibus, localizar endereços, etc. Como vimos anteriormente, combinados com aparelhos GPS, os SIG têm sido cada vez mais utilizados em navegadores de bordo de automóveis.

As empresas que trabalham com pesquisas de opinião, de comportamento, de intenção de voto, etc. conseguem resultados muito mais rápidos e precisos com a utilização de um SIG. As informações coletadas são rapidamente apresentadas em tabelas, gráficos e mapas integrados, servindo de base para as decisões das empresas. Os SIG também têm sido bastante utilizados no turismo, tanto no planejamento das atividades de lazer quanto na localização de atrações turísticas em plantas digitais que servem para orientar os usuários.

Alexandre Tokitaka/Pulsar Imagens

O aparelho GPS associado a um SIG com informações georreferenciadas permite ao usuário identificar sua exata posição, traçar rotas e chegar a um destino. Na foto, de 2012, motorista utiliza GPS para se orientar em São Paulo (SP). Entretanto, o uso desse aparelho provoca mudanças na percepção do espaço geográfico e perda da visão do todo: para chegar ao destino, depois de programado o aparelho, basta seguir os comandos de voz, o que dispensa a consulta de mapas e a leitura de placas de localização.

Atividades

Compreendendo conteúdos

1. Observe o espectro de radiação eletromagnética e os esquemas de sensoriamento remoto nas páginas 77 e 78. Depois responda:
   a) O que você entende por sensoriamento remoto?
   b) Explique seu funcionamento e dê exemplos.
2. Explique o que é, como funciona e qual a utilidade:
   a) do GPS e do Glonass;
   b) dos SIG.

Desenvolvendo habilidades

3. Leia novamente o quadrinho da abertura do capítulo e responda:
   - Com as coordenadas geográficas disponíveis, na realidade, as crianças não conseguiriam encontrar o que procuram. Por quê?
4. Observe o mapa-múndi abaixo e responda às perguntas a seguir.

Planeta Terra à noite

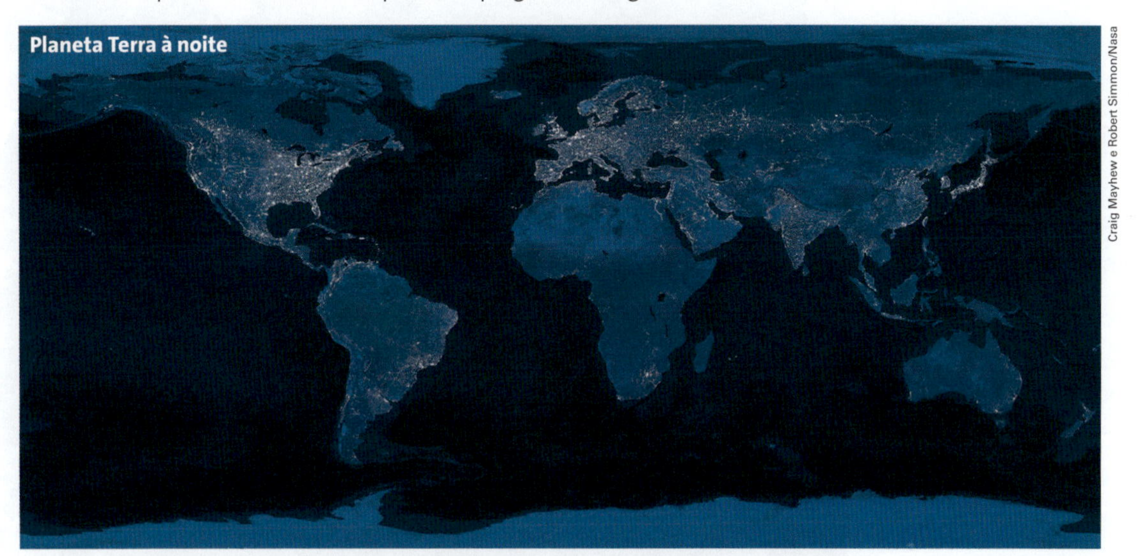

Craig Mayhew e Robert Simmon/Nasa

A vista da Terra à noite neste mapa-múndi é um mosaico composto de mais de quatrocentas imagens de satélites.

   a) De que forma essas imagens foram captadas para compor o mosaico que formou o mapa-múndi?
   b) Observe a tabela da página 73 e correlacione-a com o mapa-múndi acima, localizando os países listados (se achar necessário, para facilitar a localização, utilize como referência um mapa-múndi político). Que correlações você encontrou entre as informações da tabela e as do mapa?
   c) A imagem acima não é totalmente condizente com a realidade. Por quê?

5. Observe a imagem de um trecho do município de Aripuanã, feita pelo satélite CBERS 2-B. Verifique no mapa abaixo a localização desse município e responda às questões.
   a) Onde se localiza o município de Aripuanã?
   b) O que representam, na imagem, as cores verde e rosa?
   c) Tendo em vista o que foi observado na imagem, descreva um importante uso que se pode fazer das imagens de satélites.

CBERS/Instituto Nacional de Pesquisas Espaciais

CBERS/INPE. *Censor CCD/CBERS 2-B. Mato Grosso. 26 set. 2007.* Disponível em: <www.cbers.inpe.br/galeria_imagens/imagens_cbers2.php>. Acesso em: 17 dez. 2013.

Mato Grosso

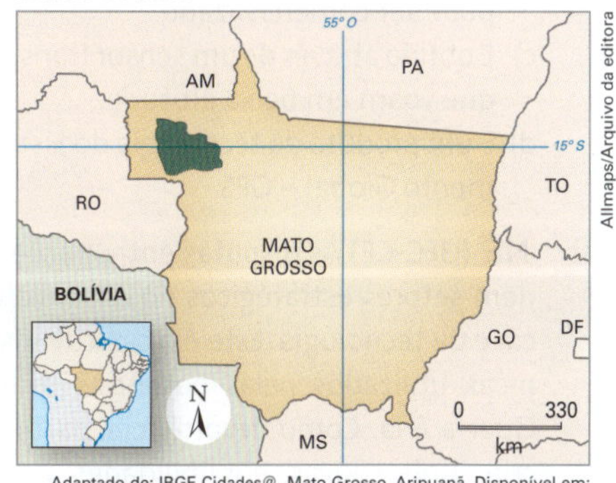

Allmaps/Arquivo da editora

Adaptado de: IBGE Cidades@. Mato Grosso. Aripuanã. Disponível em: <www.ibge.gov.br/cidadesat/index.php>. Acesso em: 17 dez. 2013.

Vestibulares de Norte a Sul

1. SE (Unimontes-MG) Leia o texto.

DigitalGlobe divulga imagens de satélite do local da captura de Osama Bin Laden

A DigitalGlobe divulgou em seu *site*, nesta quinta-feira, imagens de satélite da região de Abbottabad, Paquistão, onde Osama Bin Laden estava refugiado. De acordo com a agência Fox News, uma equipe de 40 soldados Seal da marinha dos Estados Unidos capturou e matou o terrorista responsável pela morte de milhares de cidadãos americanos. A comparação de imagens de satélite de junho de 2005 e janeiro de 2011, feita pela DigitalGlobe, revela a expansão da mansão onde Osama se escondia.

Disponível em: <www.globalgeo.com.br>. Acesso em: 5 maio 2011. Adaptado.

Sobre o tipo de imagem de satélite mostrado na reportagem acima, assinale a alternativa correta.

a) É usado para monitorar espaços menores, uma vez que tem alta resolução espacial.
b) Está disponível apenas para uso militar, por isso não pode ser comercializado.
c) É obtido através de um sensor transportado por aviões que voam em baixa altitude.
d) É um produto da tecnologia do Sistema de Posicionamento Global – GPS.

2. NE (UFC-CE) As disputas entre nações pelo poder definem setores estratégicos no desenvolvimento da ciência e da tecnologia. Este é o caso de instrumentos e técnicas utilizados pelas potências mundiais durante a Guerra Fria. Como decorrência, parte dessa tecnologia cria, hoje, novas possibilidades para a Cartografia. Acerca desse tema, é correto afirmar que:

a) o Instituto Nacional de Pesquisas Espaciais (INPE) é o órgão responsável pelos satélites brasileiros, que captam e transmitem dados climáticos e ambientais.
b) o sistema de aerofotografias permite observar a evolução de frentes frias e quentes, bem como a temperatura da Terra e a formação de tufões e furacões.
c) o sofisticado Sistema de Posicionamento Global, que foi concebido para estudos ambientais, emite, por meio do aparelho GPS, sinais de alta precisão recebidos pelos satélites.
d) a cartografia automática alimentada pelas técnicas de sensoriamento remoto utilizadas hoje dispensa a geração de dados estatísticos e os levantamentos de campo.
e) o fundamento do Sistema de Informações Geográficas (SIG) é simples: um avião percorre uma faixa em linha reta e fotografa sucessivamente uma área, gerando imagens estereoscópicas.

3. SE (UFMG) Analise esta imagem de satélite de uma porção do território brasileiro:

Disponível em: Google Earth. Acesso em: 14 maio 2011.

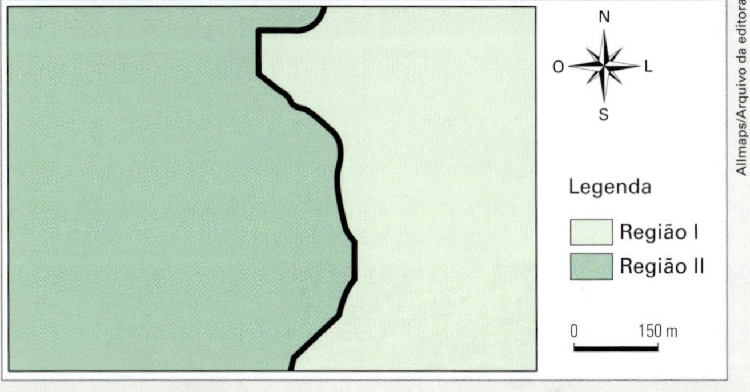

Allmaps/Arquivo da editora

Com o objetiv o de reconhecer as características do espaço geográfico ao lado retratado, uma equipe de especialistas ambientais elaborou este mapeamento, em que se identificam duas regiões principais.

a) A partir da comparação e interpretação da imagem de satélite e desse mapa, apresente e descreva uma característica geográfica marcante presente na região I e na região II.

b) Leia esta afirmativa:

> As características do espaço geográfico retratado na imagem de satélite confirmam que essa porção do território brasileiro está localizada em uma metrópole.

Você concorda com essa afirmativa? Justifique sua resposta.

4. CO (UFG-GO) Analise a figura e o texto apresentados a seguir.

Como funciona o Sistema de Posicionamento Global (GPS)

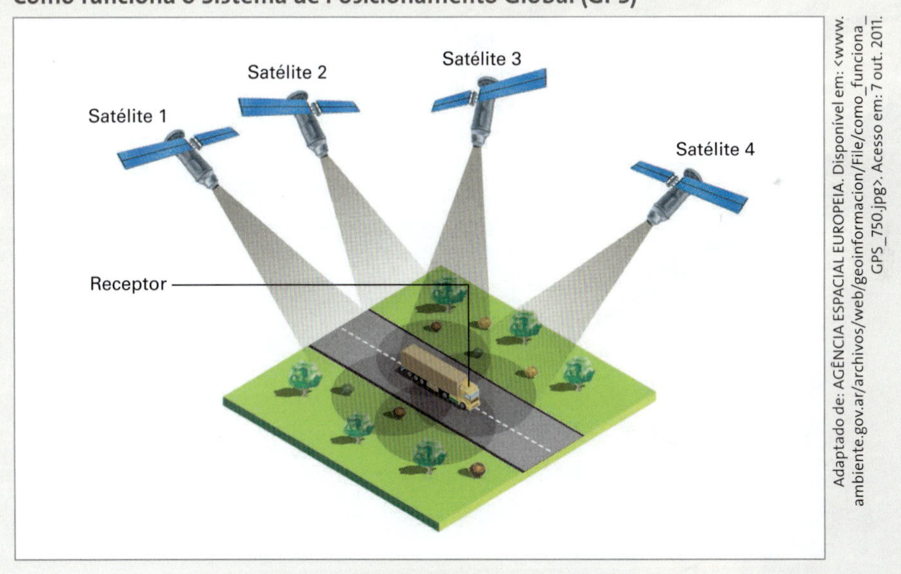

Adaptado de: AGÊNCIA ESPACIAL EUROPEIA. Disponível em: <www.ambiente.gov.ar/archivos/web/geoinformacion/File/como_funciona_GPS_750.jpg>. Acesso em: 7 out. 2011.

> Atualmente existem três categorias de equipamentos GPS em uso: o recreacional (ou navegador), o topográfico e o geodésico. Para os dois últimos, é necessário processar as informações antes de usá-las.
>
> Disponível em: <www.ibge.gov.br/home/presidencia/noticias/noticia_visualia.php?id_noticia=1343&id_pagina=1>. Acesso em: 4 nov. 2011. (Adaptado).

Considerando-se o exposto a respeito desse recurso tecnológico:

a) caracterize o funcionamento do sistema GPS (Global Positioning System);

b) indique duas informações que podem ser obtidas por meio de um aparelho GPS.

Geografia física e meio ambiente

Paulo Fridman/Pulsar Imagens
Parque Estadual de Vila Velha, Ponta Grossa (PR), 2011.

No lugar onde você mora o relevo é plano, ou há elevações que dificultam, por exemplo, um passeio de bicicleta ou *skate*? Você mora perto de praia ou floresta, ou mora em uma cidade onde quase não se vê mais vegetação? Chove bastante nesse lugar, ou ele é seco na maior parte do ano? Você sabia que todos esses elementos da natureza, entre outros, são estudados pela Geografia física? Durante o estudo desta unidade, procure relacionar os aspectos descritos em cada capítulo às características do lugar onde você mora, para que você possa conhecê-lo ainda mais. Repare como o ser humano interage constantemente com a natureza, tanto transformando-a conforme suas necessidades quanto adaptando-se àquilo que não há como mudar nela.

CAPÍTULO

5 Estrutura geológica

Fluxos de lava do vulcão Etna, na Sicília (Itália). Foto de 2013.

Infográfico

TEORIA DA FORMAÇÃO E EVOLUÇÃO DA TERRA

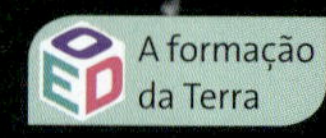

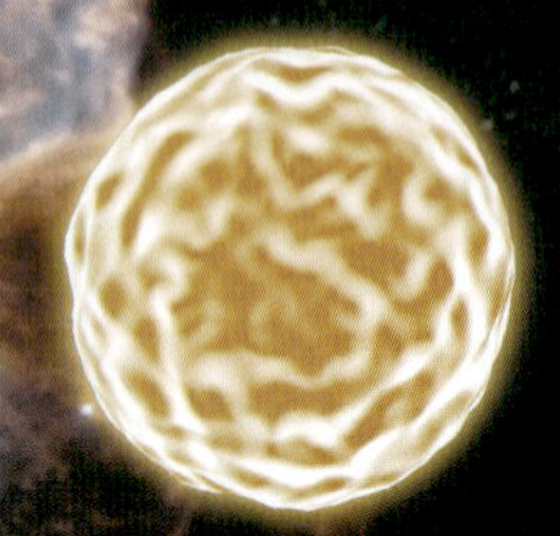

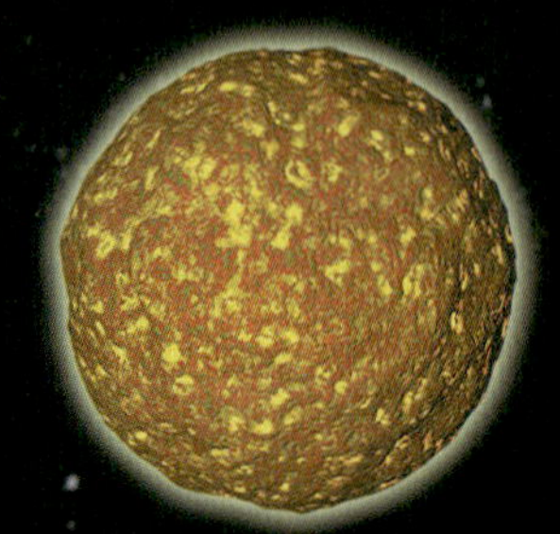

1 Há cerca de 4,6 bilhões de anos, uma densa nuvem de gás e poeira se contraiu e constituiu o Sol. Outras partes dessa nuvem formaram partículas sólidas de gelo e rocha, que se uniram e deram origem aos planetas.

2 A radioatividade das rochas fez que a Terra recém-consolidada derretesse. O ferro e o níquel se fundiram, formando o núcleo da Terra, enquanto na superfície flutuavam oceanos de rochas incandescentes.

3 Há aproximadamente 4 bilhões de anos, a crosta terrestre começou a adquirir forma. No princípio, havia grande número de pequenas plaquetas sólidas, que flutuavam na rocha fundida.

4 Com o passar de milhões de anos, a crosta terrestre se tornou mais espessa, e os vulcões entraram em erupção e começaram a emitir gases, que formaram a atmosfera. O vapor de água se condensou, constituindo os oceanos. As rochas mais antigas da Terra datam dessa época.

Milhões de anos atrás

4560 — 4000 — 3000 — 2000

Este infográfico nos dá uma ideia da evolução do planeta Terra, desde sua origem, há aproximadamente 4,6 bilhões de anos, até os dias atuais. Ao longo deste capítulo você vai perceber que para o estudo desse tema a noção de tempo que temos – dias, meses, anos, séculos – não é suficiente; é preciso pensar em termos de eras geológicas, o que envolve milhões de anos.

Adaptado de: THE DORLING Kindersley Illustrated Factopedia. Londres: Dorling Kindersley, 1995. p. 38-39.

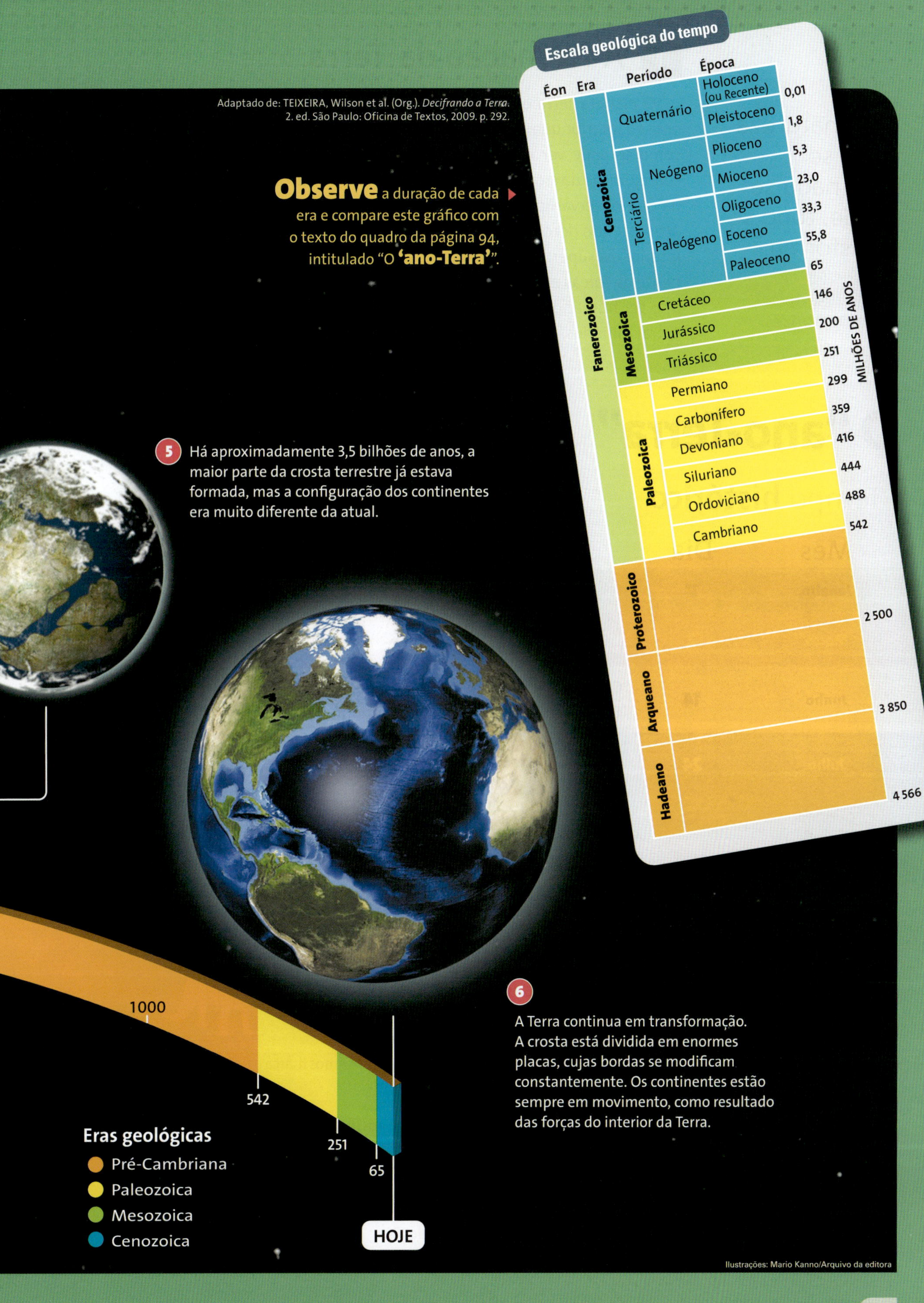
Adaptado de: TEIXEIRA, Wilson et al. (Org.). *Decifrando a Terra*. 2. ed. São Paulo: Oficina de Textos, 2009. p. 292.
Observe a duração de cada era e compare este gráfico com o texto do quadro da página 94, intitulado "O **'ano-Terra'**".
Escala geológica do tempo
Éon
Era
Período
Época
Holoceno (ou Recente)
0,01
Quaternário
Pleistoceno
1,8
Plioceno
5,3
Neógeno
Mioceno
23,0
Cenozoica
Terciário
Oligoceno
33,3
Paleógeno
Eoceno
55,8
Paleoceno
65
Cretáceo
146
Fanerozoico
Mesozoica
Jurássico
200
Triássico
251
MILHÕES DE ANOS
Permiano
299
Carbonífero
359
Devoniano
416
Paleozoica
Siluriano
444
Ordoviciano
488
Cambriano
542
Proterozoico
2 500
Arqueano
3 850
Hadeano
4 566
5
Há aproximadamente 3,5 bilhões de anos, a maior parte da crosta terrestre já estava formada, mas a configuração dos continentes era muito diferente da atual.
1000
542
251
65
HOJE
Eras geológicas
Pré-Cambriana
Paleozoica
Mesozoica
Cenozoica
6
A Terra continua em transformação. A crosta está dividida em enormes placas, cujas bordas se modificam constantemente. Os continentes estão sempre em movimento, como resultado das forças do interior da Terra.
Ilustrações: Mario Kanno/Arquivo da editora

1 A formação da Terra

"Na natureza nada se cria, nada se perde, tudo se transforma."
Antoine Lavoisier (1743-1794), químico francês.

O planeta Terra está em constante transformação, tanto em seu interior quanto na superfície. Durante sua formação, como se pode ver nas ilustrações do infográfico anterior, a configuração da crosta terrestre era completamente diferente da que observamos hoje. Essas transformações continuam acontecendo porque o planeta possui muita energia em seu interior e a superfície da crosta terrestre sofre a ação permanente de forças externas, como a chuva ou o vento, e do próprio ser humano, que constrói cidades, desmata, reflloresta, extrai minérios, faz aterros e represas, desvia rios, etc.

O "ano-Terra"

Tempo **histórico**

Mês	Dia	Eventos
Janeiro	**1º**	Formação da Terra.
Março	**2**	**Mais antigas evidências de vida.**
Junho	**14**	Consolidação dos primeiros continentes. Termina o Arqueano e inicia o Proterozoico.
Julho	**24**	**Primeiros organismos eucariontes (células mais complexas, com núcleo).**
Outubro	**12**	Eucariontes começam a se diversificar.
Novembro	**18**	Início da Era Paleozoica. Os grandes continentes (como Gonduana) se formam.
Dezembro	**3**	**Primeiros répteis.**
	12	**Início da Era Mesozoica e da deriva continental.**
	20	Início da separação entre América e África.
	26	A extinção dos dinossauros e outros organismos marca o fim da Era Mesozoica e início da Cenozoica.
	31	Às 19h12min: primeiro membro de nosso gênero (*Homo*), na África.
		Às 23h59min57s: Cabral chega ao Brasil.
		Às 23h59min59s: inicia o século XX.

Adaptado de: TEIXEIRA, Wilson et al. (Org.). *Decifrando a Terra*. 2. ed. São Paulo: Oficina de Textos, 2009. p. 621-623.

Tempo **geológico**

Idade
(em milhões de anos)

4560
3800
2500
2000
1000
450
350
248
140
65
2
500 anos
100 anos

Algumas mudanças de origem natural são facilmente percebidas. Por exemplo, terremotos e erupções vulcânicas são fenômenos que podem provocar alterações imediatas na paisagem. Outras mudanças, como o afastamento dos continentes ou o processo de formação das grandes cadeias montanhosas, denominado orogênese, ocorrem em um intervalo de tempo tão longo que não conseguimos percebê-las em nosso curto período de vida. Por isso falamos em **tempo geológico**, que é medido em milhões de anos (reveja a tabela da página anterior).

Para entendermos melhor os 4,6 bilhões de anos de idade da Terra, observe o esquema da página anterior, em que o tempo geológico é comparado, proporcionalmente, ao **tempo histórico**, medido em meses, anos, décadas, séculos ou milênios.

Embora os seres humanos tenham surgido há muito pouco tempo quando pensamos na escala geológica, alguns cientistas consideram que as transformações provocadas na superfície do planeta, principalmente após a Revolução Industrial, justificariam a criação de uma nova época, denominada Antropoceno. A criação dessa nova época e sua inserção na escala do tempo geológico depende da IUGS (sigla em inglês da União Internacional de Ciências Geológicas), que criou uma comissão que estuda essa possibilidade desde 2008.

Orogênese: do grego *oros*, que significa 'montanha', e *genesis*, 'origem'. Corresponde a processos tectônicos que deformam e elevam a crosta terrestre, dando origem a grandes cadeias montanhosas. Os dobramentos, falhas, abalos sísmicos e vulcanismo, entre outros, estão associados à orogenia.

Fóssil: vestígio de seres orgânicos (vegetais ou animais) encontrados nas rochas. Nas estruturas sedimentares as camadas superiores e os fósseis são mais recentes, enquanto nas camadas inferiores são mais antigos. O estudo dos fósseis permite identificar a idade de um terreno e inferir sua posição na coluna geológica.

Outras leituras

A coluna do tempo geológico

A coluna do tempo geológico é dividida em éons, eras, períodos e épocas. Essa divisão não é arbitrária, ela reflete grandes acontecimentos que ocorreram nas histórias geológica e biológica da Terra. Assim, os éons Arqueano e Proterozoico correspondem a grupos de rochas ígneas e metamórficas que formam grande volume da crosta continental, com um registro fóssil escasso, composto somente de seres microscópicos. No final do Proterozoico é que começaram a aparecer os primeiros seres multicelulares. Já o éon Fanerozoico significa 'vida visível', refletindo a fase em que a vida se tornou abundante no planeta.

Cada uma das três eras do éon Fanerozoico – Paleozoica, Mesozoica e Cenozoica – ilustra um momento especial da história da Terra e o limite entre as eras é pautado por eventos de extinção em massa. Dentro da era Paleozoica ('vida antiga') estão vários períodos. O nome Cambriano vem de *Cambria*, que é o nome latino para Gales, onde suas rochas foram primeiramente estudadas. Ordoviciano vem de *Ordovices*, que é o nome de uma antiga tribo celta. Siluriano homenageia a tribo dos Silures, que habitava uma região de Gales. Devoniano é uma homenagem a Devonshire, na Inglaterra, onde estão expostas rochas dessa idade. O nome Carbonífero refere-se aos depósitos de carvões que se encontram acima das rochas devonianas. O nome Permiano foi dado porque as rochas desta idade situavam-se próximas à província de Perm, na Rússia. A Era Paleozoica termina com o maior evento de extinção em massa de todos os tempos.

A Era Mesozoica ('vida do meio'), inclui os períodos Triássico, Jurássico e Cretáceo. O nome Triássico tem a ver com a divisão em três camadas das rochas dessa idade na Alemanha, que se sobrepunham às rochas paleozoicas. Jurássico faz referência às montanhas Jura, na Suíça; já Cretáceo vem do termo latim *Creta* que significa 'giz', relativo às rochas da França e Inglaterra.

A Era Cenozoica significa 'vida recente'. Ela inicia depois da grande extinção que marcou o final do Período Cretáceo.

Adaptado de: SOARES, Marina Bento. *Tempo geológico*. Departamento de Paleontologia e Estratigrafia da Universidade Federal do Rio Grande do Sul. Disponível em: <www.ufrgs.br/paleodigital/Tempo_geologico1.html>. Acesso em: 16 dez. 2013.

Pensando no Enem

1. Para o registro de processos naturais e sociais, devem ser utilizadas diferentes escalas de tempo. Por exemplo, para a datação do Sistema Solar, é necessária uma escala de bilhões de anos, enquanto para a história do Brasil basta uma escala de centenas de anos.

   Assim, para os estudos relativos ao surgimento da vida no planeta e para os estudos relativos ao surgimento da escrita, seria adequado utilizar, respectivamente, escalas de:

   a) milhares de anos; centenas de anos.
   b) milhões de anos; centenas de anos.
   c) milhões de anos; milhares de anos.
   d) bilhões de anos; milhões de anos.
   e) bilhões de anos; milhares de anos.

Resolução

A alternativa correta é a **E**. Para analisar os processos da natureza temos que considerar basicamente três escalas de tempo: **biológico**, que pode ser associado ao tempo de vida dos seres humanos; **histórico**, medido em dezenas, centenas e milhares de anos; **geológico**, que envolve toda a história geológica do planeta Terra, que tem aproximadamente 4,6 bilhões de anos.

Há alterações nos processos naturais visíveis no tempo biológico, como a erosão e os terremotos; outros são imperceptíveis para os seres humanos, como o afastamento dos continentes.

2. No mapa, é apresentada a distribuição geográfica de aves de grande porte e que não voam.

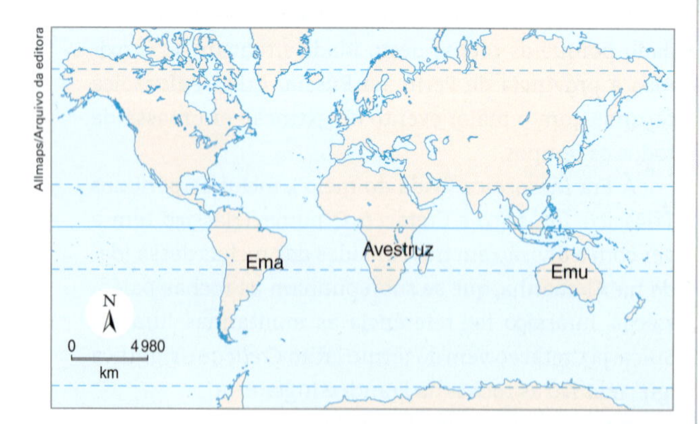

Há evidências mostrando que essas aves, que podem ser originárias de um mesmo ancestral, sejam, portanto, parentes. Considerando que, de fato, tal parentesco ocorra, uma explicação possível para a separação geográfica dessas aves, como mostrada no mapa, poderia ser:

a) a grande atividade vulcânica, ocorrida há milhões de anos, eliminou essas aves do hemisfério norte.
b) na origem da vida, essas aves eram capazes de voar, o que permitiu que atravessassem as águas oceânicas, ocupando vários continentes.
c) o ser humano, em seus deslocamentos, transportou essas aves, assim que elas surgiram na Terra, distribuindo-as pelos diferentes continentes.
d) o afastamento das massas continentais, formadas pela ruptura de um continente único, dispersou essas aves que habitavam ambientes adjacentes.
e) a existência de períodos glaciais muito rigorosos, no hemisfério norte, provocou um gradativo deslocamento dessas aves para o sul, mais quente.

Resolução

O afastamento dos continentes iniciou-se há aproximadamente 225 milhões de anos, época da história geológica em que o planeta já possuía variados tipos de formações vegetais e formas de vida animal. Com a deriva continental, muitos animais e vegetais que se desenvolveram em determinada situação foram separados e passaram por processos evolutivos bastante diversos, o que promoveu grande diferenciação entre espécies com a mesma origem ancestral. Portanto, a alternativa correta é a **D**.

Considerando a Matriz de Referência do Enem, essas questões trabalham a **Competência de área 6 – Compreender a sociedade e a natureza, reconhecendo suas interações no espaço em diferentes contextos históricos e geográficos**, principalmente a habilidade **H30 – Avaliar as relações entre preservação e degradação da vida no planeta nas diferentes escalas**.

Tipos de rocha

Calvin e Haroldo

by Bill Watterson

As rochas são agregados sólidos naturais compostos de um ou mais minerais e podem ser classificadas, segundo sua formação, em **magmáticas** (ou ígneas), **metamórficas** e **sedimentares**.

Há aproximadamente 3,8 bilhões de anos, a matéria incandescente da qual era formada a Terra começou a esfriar e a se solidificar, formando a crosta terrestre. Consolidaram-se, assim, as primeiras rochas, chamadas **magmáticas** ou **ígneas**. O termo magmática vem de magma, massa natural fluida com temperatura elevada, encontrada no interior da Terra. O termo ígnea vem da palavra latina *ignis*, 'fogo'. Observe o esquema a seguir, que mostra o processo de formação desse tipo de rocha.

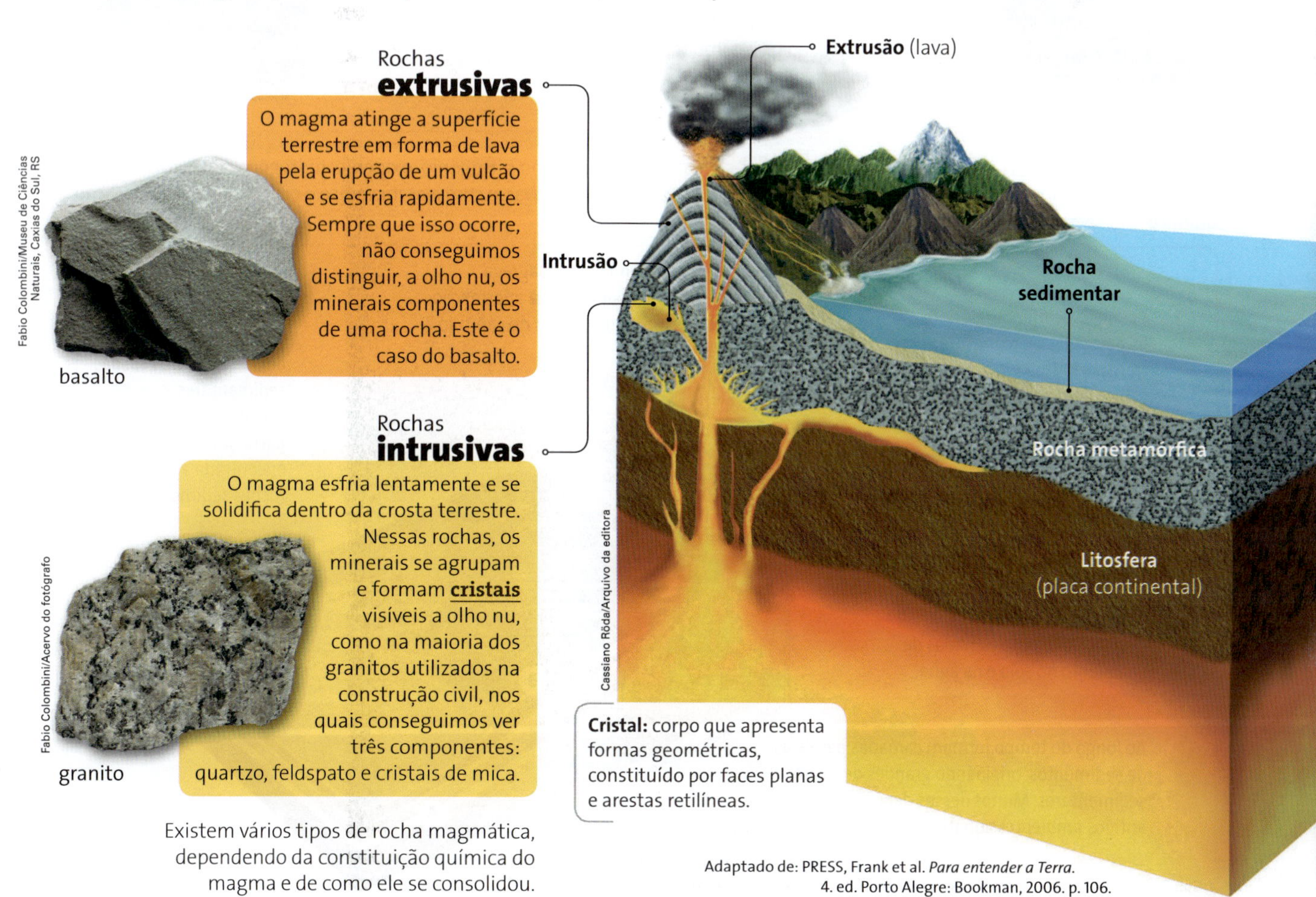

Cristal: corpo que apresenta formas geométricas, constituído por faces planas e arestas retilíneas.

Existem vários tipos de rocha magmática, dependendo da constituição química do magma e de como ele se consolidou.

Adaptado de: PRESS, Frank et al. *Para entender a Terra*. 4. ed. Porto Alegre: Bookman, 2006. p. 106.

As **rochas metamórficas**, assim como as magmáticas, formam-se no interior da crosta terrestre. A pressão e a temperatura muito elevadas, os fortes atritos, ou a combinação química de dois ou mais minerais transformam a estrutura das rochas já formadas, o que dá origem às **rochas metamórficas**, como o mármore, a ardósia, o quartzito e o gnaisse. Esse processo não deve ser confundido com a fusão de rochas, que só ocorreria no **manto**, camada abaixo da crosta em que as temperaturas são mais elevadas.

Nos primórdios da história geológica do planeta, a crosta terrestre era formada por rochas magmáticas e metamórficas. Os minerais que as compõem, no processo de consolidação, formaram cristais. Por isso essas rochas também são, em conjunto, chamadas cristalinas.

É preciso lembrar que esse processo de formação de rochas continua acontecendo, pois faz parte da dinâmica da Terra. Mas, com exceção das erupções vulcânicas, em que a solidificação da lava ocorre na superfície, não podemos observá-lo, já que é lento e ocorre no interior da crosta.

O terceiro tipo de rocha presente na crosta terrestre são as **sedimentares**. Observe o esquema abaixo, que mostra o processo de formação desse tipo de rocha.

1

Leonardo Carneiro/Arquivo da editora

Igor Terekhov/Shutterstock/Glow Images

Na foto **1**, exemplo de gnaisse, que se origina do metamorfismo (transformação) do granito, rocha magmática. Na foto **2**, pia de mármore. O mármore se origina da transformação do calcário, rocha sedimentar que aparece na foto **3**. Esse metamorfismo altera cor, textura e dureza das rochas, entre outras transformações. As rochas metamórficas são muito utilizadas na construção civil como material de acabamento, como pisos e revestimentos.

Fabio Colombini/Acervo do fotógrafo

Conforme a superfície da Terra se resfriava, gases como nitrogênio, oxigênio, hidrogênio e outros foram liberados e formaram a atmosfera. A partir de então começaram a ocorrer as chuvas, e com elas iniciou-se o processo de **intemperismo químico**. Observe a sequência:

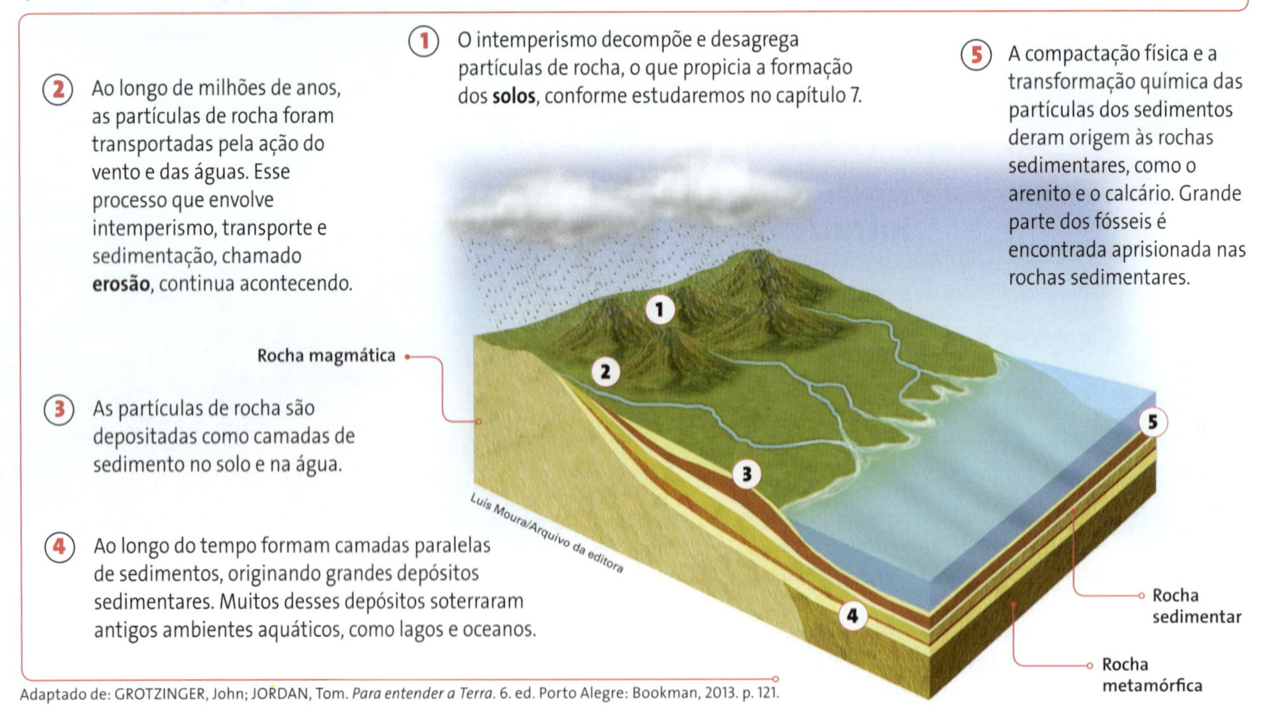

Adaptado de: GROTZINGER, John; JORDAN, Tom. *Para entender a Terra*. 6. ed. Porto Alegre: Bookman, 2013. p. 121.

Outras leituras

Paleontologia = Arqueologia? Ciências-irmãs com enfoques diferentes

A Paleontologia é uma especialidade interdisciplinar que faz uso de qualquer evidência, direta ou indireta, de organismos extintos em rochas sedimentares, para compreender a história geológica da vida e da Terra. Ainda contribui, de maneira fundamental, para nosso entendimento dos ambientes, arranjos geográficos, biodiversidade e ecossistemas do passado e permite ordenar e correlacionar temporalmente rochas estratificadas no mundo inteiro. Às vezes, o leigo confunde a Arqueologia com a Paleontologia, duas ciências-irmãs, que utilizam as mesmas técnicas de investigação, mas que diferem nos objetos que estudam. Os paleontólogos concentram-se no registro fóssil de organismos extintos, geralmente do passado remoto, enquanto os arqueólogos investigam evidências das culturas humanas e civilizações, bem mais recentes, principalmente dos últimos 10 mil anos.

O limite de 10 mil anos adotado para distinguir entre objetos arqueológicos e paleontológicos é uma escolha de conveniência, pois existem exceções tanto na Arqueologia – as belas pinturas em cavernas da Europa – como na Paleontologia – ossadas de animais extintos em cavernas e cacimbas [*poços*] no Brasil. Mesmo assim, esta data reveste-se de grande significância temporal porque coincide, aproximadamente, com o advento do Holoceno, a mais recente época geológica, que se iniciou no término da última fase glacial do Pleistoceno. A melhora no clima global do Holoceno favoreceu a expansão demográfica que desencadeou grandes transformações culturais, culminando na civilização globalizada do presente [...]. O registro arqueológico da grande jornada humana, ao contrário do registro paleontológico, compreende, comumente, artefatos e ossos humanos associados a restos de animais e plantas comuns até hoje preservados em materiais pouco consolidados (solos, sedimentos, escombros, etc.). Essa associação frequente facilita a reconstituição não somente das relações entre os homens da época, mas entre o homem e a natureza também.

FAIRCHILD, Thomas R.; TEIXEIRA, Wilson; BABINSKI, Marly. Geologia e a descoberta da magnitude do tempo. In: TEIXEIRA, Wilson et al. (Org.). *Decifrando a Terra*. 2. ed. São Paulo: Oficina de Textos, 2009. p. 291.

Raul Mayo/El Comercio/AP/Glow Images

Fósseis de ostras gigantes com 200 milhões de anos, encontrados por paleontólogos na cordilheira dos Andes (Peru), a cerca de 3 000 metros de altitude (foto de 2011). Entre outras, é uma prova de que essa região já esteve no fundo do mar.

Delfim Martins/Pulsar Imagens

As rochas sedimentares podem apresentar-se estratificadas, ou seja, em camadas com idade e composição diferentes. Pesquisando essas estratificações, os geólogos conseguem identificar as variações climáticas que se processaram no decorrer da história geológica de determinada região. Na foto de 2010, antiga pedreira no Parque do Varvito, em Itu (SP). Essa rocha sedimentar é um testemunho de que essa região do planeta passou por um período de glaciação entre os períodos Carbonífero e Permiano.

2 Estrutura da Terra

Vimos os tipos de rocha que formam a crosta terrestre, que é apenas uma pequena parte do planeta. Na figura a seguir, podemos observar sua estrutura completa.

Didaticamente o planeta Terra pode ser comparado a um ovo, não em termos de forma, mas de proporção de suas estruturas: sua casca, extremamente fina, seria a **crosta terrestre**; a clara seria o **manto**; e a gema, o **núcleo**.

A **crosta terrestre** possui uma espessura média de 25 km (por volta de 6 km em algumas partes do assoalho oceânico e de 70 km nas regiões de cadeias montanhosas).

O **manto**, com 2 900 km de espessura média, é formado por **magma** pastoso e denso, em estado de fusão.

O **núcleo** é formado predominantemente por níquel e ferro. É subdividido em duas partes: o **núcleo externo**, em estado de fusão, e o **núcleo interno** (a parte mais densa do planeta, também chamado de nife). Este, apesar das elevadas temperaturas, está em estado sólido graças à alta pressão no centro da Terra.

Vamos imaginar agora que o "ovo" de nossa comparação foi cozido e acabamos de retirá-lo do fogo. Nós o batemos, muito quente e cheio de energia em seu interior, numa mesa. A casca fica totalmente rachada, mas continua presa à clara. Assim é a crosta terrestre. Ela não é inteiriça como a casca de um ovo cru, mas rachada como a de um ovo cozido batido numa mesa. Os vários pedaços de casca rachada seriam as **placas tectônicas**. Seus limites disformes, as rachaduras, seriam as falhas geológicas – rupturas nas camadas rochosas da crosta – que delimitam as placas, detalhadas na página 105.

A **litosfera** (do grego *lithos*, que significa 'pedra', 'rocha') compreende as rochas da esfera terrestre, da crosta (continental e oceânica), e é formada por placas rígidas e móveis, as placas tectônicas. Logo abaixo dela encontramos a **astenosfera** (do grego *sthenos*, 'sem força', 'fraco'), que é constituída por rochas parcialmente fundidas. Ao contrário da litosfera, é uma camada menos rígida e com temperaturas mais elevadas. Essas características dão mobilidade às placas tectônicas.

Onda sísmica: onda de choque que se irradia em círculos concêntricos a partir do foco de um abalo sísmico, o epicentro.

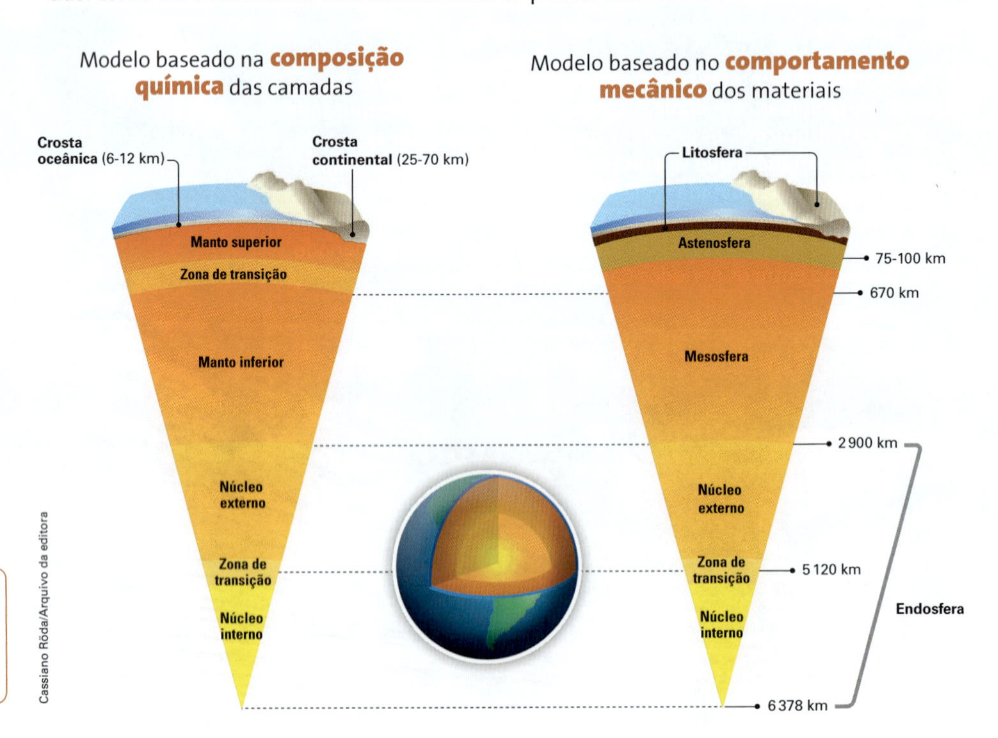

Nas figuras, você pode observar cortes esquemáticos mostrando as **camadas do interior do planeta**, de acordo com dois modelos: o primeiro baseado na composição química das camadas e o outro, no comportamento mecânico dos materiais, como sua resistência e dureza. A descoberta das variações da composição e das características físicas dos materiais que constituem o interior da Terra foi possível por meio do estudo da velocidade de propagação de **ondas sísmicas** e a sua forma de transmissão, liberadas nos terremotos ou em explosões controladas.

Adaptado de: ENCICLOPÉDIA do estudante: ciências da Terra e do Universo. São Paulo: Moderna, 2008. p. 23.

3 Deriva continental e tectônica de placas

No século XVI, quando foram confeccionados os primeiros mapas-múndi com relativa precisão, observou-se a coincidência entre os contornos da costa leste sul-americana e da costa oeste africana. Surgiram, então, hipóteses de que os continentes não estiveram sempre em suas atuais posições. Entretanto, somente em 1915, o deslocamento dos continentes foi apresentado como tese científica (a teoria da **deriva continental**) por um meteorologista alemão chamado Alfred Wegener (1880-1930). Ele propôs que há cerca de 200 milhões de anos teria existido apenas um continente, a Pangeia ('toda a terra'), que em determinado momento começou a se fragmentar.

Alexander du Toit (1878-1948), geólogo que lecionou na Universidade de Johannesburgo, na África do Sul, foi um dos maiores defensores da teoria de Wegener. Ele considerava que a Pangeia se dividiu primeiramente em dois grandes continentes, a Laurásia, no hemisfério norte, e Gonduana, no hemisfério sul, que continuaram a se fragmentar, originando os continentes atuais. Observe as ilustrações ao lado, que mostram essa sequência.

Além de se basear na coincidência entre os contornos das costas atlânticas sul-americana e africana, Wegener tinha outro argumento para defender sua teoria: as semelhanças entre os tipos de rocha e de fósseis de plantas e animais encontrados nos dois continentes, separados pelo oceano Atlântico, portanto por milhares de quilômetros. A presença de fósseis idênticos ao longo dessas costas era a prova que faltava para demonstrar que, no passado, África e América do Sul formaram um único continente. A descoberta de fósseis de plantas tropicais na Antártida também indicava que essa área, atualmente coberta de gelo, já esteve bem mais próxima do Equador.

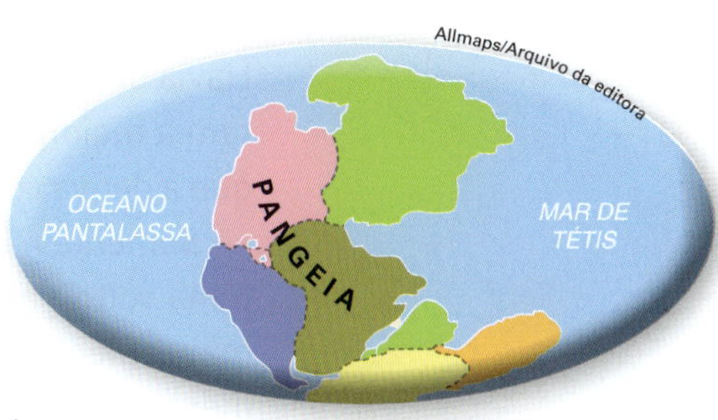

Há **225 milhões** de anos (fim do período Permeano).

Há **180 milhões** de anos (início do período Jurássico).

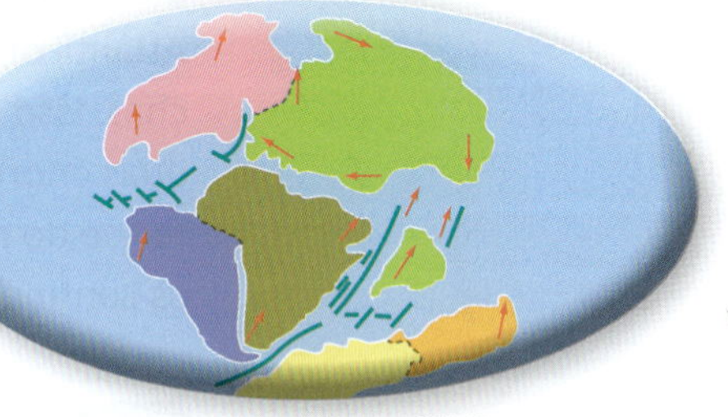

Há **135 milhões** de anos (início do período Cretáceo).

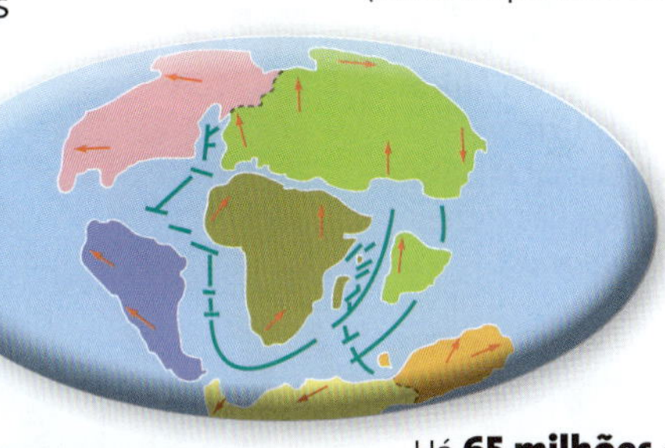

Há **65 milhões** de anos (início do período Terciário).

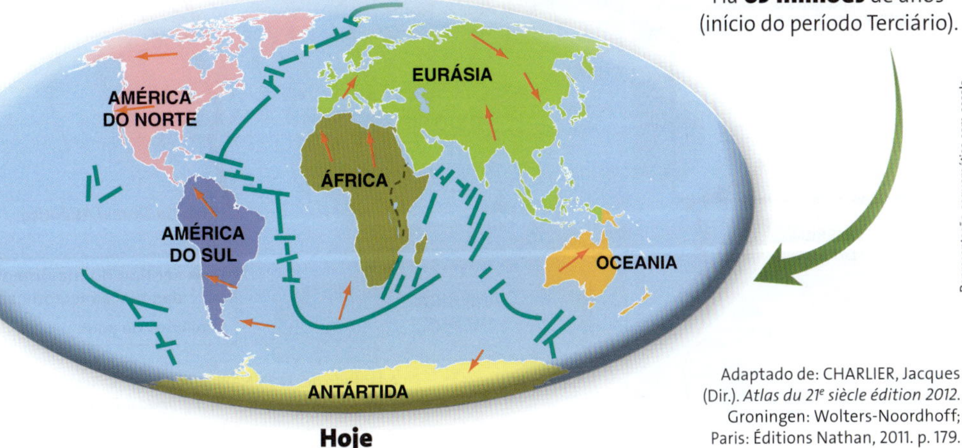

Hoje

Representação esquemática sem escala.

Adaptado de: CHARLIER, Jacques (Dir.). *Atlas du 21e siècle édition 2012*. Groningen: Wolters-Noordhoff; Paris: Éditions Nathan, 2011. p. 179.

Consulte o *site* do **IBGE** e do **Instituto Astronômico e Geofísico – USP**. Veja orientações na seção **Sugestões de leitura, filme e *sites***.

Apesar das evidências, a teoria proposta por Wegener não foi bem recebida pela comunidade científica da época. Isso ocorreu principalmente porque ele não conseguiu explicar a força que fraturou a litosfera e impulsionou os continentes. Havia um clima de intenso debate sobre a questão na época e os físicos convenceram a maioria dos geólogos de que as camadas da Terra eram muito rígidas para que a deriva continental ocorresse.

Somente na década de 1960, mais de trinta anos depois da morte de Wegener, o tema voltou a ser abordado. O desenvolvimento de novas tecnologias permitiu o mapeamento do fundo do oceano por meio de expedições submarinas. Tal mapeamento levou à descoberta de evidências que comprovaram a deriva continental e levaram ao desenvolvimento da teoria da **tectônica de placas**. O texto da página ao lado retrata esse processo.

Hess e Dietz defenderam que a movimentação do manto carrega consigo as grandes placas tectônicas que compõem a crosta terrestre. Essas placas se deslocam sobre a astenosfera e provocam a deriva dos continentes.

A exploração de petróleo em alto-mar, na década de 1960, ajudou a confirmar a expansão do assoalho oceânico, corroborando a teoria da deriva continental e da tectônica de placas. Quando a idade de algumas rochas retiradas do fundo do mar foi determinada, obteve-se a evidência que faltava para comprovar as duas teorias. À medida que aumentava a distância entre o local onde as amostras foram retiradas e a Dorsal Atlântica (cadeia montanhosa submersa no meio do oceano Atlântico), tanto para leste como para oeste, aumentava também a idade das rochas. Isso prova que há uma enorme falha no assoalho oceânico, dividindo-o em duas enormes placas que se afastam uma da outra, provocando o alargamento do fundo do mar, a ampliação do oceano Atlântico e um distanciamento maior entre os continentes localizados em seus dois extremos. Observe o mapa a seguir.

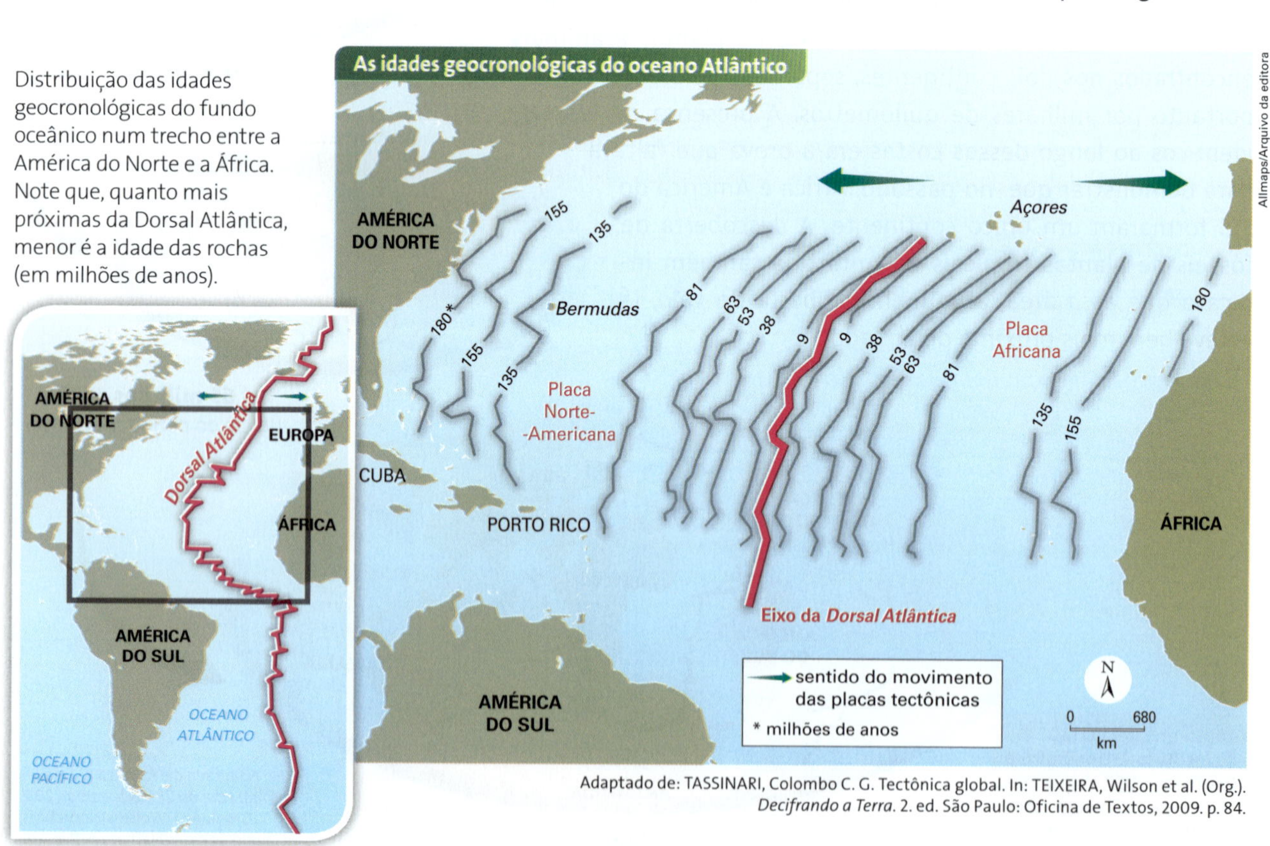

Distribuição das idades geocronológicas do fundo oceânico num trecho entre a América do Norte e a África. Note que, quanto mais próximas da Dorsal Atlântica, menor é a idade das rochas (em milhões de anos).

Adaptado de: TASSINARI, Colombo C. G. Tectônica global. In: TEIXEIRA, Wilson et al. (Org.). *Decifrando a Terra*. 2. ed. São Paulo: Oficina de Textos, 2009. p. 84.

Observe o **movimento do manto terrestre** no esquema ao lado. Veja que o material magmático do manto se movimenta lentamente, formando correntes de convecção, responsáveis pelo deslocamento das placas tectônicas. Ao se moverem, as placas tectônicas podem se chocar (**placas convergentes**), afastar-se (**placas divergentes**) ou simplesmente deslizar lateralmente entre si (**placas conservativas**). Observe a ilustração, que mostra o que ocorre com as bordas das placas tectônicas conforme esses diferentes tipos de contatos entre elas.

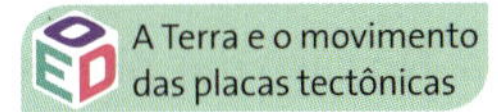

O material quente do manto ascende.

Próximo da superfície se resfria, levando as placas a se formar (por meio do endurecimento da litosfera) e a divergir.

Quando há convergência de placas, uma placa resfriada é arrastada sob a placa vizinha.

Em seguida, ela afunda na astenosfera e arrasta material de volta para o manto, dando início a um novo processo.

placa

placa

corrente de convecção

Luís Moura/Arquivo da editora

Adaptado de: PRESS, Frank et al. *Para entender a Terra*. 4. ed. Porto Alegre: Bookman, 2006. p. 39.

Outras leituras

Expansão do assoalho oceânico

A evidência geológica [*da deriva continental*] não convenceu os céticos, os quais mantiveram que a deriva continental era fisicamente impossível. Ninguém havia proposto, ainda, uma força motora plausível que pudesse ter fragmentado a Pangeia e separado os continentes. Wegener, por exemplo, pensava que os continentes flutuavam como barcos sobre a crosta oceânica sólida, arrastados pelas forças das marés, do Sol e da Lua. Porém, sua hipótese foi rapidamente rejeitada porque pode ser demonstrado que as forças da maré são fracas demais para mover continentes.

A mudança revolucionária ocorreu quando os cientistas deram-se conta de que a convecção do manto da Terra poderia empurrar e puxar os continentes à parte, formando uma nova crosta oceânica, por meio do processo de **expansão do assoalho oceânico**. [...]

Essas evidências emergiram como um resultado da intensa exploração do fundo oceânico ocorrida após a Segunda Guerra Mundial. O geólogo marinho Maurice "Doc" Ewing demonstrou que o fundo oceânico do Atlântico é composto de basalto novo, e não de granito antigo, como alguns geólogos haviam pensado. Além disso, o mapeamento de uma cadeia submarina de montanhas chamada Dorsal Mesoatlântica levou à descoberta de um vale profundo na forma de fenda, ou rifte, estendendo-se ao longo de seu centro. Dois dos geólogos que mapearam essa feição foram Bruce Heezen e Marie Tharp, colegas de Doc Edwing na Universidade de Colúmbia. "Achei que poderia ser um vale em rifte", Tharp disse anos mais tarde. A princípio, Heezen descartou a ideia [...], mas logo descobriram que quase todos os terremotos no oceano Atlântico ocorreram próximos ao rifte, confirmando o palpite de Tharp. Uma vez que a maioria dos terremotos é gerada por falhamento tectônico, esses resultados indicaram que o rifte era uma feição tectonicamente ativa. Outras dorsais mesoceânicas com formas e atividades sísmicas similares foram encontradas nos oceanos Pacífico e Índico.

No início da década de 1960, Harry Hess, da Universidade de Princeton, e Robert Dietz, da Instituição Scripps de Oceanografia, propuseram que a crosta separa-se ao longo de riftes nas dorsais mesoceânicas e que o novo fundo oceânico forma-se pela ascensão de uma nova crosta quente nessas fraturas. O novo assoalho oceânico – na verdade, o topo da nova litosfera criada – expande-se lateralmente a partir do rifte e é substituído por uma crosta ainda mais nova, num processo contínuo de formação de placa.

Adaptado de: GROTZINGER, John; JORDAN, Tom. *Para entender a Terra*. 6. ed. Porto Alegre: Bookman, 2013. p. 28-29.

Atualmente, a crosta terrestre é constituída por sete grandes placas tectônicas e outras menores. Há milhões de anos, no início de sua movimentação, é provável que as placas fossem em menor número, conforme vimos na página 101. Observe no mapa abaixo a distribuição geográfica das placas tectônicas hoje conhecidas.

Na faixa de contato entre placas convergentes, como no caso da Sul-Americana e de Nazca, a placa oceânica, mais densa, mergulha sob a continental. Esse fenômeno, conhecido como **subducção**, dá origem às **fossas marinhas**, como a de Atacama, no oceano Pacífico. Ao mergulhar em direção ao manto, a placa oceânica é destruída, porque se funde novamente. Já a placa continental, em razão da pressão da placa que mergulhou, soergue-se, dobra-se ou enruga-se. É justamente nessas porções menos rígidas da crosta que ocorrem, desde pelo menos a era Mesozoica, os movimentos orogenéticos. Foi assim que se originaram as grandes cadeias montanhosas do planeta, formadas pelo enrugamento ou pelo soerguimento de extensas porções da crosta. No caso das placas Sul-Americana e de Nazca, por exemplo, o encontro entre elas deu origem à cordilheira dos Andes. Quando localizadas no oceano, as placas tectônicas podem formar cadeias montanhosas submersas ao se encontrarem.

Envisat/ESA

Os topos das cadeias oceânicas podem formar arcos de ilhas vulcânicas, como ocorre com o arquipélago do Havaí (Estados Unidos).

Placas tectônicas

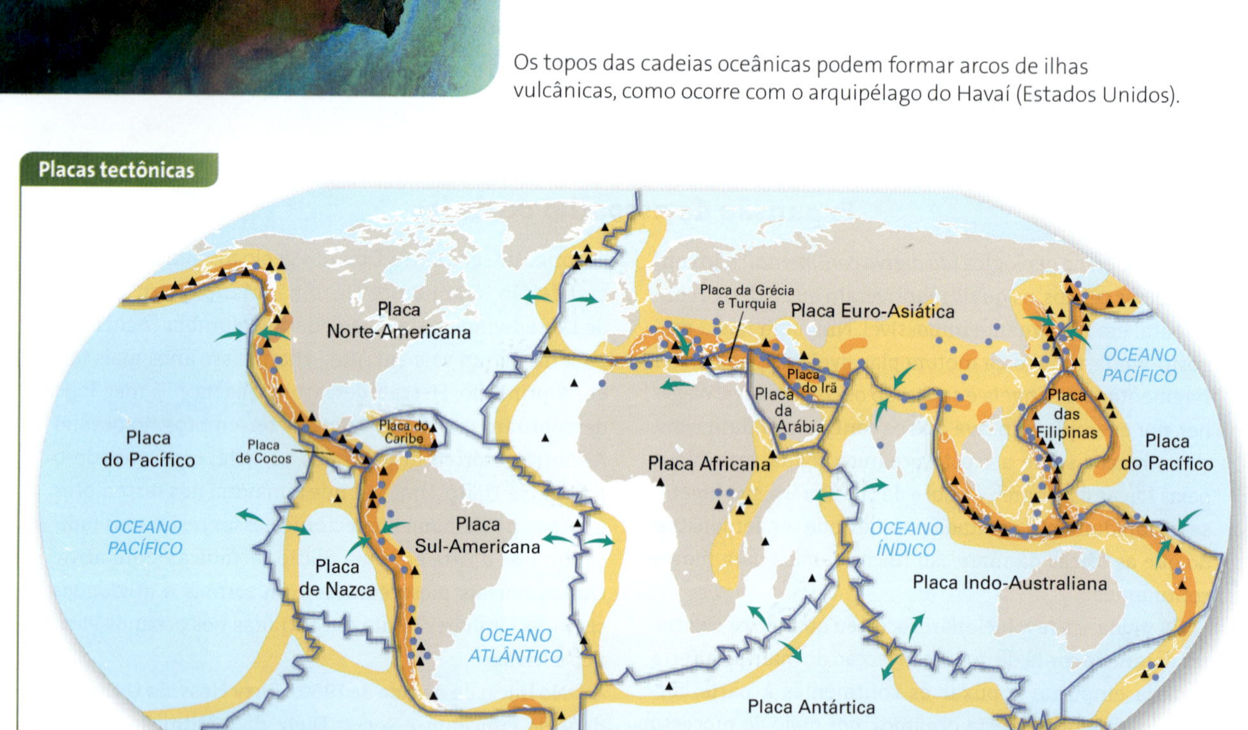

Adaptado de: CHARLIER, Jacques (Dir.). *Atlas du 21e siècle édition 2012*. Groningen: Wolters-Noordhoff; Paris: Éditions Nathan, 2011. p. 178.

Observe que todas as regiões de atividade sísmica intensa estão sobre limites de placas. O mesmo ocorre com a quase totalidade dos vulcões ativos, como o que você viu na abertura deste capítulo. Isso acontece porque, nas zonas de encontro dessas placas, a crosta é mais frágil, permitindo o escape de magma, que dá origem aos vulcões. Além disso, em razão dos movimentos das placas, a crosta fica sujeita a abalos sísmicos. Observe também o infográfico das páginas a seguir e veja como se formam os *tsunamis*.

Bordas
convergentes

Placas continentais

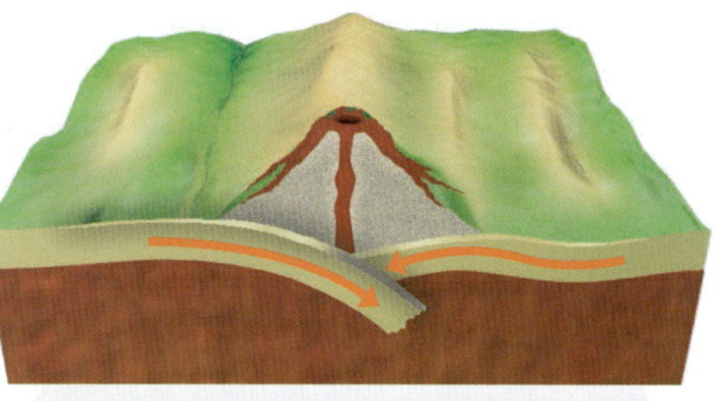

Placa continental penetra sob outra, também continental, resultando em metamorfismo, terremotos e dobramentos.

Placas oceânicas

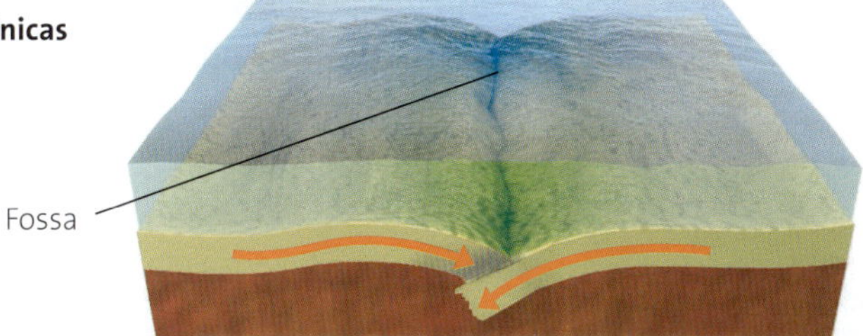

Placa oceânica sobrepõe-se a outra (movimento de subducção) e se forma uma fossa.

Placas oceânica e continental

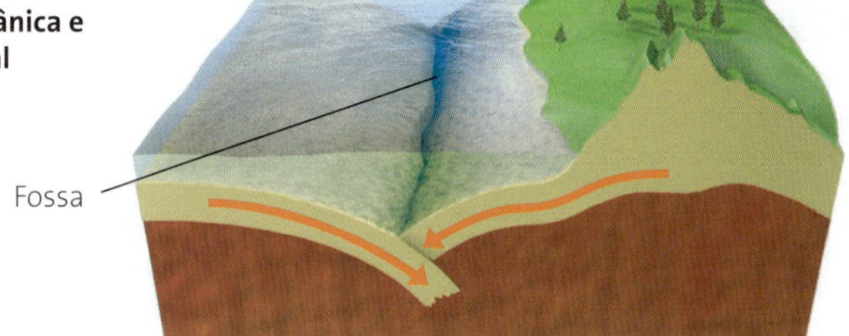

Placa oceânica, que é mais densa, mergulha sob a continental, formando uma zona de subducção no assoalho marinho e uma fossa marinha; na placa continental ocorre o levantamento de montanhas.

Ilustrações: Mario Kanno/Arquivo da editora

Bordas
divergentes

Placas oceânicas

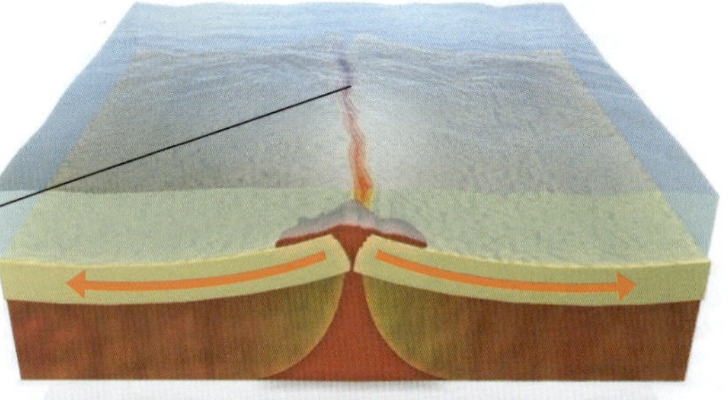

Magma é expelido para a superfície (no caso, o fundo do oceano) e transformado em rocha, constituindo novas bordas, uma de cada lado, que formam as dorsais oceânicas.

Bordas
conservativas

Duas placas continentais ou oceânicas

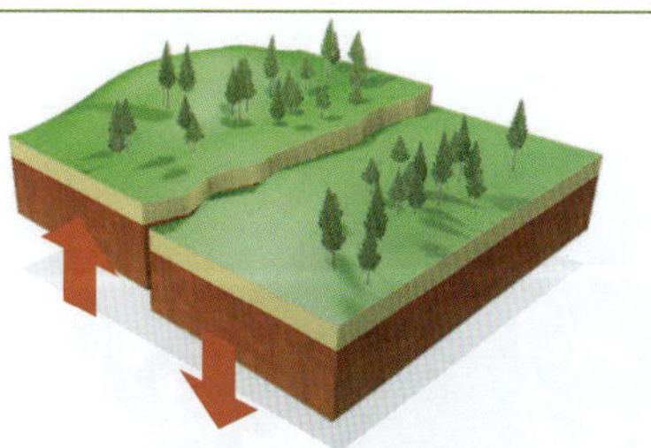

Placa se desloca em relação à outra, em decorrência de movimentos tectônicos, ao longo de uma falha; nesses casos as bordas se mantêm.

Adaptado de: SALGADO-LABOURIAU, Maria Lea. *História ecológica da Terra*. São Paulo: Edgard Blücher, 2005. p. 78.

Nos limites convergentes há ainda outro tipo de evento geológico envolvendo duas placas cujos limites são continentais. Nesse caso, ao se encontrarem, a mais densa penetra sob a menos densa, porém as placas não vão em direção ao manto, elas se dobram e dão origem a cadeias montanhosas. É o caso do Himalaia, entre as placas Euro-Asiática e Indo-Australiana, região de fortes abalos sísmicos e metamorfismo.

Kip Evans/Alamy/Other Images

Falha de San Andreas, na Califórnia (Estados Unidos), em 2009. As setas indicam descolamento conservativo das placas. Esta falha é a zona de contato entre a placa Norte-Americana e a do Pacífico.

Na zona de encontro entre duas placas divergentes, o magma aflora lentamente formando ao longo de milhares de anos uma cadeia montanhosa chamada **dorsal**. É o caso das placas Sul-Americana e Africana, cujo contato se dá no meio do oceano Atlântico, formando a Dorsal Atlântica, mostrada no mapa da página 102.

Quando as placas deslizam lateralmente entre si, como fazem a placa Norte-Americana e a do Pacífico, não ocorre destruição nem formação de crosta. Trata-se de placas conservativas, que, como o próprio nome sugere, não produzem grandes alterações de relevo, embora provoquem falhas e terremotos, como mostram as fotos.

O deslizamento das placas Norte-Americana e do Pacífico provoca terremotos e grandes prejuízos nas cidades atingidas, como a de Oakland (Califórnia), mostrada nesta foto, de 1989.

Lloyd Cluff/Corbis/Latinstock

O vulcanismo e os abalos sísmicos, que também são responsáveis por alterações do relevo, estão associados à tectônica de placas. A ascensão do magma à superfície dá origem aos vulcões, montanhas com formato de cone e alturas variadas. O vulcão Etna, no sul da Itália, por exemplo, tem 3 280 m de altura, dos quais 3 070 m são constituídos de material oriundo de suas próprias erupções. O Mauna Loa, no Havaí, atinge aproximadamente 9 000 m de altura total, e sua base está a cerca de 5 000 m abaixo do nível do mar, no oceano Pacífico.

Os vulcões e terremotos têm um grande poder destrutivo. No entanto, o avanço das técnicas de detecção, o treinamento da população que vive em áreas de risco e sua rápida retirada pelo governo em caso de erupções vulcânicas e *tsunamis*, bem como o desenvolvimento de novas tecnologias de construção criadas para amenizar o impacto de abalos sísmicos, evitaram a morte de milhares de pessoas nas últimas décadas, em diversos países.

Consulte o *site* do **Global Volcanism Program** e do **Incorporated Research Institutions of Seismology (Iris)**. Veja orientações na seção **Sugestões de leitura, filme e *sites*.**

Gabriel Bouys/Agência France-Presse

Monte Vesúvio, em Nápoles (Itália), 2014.

Infográfico

TSUNAMIS

A ocorrência de terremotos ou erupções vulcânicas sob os oceanos pode ocasionar a formação de ondas gigantescas, chamadas *tsunamis* (palavra em japonês que significa 'onda de porto') ou maremotos.

As ondas são geradas em todas as direções.

GRANDE PROFUNDIDADE DO OCEANO

A propagação de ondas sísmicas liberadas por um terremoto provoca primeiramente um deslocamento vertical de grande volume de água. A partir daí são formadas ondas que, em alto-mar, têm grande comprimento (até 160 km), alta velocidade (até 800 km/h) e baixa altura (até 0,5 m). As ondas podem atravessar o oceano em poucas horas.

deslocamento de grande volume de água

movimento da placa tectônica B

epicentro

movimento da placa tectônica A

hipocentro

falha

ondas sísmicas

A fonte de onde partem as ondas sísmicas é denominada **hipocentro** ou foco, e o ponto da superfície localizado diretamente sobre o foco é o **epicentro**.

ESCALA RICHTER

A magnitude (grandeza) de um sismo pode ser medida por um instrumento chamado sismógrafo, utilizando-se a Escala Richter, que mede a força de um terremoto em termos de energia liberada. Essa escala é logarítmica, ou seja, de um grau para o grau seguinte a diferença na amplitude das vibrações é de dez vezes. Apesar de não indicar os níveis de estragos causados, é possível estabelecer uma relação entre os graus e seus efeitos em objetos e construções.

Menor que 1: detectado apenas pelo sismógrafo.

Roger Ressmeyer/Corbis/Latinstock

De 2 a 3: pequeno tremor percebido pelas pessoas.

Quando chegam ao litoral, as ondas podem atingir mais de 10 m de altura, com imenso volume de água. A partir de então a água invade o continente e avança por terra, destruindo quase tudo por onde passa.

altura da onda

comprimento da onda

PEQUENA PROFUNDIDADE DO OCEANO

À medida que se aproximam do continente e o mar fica mais raso, as ondas vão desacelerando por causa do atrito com o fundo, diminuindo de comprimento e aumentando de altura (como longe da costa a velocidade das ondas continua alta, as ondas se juntam e a massa de água se acumula).

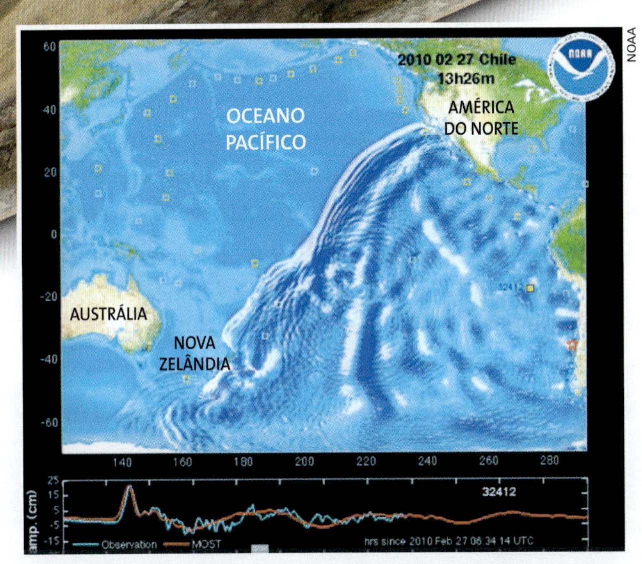

NOAA

Dependendo da magnitude do terremoto e da localização do epicentro, as consequências podem ser sentidas na outra extremidade do oceano. Neste mapa, vemos uma simulação que mostra o momento em que a onda chega à Nova Zelândia, cerca de 13 horas após a sua formação. Os *tsunamis* atingem até 800 km/h e, por isso, percorrem grandes distâncias em pouco tempo.
O epicentro do terremoto que provocou esse *tsunami* estava próximo à costa do Chile, na outra extremidade do oceano Pacífico.

Orla marítima em condições normais, com uma estreita faixa de areia utilizada pelos banhistas.

Momentos antes de elevar-se e atingir a costa, o *tsunami*, em razão do grande comprimento de onda, pode provocar um rebaixamento do nível do mar, que recua significativamente: a diminuição da velocidade na base da onda é mais pronunciada e o topo tende a tomar a dianteira em relação à base.

As ondas gigantes avançam sobre o continente.

Fotos: DigitalGlobe/Nasa

Ilustração esquemática, sem escala.

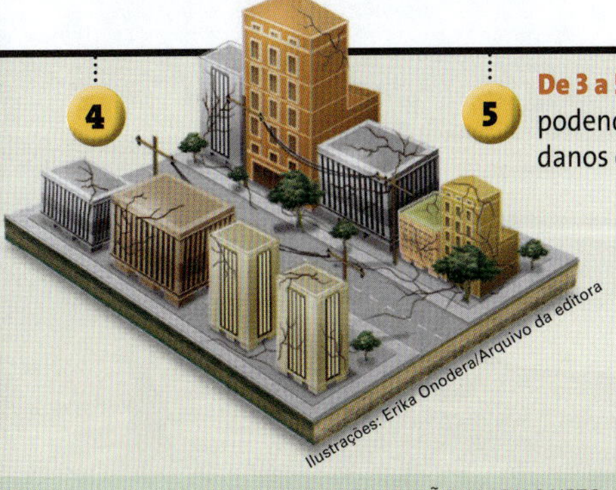

5 **De 3 a 5**: moderado, podendo causar alguns danos em construções.

6 **De 5 a 7**: perigoso, sobretudo em áreas populosas.

7 **Acima de 7**: grande poder de destruição.

Adaptado de: ASSUMPÇÃO, M.; DIAS NETO, C. H. Sismicidade e estrutura interna da Terra. In: TEIXEIRA, W. et al. *Decifrando a Terra*. São Paulo: Oficina de Textos, 2000. p. 52.

4 As províncias geológicas

Os processos tectônicos estudados condicionam estruturas na superfície das terras emersas do planeta. Elas podem ser classificadas em três grandes **províncias geológicas**, ou seja, áreas com a mesma origem e formação geológica: **escudos cristalinos**, **dobramentos modernos** e **bacias sedimentares**.

Brasil: estrutura geológica

ESCUDO DAS GUIANAS
BACIA SEDIMENTAR AMAZÔNICA
ESCUDO DO BRASIL CENTRAL
BACIA SEDIMENTAR DO MARANHÃO
DOBRAMENTOS-NORDESTE
ESCUDO ATLÂNTICO
DOBRAMENTOS-BRASÍLIA
DOBRAMENTOS-ATLÂNTICO
BACIA SEDIMENTAR DO PARANÁ
N
0 525 km

Milhões de anos: ± 4500 – 700 – 570 – 1,63

Pré-Cambriano — Predomínio de rochas cristalinas
- Faixas de dobramentos e coberturas de plataforma
- Embasamento em estruturas complexas

Fanerozoico — Predomínio de rochas sedimentares
- Paleozoico, Mesozoico e Cenozoico (Terciárias)
- Cenozoico (Quaternárias)

Allmaps/Arquivo da editora

Adaptado de: VASCONCELOS, Regina; ALVES FILHO, Ailton P. *Atlas geográfico ilustrado e comentado*. São Paulo: FTD, 1999. p. 30.

Os **escudos cristalinos** são encontrados nas áreas de consolidação da crosta terrestre e compõem sua formação mais antiga. São constituídos por minerais não metálicos (granito, ardósia, quartzo, argilas, etc.) e metálicos (ferro, manganês, ouro, cobre, etc.), encontrados nos escudos datados do Proterozoico e início da era Paleozoica.

O Brasil possui 36% da superfície de seu território em estruturas de escudo cristalino. Nos estados de Minas Gerais e do Pará há enorme concentração de recursos minerais metálicos. Observe o mapa ao lado e note que os dobramentos fazem parte de estruturas cristalinas antigas. Apenas as formas do relevo são recentes porque resultam de movimentos associados à tectônica de placas que se iniciou na era Mesozoica. Esse movimento da crosta ocorreu associado aos movimentos orogenéticos da porção oeste de nosso continente, que soergueram as rochas formando a cordilheira dos Andes e originaram várias falhas geológicas, com consequente surgimento de escarpas de falhas, das quais uma das mais evidentes é a serra do Mar.

Ismar Ingber/Pulsar Imagens

Escarpa da serra do Mar na praia de Itacoatiara, em Niterói (RJ), em 2010.

Como vimos, a formação de grandes cadeias orogênicas em consequência da movimentação das placas ocorreu no início do Período Terciário (final da Era Mesozoica e início da Cenozoica). Em relação à história geológica do planeta, essas ocorrências são relativamente recentes; por isso convencionou-se denominá-las **dobramentos modernos** ou **dobramentos terciários**. Tais cadeias, como a cordilheira dos Andes, a do Himalaia, a dos Alpes e as montanhas Rochosas, apresentam elevadas altitudes e forte instabilidade tectônica e podem conter vários tipos de minerais metálicos e não metálicos. O Brasil, por se localizar no meio da placa tectônica Sul-Americana, não possui dobramentos modernos nem vulcões ativos, e os abalos sísmicos de maior intensidade são pouco frequentes no país.

As **bacias sedimentares** são depressões do relevo preenchidas por fragmentos minerais de rochas erodidas e por sedimentos orgânicos; estes últimos, ao longo do tempo geológico, podem transformar-se em combustíveis fósseis. No caso de soterramentos ocorridos em antigos mares e lagos, ambientes aquáticos ricos em plâncton e algas, é possível encontrar petróleo – a plataforma continental brasileira possui grandes depósitos desse combustível. Já no caso do soterramento de antigos pântanos e florestas, ricos em celulose, há a possibilidade de ocorrência de carvão mineral. No Brasil esses depósitos são pequenos e ocorrem principalmente na região Sul. A estrutura geológica das terras emersas brasileiras é constituída predominantemente por bacias sedimentares, que recobrem 64% de sua superfície, onde podem se encontrar petróleo e carvão mineral.

As principais reservas petrolíferas e carboníferas do planeta datam, respectivamente, das eras Mesozoica (Período Cretáceo) e Paleozoica (Período Carbonífero). Nas bacias sedimentares ainda se pode encontrar o xisto betuminoso (rocha sedimentar que possui betume em sua composição e da qual se extrai óleo combustível), além de vários recursos minerais não metálicos amplamente utilizados na construção civil, como argila, areia e calcário.

Consulte o *site* da **Sociedade Brasileira de Geologia**. Veja orientações na seção **Sugestões de leitura, filme e *sites***.

Du Zuppani/Pulsar Imagens

Extração de petróleo em poço terrestre localizado em Mossoró (RN), em 2011.

Atividades

Compreendendo conteúdos

1. Descreva como se formam as rochas magmáticas, metamórficas e sedimentares.
2. Explique a teoria de Wegener sobre a deriva continental.
3. Explique a tectônica de placas e relacione-a com a hipótese da deriva continental.
4. Quais são as províncias geológicas do planeta? Como elas se formaram?
5. Destaque a importância econômica das diferentes províncias geológicas para a obtenção de recursos minerais.
6. Caracterize a estrutura geológica do território brasileiro.

Desenvolvendo habilidades

7. Observe novamente o esquema que mostra o "ano-Terra", na página 94, e responda: existe a possibilidade de os seres humanos terem convivido com os dinossauros ao longo da história geológica do planeta, como aparece em filmes de ficção científica? Justifique.
8. Releia a frase de Lavoisier, na página 94. Que exemplos de transformações geológicas em nosso planeta você poderia citar para comprovar essa afirmação?
9. Suponha que uma determinada cidade está localizada em uma formação geológica de escudos cristalinos antigos. A prefeitura pretende estimular a pesquisa e o aproveitamento econômico dessa área e montar um parque industrial.
   a) Que recursos minerais poderiam ser encontrados nesse tipo de formação geológica?
   b) Que indústrias poderiam ser implantadas na hipótese de se confirmar a existência de minérios?
10. Compare esta fotografia com a da abertura deste capítulo e descreva as principais diferenças dos impactos que podem ser causados nas duas situações.

Kyodo/Reuters/Latinstock

Fumaça de um vulcão submarino em erupção forma uma nova ilha ao largo da costa de Nishinoshima, uma pequena ilha desabitada, na cadeia de ilhas Ogasawara, sul do Japão. Foto de 2013.

Vestibulares de Norte a Sul

1. **N** (UFPA)

> A Amazônia, até o Terciário Médio, comportava-se como um **paleogolfão** da fachada pacífica do continente, intercalado entre os terrenos do escudo guianense e o escudo brasileiro. Era uma espécie de mediterrâneo de "boca larga", voltada para o oeste. Quando se processou o desdobramento e soerguimento das Cordilheiras Andinas, restou um largo espaço no centro da Amazônia, exposto à sedimentação flúvio-lacustre e fluvial extensiva.
>
> Aziz Nacib Ab'Saber (1924-2012). *Escritos ecológicos*. São Paulo: Lazuli Editora, 2006. p. 130-131. Adaptado.

Paleogolfão: ampla reentrância da costa, com grande abertura, constituindo em amplas baías, constatada em antiga era geológica.

As características atuais do domínio morfoclimático amazônico têm sua origem na dinâmica dos processos naturais que ocorreram no passado, conforme explica o geógrafo Aziz Ab'Saber. Sobre esses processos mencionados, avalia-se que:

a) contribuíram para a formação das planícies e dos tabuleiros.
b) favoreceram a gênese da bacia sedimentar.
c) alteraram a direção da drenagem, de leste para oeste.
d) atenuaram as características do clima regional.
e) provocaram a expansão do cerrado sobre a floresta.

2. **CO** (UEG-GO) A crosta terrestre é formada por três tipos de estruturas geológicas, caracterizadas pelos tipos predominantes de rochas, pelo processo de formação e pela idade geológica. Essas estruturas são os maciços cristalinos, as bacias sedimentares e os dobramentos modernos. Sobre esse assunto, é CORRETO afirmar:

a) Os maciços antigos ou escudos cristalinos datam da Era Pré-Cambriana, são constituídos por rochas sedimentares e são ricos em jazidas de minerais não metálicos.
b) As bacias sedimentares são formações muito recentes, datando da Era Quaternária, ricas em minerais energéticos e com intenso processo erosivo; constituem 64% do território brasileiro.
c) Os dobramentos modernos, resultantes de movimentos epirogenéticos, são constituídos por rochas magmáticas, datam do PeríodoTerciário e são ricos em carvão e petróleo, como os Andes, os Alpes e o Himalaia.
d) As principais reservas petrolíferas e carboníferas do mundo encontram-se nas bacias sedimentares, enquanto minerais como ferro, níquel, manganês, ouro, bauxita, etc. são encontrados nos maciços cristalinos; os dobramentos modernos constituem áreas de intenso vulcanismo.

3. **S** (UFRGS-RS) A figura a seguir representa processos associados à tectônica de placas.

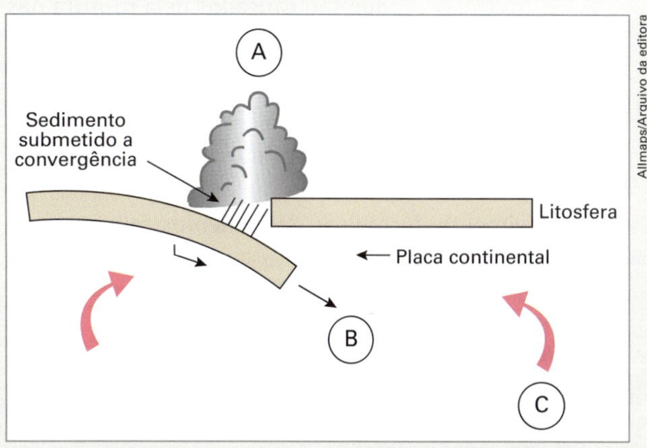

Adaptado de: CASSETI, Valter. *Elementos de geomorfologia*. Goiânia: UFG, 1994.

Identifique os processos destacados pelas letras **A**, **B** e **C**, respectivamente.

a) Orogenia – subducção – movimentos convectivos.
b) Orogenia – erosão – subducção.
c) Dobramentos modernos – orogenia – movimentos convectivos.
d) Erosão – subducção – dobramentos modernos.
e) Dobramentos modernos – erosão – subducção.

4. **S** (UPF-RS)

> A Terra é um sistema vivo, com sua dinâmica evolutiva própria. Montanhas e oceanos nascem, crescem e desaparecem, num processo dinâmico. Enquanto os vulcões e os processos orogênicos trazem novas rochas à superfície, os materiais são intemperizados e mobilizados pela ação dos ventos, das águas e das geleiras. Os rios mudam seus cursos, e fenômenos climáticos alteram periodicamente as condições de vida e o balanço entre as espécies.
>
> Cordani; Taioli. In: Almeida e Rigolin, 2008. p. 39.

Sobre a dinâmica interna da Terra afirma-se:

I. Os ____________ compreendem os deslocamentos e deformações das rochas que constituem a crosta terrestre.

II. Os ____________ ocorrem quando as rochas sofrem uma série de deformações quando submetidas a um esforço proveniente do interior da Terra.

III. Os ____________ ocorrem quando as rochas são submetidas a um esforço interno de grande intensidade no sentido vertical ou inclinado.

IV. Os ____________ é uma montanha que se forma da erupção de material magmático em estado de fusão. Um dos maiores desastres causados por esse fenômeno ocorreu em 1883 em Sonda, no arquipélago da Indonésia, tirando do mapa uma parte da ilha, destruindo cidades e vilas e matando milhares de pessoas.

V. Uma das manifestações mais temidas e destruidoras dos movimentos da crosta terrestre são os ____________, que são causados pela ruptura das rochas provocadas por acomodações geológicas de camadas internas da crosta ou pela movimentação das placas tectônicas.

A alternativa que completa corretamente as afirmativas é:

a) Movimentos tectônicos; dobramentos; falhamentos; vulcões; terremotos.
b) Terremotos; falhamentos; dobramentos; vulcões; movimentos tectônicos.
c) Vulcões; falhamentos; terremotos; movimentos tectônicos; dobramentos.
d) Movimentos tectônicos; falhamentos; dobramentos; terremotos; vulcões.
e) Terremotos; vulcões; falhamentos; dobramentos; movimentos tectônicos.

5. **NE** (UFC-CE) Sobre as características geológicas, geomorfológicas e pedológicas da Amazônia e suas influências nas demais características físicas da região, é correto afirmar que:

a) As *cuestas* e as chapadas são as feições geomorfológicas predominantes na região.
b) Os terrenos sedimentares de idades geológicas diferentes são predominantes na Amazônia.
c) A elevada profundidade dos solos permite a existência de uma vegetação regional densa e homogênea.
d) A atividade vulcânica ocorrida no Terciário favoreceu o desenvolvimento de solos basálticos de elevada fertilidade.
e) A região, que se situa entre as placas Nazca e Sul-Americana, é limitada, a leste e a oeste, pelas elevadas cadeias de montanhas de origem cenozoica.

6. **SE** (UFU-MG) Nos anos de 2004 e 2010, foram registrados dois grandes *tsunamis* que causaram destruição e morte em vários países costeiros e ilhas na Ásia, com destaque para Indonésia, Tailândia e Ilha de Sumatra.

Em relação aos *tsunamis*, assinale a alternativa correta.

a) Os *tsunamis* estão ocorrendo com maior frequência no planeta devido às alterações ambientais, que estão potencializando não só os *tsunamis*, mas também o aquecimento global, a destruição da camada de ozônio e o derretimento das calotas polares.
b) Os *tsunamis* são fenômenos desencadeados, principalmente, por fatores geológicos relacionados, em sua maioria, a maremotos, vulcões submarinos e escorregamentos rápidos de encostas e geleiras em regiões costeiras.
c) O litoral brasileiro é uma região propícia à ocorrência de *tsunamis* devido à instabilidade geológica causada pela Dorsal Mesoatlântica, que separa a placa Sul-Americana da Placa Africana.
d) Durante a ocorrência de um *tsunami*, o mar não apresenta nenhum sinal de mudança de comportamento, o que acarreta grandes quantidades de vítimas, que são pegas de surpresa pelo avanço de ondas de vários metros de altura sobre o litoral.

7. **SE** (UFSJ-MG) Observe o mapa abaixo.

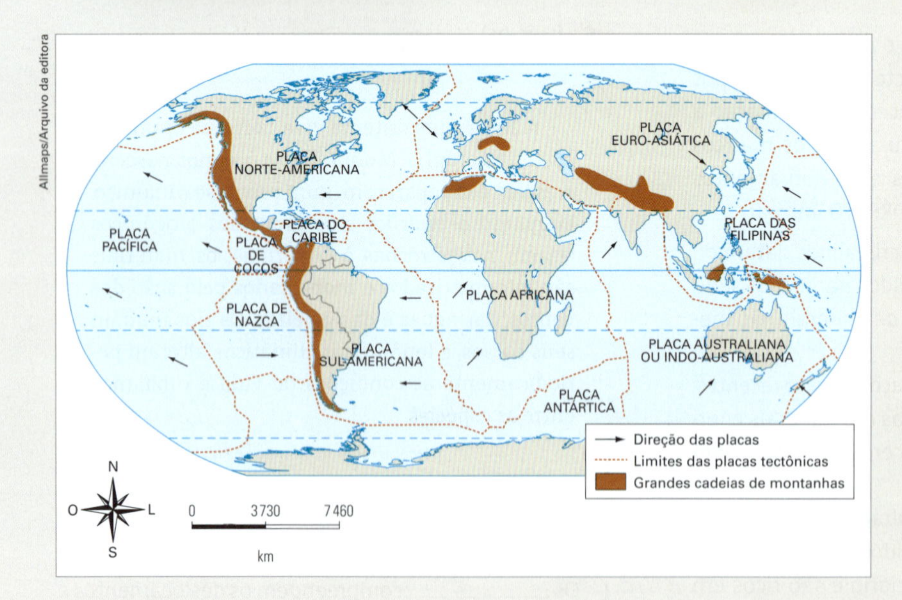

A partir do mapa, é CORRETO afirmar que:

a) a divergência das Placas Sul-Americana e Africana é responsável pela expansão do assoalho marinho no oceano Pacífico.
b) os terremotos ocorrem com frequência nos limites das placas tectônicas, como, por exemplo, na costa leste da América do Sul.
c) grandes dobramentos modernos são formados na convergência das placas Euro-Asiática e Indo-Australiana.
d) o movimento das placas tectônicas indica que a crosta terrestre não é estática e apresenta maior instabilidade no interior dessas placas.

CAPÍTULO

6 Estruturas e formas do relevo

João Prudente/Pulsar Imagens

Rua em Jacuí (MG), 2013.

Você já pensou sobre como o relevo influencia as atividades agrícolas, os sistemas de transporte e a organização interna das cidades? E como ele influencia seu dia a dia?

Na página anterior, vimos um exemplo de cidade que se formou em relevos íngremes; observe mais dois exemplos dessa influência do relevo na vida das pessoas. Todos eles evidenciam a interação entre a sociedade e a natureza e a transformação do meio ambiente pelo ser humano, e também demonstram como o conhecimento das características do relevo é indispensável ao planejamento das atividades rurais e urbanas.

João Prudente/Pulsar Imagens

Rodovia em relevo plano no município de Itapema (SC), em foto de 2012.

Cultivo de alimentos em curvas de nível feitas em Bali (Indonésia), 2013.

Sioen Gerard / Alamy/Latinstock

1 Geomorfologia

O relevo da superfície terrestre apresenta elevações e depressões de diversas formas e altitudes. É constituído por rochas e solos de diferentes origens, e vários processos o modificam ao longo do tempo. A disciplina que estuda a dinâmica das formas do relevo terrestre é a **geomorfologia** ("estudo das formas da Terra").

Planisfério físico

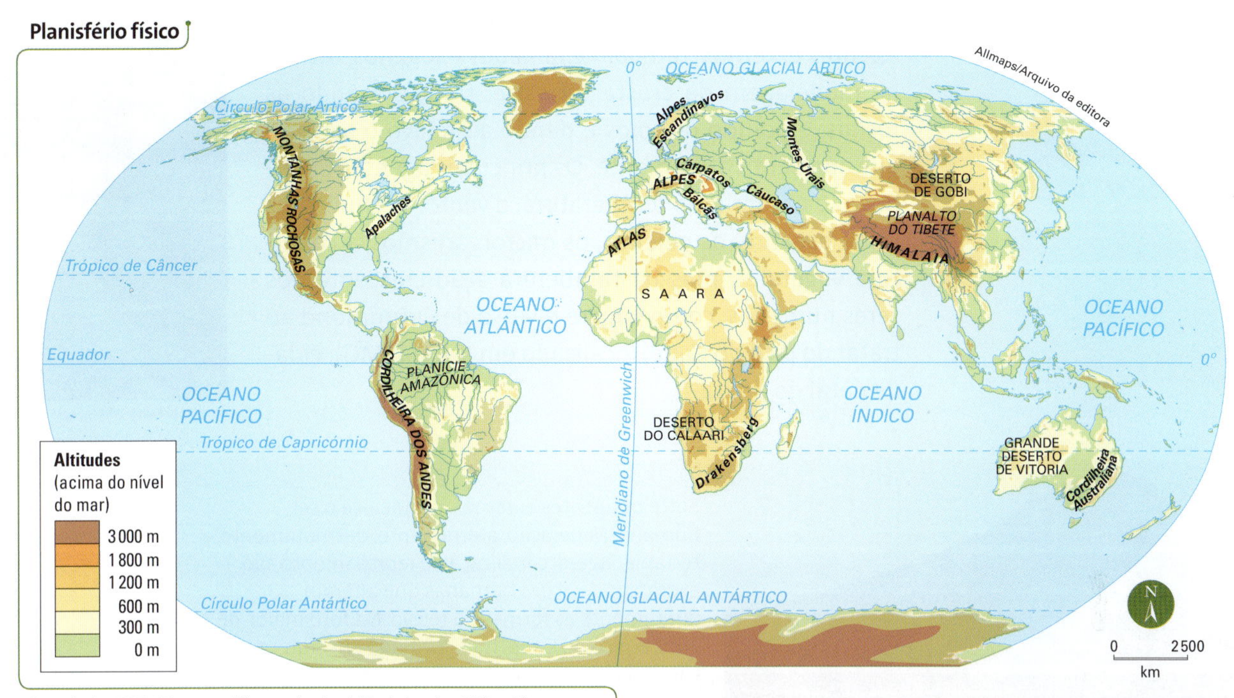

Adaptado de: IBGE. *Atlas geográfico escolar*. 6. ed. Rio de Janeiro, 2012. p. 33.

Os mapas que indicam altitude de relevo são chamados mapas hipsométricos – a hipsometria é a técnica que representa as diferentes altitudes da superfície por meio de uma variação de cores. Em alguns mapas, o relevo submarino também é representado em diferentes tonalidades de azul.

Maurício Simonetti/Pulsar Imagens

A fisionomia da paisagem terrestre é extremamente variada, como se pode observar nas fotos desta página. **À direita, o cânion do rio São Francisco**, na divisa entre os estados de Sergipe, Alagoas e Bahia, em 2012; **abaixo, uma região montanhosa na Patagônia** (Argentina), em 2011. Estes são dois exemplos de formações de relevo da superfície da Terra.

Renato Granieri/Alamy/Other Images

“Cada um de nós tem seu pedaço no pico do Cauê”

Carlos Drummond de Andrade (1902-1987), escritor brasileiro.

O relevo resulta da atuação de **agentes internos** e **externos** na crosta terrestre.

- **Agentes internos**, também chamados **endógenos**, são aqueles impulsionados pela energia contida no interior do planeta. Como vimos, esses fenômenos deram origem às grandes formações geológicas existentes na superfície terrestre e continuam a atuar em sua transformação.
- **Agentes externos**, também chamados **exógenos**, atuam na modelagem da crosta terrestre, transformando as rochas, erodindo os solos e dando ao relevo o aspecto que apresenta atualmente. Os principais agentes externos são naturais – a temperatura, o vento, as chuvas, os rios e oceanos, as geleiras, os microrganismos, a cobertura vegetal –, mas há também a ação crescente dos seres humanos, como sugere o verso de Drummond ao tratar do pico do Cauê, localizado em Itabira (MG), cidade natal do poeta.

John Elk III/Alamy/Other Images

Arquivo Público Mineiro, Belo Horizonte, MG

Entre os agentes externos, destaca-se o ser humano. Mineração, aterramento, desmatamento, terraplenagem, canalização e represamento são exemplos de ações humanas que alteram diretamente as formas do relevo. Na foto maior, de 2012, o pico do Cauê, transformado em cratera por causa da intensa exploração de minério de ferro ocorrida na região na década de 1970, como mostra a foto menor.

Arquivo Via/http://www.viacomercial.com.br

Monte Osorno (Chile), originado pelo vulcanismo, um dos agentes internos que alteram a paisagem terrestre. Foto de 2010.

As forças externas naturais são, portanto, modeladoras e atuam de forma contínua ao longo do tempo geológico. Ao agirem na superfície da crosta, provocam a erosão e alteram o relevo por meio de suas três fases: intemperismo, transporte e sedimentação.

- **Intemperismo**: é o processo de desagregação (intemperismo físico) e decomposição (intemperismo químico) sofrido pelas rochas. O principal fator de intemperismo físico é a variação de temperatura (dia e noite; verão e inverno), que provoca dilatação e contração das rochas, fragmentando-as em formas e tamanhos variados. Já o intemperismo químico resulta, sobretudo, da ação da água sobre as rochas, provocando, com o passar do tempo, uma lenta modificação na composição química dos minerais. O intemperismo físico e o intemperismo químico atuam ao mesmo tempo, mas dependendo das características climáticas um pode atuar de maneira mais intensa que o outro.

Fabio Colombini/Acervo do fotógrafo

A exposição ao sol aquece as rochas provocando sua dilatação. Com a chuva e a ação das marés, há queda brusca de temperatura, o que provoca contração e desagregação mecânica de partículas. Foto de costão rochoso na ilha do Cardoso, em Cananeia (SP), em 2012.

- **Transporte e sedimentação**: o material intemperizado – os fragmentos de rocha decomposta e o solo que dela se origina (processo que veremos no capítulo 7) – está sujeito à **erosão**. Nesse processo, as águas e o vento desgastam a camada superficial de solos e rochas, removendo substâncias que são transportadas para outro local, onde se depositam ou se sedimentam. O material removido provoca alterações nas formas do relevo. O material que se deposita também modifica o relevo, formando ambientes de sedimentação: fluvial (rios), glaciário (gelo e neve), eólico (vento), marinho (mares e oceanos) e lacustre (lagos), entre outros.

A erosão é resultado da ação de algum agente, como chuva, vento, geleira, rio ou oceano, que provoca o transporte de material sólido. Na foto, de 2011, dunas na Namíbia (África), um exemplo da ação do vento (erosão eólica).

Bill Gozansky/Alamy/Other Images

A atuação do intemperismo é acentuada ou atenuada conforme características do clima, da topografia, da biosfera, do tipo de material que compõe as rochas – os minerais – e do tempo de exposição delas às intempéries. Os diferentes minerais apresentam maior ou menor resistência à ação do intemperismo e da erosão. Em ambientes mais quentes e úmidos, o intemperismo químico é mais intenso, enquanto em ambientes mais secos predomina o intemperismo físico.

As rochas que compõem os escudos cristalinos, por serem de idades geológicas remotas, sofreram por mais tempo a ação do intemperismo e da erosão, o que se reflete em suas formas. As altitudes modestas e as formas arredondadas, como nos montes Apalaches (Estados Unidos), nos alpes Escandinavos (Suécia e Noruega), na serra do Espinhaço (Brasil) e nos montes Urais (Rússia), mostram a ação desses processos modeladores nas formas do relevo.

Foz do rio Parnaíba, na divisa entre Maranhão e Piauí, em 2012.

Zig Koch / Natureza Brasileira

2 A classificação do relevo brasileiro

O território brasileiro possui uma grande diversidade de formas e estruturas de relevo, como serras, escarpas, planaltos, planícies, depressões, chapadas, tabuleiros, *cuestas* e muitas outras.

Leia o texto a seguir. Nele, o autor nos mostra a diferença entre **estrutura** e **forma** de relevo.

Apesar de tentativas anteriores, somente na década de 1940 foi criada uma classificação dos compartimentos do relevo brasileiro considerada mais coerente com a geomorfologia do nosso território. Ela foi elaborada por um dos primeiros professores do Departamento de Geografia da Universidade de São Paulo (USP), o geógrafo e geomorfólogo **Aroldo de Azevedo** (1910-1974), que, considerando as **cotas altimétricas**, definiu **planaltos** como terrenos levemente acidentados, com mais de 200 metros de altitude, e **planícies** como superfícies planas, com altitudes inferiores a 200 metros. Essa classificação divide o Brasil em sete unidades de relevo, com os planaltos ocupando 59% do território e as planícies, os 41% restantes – veja a tabela com os dados hipsométricos de acordo com esses intervalos de altitude.

Brasil: cotas altimétricas (em metros)

Terras baixas	**41,00%**
0 a 100	24,09%
101 a 200	16,91%
Terras altas	**58,46%**
201 a 500	37,03%
501 a 800	14,68%
801 a 1200	6,75%
Áreas culminantes	**0,54%**
1201 a 1800	0,52%
Acima de 1800	0,02%

Adaptado de: IBGE. *Anuário estatístico do Brasil*, 2006. Rio de Janeiro. p. 1-9.

Cota altimétrica: número que exprime a altitude de um ponto em relação ao nível do mar ou a outra superfície de referência.

Consulte o *site* da **Embrapa**. Veja orientações na seção **Sugestões de leitura, filme e *sites*.**

Outras leituras

As estruturas e as formas do relevo brasileiro

O território brasileiro é formado por estruturas geológicas antigas. Com exceção das bacias de sedimentação recente, como a do Pantanal Mato-Grossense, parte ocidental da bacia Amazônica e trechos do litoral nordeste e sul, que são do Terciário e do Quaternário (Cenozoico), o restante das áreas tem idades geológicas que vão do Paleozoico ao Mesozoico, para as grandes bacias sedimentares, e ao Pré-Cambriano (Arqueozoico-Proterozoico), para os terrenos cristalinos.

No território brasileiro, as estruturas e as formações litológicas são antigas, mas as formas do relevo são recentes. Estas foram produzidas pelos desgastes erosivos que sempre ocorreram e continuam ocorrendo e, com isso, estão permanentemente sendo reafeiçoadas *[mudando de forma]*. Desse modo, as formas grandes e pequenas do relevo brasileiro têm como mecanismo genético, de um lado, as formações litológicas e os arranjos estruturais antigos, de outro, os processos mais recentes associados à movimentação das placas tectônicas e ao desgaste erosivo de climas anteriores e atuais. Grande parte das rochas e estruturas que sustentam as formas do relevo brasileiro é anterior à atual configuração do continente sul-americano, que passou a ter o seu formato depois da orogênese andina e da abertura do oceano Atlântico, a partir do Mesozoico.

ROSS, Jurandyr L. S. Os fundamentos da geografia da natureza. In: _____ (Org.). *Geografia do Brasil*. 6. ed. São Paulo: Edusp, 2011. p. 45. (Didática 3).

Zig Koch/Pulsar Imagens

Vista aérea da chapada Diamantina em Lençóis (BA), 2012.

Em 1958, **Aziz Ab'Saber** (1924-2012), também professor e pesquisador do Departamento de Geografia da USP, publicou um trabalho propondo uma alteração nos critérios de definição dos compartimentos do relevo. A partir de então, foram consideradas as seguintes definições:

- **Planalto**: área em que os processos de erosão superam os de sedimentação.
- **Planície**: área mais ou menos plana em que os processos de sedimentação superam os de erosão, independentemente das cotas altimétricas.

Adotando-se essa classificação geomorfológica, o Brasil apresenta não sete, mas dez compartimentos de relevo: os planaltos correspondem a 75% da superfície do território; e as planícies, a 25%.

Classificação de Aroldo de Azevedo

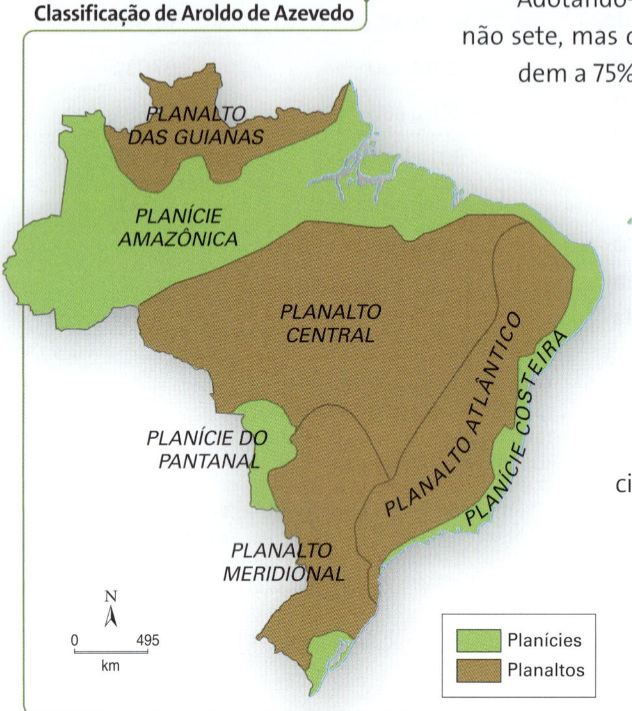

Adaptado de: SIMIELLI, Maria Elena. *Geoatlas*. 34. ed. São Paulo: Ática, 2013. p. 115.

Classificação de Aziz Ab'Saber

Adaptado de: SIMIELLI, Maria Elena. *Geoatlas*. 34. ed. São Paulo: Ática, 2013. p. 115.

Mapas: Allmaps/Arquivo da editora

Observe nos mapas ao lado que em ambas as classificações o Brasil apresenta dois grupos de planaltos. O maior deles foi subdividido de acordo com as diferenciações de estrutura geológica e de formas de relevo encontradas em seu interior. A planície do Pantanal se mantém nas duas classificações. Já a chamada planície Costeira pela classificação de Azevedo é denominada planícies e terras baixas Costeiras pela de Ab'Saber. O mesmo acontece com a planície Amazônica, que passa a ser denominada planícies e terras baixas Amazônicas (o termo planícies se refere às várzeas dos rios, onde a sedimentação é intensa, e a expressão terras baixas, aos baixos planaltos ou platôs de estrutura geológica sedimentar).

Em 1989, **Jurandyr Ross**, outro professor e pesquisador do Departamento de Geografia da USP, ainda na ativa em 2013, divulgou uma nova classificação do relevo brasileiro, com base nos estudos de Aziz Ab'Saber e na análise de imagens de radar obtidas no período de 1970 a 1985 pelo Projeto Radambrasil.

Esse projeto consistiu num mapeamento completo e minucioso do país, no qual se desvendam as potencialidades naturais do território, como minérios, madeiras, solos férteis e recursos hídricos. Observe no mapa da página ao lado que, além dos planaltos e planícies, foi detalhado mais um tipo de compartimento:

- **Depressão**: relevo aplainado, rebaixado em relação ao seu entorno; nele predominam processos erosivos.

Note que o planalto Central, o planalto Atlântico e o planalto Meridional na **classificação de Azevedo** correspondem ao planalto Brasileiro na **classificação de Ab'Saber**.

Classificação de Jurandyr L. S. Ross

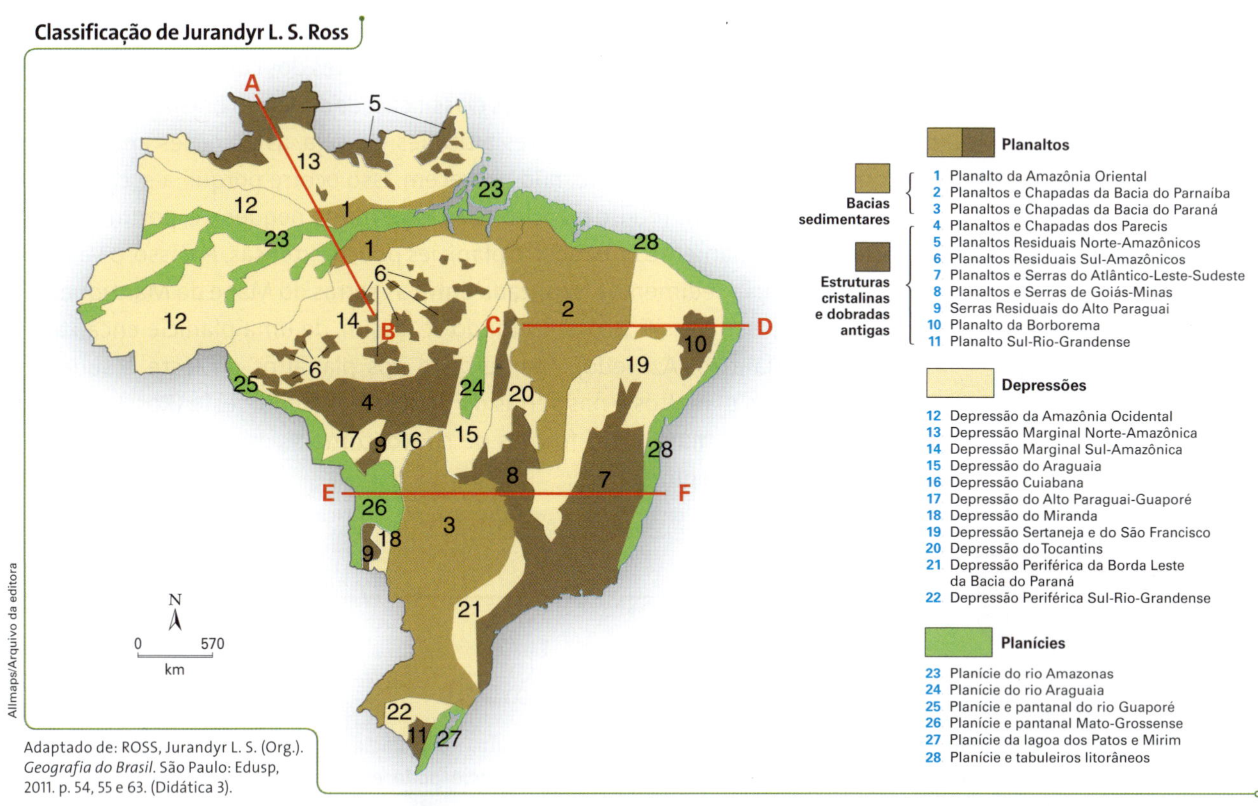

Allmaps/Arquivo da editora

Adaptado de: ROSS, Jurandyr L. S. (Org.). *Geografia do Brasil*. São Paulo: Edusp, 2011. p. 54, 55 e 63. (Didática 3).

Os cortes esquemáticos referentes às linhas AB, CD e EF, aqui indicadas, são apresentados nos perfis topográficos abaixo.

Perfis topográficos

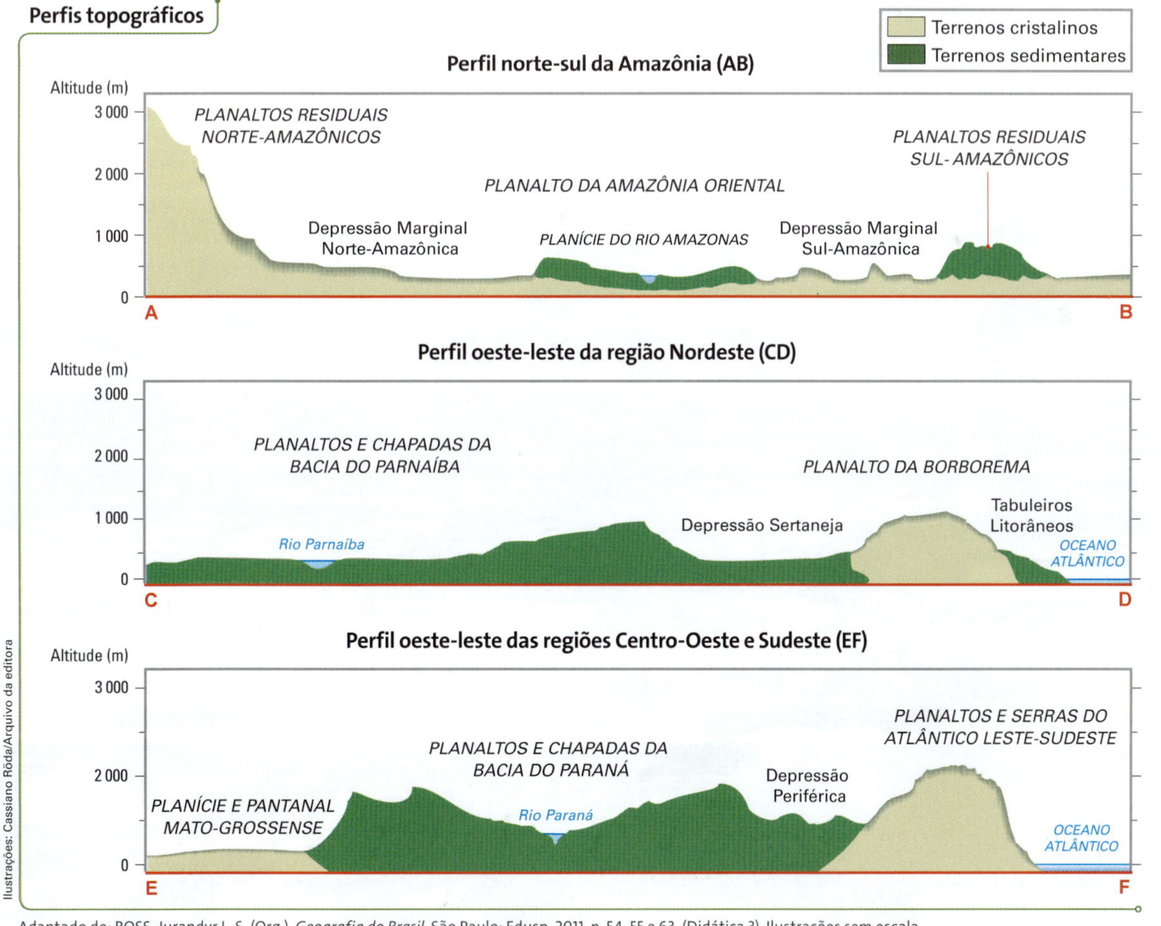

Ilustrações: Cassiano Röda/Arquivo da editora

Adaptado de: ROSS, Jurandyr L. S. (Org.). *Geografia do Brasil*. São Paulo: Edusp, 2011. p. 54, 55 e 63. (Didática 3). Ilustrações sem escala.

É importante destacar que cada nova classificação não substitui completamente a anterior. Note, comparando os mapas, que os limites dos compartimentos não são muito diferentes entre si. Nessas três classificações do relevo brasileiro, as áreas de sedimentação situadas em maiores altitudes, ou seja, as planícies encaixadas em compartimentos de planalto, não aparecem. Isso ocorre porque a escala utilizada para retratar o país inteiro num único mapa é muito pequena e, portanto, não permite um detalhamento que mostre planícies pouco extensas. Por isso, o Vale do Paraíba, uma bacia sedimentar localizada entre as serras do Mar e da Mantiqueira, não aparece nessas classificações, tratando-se, assim, de uma planície encaixada no planalto Atlântico (Azevedo), nas serras e nos planaltos do leste e sudeste (Ab'Saber) ou nos planaltos e nas serras do Atlântico Leste-Sudeste (Ross). O mesmo ocorre com algumas outras formas de relevo, como as escarpas e as *cuestas*, que estudaremos a seguir.

Para saber mais

Bacia sedimentar × planície

Não devemos confundir bacia sedimentar, denominação que se refere à **estrutura geológica**, com planície, que se refere à **forma do relevo**. A estrutura sedimentar indica a origem, a formação e a composição de parte da crosta, ocorrida ao longo do tempo geológico. Durante sua formação, enquanto a sedimentação supera os processos erosivos, a bacia sedimentar é sempre uma planície. No entanto, uma bacia sedimentar que no passado foi uma planície pode estar atualmente sofrendo um processo de erosão, de desgaste, e, portanto, corresponder a um planalto ou a uma depressão, como as da Amazônia. Em contrapartida, bacias sedimentares que hoje ainda estão em processo de formação correspondem a planícies. Um exemplo: a planície do Pantanal.

Na foto abaixo, trecho do Pantanal, em Mato Grosso do Sul, durante o período das cheias, em 2011. Este é um exemplo típico de planície em formação, uma vez que durante as inundações anuais ocorre intensa sedimentação.

Luciano Candisani/Acervo do fotógrafo

Pensando no Enem

1.

As áreas do planalto do cerrado – como a chapada dos Guimarães, a serra de Tapirapuã e a serra dos Parecis, no Mato Grosso, com altitudes que variam de 400 m a 800 m – são importantes para a planície pantaneira mato-grossense (com altitude média inferior a 200 m), no que se refere à manutenção do nível de água, sobretudo durante a estiagem. Nas cheias, a inundação ocorre em função da alta pluviosidade nas cabeceiras dos rios, do afloramento de lençóis freáticos e da baixa declividade do relevo, entre outros fatores. Durante a estiagem, a grande biodiversidade é assegurada pelas águas da calha dos principais rios, cujo volume tem diminuído, principalmente nas cabeceiras.

CABECEIRAS ameaçadas. *Ciência Hoje*. Rio de Janeiro: SBPC. v. 42, jun. 2008 (adaptado).

A medida mais eficaz a ser tomada, visando à conservação da planície pantaneira e à preservação de sua grande biodiversidade, é a conscientização da sociedade e a organização de movimentos sociais que exijam:

a) a criação de parques ecológicos na área do pantanal mato-grossense.
b) a proibição da pesca e da caça, que tanto ameaçam a biodiversidade.
c) o aumento das pastagens na área da planície, para que a cobertura vegetal, composta de gramíneas, evite a erosão do solo.
d) o controle do desmatamento e da erosão, principalmente nas nascentes dos rios responsáveis pelo nível das águas durante o período de cheias.
e) a construção de barragens, para que o nível das águas dos rios seja mantido, sobretudo na estiagem, sem prejudicar os ecossistemas.

Resolução

Este exercício explica a forma como as diferenças de altitude entre a planície do Pantanal e as serras e planaltos que o circundam o tornam uma área inundável. Trata também de seu papel na manutenção do nível das águas, tanto no período chuvoso quanto no de estiagem. As agressões ambientais que acontecem no entorno do Pantanal causam impacto direto em seu interior, destacando-se a redução no volume de água disponível e o assoreamento. Portanto, a alternativa correta é a **D**.

2.

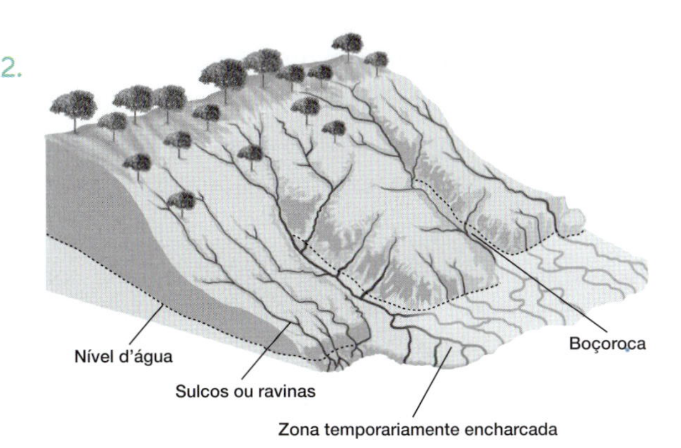

TEIXEIRA, W. et al. (Org.). *Decifrando a Terra*. São Paulo: Companhia Editora Nacional, 2009.

Muitos processos erosivos se concentram nas encostas, principalmente aqueles motivados pela água e pelo vento. No entanto, os reflexos também são sentidos nas áreas de baixada, onde geralmente há ocupação urbana.

Um exemplo desses reflexos na vida cotidiana de muitas cidades brasileiras é:

a) a maior ocorrência de enchentes, já que os rios assoreados comportam menos água em seus leitos.
b) a contaminação da população pelos sedimentos trazidos pelo rio e carregados de matéria orgânica.
c) o desgaste do solo nas áreas urbanas, causado pela redução do escoamento superficial pluvial na encosta.
d) a maior facilidade de captação de água potável para o abastecimento público, já que é maior o efeito do escoamento sobre a infiltração.
e) o aumento da incidência de doenças como a amebíase na população urbana, em decorrência do escoamento de água poluída do topo das encostas.

Resolução

A erosão é um processo constituído por três etapas: intemperismo, transporte e sedimentação. As partículas das rochas são transportadas pelos agentes erosivos (água das chuvas, rios, ventos e outros) para as partes mais baixas do relevo e, quando o material sedimenta nos rios provoca assoreamento e maior ocorrência de enchentes. Portanto, a alternativa correta é a **A**.

Considerando a Matriz de Referência do Enem, estas questões trabalham a **Competência de área 6 – Compreender a sociedade e a natureza, reconhecendo suas interações no espaço em diferentes contextos históricos e geográficos**, especialmente a habilidade **H29 – Reconhecer a função dos recursos naturais na produção do espaço geográfico, relacionando-os com as mudanças provocadas pelas ações humanas**.

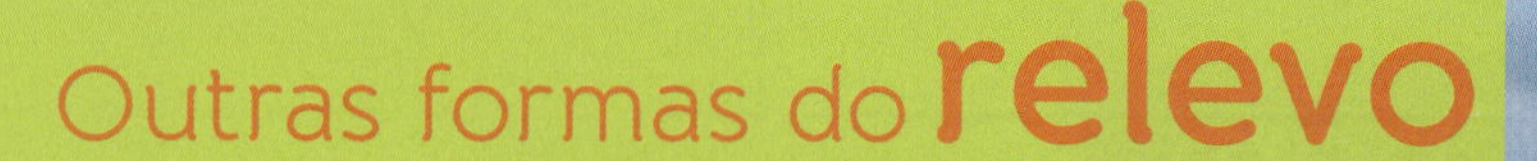

Outras formas do relevo

Ao estudarmos as formas do relevo brasileiro, encontramos ainda outras categorias:

Escarpa: declive acentuado que aparece em bordas de planalto. Pode ser gerada por um movimento tectônico, que forma escarpas de falha, ou ser modelada pelos agentes externos, que geram escarpas de erosão.

Cuesta: forma de relevo que possui um lado com escarpa abrupta e outro com declive suave. Essa diferença de inclinação ocorre porque os agentes externos atuaram sobre rochas com resistências diferentes.

Escarpa da *cuesta* de Botucatu (SP), em 2012.

Jacek/kino.com.br

Os estados da região Centro-Oeste e a porção oriental da região Nordeste possuem várias chapadas, como a chapada Diamantina (BA). Foto de 2011.

Ricardo Azoury/Pulsar Imagens

Chapada: tipo de planalto cujo topo é aplainado e as encostas são escarpadas. Também é conhecido como planalto tabular.

Morro: em sua acepção mais comum é uma pequena elevação de terreno, uma colina. Em sua classificação dos domínios morfoclimáticos, Ab'Saber destacou os "mares de morros" (veja o mapa da página 230).

Paisagem de "mar de morros", em Lorena (SP), em 2012.

Cesar Diniz/Pulsar Imagens

Montanha: cadeia orogênica, como a cordilheira dos Andes, do Cenozoico. Na estrutura do atual território brasileiro existiram, há milhões de anos, montanhas que ao longo do tempo geológico foram modeladas pelos processos exógenos, constituindo o que hoje conhecemos como serras e planaltos. No dia a dia, costuma-se chamar de montanha qualquer grande elevação do relevo.

Armando Fávaro/Agência Estado

Pico da Neblina, na serra do Imeri (AM), em 2008. Com 2 994 metros de altitude, este é o ponto mais alto do território brasileiro e um exemplo de dobramento Pré-Cambriano.

João Prudente/Pulsar Imagens

Serra: esse nome é utilizado para designar um conjunto de formas variadas de relevo, como dobramentos antigos e recentes, escarpas de planalto e *cuestas*. Sua definição e uso não são rígidos, sofrendo variação de uma região para outra do país.

Escarpa da serra da Mantiqueira, no estado de São Paulo, em 2012. As serras da Mantiqueira e do Mar têm origem tectônica e foram bastante moldadas pelos agentes erosivos. Suas escarpas originaram-se de falhas geológicas e nos planaltos acima de seus topos e abaixo das escarpas é possível encontrar os mares de morros.

Inselberg ('monte ilha', em alemão): saliência no relevo encontrada em regiões de clima árido e semiárido. Sua estrutura rochosa foi mais resistente à erosão que o material que estava em seu entorno.

Delfim Martins/Pulsar Imagens

Inselberg, em Buíque (PE), em 2012. Algumas vezes o topo dos *inselbergs* é recoberto por rochas sedimentares, constituindo um testemunho de que havia terrenos mais elevados em seu entorno.

3 O relevo submarino

Assim como a superfície dos continentes, o fundo do mar possui formas variadas, resultantes da ação de agentes internos e do intenso intemperismo químico. Como as terras submersas não sofrem a ação dos agentes atmosféricos, o único agente externo que atua na modelagem do relevo submarino é o movimento das águas – a ação humana, embora existente, é muito limitada, como no caso da exploração de petróleo. Esse movimento ocorre por uma associação de diversos fatores, como ventos, ação do Sol, da Lua, da temperatura e da salinidade.

Os principais componentes do relevo submarino são:

- **Plataforma continental**: é a continuação da estrutura geológica do continente abaixo do nível do mar. Composta predominantemente por rochas sedimentares, é relativamente plana. Por ter profundidade média de 200 metros, recebe luz solar, o que propicia o desenvolvimento de vegetação marinha e muitas espécies animais. As plataformas continentais são áreas favoráveis à exploração de petróleo e gás natural. Suas ilhas são chamadas de costeiras e podem ser de origem vulcânica, sedimentar ou biológica (como é o caso dos atóis).
- **Talude**: é a borda da plataforma continental, marcada por um desnível abrupto de até 2 mil metros, na base do qual se encontram a crosta continental e a oceânica. Quando o talude se localiza em área de encontro de placas convergentes, ocorre a formação de fossas marinhas, como podemos observar na figura abaixo, que mostra a margem continental ocidental sul-americana.
- **Região pelágica (ou abissal)**: corresponde à crosta oceânica propriamente dita, que é mais densa e geologicamente distinta da crosta continental. Nessa região há diversas formas de relevo, como depressões (chamadas bacias), dorsais, montanhas tectônicas, planaltos e fossas marinhas. As ilhas aí existentes são chamadas ilhas oceânicas, como Fernando de Noronha, de origem vulcânica, e o atol das Rocas, de origem biológica.

Jacek Fulawka/Shutterstock/Glow Images

Margem continental ocidental sul-americana, no oceano Pacífico. Na costa oeste da América do Sul, o encontro das crostas oceânica e continental coincide com o encontro das placas Sul-Americana e de Nazca.

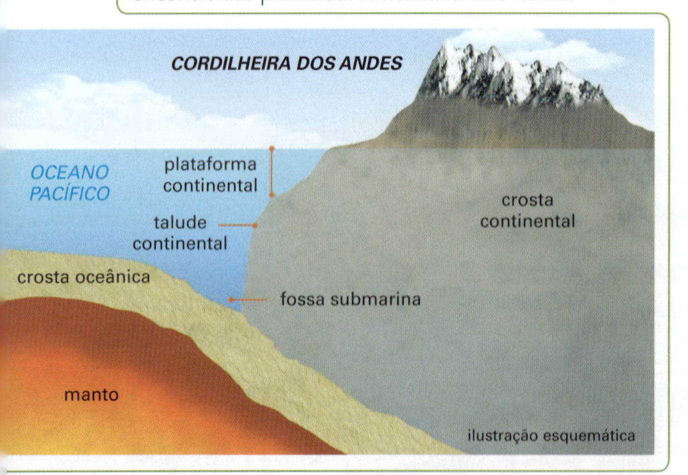

Adaptado de: ROSS, Jurandyr L. S. (Org.). *Geografia do Brasil*. São Paulo: Edusp, 2011. p. 31. (Didática 3).

Margem continental oriental sul-americana, no oceano Atlântico. Na costa leste da América do Sul as crostas continental e oceânica pertencem à mesma placa tectônica, chamada Sul-Americana.

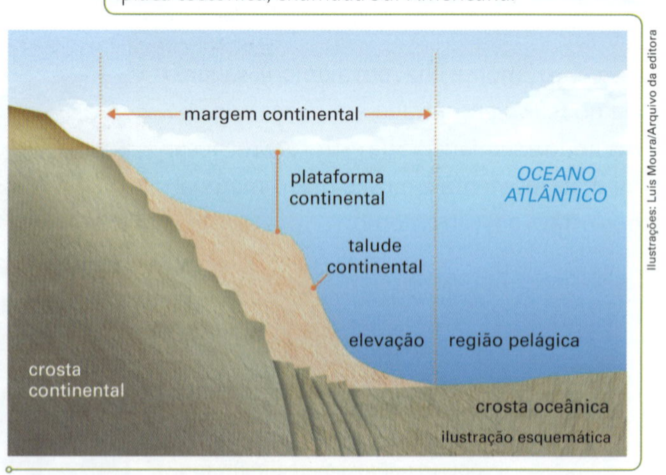

Adaptado de: BRASIL. Marinha do Brasil. Secretaria da Comissão Interministerial para os Recursos do Mar. Disponível em: <www.secirm.mar.mil.br/inindex.htm>. Acesso em: 16 fev. 2004.

Ilustrações: Luis Moura/Arquivo da editora

Amazônia Azul – o patrimônio brasileiro no mar

O Direito do Mar

Desde épocas mais remotas, mares e oceanos são usados como via de transporte e como fonte de recursos biológicos. O desenvolvimento da tecnologia marinha permitiu a descoberta nas águas, no solo e no subsolo marinhos de recursos naturais de importância capital para a humanidade. A descoberta de tais recursos fez aumentar a necessidade de delimitar os espaços marítimos em relação aos quais os Estados costeiros exercem soberania e jurisdição.

Assim é que, na década de 1950, as Nações Unidas começaram a discutir a elaboração do que viria a ser, anos mais tarde, a Convenção das Nações Unidas sobre o Direito do Mar (CNUDM). O Brasil participou ativamente das discussões sobre o tema, por meio de delegações formadas, basicamente, por oficiais da Marinha do Brasil e por diplomatas brasileiros.

A CNUDM está em vigor desde novembro de 1994 e constitui-se, segundo analistas internacionais, no maior empreendimento normativo no âmbito das Nações Unidas, legislando sobre todos os espaços marítimos e oceânicos, com o correspondente estabelecimento de direitos e deveres dos Estados que têm o mar como fronteira. Atualmente, a Convenção é ratificada por 156 países, dentre os quais o Brasil.

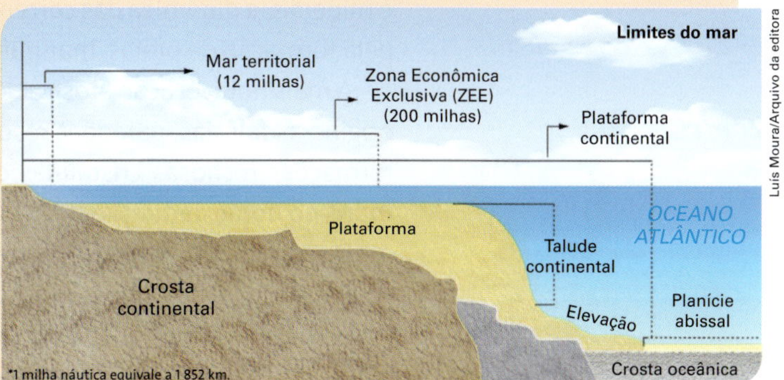

Adaptado de: BRASIL. Marinha do Brasil. Secretaria da Comissão Interministerial para os Recursos do Mar. Disponível em: <www.mar.mil.br/menu_v/amazonia_azul/html/importancia.html>. Acesso em: 16 dez. 2013.

O Mar Territorial, somado à ZEE [Zona Econômica Exclusiva], constituem-se nas Águas Jurisdicionais Brasileiras Marinhas.

Trata-se de uma imensa região, com cerca de 3,5 milhões de km². Após serem aceitas as recomendações da CLPC [Comissão de Limites da Plataforma Continental], os espaços marítimos brasileiros poderão atingir cerca de 4,5 milhões de km², equivalentes a mais de 50% da extensão territorial do Brasil.

Por seus incomensuráveis recursos naturais e grandes dimensões, essa área é chamada de Amazônia Azul.

Conceitos importantes

No que concerne aos espaços marítimos, todo Estado costeiro tem o direito de estabelecer um Mar Territorial de até 12 milhas náuticas (cerca de 22 km), uma Zona Econômica Exclusiva (ZEE) e uma Plataforma Continental (PC) estendida, cujos limites exteriores são determinados pela aplicação de critérios específicos.

Os Estados exercem soberania plena no Mar Territorial. Na ZEE e na PC, a jurisdição dos Estados se limita à exploração e ao aproveitamento dos recursos naturais. Na ZEE, todos os bens econômicos no seio da massa líquida, sobre o leito do mar e no subsolo marinho, são privativos do país costeiro. Como limitação, a ZEE não se estende além das 200 milhas náuticas (370 km) do litoral continental e insular.

A PC é o prolongamento natural da massa terrestre de um Estado costeiro. Em alguns casos, ela ultrapassa a distância de 200 milhas da ZEE. Pela Convenção sobre o Direito do Mar, o Estado costeiro pode pleitear a extensão da sua Plataforma Costeira até o limite de 350 milhas náuticas (648 km), observando-se alguns parâmetros técnicos. É o caso do Brasil, que apresentou às Nações Unidas, em setembro de 2004, o seu pleito de extensão da PC brasileira.

BRASIL. Marinha do Brasil. Disponível em: <www.mar.mil.br/menu_v/amazonia_azul/html/definicao.html>. Acesso em: 16 dez. 2013.

Amazônia Azul

Arquipélago de São Pedro e São Paulo
Arquipélago de Fernando de Noronha
Ilha de Trindade e Arquipélago Martim Vaz
0 675 km
Allmaps/Arquivo da editora

Brasil	Área (km²)
Território	8500000
Mar territorial	12 milhas
Zona Econômica Exclusiva (ZEE)	3500000
Extensão da plataforma continental	911000
Amazônia Azul (ZEE + Extensão da plataforma continental)	4411000

Adaptado de: BRASIL. Marinha do Brasil. Disponível em: <www.mar.mil.br/menu_v/amazonia_azul/html/definicao.html>. Acesso em: 16 dez. 2013.

4 Morfologia litorânea

Na faixa de contato do continente com o oceano – o litoral –, o movimento constante da água do mar exerce forte ação construtiva ou destrutiva nas formas de relevo. Atuando no intemperismo, transporte e sedimentação de partículas orgânicas e minerais, a dinâmica das correntes marinhas, das ondas e das marés é responsável pela formação de praias, mangues e cordões arenosos chamados **restingas**.

A mais notável ação erosiva do movimento das águas oceânicas no litoral é a que origina as **falésias**, paredões resultantes do impacto das ondas diretamente contra formações rochosas cristalinas ou sedimentares (conhecidas como barreiras), comuns no nordeste brasileiro.

Da morfologia litorânea, podemos destacar:

- **Barra**: saída de um rio, canal ou de uma lagoa para o mar aberto, onde ocorrem intensa sedimentação e formação de bancos de areia ou de outros detritos.

Danísio Silva/Tempo Editorial

Barra da Lagoa, em Florianópolis (SC), em 2012. Este canal faz a ligação da lagoa da Conceição com o oceano. Note que foram colocadas pedras na margem direita da barra para evitar a sedimentação de areia e facilitar a entrada e saída de embarcações.

Falésias em Arraial d'Ajuda (BA), em 2012.

Fabio Colombini/Acervo do fotógrafo

- **Saco, baía e golfo**: assemelham-se a um arco quase fechado que se comunica com o oceano. O que muda é o tamanho: o saco é o menor (medido em metros) e a baía tem tamanho intermediário, como a famosa baía da Guanabara, no Rio de Janeiro. O golfo, como é o maior (medido em quilômetros; veja o mapa ao lado), pode conter sacos e baías em seu interior. Ao longo do tempo, a comunicação de sacos e baías com o oceano pode ser diminuída por causa da constituição de uma restinga. Se essa restinga continuar a aumentar, pode ocorrer fechamento do arco, formando-se uma lagoa costeira.

Golfo do México e penínsulas de Iucatã e da Flórida

ESTADOS UNIDOS
OCEANO ATLÂNTICO
Península da Flórida
Golfo do México
MÉXICO
Península de Iucatã
Mar do Caribe
AMÉRICA CENTRAL

Allmaps/Arquivo da editora

O golfo do México é delimitado por duas penínsulas: a de Iucatã e a da Flórida.

Adaptado de: IBGE. *Atlas geográfico escolar*. 6. ed. Rio de Janeiro, 2012. p. 36.

Luciana Whitaker/Pulsar Imagens

A lagoa Rodrigo de Freitas, no Rio de Janeiro (RJ), é uma lagoa costeira formada por uma restinga, sobre a qual também se formaram as praias e se desenvolveram os bairros do Leblon e de Ipanema (ao fundo). Foto de 2011.

- **Ponta, cabo e península**: são formas de relevo que avançam do continente para o oceano. A diferença entre elas é a dimensão: pontas são menores que cabos, que, por sua vez, são menores que penínsulas (veja dois exemplos no mapa acima).

Life File Photo Library Ltd/Alamy/Other Images

Cabo da Boa Esperança (África do Sul), em 2011.

Praia do Pântano do Sul, em Florianópolis (SC), em 2014.

Palê Zuppani/Pulsar Imagens

- **Enseada**: praia com formato de arco. Por possuir configuração aberta, diferencia-se do saco, cuja configuração é bem mais fechada.

Praia de Boa Viagem, em Recife (PE), em 2009. Na foto, podemos observar os recifes de arenito que originaram o nome da capital de Pernambuco.

Ricardo Azoury/Pulsar Imagens

- **Recife**: barreira próxima à praia que diminui ou bloqueia o movimento das ondas. Pode ser de origem biológica, quando constituída por carapaças de animais marinhos, ou arenosa, quando formada por uma restinga que se consolida em rocha sedimentar.

- **Fiordes**: profundos corredores que foram cavados pela erosão glacial e posteriormente rebaixados, o que provocou a invasão das águas do mar. Formaram-se em regiões litorâneas de latitudes elevadas que ficaram recobertas por gelo durante as glaciações, como as costas da Noruega e do sul do Chile, entre outras.

Alguns fiordes avançam cerca de 30 km para o interior dos continentes. Seu leito tem forma de "U", assim como os vales glaciais, que resultam da erosão glacial. Na foto, fiorde na Noruega, em 2011.

David Lacina/Alamy/Other Images

Atividades

Compreendendo conteúdos

1. Explique o que são e como se originam as formas do relevo.
2. Qual é a diferença entre estrutura e forma de relevo?
3. Defina planalto, planície e depressão.
4. O que é plataforma continental? Qual é a sua importância econômica?

Desenvolvendo habilidades

5. Leia novamente as páginas 115 e 116, observe as fotografias e responda no caderno:
   a) Como o relevo pode influenciar a organização e a distribuição de diversas atividades humanas? Dê exemplos.
   b) Com base no que você aprendeu neste capítulo e em seus conhecimentos, elabore uma hipótese para explicar de que forma o relevo condiciona o traçado e o custo de construção de rodovias e ferrovias.
6. Observe a imagem do Rio de Janeiro (RJ), de 2012, e escreva, em seu caderno, o nome das formas de relevo que você consegue identificar.

Geraldo Melo / Tyba

Barra da Tijuca, no Rio de Janeiro (RJ), em 2012.

Vestibulares de Norte a Sul

1. **NE** (UFPE) Considere o texto a seguir.

> Precipitação e temperatura, os dois componentes de qualquer clima, não definem apenas a vegetação, mas também a topografia de uma área. Em regiões montanhosas bem irrigadas, por exemplo, aguaceiros torrenciais desencadeiam deslizamentos de terra. E, em uma escala de tempo mais longa, a água quebra fortes rochas ao se congelar e derreter. Os fragmentos se convertem, assim, em alimentos do solo. Em regiões com pouca água, os ventos persistentes se combinam com as temperaturas flutuantes para compor a paisagem. As macias rochas do deserto, superaquecidas à noite, são esmigalhadas e arrastadas como areia.
>
> *Geografia, Ciência e Natureza*. Ed. Time Life, 1998.

Sobre os assuntos abordados no texto, analise as proposições abaixo.

( ) No domínio morfoclimático do "mar de morros", observado no território brasileiro, o principal fator diretamente responsável pela morfogênese do relevo são as amplitudes térmicas diárias, que em algumas áreas do Sudeste chegam a superar 15 °C.

( ) Os movimentos de massa rápidos que se verificam no manto de intemperismo de áreas montanhosas e encostas íngremes são produzidos pelas precipitações atmosféricas e pelo gradiente de relevo.

( ) Existem domínios morfoclimáticos, em áreas de altas latitudes ou de altitudes bem elevadas, em que a água em estado sólido fragmenta as rochas; esse fenômeno é geograficamente definido como crioclastia.

( ) Nos climas tropicais chuvosos, a ação eólica é bastante eficaz, produzindo feições de relevo designadas como bacias de deflação e dunas.

( ) O intemperismo físico ou mecânico ocorre em praticamente todas as faixas climáticas, contudo é muito eficaz em áreas com *deficit* hídrico anual, como o trópico semiárido brasileiro.

2. **CO** (UEG-GO) A superfície da Terra não é homogênea, apresentando uma grande diversidade de desníveis, seja na crosta continental ou oceânica. No decorrer do tempo, esses desníveis sofrem alterações exercidas por forças endógenas e exógenas. Sobre o assunto, é correto afirmar:

a) as forças endógenas como temperatura, ventos, chuvas, cobertura vegetal e ação antrópica, entre outras, modelam o relevo terrestre, dando-lhe o aspecto que apresenta hoje.

b) aterros, desmatamentos, terraplanagens, canais e represas são exemplos da ação exógena provocada pela força das enchentes e dos *tsunamis*, independentemente da ação do homem.

c) a forma inicial do relevo terrestre tem sua origem na ação de forças exógenas, enquanto o modelamento feito ao longo de milhões de anos é produto de forças endógenas que atuam na superfície.

d) vulcanismo, terremotos e maremotos são movimentos provocados pelo tectonismo proveniente da ação das forças endógenas que também constituíram as cadeias orogênicas e os escudos cristalinos.

3. **SE** (Unesp-SP) O mapa representa a "Amazônia Azul", uma área de aproximadamente 4,5 milhões de km², traçada ao longo do litoral brasileiro.

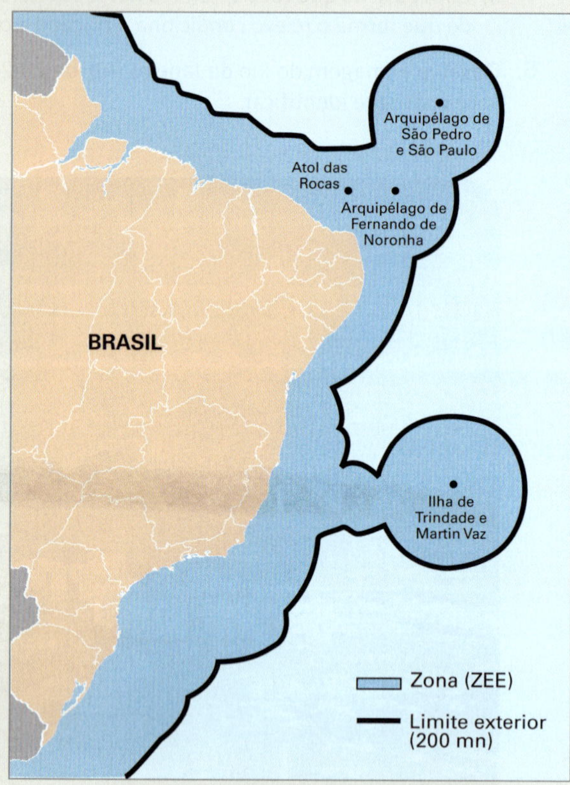

Scientific American Brasil. Oceanos: origens, transformações e o futuro. Adaptado.

Sobre a "Amazônia Azul", pode-se afirmar que:

a) é uma área que o Brasil delimitou para opor-se à salvaguarda e à exploração dos recursos naturais.

b) é uma região onde a exploração pesqueira está embargada para permitir a exploração do pré-sal.

c) foi criada para que os recursos vivos na Zona Econômica Exclusiva – ZEE – sejam exclusivamente pescados por navios-fábricas.

d) essa demarcação objetivou delimitar áreas de pequeno interesse comercial e assegurar os impostos para todos os estados da União.

e) nessa área, o Brasil pretende exercer seus direitos de soberania ou jurisdição para melhor salvaguardar e explorar os recursos naturais nela existentes.

CAPÍTULO

7 Solos

Gerson Gerloff/Pulsar Imagens

Solo e rocha matriz em Bom Jesus (RS), em 2012.

"A mais alta das torres começa no solo."

Provérbio chinês

Haroldo Palo Jr./Kino.com.br

Você já pensou na importância do solo para a humanidade e outros seres vivos? É nele que:

- a maioria das plantas fixa suas raízes e obtém a água, o ar e os nutrientes utilizados no processo de fotossíntese;
- a água é armazenada, originando as nascentes formadoras dos rios e lagos que abastecem as cidades;
- fazemos o alicerce de nossas construções, como nos lembra o provérbio chinês citado nesta página.

O solo é, portanto, um importante recurso natural, que apresenta várias possibilidades de exploração econômica, o que torna sua preservação muito importante para a manutenção do equilíbrio socioambiental.

Garimpo em Poconé (MT), em 2011, um tipo de exploração do solo que causa grandes agressões ambientais.

1 A formação do solo

A importância do solo

Os diferentes **conceitos de solo** estão relacionados às atividades humanas que nele se desenvolvem e às ciências que o estudam. Para a **mineração**, solo é um detrito que deve ser removido e separado dos minerais explorados; para algumas ciências, como a **Ecologia**, é um sistema vivo, composto de partículas minerais e orgânicas, que possibilita o desenvolvimento de diversos ecossistemas. Para a **Geografia**, em particular a **Pedologia**, o solo corresponde à parte natural e integrada à paisagem que dá suporte às plantas que nele se desenvolvem. Finalmente, a **Agronomia** define solo como um meio natural no qual o ser humano cultiva plantas, interessando-se pelas características ligadas à produção agrícola.

Pedologia: ciência que estuda a formação, o desenvolvimento e a composição dos solos.

O solo é formado, num processo contínuo, pela desagregação física e decomposição química das rochas. Quando expostas à atmosfera, as rochas sofrem a ação direta do calor do Sol e da água da chuva, entre outros fatores, que modificam os aspectos físicos delas e a composição química dos minerais que as compõem. Em outras palavras, as rochas sofrem a ação dos intemperismos físico e químico, já tratados no capítulo 6. Em regiões tropicais úmidas, são necessários, em média, cem anos para a formação de uma camada de apenas 1 centímetro de solo. Em áreas de clima frio e seco, esse período é ainda maior.

O solo se organiza em camadas com características diferentes, denominadas horizontes. A figura desta página representa, de forma bastante esquemática, um **perfil de solo bem desenvolvido**, ou seja, a visão que se obtém das diferentes camadas por meio de um corte vertical no terreno. Observe que os horizontes são identificados por letras e vão se diferenciando cada vez mais da rocha-mãe (camada **R**) à medida que aumenta sua distância em relação a ela. Veja novamente a foto da página 135, que também mostra um perfil de solo maduro, e pense em quantos anos foram necessários para sua formação. Note, na parte inferior da imagem, a rocha em processo de decomposição.

Ao processo que origina os solos e seus horizontes dá-se o nome de **pedogênese** (do grego, *pedon*, 'solo', e *genesis*, 'origem').

Os horizontes **O**, **A** e **B** são os mais importantes para a agricultura dada a sua **fertilidade**: quanto mais equilibrada for a disponibilidade de certos elementos químicos, como o potássio, o nitrogênio, o sódio, o ferro e o magnésio, maior é sua fertilidade e seu potencial de produtividade agrícola. Esses horizontes também são importantes para o ecossistema, por causa da densidade e variedade de vida em seu interior (por exemplo, minhocas, formigas e microrganismos).

Cassiano Röda/Arquivo da editora

Adaptado de: LEPSCH, Igo F. *Solos:* formação e conservação. 2. ed. São Paulo: Oficina de Textos, 2010. p. 31.

O processo de formação dos solos, assim como a erosão, é modelador do relevo, como vimos no capítulo anterior. Ao longo do tempo geológico, as rochas que sofreram intemperismo vão se transformando em solo e a sua **porosidade** permite a penetração de ar e água, criando condições favoráveis para o desenvolvimento de organismos vegetais e animais, bem como de microrganismos. Com o tempo, esses organismos aceleram a ação de reações químicas, que também provocam intemperismo, e vão fornecendo a matéria orgânica que participa da composição do solo, aumentando cada vez mais sua fertilidade. O solo é, portanto, constituído de:

Porosidade: porcentagem de espaços vazios nos solos, em relação ao seu volume total.
Húmus: matéria orgânica resultante da decomposição de plantas e animais. É encontrado na parte superficial do solo e lhe confere uma cor escura. Pela sua riqueza em nutrientes, garante fertilidade aos solos que o contêm, sendo fundamental para o crescimento das plantas.

- **Partículas minerais**: apresentam composição e tamanhos diferentes, dependendo da rocha que lhe deu origem. Quanto ao tamanho, as partículas podem ser classificadas em frações: argila, silte, areia fina, areia grossa e cascalho (variando do menor ao maior tamanho).
- **Matéria orgânica**: formada por restos vegetais e animais não decompostos e pelo produto desses restos depois de decompostos por microrganismos. O produto resultante dessa decomposição é o **húmus**.
- **Água**: fica retida por tempo determinado nos poros do solo. Sua reposição é feita, principalmente, pela chuva ou pela irrigação. A água do solo contém sais minerais, oxigênio e gás carbônico, constituindo um importante meio para fornecer nutrientes aos vegetais.
- **Ar**: ocupa os poros do solo não preenchidos pela água. É essencial para as plantas, que absorvem oxigênio pelas raízes; além disso, em abundância, favorece a produção de húmus.

Fatores de formação dos solos

O tipo de rocha matriz, o clima, o relevo, os organismos e a ação do tempo são os fatores determinantes para a origem e evolução dos solos.

- **Rocha matriz**: sob as mesmas condições climáticas, cada tipo de rocha exposta ao intemperismo dá origem a um tipo de solo diferente, dependendo de sua constituição mineralógica. Assim, os solos podem se desenvolver de rochas ígneas ou metamórficas claras, como os granitos e os quartzitos; de rochas ígneas escuras, como o basalto; de sedimentos consolidados, como os arenitos e as rochas calcárias; e de sedimentos não consolidados, como as dunas de areia e cinzas vulcânicas. Se a rocha matriz for o arenito, por exemplo, podem surgir solos arenosos; se o arenito tiver pouca concentração de calcário, o solo será quimicamente pobre.

Influência da topografia na intensidade do intemperismo

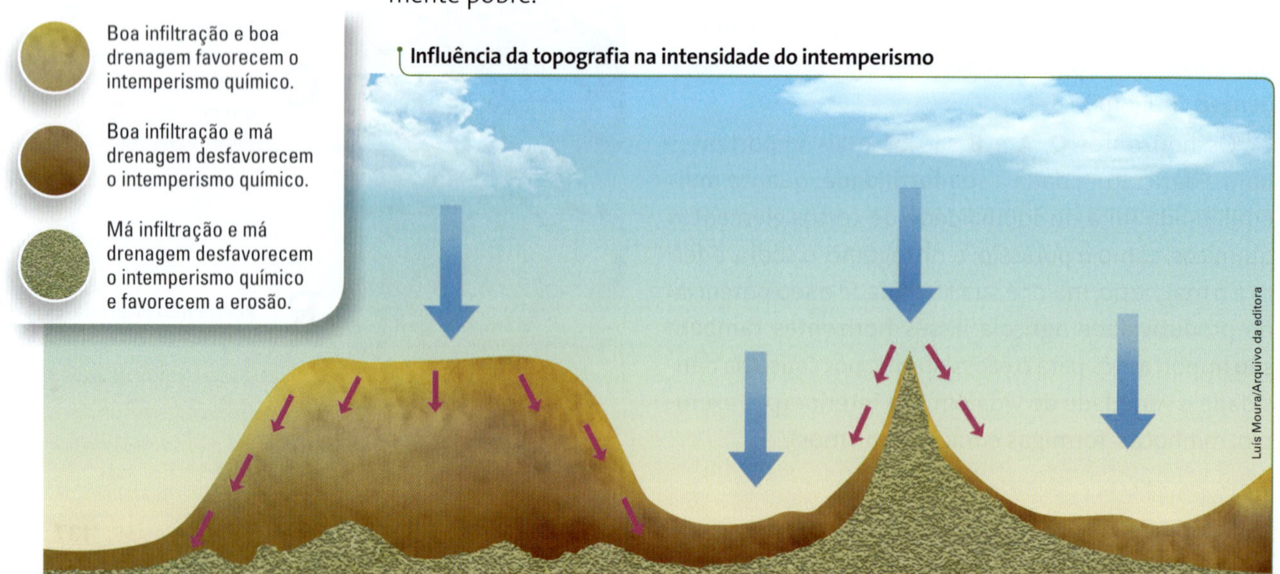

Adaptado de: TEIXEIRA, Wilson et al. (Org.). *Decifrando a Terra*. 2. ed. São Paulo: Oficina de Textos, 2009. p. 225.

- **Clima**: a temperatura e a umidade regulam a velocidade, a intensidade, o tipo de intemperismo das rochas, a distribuição e o deslocamento de materiais ao longo do perfil do solo. Quanto mais quente e úmido for o clima, mais rápida e intensa será a decomposição das rochas, pois o aumento da temperatura e da umidade acelera a velocidade das reações químicas. Solos de climas tropicais são mais profundos que de climas temperados (menos quentes) e áridos (menos úmidos).
- **Relevo**: com suas diferentes formas, proporciona desigual distribuição de água da chuva, de luz e de calor, além de favorecer ou não os processos de erosão. As diferenças topográficas facilitam, por exemplo, o acúmulo de água das chuvas em áreas mais baixas e côncavas e aceleram a velocidade de escoamento dela em vertentes íngremes. As vertentes mais expostas à insolação tornam-se mais quentes e secas do que outras faces menos iluminadas, que, no hemisfério sul, estão voltadas predominantemente para a direção sul.

Veja a ilustração da página anterior. Nas áreas de declividade acentuada, os solos são mais rasos porque a alta velocidade de escoamento das águas diminui a infiltração; assim, a água fica pouco tempo em contato com as rochas, diminuindo a intensidade do intemperismo. Além disso, o material decomposto ou desagregado é rapidamente transportado para as baixadas – por isso, no pico de serras e de montanhas, a rocha costuma ficar exposta, sem nenhum recobrimento.

- **Organismos**: compreendem os microrganismos (bactérias, algas e fungos), que são decompositores, e os vegetais e animais. Todos são agentes de conservação do solo. Já o ser humano, por exemplo, pode degradar ou conservar o solo, dependendo do uso que faz dele.
- **Tempo**: período de exposição da rocha matriz às condições da atmosfera. Solos jovens são geralmente mais rasos que os velhos.

Na primeira foto, solo de terra roxa, formado pelo basalto, em Floresta (PR), em 2011. A palavra "roxa" deriva do italiano *rossa*, que significa "vermelha". "Terra *rossa*" era como os imigrantes denominavam esse solo avermelhado. Na segunda foto, plantação de cana-de-açúcar em solo de massapê, formado pelo gnaisse, na Zona da Mata, em Penedo (AL), em 2009. Sua cor é bem diferente da cor da terra roxa. Esses dois tipos de solo estão entre os mais férteis do Brasil.

Fabio Colombini/Acervo do fotógrafo

João Prudente/Pulsar Imagens

2 Conservação dos solos

A perda anual de milhares de toneladas de solos agricultáveis, sobretudo em consequência da erosão, é um dos mais graves problemas ambientais, que abrange as maiores áreas na superfície terrestre. A principal causa da erosão, notadamente em países de clima tropical, é a retirada total da vegetação (muitas vezes feita por meio de queimadas) para implantação de culturas agrícolas e pastagens.

Perdas de solo

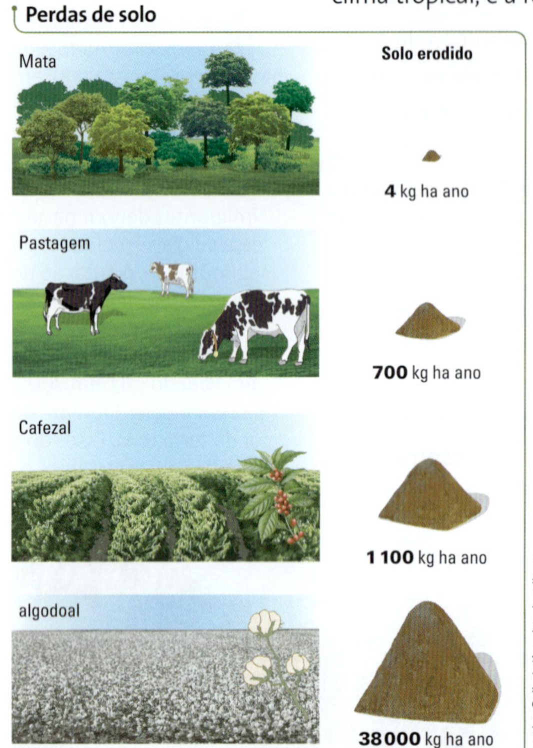

Adaptado de: LEPSCH, Igo F. *Solos*: formação e conservação. 2. ed. São Paulo: Oficina de Textos, 2010. p. 198.

A quantidade de solo que se perde com a erosão varia de acordo com o uso da terra.

Caso predomine a erosão hídrica, quanto maiores a velocidade de escoamento e o volume de água, maior a capacidade de transportar material em suspensão; quanto menor a velocidade, mais intensa a sedimentação e menor a intensidade da erosão. Por sua vez, a velocidade e o volume do escoamento dependem da declividade do relevo, da quantidade e intensidade das chuvas, da densidade da cobertura vegetal e do tipo de solo – fatores que podem facilitar ou dificultar a infiltração, conforme visto anteriormente.

Toda atividade agrícola provoca a degradação dos solos ao longo do tempo, mas a intensidade varia, dependendo do tipo de cultura e das técnicas utilizadas (uso de agroquímicos, espaçamento entre fileiras, cobertura do solo, prática de queimadas, entre outras). Veja o esquema ao lado.

Algumas práticas possibilitam a quebra da velocidade de escoamento das águas das chuvas e consequentemente diminuem a erosão. São elas:

- **Terraceamento**: consiste em fazer cortes nas superfícies íngremes para formar degraus – terraços. Esse procedimento possibilita a expansão das áreas agrícolas em regiões montanhosas e populosas, por isso é muito comum em países asiáticos, como China, Japão, Tailândia e Filipinas.

Agricultura em terraços em Bali (Indonésia), em 2011.

Edmund Lowe/Alamy/Other Images

- **Curvas de nível**: prática que consiste em arar o solo e depois semeá-lo seguindo as cotas altimétricas do relevo (curvas de nível ou isoípsas, que estudamos na Unidade 1), o que por si só já reduz a velocidade de escoamento superficial da água da chuva. Para reduzi-la ainda mais, é comum a construção de obstáculos no terreno, espécie de lombadas, com terra retirada dos próprios sulcos resultantes da aração. Com esse método simples, a perda de solo agricultável é sensivelmente reduzida.

Fabio Colombini/Acervo do fotógrafo

Cultivo de chá seguindo as curvas de nível, em Registro (SP), em 2012.

Para saber mais

Erosão e equilíbrio ambiental

Segundo o *Novo dicionário geológico-geomorfológico*, o termo erosão significa, sob o ponto de vista da Geologia e da Geografia, "a realização de um conjunto de ações que modelam uma paisagem".

O pedólogo e o agrônomo, porém, consideram esse termo apenas do ponto de vista da destruição dos solos. Em outras palavras, a erosão é um importante fator de modelagem das formas de relevo, de desgaste dos solos agricultáveis e, quando resulta de ação humana sobre a natureza, pode comprometer o equilíbrio ambiental.

Os fragmentos da rocha que sofreram intemperismo ficam livres para serem transportados pela água que escorre na superfície (erosão hídrica) ou pelo vento (erosão eólica). No Brasil, o **escoamento superficial** da água é o principal agente erosivo. Como os horizontes **O** e **A** são os primeiros a serem desgastados, a erosão prejudica o ecossistema e a fertilidade natural do solo. Observe a seguir o esquema explicativo de **erosão pluvial**, causada pelas águas das chuvas.

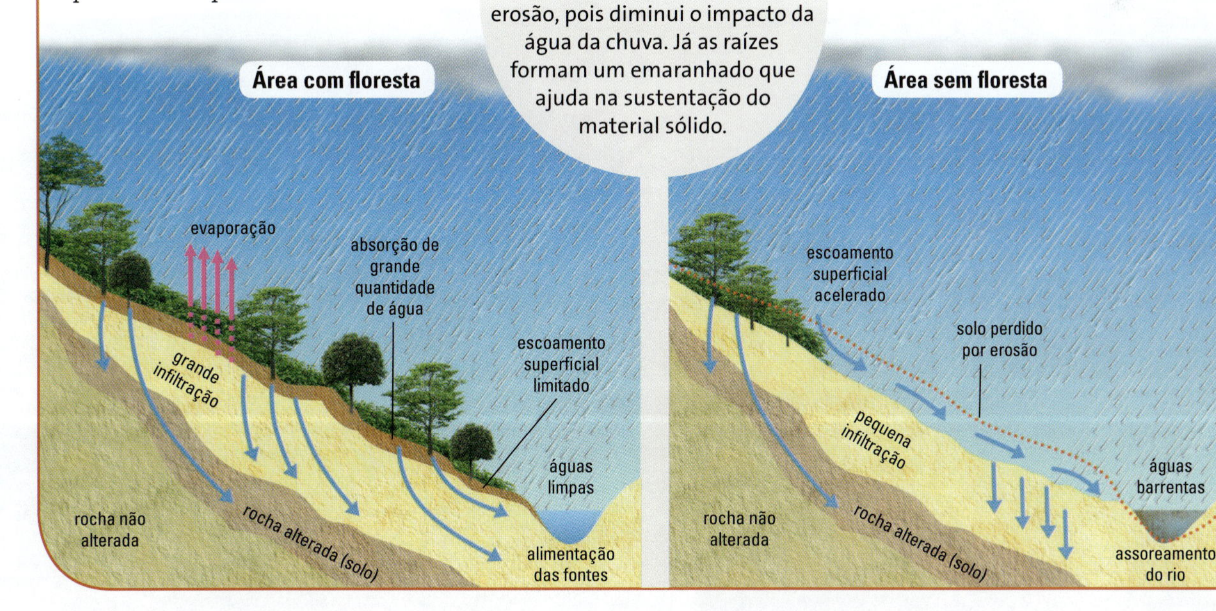

Organizado pelos autores. Luís Moura/Arquivo da editora

Delfim Martins/Pulsar Imagens

Plantação de milho e feijão em Barreiras (BA), 2013.

- **Associação de culturas**: em cultivos que deixam boa parte do solo exposta à erosão (como algodão e café), é comum plantar, entre uma fileira e outra, espécies leguminosas (feijão, por exemplo), que recobrem bem o terreno. Além de reduzir a erosão, essa prática favorece o equilíbrio orgânico do solo.

Consulte o *site* da **Embrapa**, onde você encontra a Unidade de Pesquisa Embrapa Solos. Veja orientações na seção **Sugestões de leitura, filme e *sites***.

- **Cultivo de árvores**: em regiões onde os ventos são fortes e a erosão eólica é intensa, podem-se plantar árvores em linha para formar uma barreira que quebre sua velocidade e, consequentemente, reduza sua capacidade erosiva.

Alguns cuidados podem manter ou até mesmo melhorar a fertilidade do solo, o que contribui para sua conservação. Dentre os mais importantes, destacam-se:

- adequar as culturas aos tipos de solo, respeitando seu limite, sua possibilidade de uso;
- adubar o solo, tanto para corrigir uma deficiência de nutrientes como para repor o que o cultivo retira dele;
- revezar culturas, já que cada uma delas tem exigências diferentes em relação aos nutrientes do solo.

Fabio Colombini/Acervo do fotógrafo

Voçoroca em Cruzília (MG), em 2012.

Pensando no Enem

1. Um agricultor adquiriu alguns alqueires de terra para cultivar e residir no local. O desenho a seguir representa parte de suas terras.

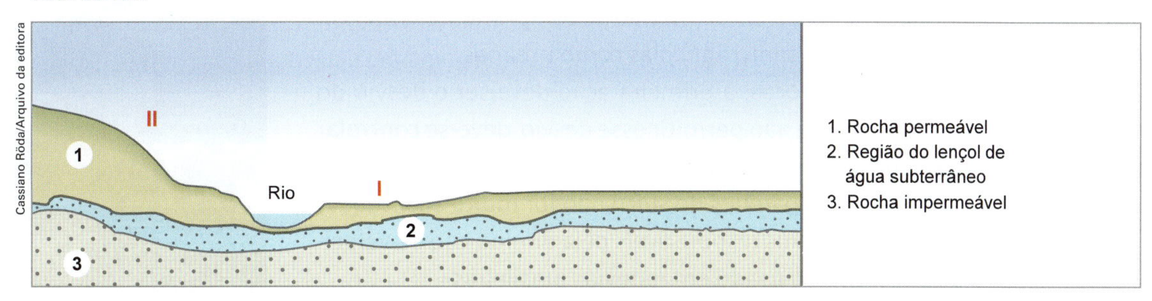

Pensando em construir sua moradia no lado I do rio e plantar no lado II, o agricultor consultou seus vizinhos e escutou as frases a seguir. Assinale a frase do vizinho que deu a sugestão mais correta.

a) "O terreno só se presta ao plantio revolvendo o solo com arado."
b) "Não plante neste local, porque é impossível evitar a erosão."
c) "Pode ser utilizado, desde que se plante em curvas de nível."
d) "Você perderá sua plantação quando as chuvas provocarem inundação."
e) "Plante forragem para pasto."

Resolução

A alternativa correra é a **C**. O cultivo respeitando as curvas de nível reduz a velocidade de escoamento das águas pluviais e a intensidade da erosão, que, embora não possa ser totalmente evitada, pode ter sua ação bastante diminuída com a utilização de técnicas que evitem danos maiores nas áreas de agricultura e pecuária. As inundações acontecem nas superfícies planas dos fundos de vale e as encostas com declividade acentuada não são apropriadas para a criação de gado.

2. Um dos principais objetivos de se dar continuidade às pesquisas em erosão dos solos é o de procurar resolver os problemas oriundos desse processo, que, em última análise, geram uma série de impactos ambientais. Além disso, para a adoção de técnicas de conservação dos solos, é preciso conhecer como a água executa seu trabalho de remoção, transporte e deposição de sedimentos. A erosão causa, quase sempre, uma série de problemas ambientais, em nível local ou até mesmo em grandes áreas.

Adaptado de: GUERRA, A. J. T. Processos erosivos nas encostas. In: GUERRA, A. J. T.; CUNHA, S. B. *Geomorfologia:* uma atualização de bases e conceitos. Rio de Janeiro: Bertrand Brasil, 2007.

A preservação do solo, principalmente em áreas de encostas, pode ser uma solução para evitar catástrofes em função da intensidade de fluxo hídrico. A prática humana que segue no caminho contrário a essa solução é:

a) a aração.
b) o terraceamento.
c) o pousio.
d) a drenagem.
e) o desmatamento.

Resolução

A alternativa correta é a **E**. Com o desmatamento os solos ficam expostos à ação dos agentes erosivos e há grande aumento na velocidade de escoamento das águas pluviais, o que aumenta sua capacidade de transportar sedimentos em suspensão.

Considerando a Matriz de Referência do Enem, estas questões trabalham a **Competência de área 6 – Compreender a sociedade e a natureza, reconhecendo suas interações no espaço em diferentes contextos históricos e geográficos** – especialmente as **habilidades H29 – Reconhecer a função dos recursos naturais na produção do espaço geográfico, relacionando-os com as mudanças provocadas pelas ações humanas** – e **H30 – Avaliar as relações entre preservação e degradação da vida no planeta nas diferentes escalas.**

Voçorocas

As chuvas fortes também podem originar sulcos no terreno. Se não forem controlados, podem se aprofundar a cada nova chuva e, com o escoamento que ocorre no subsolo, resultar em sulcos de enormes dimensões, chamados **voçorocas** (ou **boçorocas**). Em alguns lugares as voçorocas chegam a atingir dezenas de metros de largura e profundidade, além de centenas de metros de comprimento, impossibilitando o uso do solo para atividades tanto agrícolas como urbanas.

Para impedir a formação das voçorocas, a primeira ação deve ser o desvio do fluxo de água. Se a topografia do relevo não permitir esse desvio, deve-se controlar a velocidade e o volume da água que escoa sobre o sulco. Isso pode ser feito com o plantio de grama (se a declividade das paredes do sulco não for muito acentuada) ou com a construção de taludes – degraus responsáveis pela diminuição da velocidade de escoamento da água –, recurso usado em rodovias brasileiras.

Outra solução bastante utilizada e difundida é a construção de uma barragem e o consequente represamento da água que escoa tanto pela superfície quanto pelo subsolo. Esse represamento faz com que a voçoroca fique submersa e receba sedimentos trazidos pela água, que com o tempo a estabilizam.

Haroldo Palo Jr./kino.com.br

Voçoroca em Chapada Gaúcha (MG), em 2012.

Movimentos de massa

Em encostas que apresentam declividade acentuada, os movimentos de massa são fenômenos naturais, ou seja, fazem parte da dinâmica externa da crosta terrestre e são agentes que participam da modelagem do relevo ao longo do tempo.

Os movimentos de massa devem ser analisados considerando-se basicamente dois fatores: a natureza do material movimentado (solo, detritos ou rocha) e a velocidade do movimento (desde alguns centímetros por ano até mais de 5 km/hora). Nos extremos, podem ocorrer quedas ou rolamentos de grandes blocos de rocha montanha abaixo ou escoamento lento de solo em vertentes de baixa declividade, mas os movimentos mais frequentes e que mais causam impactos sociais e ambientais são os escorregamentos de solo em encostas.

José Patricio/Agência Estado

No Brasil, onde existem muitas regiões serranas sujeitas a elevados índices pluviométricos, os escorregamentos de solos nas encostas são muito frequentes, principalmente no verão, quando as chuvas são abundantes e tornam o solo mais saturado e pesado. Esse fenômeno faz parte da dinâmica da natureza e acontece independentemente da intervenção humana.

Há, entretanto, um grande número de movimentos de massa provocados pela ação antrópica. Geralmente, estão associados ao desmatamento; ao peso acumulado sobre o solo (tanto em áreas urbanas quanto agrícolas), como pedreiras e depósitos de lixo; e à ocupação irregular de encostas, sobretudo em grandes cidades e regiões metropolitanas.

Para tentar evitar esse problema, é necessário adotar uma série de medidas de caráter preventivo, por exemplo: fazer campanhas de esclarecimento para impedir novas ocupações em áreas de encosta e acionar a Defesa Civil em dias de elevado índice pluviométrico.

Escorregamento de solo em Nova Friburgo (RJ), em 2011.

Conservação dos solos em floresta

Em uma floresta, as árvores servem de anteparo para as gotas de chuva que escorrem pelos seus troncos, infiltrando-se no subsolo. Além de diminuir a velocidade de escoamento superficial, as árvores evitam o impacto direto da chuva no solo. Como vimos, a retirada da cobertura vegetal prejudica o solo, expondo-o aos fatores de intemperismo e erosão, cujas consequências são graves. Veja alguns exemplos:

- aumento do processo erosivo e empobrecimento do solo;
- assoreamento de rios e lagos, resultante do aumento no volume de sedimentos, o que provoca desequilíbrio nos ecossistemas aquáticos, enchentes e, muitas vezes, prejudica a navegação;
- extinção de nascentes: o rebaixamento do lençol freático, resultante da menor infiltração da água das chuvas no subsolo, pode provocar problemas de abastecimento de água nas cidades e na agricultura;
- possível diminuição dos índices pluviométricos e da evapotranspiração. Estima-se que metade das chuvas caídas sobre as florestas tropicais seja resultante da evapotranspiração, ou seja, troca de água da floresta com a atmosfera;
- elevação das temperaturas locais e regionais, como consequência da maior irradiação de calor para a atmosfera por causa do solo exposto. A floresta absorve boa parte da energia solar pelos processos de fotossíntese e de transpiração. Sem a floresta, quase toda essa energia é devolvida para a atmosfera em forma de calor, elevando as temperaturas médias;
- agravamento dos processos de desertificação e arenização graças à combinação dos fenômenos até agora descritos: diminuição das chuvas, elevação das temperaturas, empobrecimento dos solos e acentuada diminuição da biodiversidade;
- redução ou fim das atividades extrativas vegetais e inviabilização do turismo ecológico. É importante destacar que, nas esferas ambiental e socioeconômica, pode ser mais vantajoso conservar uma floresta: a exploração sustentável pode garantir empregos, gerar lucros e preservar o bioma;
- proliferação de pragas e doenças pelos desequilíbrios nas cadeias alimentares. Algumas espécies, antes sem nenhuma nocividade, passam a proliferar com a eliminação de seus predadores, podendo causar graves prejuízos econômicos e ambientais.

Rogério Reis/Pulsar Imagens

Quando a cobertura vegetal é retirada, uma das primeiras consequências é o aumento da erosão. Na foto, de 2011, processo erosivo instalado em encostas de morros que foram desmatados em Nova Friburgo (RJ).

Atividades

Compreendendo conteúdos

1. Explique sucintamente como os solos são formados, destacando a ação do clima.
2. Identifique as etapas do desgaste de solos provocado pelo processo erosivo e explique como combatê-lo.
3. Como se formam as voçorocas? Quais são seus impactos no meio ambiente?
4. Por que ocorrem movimentos de massa em encostas? Aponte de que forma a ação humana agrava esse processo e quais são as consequências dele para a sociedade.

Desenvolvendo habilidades

5. Vimos que o processo de formação dos solos ocorre lentamente e está associado a alguns fatores, principalmente os relacionados ao clima e às condições de relevo. Em média, cada centímetro de solo leva cerca de 100 anos para se formar.

   Observe a foto de abertura deste capítulo e a ilustração a seguir, que mostra as camadas do solo. Depois, escreva um texto destacando a importância da conservação dos solos para a agricultura e para o meio ambiente, na busca do desenvolvimento sustentável.

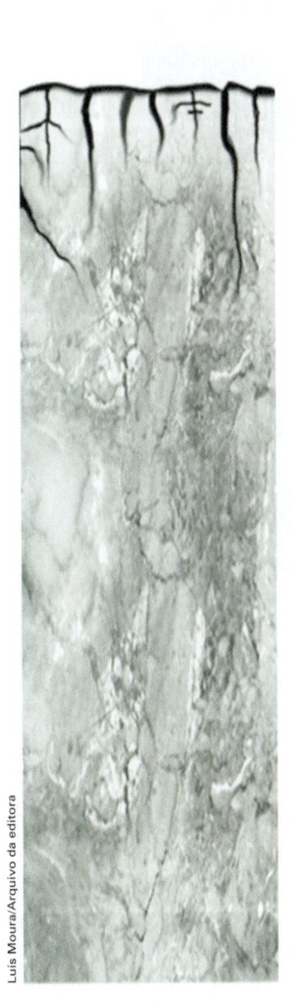

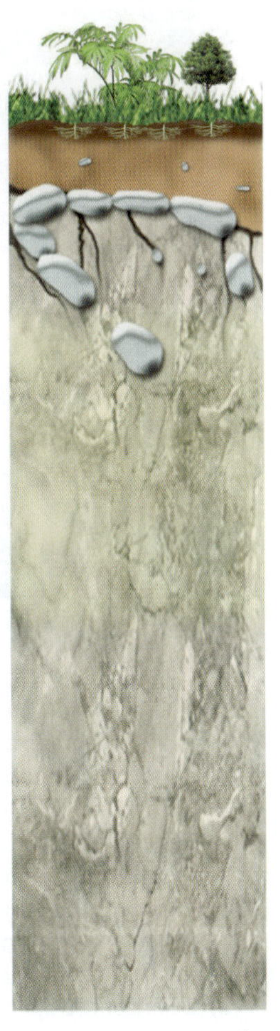

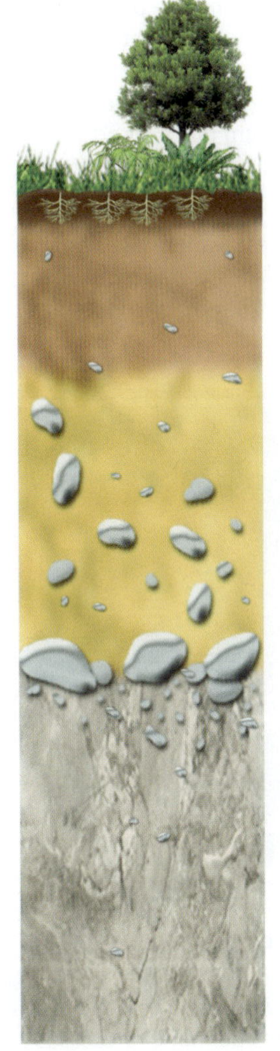

Luís Moura/Arquivo da editora

Adaptado de: UNIVERSIDADE DE SÃO PAULO (USP). Centro de Divulgação Científica e Cultural (CDCC). São Carlos (SP). Disponível em: <http://educar.sc.usp.br>. Acesso em: 2 set. 2012.

Vestibulares de Norte a Sul

1. S (Udesc-SC) No ano de 2011 a mídia brasileira divulgou diversas tragédias causadas pelas chuvas e pelos deslizamentos de terras.

Sobre eles é correto afirmar, **exceto**:

a) Deslizamentos de terra são típicos movimentos rochosos causados por intemperismo químico de rochas sedimentares, que acumulam água das chuvas ao longo de muitos anos e que, por fim, acabam cedendo.

b) Os deslizamentos são muitas vezes originados por grandes acúmulos de água no solo, a partir de quedas de chuva, nascentes e fusão de neves, que contribuem para o aumento de peso da massa deslizante e – à medida que a pressão da água nos poros aumenta – reduzem a fricção entre as partículas constituintes.

c) Em decorrência do elevado teor de água, no fundo do plano de alguns deslizamentos o movimento se transforma num fluxo.

d) Os deslizamentos são frequentemente observáveis nos cortes feitos para a construção de estradas em areias fracas e argilas inadequadamente drenadas.

e) Existem deslizamentos em que o material deslocado mantém sua coerência como um único corpo, à medida que se move por um plano de deslizamento claramente definido.

2. NE (UFPE) Dois pesquisadores estavam realizando um trabalho de campo com finalidades voltadas ao meio ambiente e se defrontaram com a paisagem mostrada a seguir. Examine-a atentamente.

Douglas Galindo/Arquivo da editora

Fonte: <www.google.com.br/imgres?

Com relação às características observadas pelos pesquisadores, é correto afirmar que:

( ) o espaço natural está sendo usado pelo homem, para atender às suas necessidades de maneira ecossustentável e correta, portanto.

( ) o plantio realizado na área está correto, pois se mostra realizado no sistema de plantio em curvas de nível.

( ) os processos erosivos demonstram, de maneira inequívoca, que o uso dos solos está sendo realizado de maneira condenável, do ponto de vista técnico-científico.

( ) a erosão linear, que se observa na área discretamente colinosa, reflete, sobretudo, a existência local de rochas ígneas mais frágeis, que são vulneráveis ao intemperismo físico.

( ) está dominando, na paisagem, um tipo de erosão, comum em ambientes onde a cobertura vegetal foi retirada, denominado "erosão em sulcos"; a aceleração dessa modalidade erosiva pode gerar o voçorocamento no solo.

3. SE (Unicamp-SP) Solo é a camada superior da superfície terrestre, onde se fixam as plantas, que dependem de seu suporte físico, água e nutrientes. Um perfil de solo é representado na figura abaixo. Sobre o perfil apresentado é correto afirmar que:

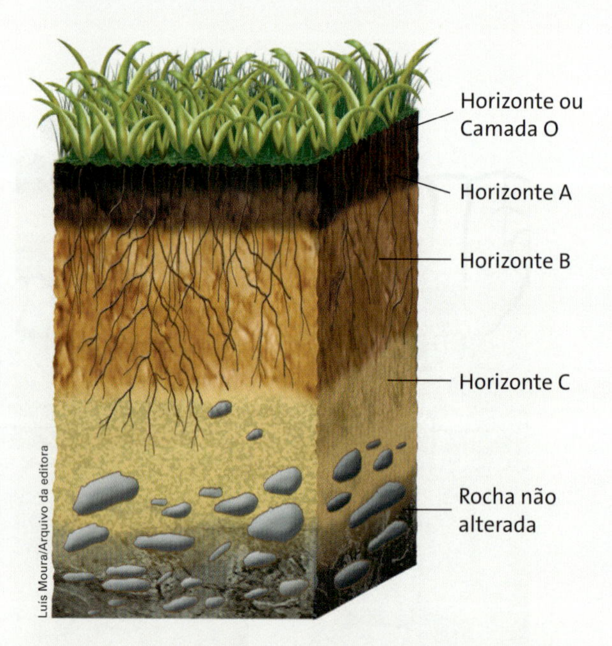

Luis Moura/Arquivo da editora

a) O horizonte (ou camada) O corresponde ao acúmulo de material orgânico que é gradualmente decomposto e incorporado aos horizontes inferiores, acumulando-se nos horizontes B e C.

b) O horizonte A apresenta muitos minerais não alterados da rocha que deu origem ao solo, sendo normalmente o horizonte menos fértil do perfil.

c) O horizonte C corresponde à transição entre solo e rocha, apresentando, normalmente, em seu interior, fragmentos da rocha não alterada.

d) O horizonte B apresenta baixo desenvolvimento do solo, sendo um dos primeiros horizontes a se formar e o horizonte com a menor fertilidade em relação aos outros horizontes.

CAPÍTULO 8 Climas

Nelson Antoine / Fotoarena

São Joaquim, na serra catarinense, em foto de 22 de julho de 2013.

Você sabia que em áreas de maior altitude geralmente faz mais frio que nas áreas próximas ao nível do mar? Sabia que a latitude interfere no clima? Que as localidades situadas no interior dos continentes têm clima diferente das litorâneas?

Neste capítulo, estudaremos a influência desses e outros fatores no sistema climático do planeta, o que nos permitirá, por exemplo, entender por que a paisagem mostrada na imagem da página anterior é possível no Brasil, embora estejamos acostumados a associar a nosso país paisagens como a mostrada na foto desta página.

Praia dos carneiros, em Tamandaré (PE), 2013.

Leo Caldas/Pulsar Imagens

1 Tempo e clima

Para entender o significado de clima, é importante distingui-lo de tempo atmosférico. O **tempo** corresponde a um estado momentâneo da atmosfera numa determinada área da superfície da Terra, com relação à combinação de fenômenos como temperatura, umidade, pressão do ar, ventos e nebulosidade – ele pode mudar em poucas horas ou até mesmo de um instante para o outro. Já o **clima** corresponde ao comportamento do tempo em uma determinada área durante um período longo, de pelo menos 30 anos. O clima é o padrão da sucessão dos diferentes tipos de tempo que resultam do movimento constante da atmosfera.

Quando afirmamos "hoje o dia está quente e úmido", estamos nos referindo ao tempo, ao comportamento dos elementos da atmosfera nesse instante. Em contrapartida, se ouvimos alguém nos dizer que no noroeste da Amazônia "é quente e úmido o ano inteiro", a pessoa está se referindo ao clima da região.

É comum fazermos julgamentos sobre o tempo e o clima. Por exemplo, "hoje o tempo está feio", associado a tempo fechado, chuvoso; "hoje o tempo está bonito", associado a tempo aberto, ensolarado. Porém, como nos lembra Fernando Pessoa, cada um tem sua beleza e ambos são importantes para a reprodução dos seres vivos e o desenvolvimento das atividades econômicas, principalmente as agrícolas.

Sabe-se que cada lugar ou região apresenta um clima próprio. Por exemplo, o clima da cidade do Rio de Janeiro é diferente do de Moscou, capital da Rússia, porque cada um desses lugares apresenta um conjunto distinto de **fatores climáticos**, ou seja, características que determinam o clima: latitude, altitude, massas de ar, continentalidade, maritimidade, correntes marítimas, relevo, vegetação e urbanização. A conjugação desses fatores é responsável pelo comportamento da temperatura, da umidade e da pressão atmosférica, que são os **atributos** ou **elementos climáticos** do local.

É importante salientar que, mesmo dentro do comportamento esperado do clima de um lugar, existe uma variação considerável de ano para ano. É o caso, por exemplo, de verões mais chuvosos ou menos chuvosos, invernos rigorosos ou com temperaturas mais amenas.

"Um dia de chuva é tão belo como um dia de sol. Ambos existem; cada um como é."

Fernando Pessoa (1888-1935), poeta e escritor português.

Fotos: Delfim Martins/Pulsar Imagens

Verão

Outono

Inverno

Primavera

A sequência de fotos mostra os efeitos na paisagem que resultam das diferenças de comportamento do tempo no clima tropical, ao longo das quatro estações do ano. Parque do Ibirapuera, São Paulo (SP), em 2007 e 2008.

2 Fatores climáticos

Veja a seguir os principais fatores que determinam o clima de um lugar ou de uma região.

Incidência dos raios solares

Luís Moura/Arquivo da editora

Incidência oblíqua (inclinada)

Incidência perpendicular

área maior

área menor

raios solares

Equador

Sem escala.

Observe, nas linhas de cor laranja, que a área atingida por um mesmo feixe de raios solares é maior quanto mais nos aproximamos dos polos.

Latitude

Como vimos no capítulo 1, por ser esférica, a superfície terrestre é iluminada de diferentes formas pelos raios solares, porque eles a atingem com inclinações distintas. Essa diferença na intensidade de luz incidente sobre a superfície faz com que a temperatura média tenda a ser maior quanto mais próximo ao equador e menor quanto mais próximo aos polos.

Assim, a **variação latitudinal** é o principal fator de diferenciação das Zonas climáticas – polar, temperada e tropical. Porém, em cada uma dessas Zonas encontramos variados tipos de clima, explicados pelas diferentes associações entre os demais fatores climáticos. Veja o exemplo no mapa abaixo.

Tipos de clima na Zona Tropical

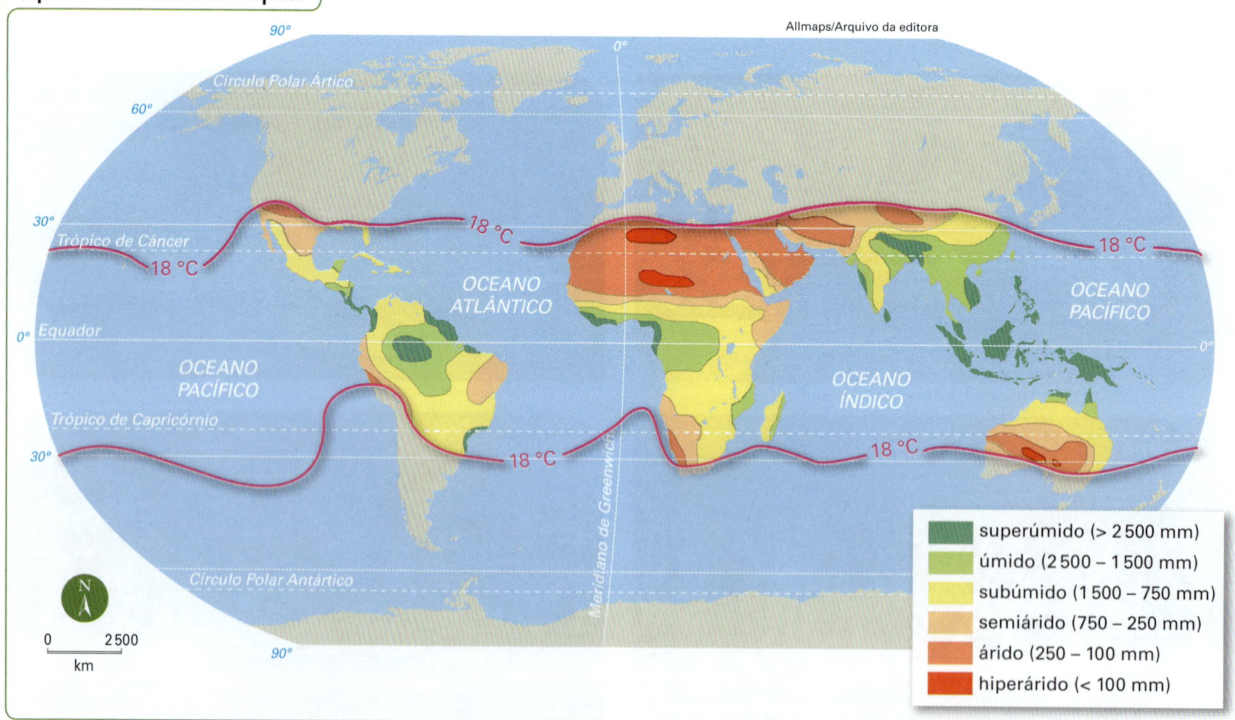

Adaptado de: CONTI, José Bueno. *Clima e meio ambiente*. São Paulo: Atual, 2011. p. 20-21. (Meio ambiente).

Neste mapa, a Zona tropical é delimitada pela isoterma de 18 °C, e não pelos trópicos de Câncer e Capricórnio.

A grande extensão latitudinal do território brasileiro é um importante fator de diferenciação climática. Observe, no mapa e no gráfico a seguir, a variação das temperaturas médias em cidades situadas ao nível do mar, mas em diferentes latitudes. Note que à medida que aumenta a latitude diminuem as temperaturas médias e aumenta a amplitude térmica anual, que é a diferença entre a maior e a menor temperatura média mensal ao longo do ano.

Brasil: influência da latitude na temperatura (média anual, 1961 a 1990)

Allmaps/Arquivo da editora

Adaptado de: IBGE. *Anuário Estatístico do Brasil, 2012*. Rio de Janeiro, p. 15. Disponível em: <www.ibge.gov.br>. Acesso em: 13 jan. 2014; INSTITUTO NACIONAL DE METEOROLOGIA. Disponível em: <www.inmet.gov.br>. Acesso em: 13 jan. 2014.

Temperaturas médias – 1961-1990

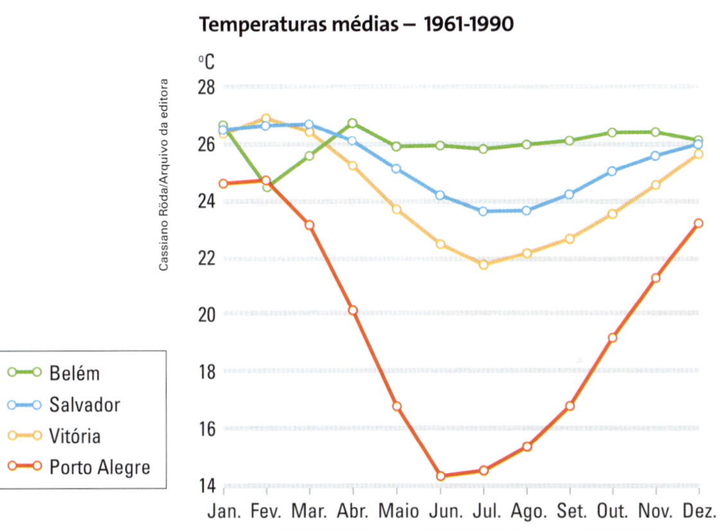

INSTITUTO NACIONAL DE METEOROLOGIA. Disponível em: <www.inmet.gov.br>. Acesso em: 13 jan. 2014.

Outros fatores contribuem para a diferenciação climática do território brasileiro, entretanto, o fato de essas cidades estarem ao nível do mar permite uma comparação sem a influência da altitude.

Altitude

Quanto maior a altitude, menor a temperatura média do ar. Isso porque quanto maior a altitude, menor a pressão atmosférica, o que torna o ar mais rarefeito, ou seja, há uma menor concentração de gases, umidade e materiais particulados. Como há menor densidade de gases e partículas de vapor de água e poeira, diminui a retenção de calor nas camadas mais elevadas da atmosfera e, em consequência, a temperatura é menor. Além disso, nas maiores altitudes, a área de superfície que recebe e irradia calor é menor. Observe a ilustração ao lado.

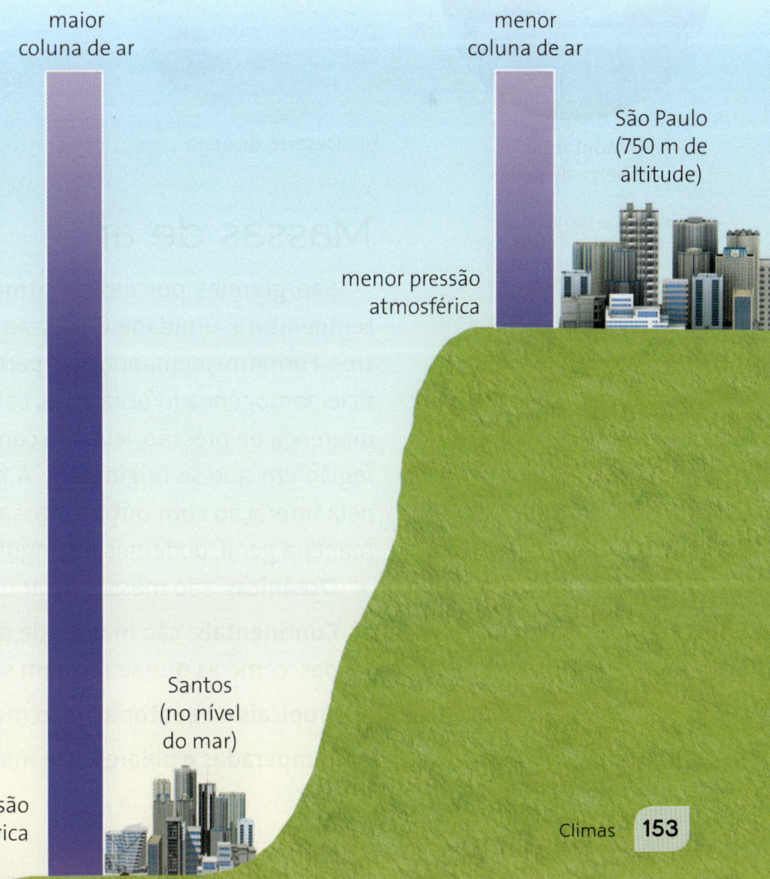

Luís Moura/Arquivo da editora

Albedo

Adaptado de: FARNDON, John. *Dicionário escolar da Terra*. Londres: Butler & Ianner, 1996. p. 141.

O tipo de superfície atingida pelos raios solares também exerce influência na diferença de temperatura atmosférica, porque o aquecimento do ar é feito por meio da reflexão dos raios solares por essa superfície.

Os raios solares que penetram na atmosfera e são por ela refletidos, sem incidir na superfície, retornam ao espaço sideral e não alteram a temperatura do planeta, já que não há retenção de energia. O índice de reflexão de uma superfície – o **albedo** – varia de acordo com sua cor. A cor, por sua vez, depende de sua composição química e de seu estado físico. A neve, por ser branca, reflete até 90% dos raios solares incidentes, enquanto a floresta Amazônica, por ser verde-escura, reflete apenas cerca de 15%. Quanto menor o albedo, maior a absorção de raios solares, maior o aquecimento e, consequentemente, a irradiação de calor.

Diferentes tipos de superfície **refletem** diferentes porcentagens da luz solar incidente.

Massas de ar

São grandes porções da atmosfera que possuem características comuns de temperatura, umidade e pressão e podem se estender por milhares de quilômetros. Formam-se quando o ar permanece estável por um tempo sobre uma superfície homogênea (o oceano, as calotas polares ou uma floresta) e se deslocam por diferença de pressão, levando consigo as condições de temperatura e umidade da região em que se originaram. À medida que se deslocam, vão se transformando pela interação com outras massas, com as quais trocam calor e/ou umidade. De maneira geral, podemos distinguir as massas de ar da seguinte forma:

- **Oceânicas**: são massas de ar úmidas.
- **Continentais**: são massas de ar secas, embora haja também continentais úmidas, como as que se formam sobre grandes florestas.
- **Tropicais e equatoriais**: são massas de ar quentes.
- **Temperadas e polares**: são massas de ar frias.

Continentalidade e maritimidade

A maior ou menor proximidade de grandes corpos de água, como oceanos e mares, exerce forte influência não só sobre a umidade relativa do ar, mas também sobre a temperatura. Em áreas que sofrem influência da **continentalidade** (localização no interior do continente, distante do litoral), a amplitude térmica diária é maior do que em áreas que sofrem influência da **maritimidade** (proximidade de oceanos e mares). Isso ocorre porque a água retém calor por mais tempo, demora mais para irradiar a energia absorvida. Os continentes, por sua vez, esfriam com maior rapidez quando a incidência de luz solar diminui ou cessa. Em consequência, os oceanos demoram mais para se aquecer e para se resfriar do que os continentes.

Temperaturas médias no planeta

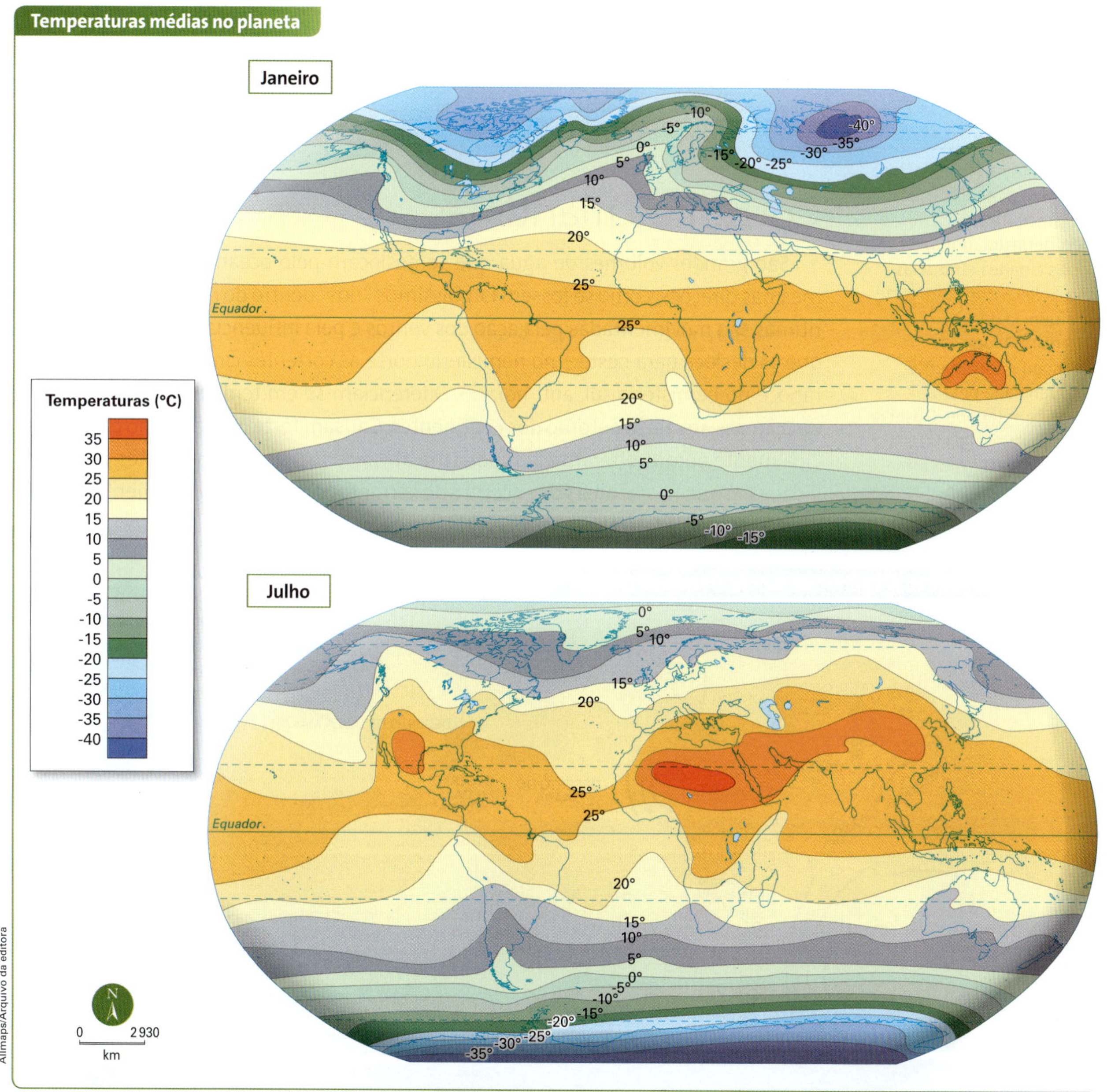

Adaptado de: ALLEN, John L. *Student Atlas of World Geography*. 7th. ed. [s.l.]: McGraw-Hill/Duskin, 2012. p. 10.

A área continental do hemisfério norte é maior que a do sul, o que faz com que, de maneira geral, as oscilações térmicas naquele hemisfério sejam maiores do que as deste último (observe que o hemisfério norte apresenta verões mais quentes e invernos mais frios que os do sul).

Bruxelas e Moscou: temperaturas médias e precipitações

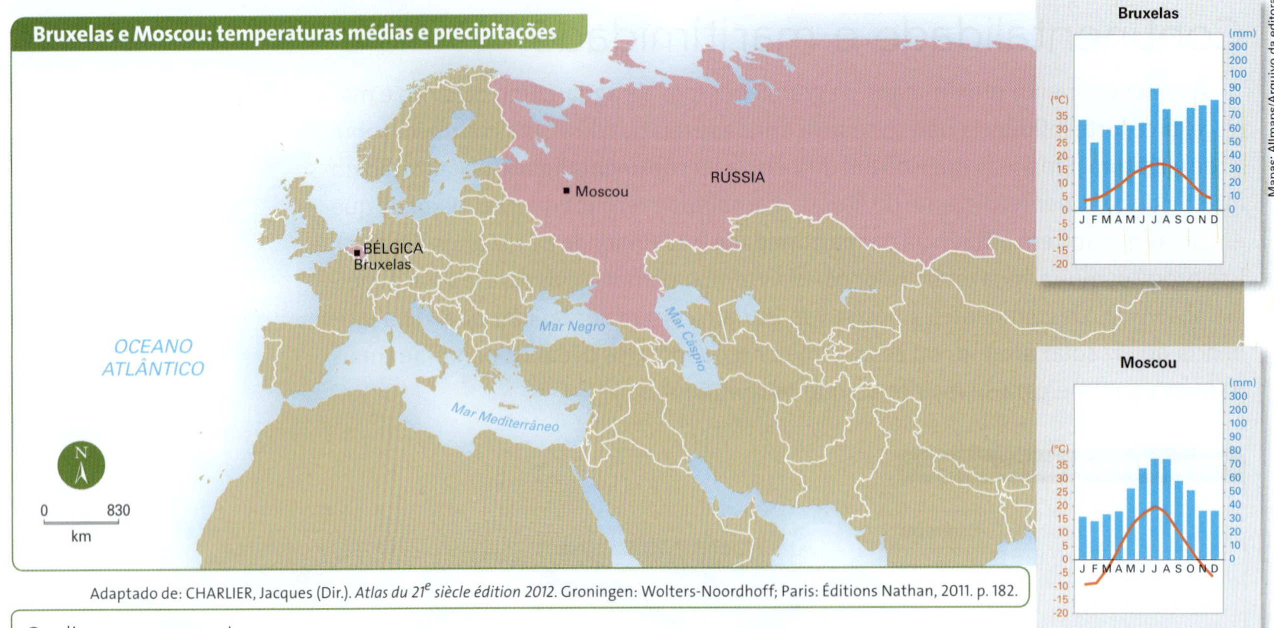

Adaptado de: CHARLIER, Jacques (Dir.). *Atlas du 21e siècle édition 2012*. Groningen: Wolters-Noordhoff; Paris: Éditions Nathan, 2011. p. 182.

Os climogramas mostram os índices médios mensais de precipitação (barras) e temperatura (linha) de duas cidades europeias: Bruxelas – que sofre forte influência da maritimidade –, e Moscou – fortemente influenciada pela continentalidade. Observe que na capital da Rússia a amplitude térmica anual é bem maior que na capital da Bélgica.

Correntes marítimas

São grandes volumes de água que se deslocam pelo oceano, quase sempre nas mesmas direções, como se fossem larguíssimos "rios" dentro do mar. As correntes marítimas são movimentadas pela ação dos ventos e pela influência da rotação da Terra, que as desloca para oeste – no hemisfério norte as correntes circulam no sentido horário, e no hemisfério sul, anti-horário. Diferenciam-se em temperatura, salinidade e direção das águas do entorno dos continentes. Causam forte influência no clima, principalmente porque alteram a temperatura atmosférica, e são importantes para a atividade pesqueira: em áreas de encontro de correntes quentes e frias, aumenta a disponibilidade de plâncton, que atrai cardumes porque lhes serve de alimento.

Correntes marítimas e principais regiões áridas e semiáridas

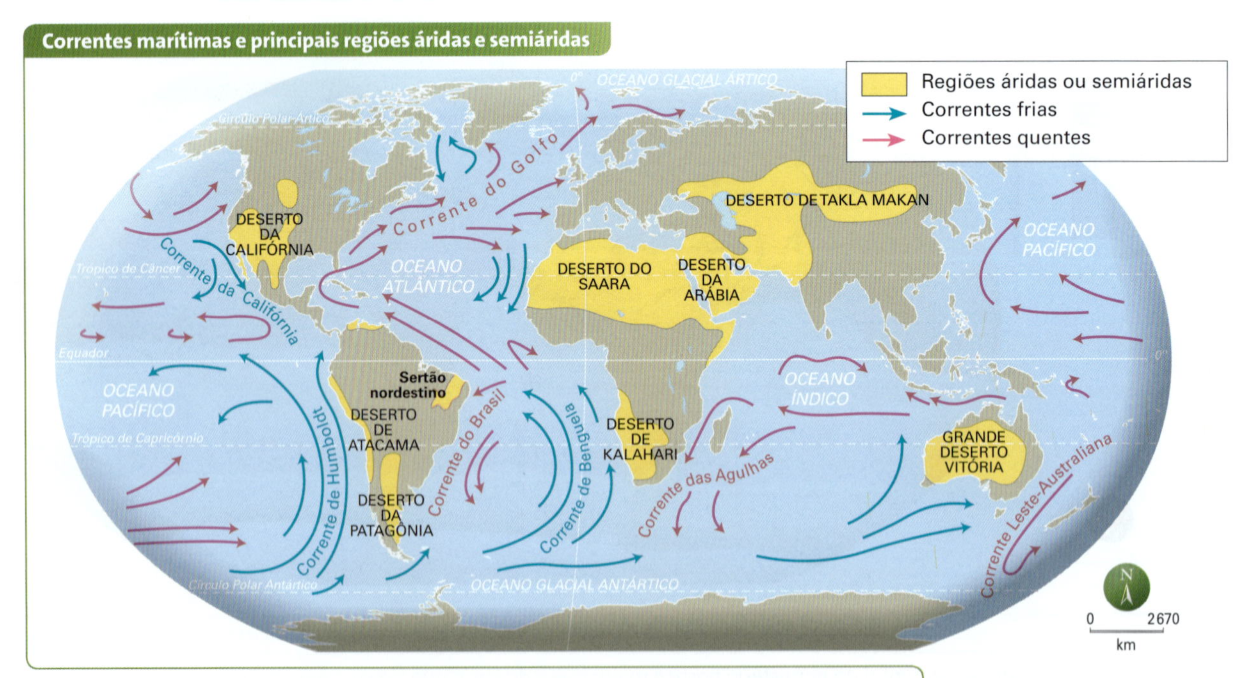

Observe que a localização das áreas áridas e semiáridas está condicionada principalmente pela presença de alguma corrente fria. É comum essas correntes provocarem nevoeiros e chuvas no oceano, fazendo com que as massas cheguem ao continente sem umidade.

Adaptado de: ROSS, Jurandyr L. S. (Org.). *Geografia do Brasil*. 6. ed. São Paulo: Edusp, 2011. p. 96. (Didática 3).

A corrente do Golfo, por ser quente, impede o congelamento do mar do Norte e ameniza os rigores climáticos do inverno em toda a faixa ocidental da Europa. A corrente de Humboldt, no hemisfério sul, e a da Califórnia, no hemisfério norte, ambas frias, causam queda da temperatura nas áreas litorâneas, respectivamente, do norte do Chile e do sudoeste dos Estados Unidos. Isso provoca condensação do ar e chuvas no oceano, fazendo as massas de ar perderem umidade. Ao atingirem o continente, as massas de ar estão secas e originam, assim, desertos, como o de Atacama (Chile) e o da Califórnia (Estados Unidos). Veja na ilustração desta página os efeitos da corrente de Humboldt.

Já as correntes quentes do Brasil (no leste da América do Sul), das Agulhas (no sudeste da África) e a Leste-Australiana (passa pela costa leste da Austrália e da Nova Zelândia) estão associadas a massas de ar quente e úmido, que aumentam a pluviosidade e provocam fortes chuvas de verão no litoral, fato que se acentua quando há presença de serras no continente, que retêm a umidade vinda do mar.

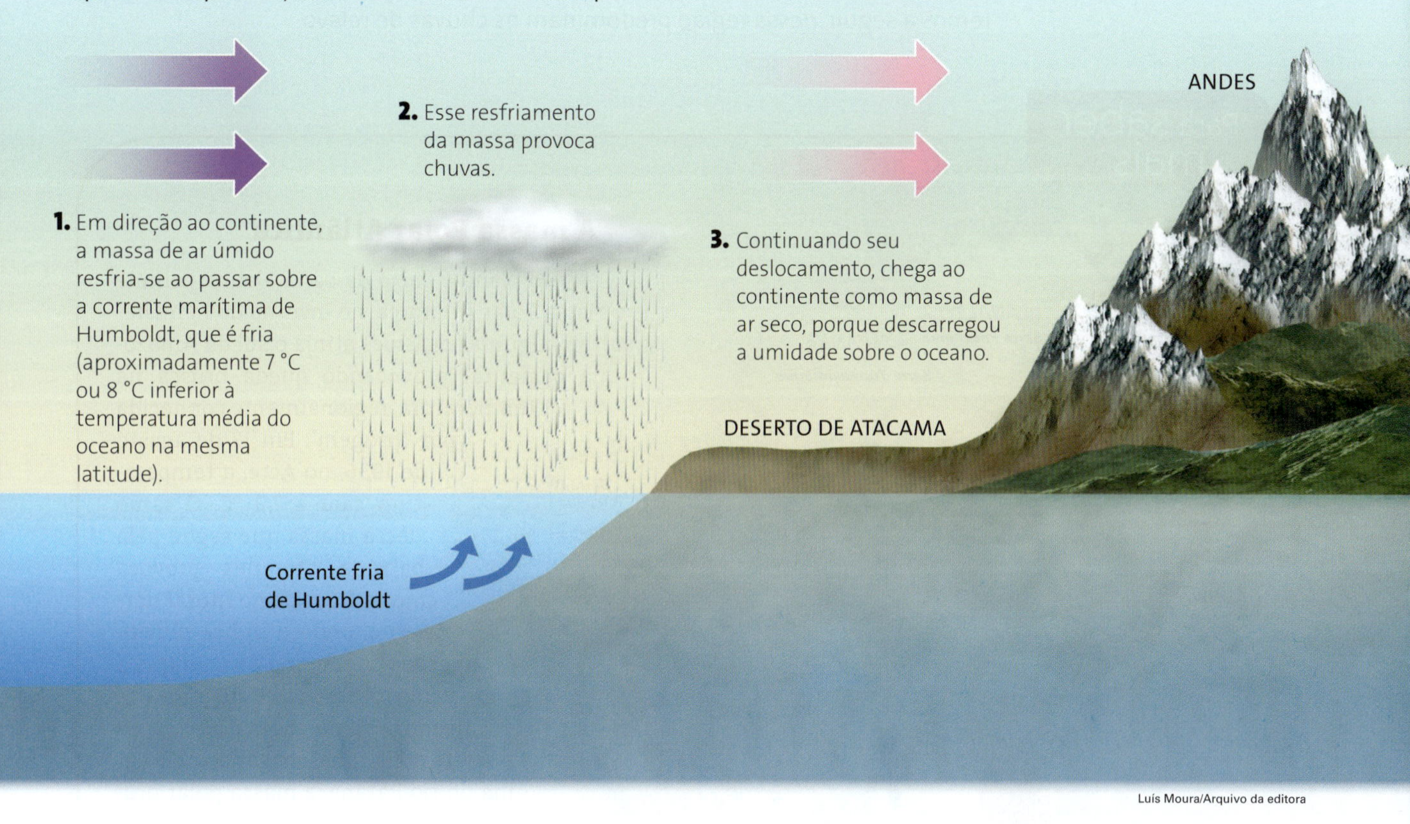

Luís Moura/Arquivo da editora

Vegetação

Os diferentes tipos de cobertura vegetal apresentam grande variação de densidade, o que influencia diretamente a absorção e irradiação de calor, além da umidade do ar. Numa região florestada, as árvores impedem que os raios solares incidam diretamente sobre o solo, diminuindo a absorção de calor e a temperatura. As plantas, por sua vez, retiram umidade do solo pelas raízes e a transferem para a atmosfera através das folhas (transpiração), aumentando a umidade do ar. Isso ajuda a transferir parte da energia solar ao processo de evaporação, diminuindo a quantidade de energia que aquece a superfície e, consequentemente, o ar. Quando ocorre um desmatamento de grandes proporções, há acentuada diminuição da umidade e elevação significativa das temperaturas médias por causa do aumento da absorção e irradiação de calor pelo solo exposto.

Relevo

Além de estar associado à altitude, que é um fator climático, o relevo influi na temperatura e na umidade ao facilitar ou dificultar a circulação das massas de ar. Na Europa, por exemplo, as planícies existentes no centro do continente facilitam a penetração das massas de ar oceânicas (ventos do oeste), provocando chuvas e reduzindo a amplitude térmica anual. Nos Estados Unidos, as cadeias montanhosas do oeste (serra Nevada, cadeias da Costa) impedem a passagem das massas de ar vindas do oceano Pacífico, o que explica as chuvas que ocorrem na vertente voltada para o mar e a aridez no lado oposto. No Brasil, a disposição longitudinal das serras no centro-sul do país forma um "corredor" que facilita a circulação da Massa Polar Atlântica e dificulta a circulação da Massa Tropical Atlântica, vinda do oceano. Não por acaso a vertente da serra do Mar voltada para o Atlântico, em São Paulo, apresenta um dos mais elevados índices pluviométricos do Brasil. Como veremos a seguir, nessa região predominam as chuvas de relevo.

Para saber mais

A massa Polar Atlântica

O relevo plano e baixo da bacia Platina permite que a Massa Polar Atlântica, no inverno do hemisfério sul, em algumas ocasiões atinja o sul da Amazônia ocidental provocando queda brusca na temperatura, regionalmente conhecida por "friagem". Em 12 de agosto de 1936, no Acre, a temperatura caiu a 7,9 °C. O ramo dessa massa que segue pela baixada litorânea provoca chuvas frontais no litoral nordestino, onde o índice pluviométrico de inverno é maior que o de verão (observe o climograma de Salvador, BA, na página 169). Já no norte do Paraná, chegando pela calha do rio Paraná, a massa polar provoca geadas.

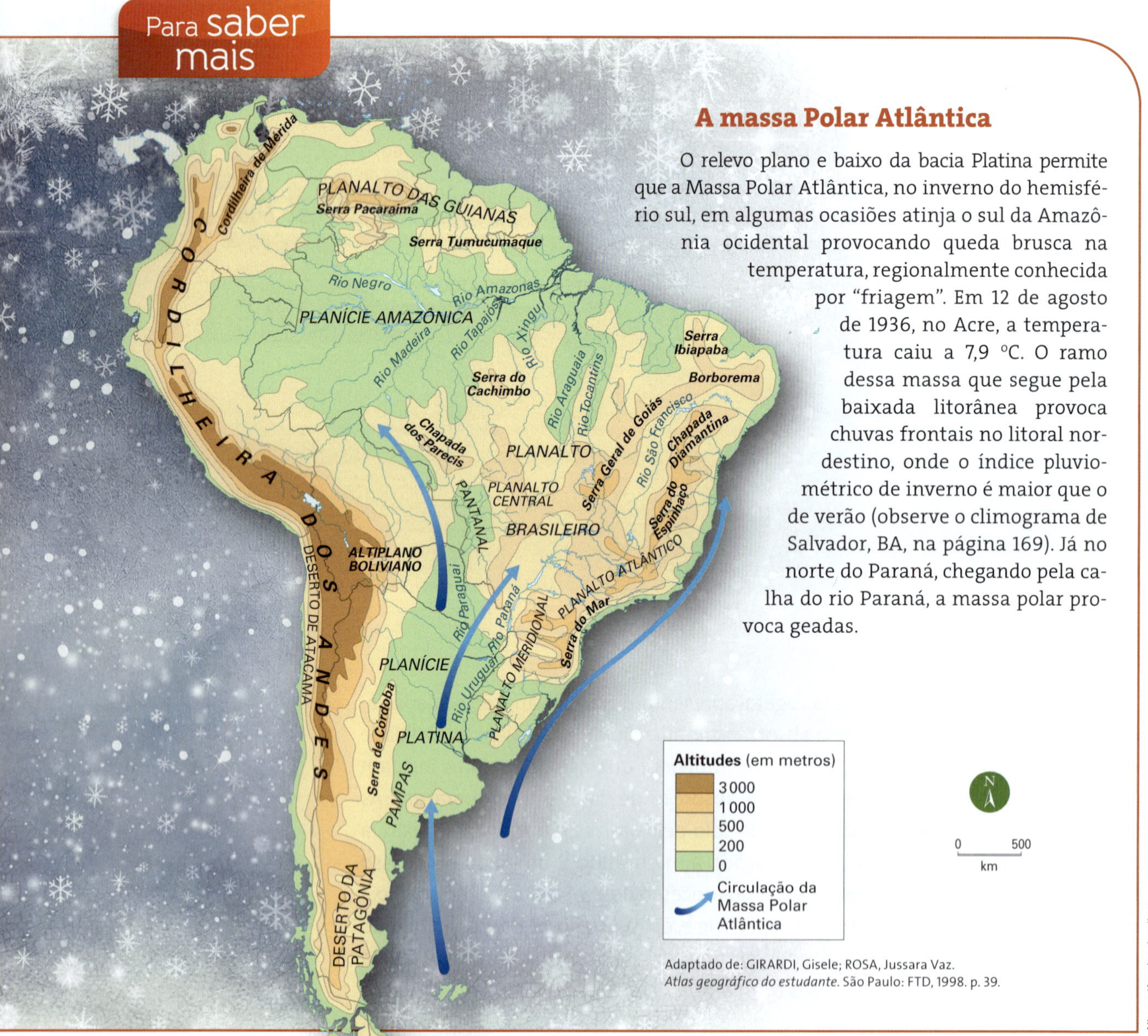

Adaptado de: GIRARDI, Gisele; ROSA, Jussara Vaz. *Atlas geográfico do estudante*. São Paulo: FTD, 1998. p. 39.

Allmaps/Arquivo da editora

3 Atributos ou elementos do clima

Os três atributos climáticos mais importantes são a temperatura, a umidade e a pressão atmosférica.

Temperatura

A temperatura é a intensidade de calor existente na atmosfera. Como vimos na explicação sobre o fator altitude, o Sol não aquece o ar diretamente. Se não incidirem sobre uma partícula em suspensão (como poeira e vapor de água), os raios solares atravessam a camada da atmosfera sem aquecê-la e atingem a superfície do planeta. Só depois de aquecidas, as terras, as águas e os demais elementos presentes na superfície – prédios, calçadas, áreas agrícolas, etc. – irradiam o calor para a atmosfera.

Umidade

A umidade é a quantidade de vapor de água presente na atmosfera num determinado momento, resultado do processo de evaporação das águas da superfície terrestre e da transpiração das plantas.

É comum ouvirmos um apresentador de telejornal ou um locutor de rádio dizer que a umidade relativa do ar é, por exemplo, de 70%. Passadas algumas horas, ele diz que a umidade relativa subiu para 90%. O que significa isso?

A umidade relativa, expressa em porcentagem, é uma relação entre a quantidade de vapor existente na atmosfera num dado momento (**umidade absoluta**, expressa em g/m^3) e a quantidade de vapor de água que essa atmosfera comporta. Quando este limite é atingido, a atmosfera atinge seu **ponto de saturação** e ocorre a chuva.

Se ao longo do dia a umidade relativa estiver aumentando, chegando próximo a 100%, há grande possibilidade de ocorrer precipitação, pois a atmosfera está atingindo seu ponto de saturação. Para chover, o vapor de água tem de se condensar, passando do estado gasoso para o líquido, o que acontece com a queda de temperatura. Em contrapartida, se a umidade relativa for constante ou estiver diminuindo, dificilmente choverá.

A baixa umidade do ar contribui para a concentração de poluentes, piorando a qualidade do ar. A Organização Mundial da Saúde (OMS) considera como ideal a umidade do ar acima de 60%. É considerado estado de atenção quando a umidade cai abaixo dos 30%, e estado de alerta quando atinge entre 19% e 12%. Abaixo disso, trata-se de estado de emergência.

Temperatura e umidade relativa do ar

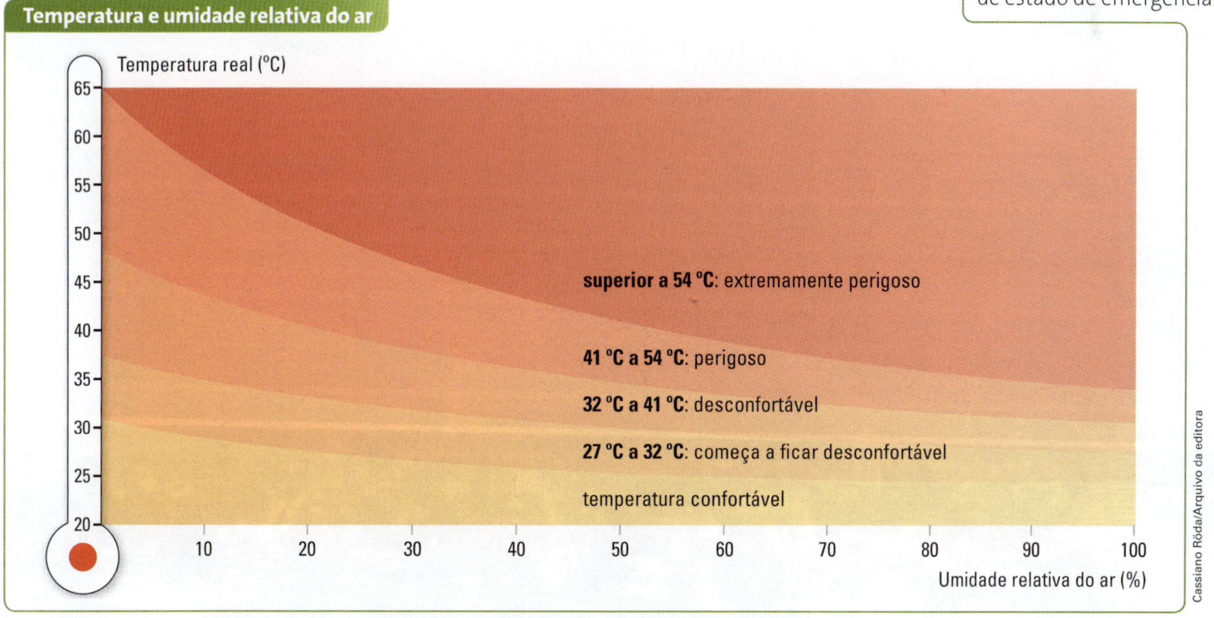

Adaptado de: BURROUGHS, William J. *The Climate Revealed*. New York: Cambridge University Press, 1999. p. 137.

É importante destacar que a capacidade de retenção de vapor de água na atmosfera também está associada à temperatura. Quando a temperatura está elevada, os gases estão dilatados e aumenta sua capacidade de retenção de vapor; ao contrário, com temperaturas baixas, os gases ficam mais adensados e é necessária uma menor quantidade de vapor para atingir o ponto de saturação.

Como você observou no gráfico da página anterior, as condições de umidade relativa do ar são importantes para a saúde e determinam a sensação de conforto ou desconforto térmico. Nos dias quentes e úmidos, nosso organismo transpira mais, enquanto nos dias secos se agravam os problemas respiratórios e de irritação de pele. Quando a umidade relativa do ar está muito baixa, o desconforto obriga as pessoas a colocar toalhas molhadas e bacias com água em seus quartos, durante a noite, para que o ar fique menos seco.

A precipitação pode ocorrer de várias formas, dependendo das condições atmosféricas, conforme veremos na página 161. Além da chuva, existem outros tipos de precipitação, como a neve e o granizo.

A neve é característica de zonas temperadas e frias, quando a temperatura do ar está abaixo de zero. Quando isso ocorre, o vapor de água contido na atmosfera se congela e os flocos de gelo, formados por cristais, precipitam-se.

Já o granizo é constituído por pedrinhas formadas pelo congelamento das gotas de água contidas em nuvens que atingem elevada altitude, chamadas cúmulos-nimbos, que também estão associadas aos temporais com a ocorrência de raios. Esse congelamento acontece quando uma nuvem carregada de gotículas de água encontra uma camada de ar muito fria.

Observe no mapa da página seguinte a enorme variação nos índices de precipitação em nosso planeta.

Os cúmulos-nimbos (do latim, *cumulus-nimbus*, 'nuvem carregada de chuva') atingem uma altitude aproximada de 10 mil metros, em que a temperatura do ar chega a ser muito baixa, em torno de 50 °C negativos. Na foto, cúmulo-nimbo e chuva com descarga de raios em Londrina (PR), em 2013.

Ernesto Reghran/Pulsar Imagens

Precipitação

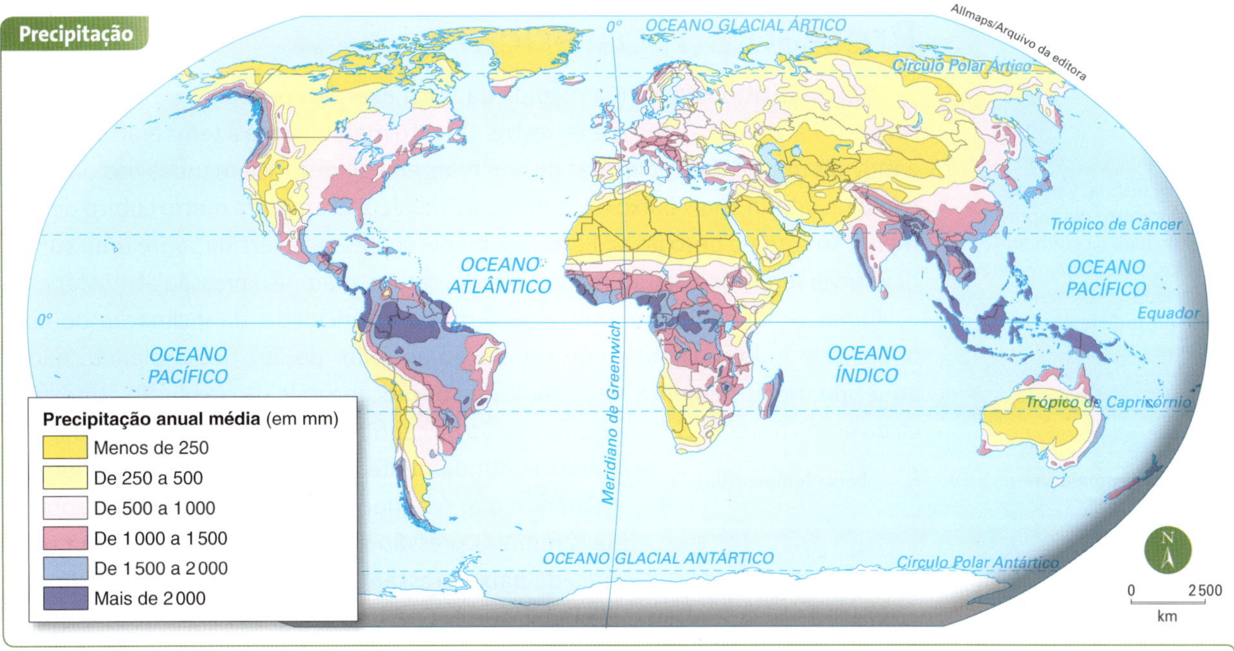

Adaptado de: ALLEN, J. L. *Student Atlas of World Geography*. 7th. ed. [s. l.]: McGraw-Hill/Duskin, 2012. p. 6.

Observe que, de maneira geral, as maiores médias de precipitação ocorrem nas regiões mais quentes do planeta, na Zona intertropical.

Para saber mais

Os tipos de chuva

Tipos de precipitação e de chuvas

Os três principais tipos de chuva que ocorrem no Brasil são:

- **Chuva frontal**: nas frentes, que são zona de contato entre duas massas de ar de características diferentes, uma quente e outra fria, ocorre a condensação do vapor e a precipitação da água na forma de chuva. A área de abrangência (em km^2) e o volume de água precipitada estão relacionados com a intensidade das massas, variável no decorrer do ano.
- **Chuva de relevo ou orográfica** (oro = 'montanha'): barreiras de relevo levam as massas de ar a atingir elevadas altitudes, o que causa queda de temperatura e condensação do vapor. Esse tipo de chuva costuma ser localizada, intermitente e fina, e é muito comum nas regiões Sudeste, Nordeste e Sul do Brasil, onde as serras e chapadas dificultam o deslocamento das massas úmidas de ar provenientes do oceano Atlântico para o interior do continente (serra do Mar, no Sudeste; chapadas da Borborema, Ibiapaba e Apodi, no Nordeste; e serra Geral, no Sul).
- **Chuva de convecção ou de verão**: em dias quentes, o ar próximo à superfície fica menos denso e sobe para as camadas superiores da atmosfera, carregando umidade. Ao atingir altitudes maiores, a temperatura diminui e o vapor se condensa em gotículas que permanecem em suspensão. O ar fica mais denso e desce frio e seco para a superfície, iniciando novamente o ciclo convectivo. Ao fim da tarde, a nuvem resultante está enorme, provocando chuvas torrenciais rápidas e localizadas. Após a precipitação, o céu costuma ficar claro novamente. São as principais responsáveis por alagamentos.

chuva frontal

O ar se resfria e chove

Ponto de orvalho

O ar quente sobe por causa do encontro das massas de ar.

Frente fria

Massa de ar quente

chuva orográfica

Ponto de orvalho

O ar se resfria e há condensação do vapor.

O ar quente sobe por causa do relevo.

chuva de convecção

Ponto de orvalho

O aquecimento da superfície promove o aquecimento do ar, que sobe, se resfria e desce, provocando a convecção do ar.

Luis Moura/Arquivo da editora

Adaptado de: BURROUGHS, William J. *The Climate Revealed*. New York: Cambridge University Press, 1999. p. 20.

Pressão atmosférica

A pressão atmosférica é a medida da força exercida pelo peso da coluna de ar contra uma área da superfície terrestre. Quanto mais elevada a temperatura, maior a movimentação das moléculas de ar e mais elas se distanciam umas das outras – como resultado, mais baixo é o número de moléculas em cada metro cúbico de ar e menor se torna o peso do ar. Portanto, menor a pressão exercida sobre uma superfície. Inversamente, quanto menor a temperatura, maior é a pressão atmosférica.

Brisa marítima: vento local que durante o dia sopra do oceano para o continente e, à noite, do continente para o oceano, em razão das diferenças de retenção de calor dessas duas superfícies.

Como vimos anteriormente, por causa da esfericidade, da inclinação do eixo imaginário e do movimento de translação ao redor do Sol, nosso planeta não é aquecido uniformemente. Isso condiciona os mecanismos da circulação atmosférica do globo terrestre, levando à formação de centros de baixa e de alta pressão, que se alteram continuamente. Observe a ilustração ao lado.

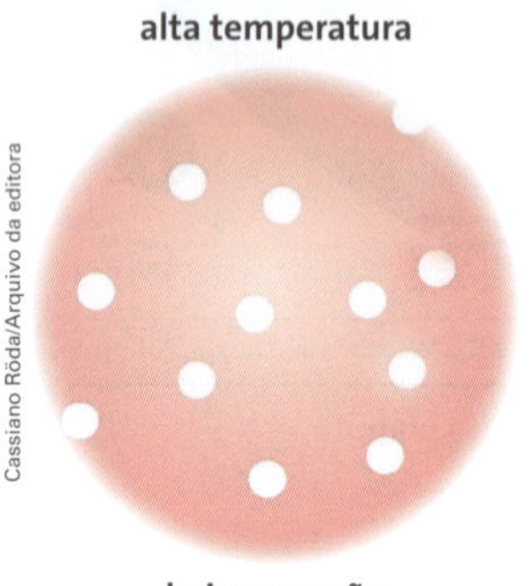

Cassiano Röda/Arquivo da editora

Quando o ar é aquecido, fica menos denso e sobe, o que diminui a pressão sobre a superfície e forma uma área de **baixa pressão atmosférica**, também chamada **ciclonal**, que é receptora de ventos. Ao contrário, quando o ar é resfriado, fica mais denso e desce formando uma zona de **alta pressão**, ou **anticiclonal**, que é emissora de ventos. Esse movimento pode ocorrer entre áreas que distam apenas alguns quilômetros, como a **brisa marítima**, ou em escala regional, como a Massa Equatorial Continental, que atua sobre a Amazônia.

Já em escala planetária temos os ventos alísios, que atuam ininterruptamente, se deslocando das regiões subtropicais e tropicais (alta pressão) para a região equatorial (baixa pressão), e são desviados para oeste pelo movimento de rotação da Terra. Com esse desvio, formam-se os ventos alísios de sudeste no hemisfério sul e os ventos alísios de nordeste no hemisfério norte. Observe a ilustração e o mapa a seguir.

Esquema da circulação atmosférica na Zona intertropical

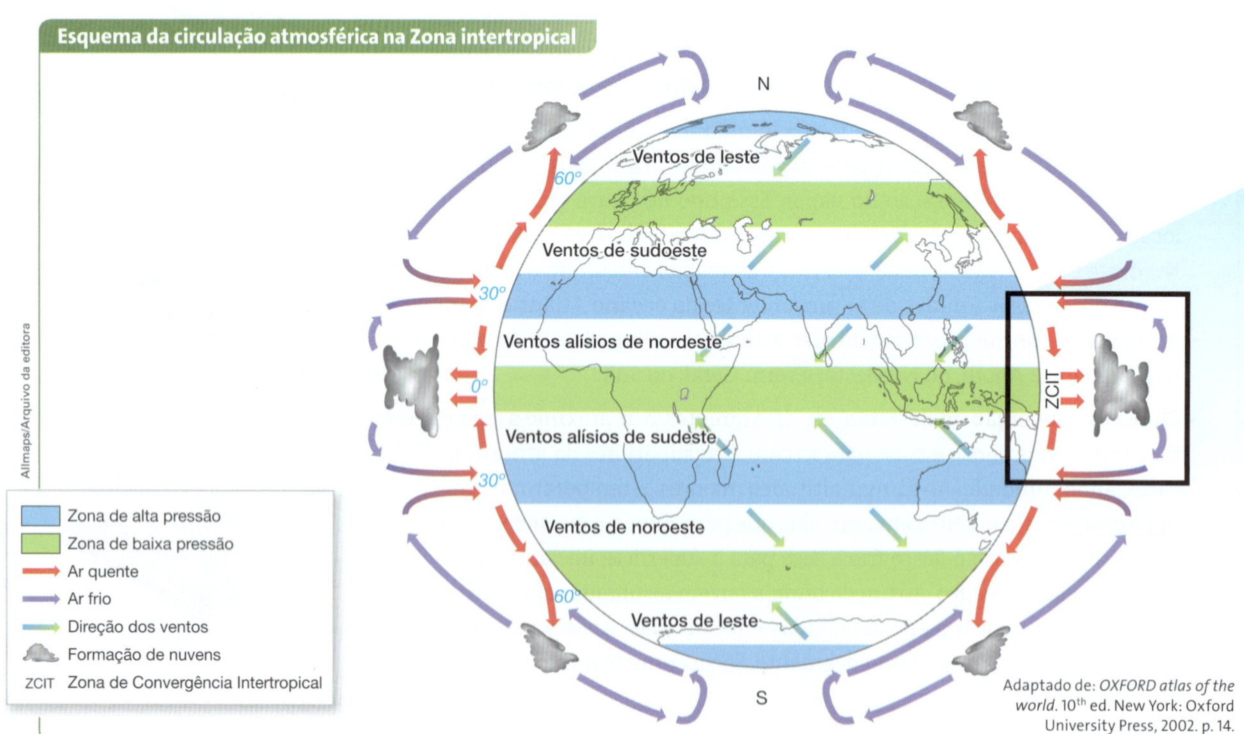

Allmaps/Arquivo da editora

Adaptado de: *OXFORD atlas of the world*. 10th ed. New York: Oxford University Press, 2002. p. 14.

Quando ocorre o deslocamento provocado pela expansão de massas de ar quente e, consequentemente, a formação de frentes quentes, temos uma situação na qual o ar se desloca das áreas de maior temperatura para as de menor.

Pressão atmosférica e ventos em janeiro

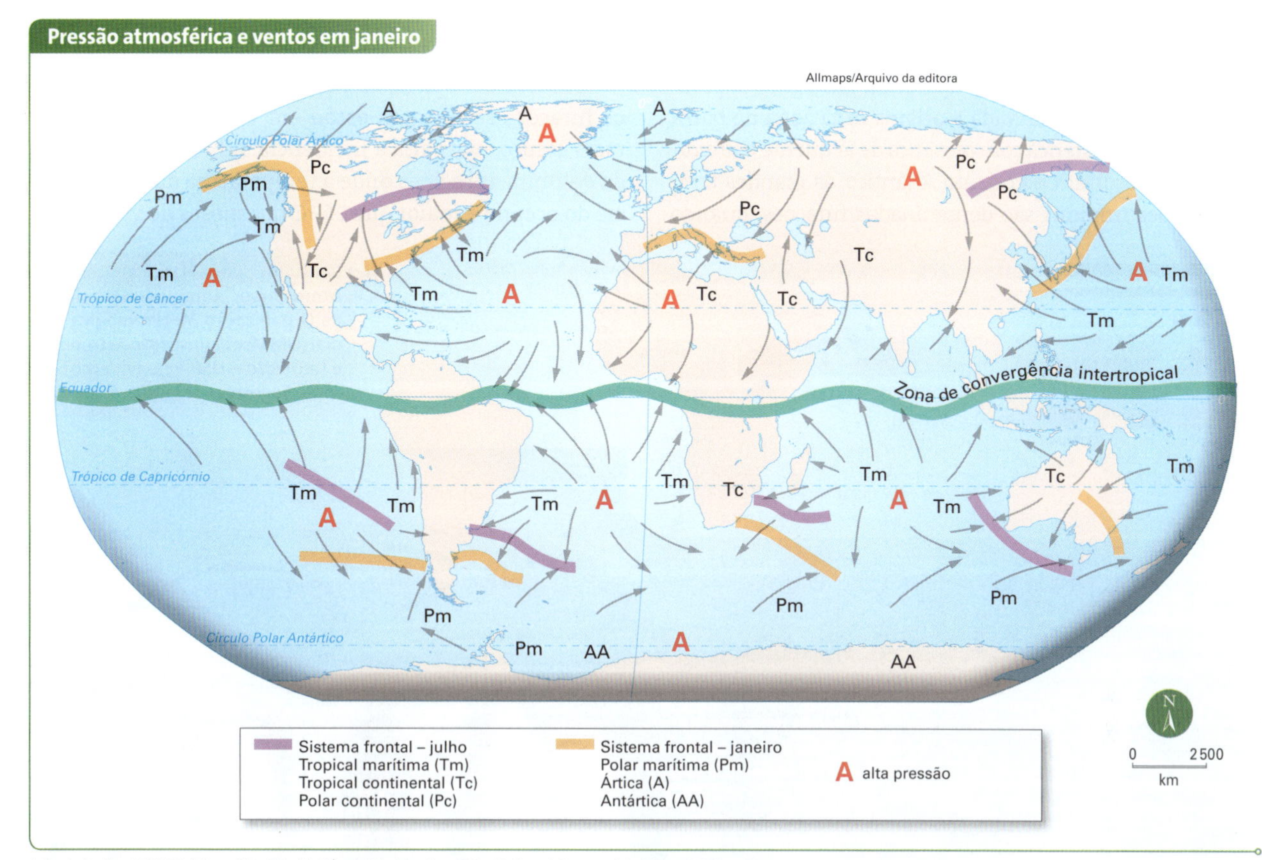

Adaptado de: *COLLEGE Atlas of the World*. 2nd. ed. Washington, D.C.: National Geographic/Wiley, 2010. p. 32.

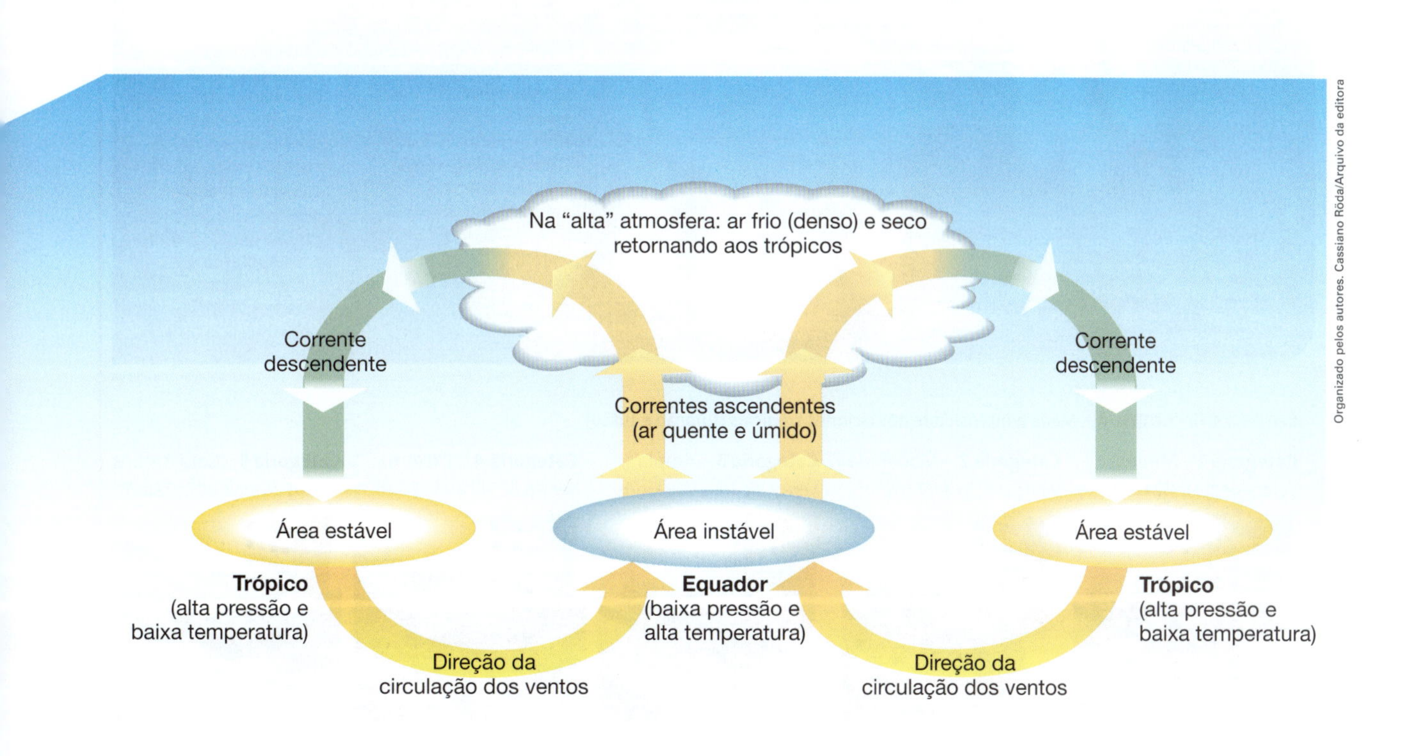

Para saber mais

Como se formam os furacões?

Os furacões se formam em regiões tropicais nos meses de verão, quando a temperatura das águas superficiais do mar está elevada e origina uma zona de baixa pressão atmosférica com presença de ar quente e úmido. Quando ocorrem no oceano Atlântico, as grandes tempestades tropicais são denominadas furacões; quando se formam no oceano Pacífico, são denominadas tufões.

Observe o mapa desta página. Nele, as áreas onde os furacões se formam estão em vermelho. Quanto mais escuro, mais alta a incidência. A linha pontilhada delimita as regiões onde a temperatura da superfície do oceano é maior que 26 °C nos meses de verão.

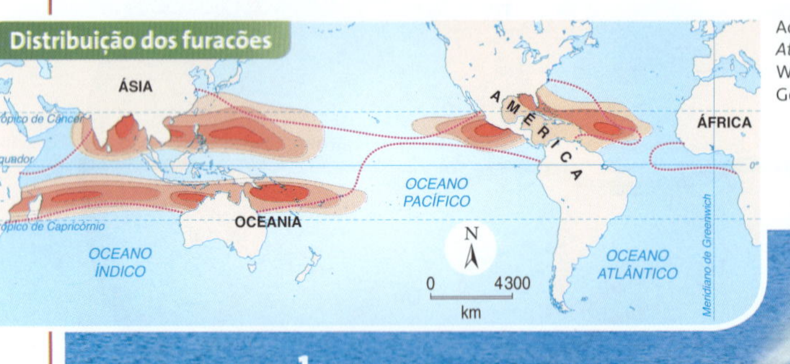

Allmaps/Arquivo da editora

Adaptado de: COLLEGE *Atlas of the World*. 2nd. ed. Washington, D.C.: National Geographic/Wiley, 2010. p. 32.

Consulte o *site* da **National Oceanic and Atmospheric Administration (NOAA)**, da **Organização Meteorológica Mundial (OMM)** e do **Instituto Astronômico e Geofísico – USP**. Veja orientações na seção **Sugestões de leitura, filme e *sites*.**

Luiz Iria/Arquivo da editora

Escala Saffir-Simpson – Mede a intensidade dos ciclones tropicais (furacão e tufão)

Categoria 1 – Mínima
Ventos de 119 a 152 km/h

Categoria 2 – Moderada
Ventos de 153 a 177 km/h

Categoria 3 – Ampla
Ventos de 178 a 209 km/h

Categoria 4 – Extrema
Ventos de 210 a 249 km/h

Categoria 5 – Catastrófica
Ventos de mais de 249 km/h

Luís Moura/Arquivo da editora

Adaptado de: SIMIELLI, Maria Elena. *Geoatlas*. São Paulo: Ática, 2013. p. 28.

Pensando no Enem

1. Os seres humanos podem tolerar apenas certos intervalos de temperatura (T) e umidade relativa (UR), e, nessas condições, outras variáveis, como os efeitos do sol e do vento, são necessárias para produzir condições confortáveis, nas quais as pessoas podem viver e trabalhar. O gráfico mostra esses intervalos e a tabela, temperaturas e umidades relativas do ar de duas cidades, registradas em três meses do ano.

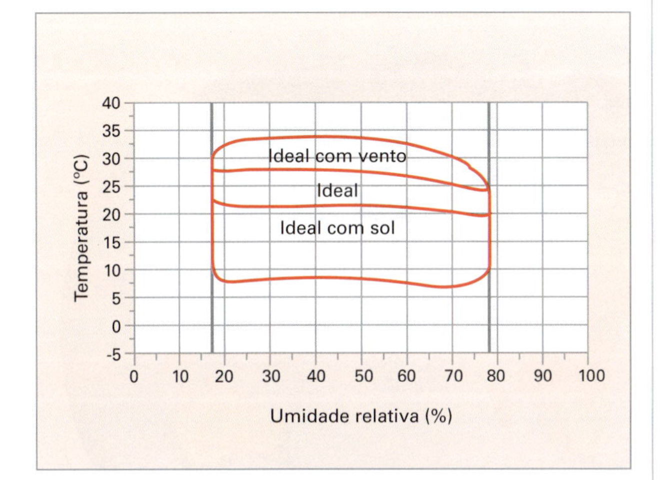

	Março		Maio		Outubro	
	T (°C)	UR (%)	T (°C)	UR (%)	T (°C)	UR (%)
Campo Grande	25	82	20	60	25	58
Curitiba	27	72	19	80	18	75

Adaptado de: *THE RANDOM house encyclopedias*. New rev. 3. ed. 1990.

Com base nessas informações, pode-se afirmar que condições ideais são observadas em:

a) Curitiba com vento em março, e Campo Grande, em outubro.
b) Campo Grande com vento em março, e Curitiba com sol em maio.
c) Curitiba, em outubro, e Campo Grande com sol em março.
d) Campo Grande com vento em março, Curitiba com sol em outubro.
e) Curitiba, em maio, e Campo Grande, em outubro.

2. A chuva é determinada, em grande parte, pela topografia e pelo padrão dos grandes movimentos atmosféricos ou meteorológicos. O gráfico mostra a precipitação anual média (linhas verticais) em relação à altitude (curvas) em uma região em estudo.

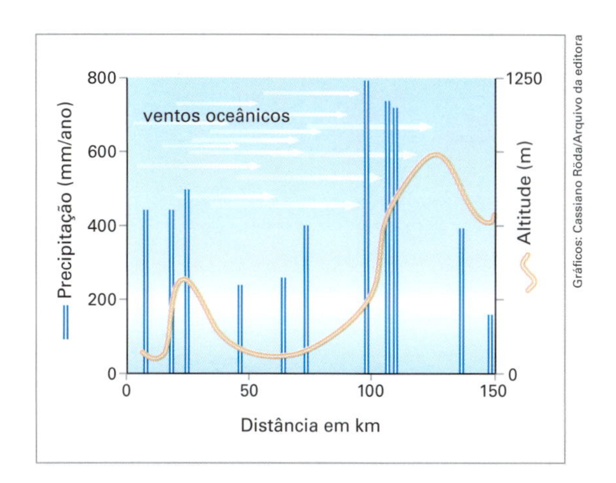

De uma análise ambiental desta região, concluiu-se que:

I. Ventos oceânicos carregados de umidade depositam a maior parte desta umidade, sob a forma de chuva, nas encostas da serra voltadas para o oceano.
II. Como resultado da maior precipitação nas encostas da serra, surge uma região de possível desertificação do outro lado dessa serra.
III. Os animais e as plantas encontram melhores condições de vida, sem períodos prolongados de seca, nas áreas distantes 25 km e 100 km, aproximadamente, do oceano.

É correto o que se afirma em:

a) I, apenas.
b) I e II, apenas.
c) I e III, apenas.
d) II e III, apenas.
e) I, II e III.

Resolução

A resolução destes exercícios exige o cruzamento dos dados apresentados na tabela e nos gráficos. Na primeira questão, as condições ideais se situam num intervalo de aproximadamente 20% a 80% de umidade relativa, associada a uma temperatura entre 20 °C e 27 °C, que varia em função das condições de sol e vento. Na segunda questão, as três alternativas descrevem situações mostradas no gráfico.

Portanto, a alternativa correta do exercício 1 é a **A**, e a do exercício 2 é a **E**.

Considerando a Matriz de Referência do Enem, estas questões trabalham a **Competência de área 6 – Compreender a sociedade e a natureza, reconhecendo suas interações no espaço em diferentes contextos históricos e geográficos**, sobretudo a habilidade **H29 – Reconhecer a função dos recursos naturais na produção do espaço geográfico, relacionando-os com as mudanças provocadas pelas ações humanas.**

4 Tipos de clima

As diferentes combinações dos fatores climáticos dão origem a vários tipos de clima. O planisfério a seguir apresenta uma classificação por grandes regiões do planeta; portanto, não fornece informações sobre as diferenças encontradas no interior de cada região, como as decorrentes das variações locais de altitude e de outras características de relevo, e dos graus diferenciados de urbanização. Dois dos elementos do clima (temperatura e umidade) estão expressos nos climogramas das cidades destacadas no mapa.

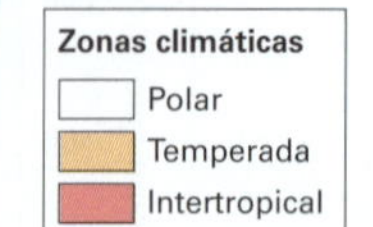

Climas

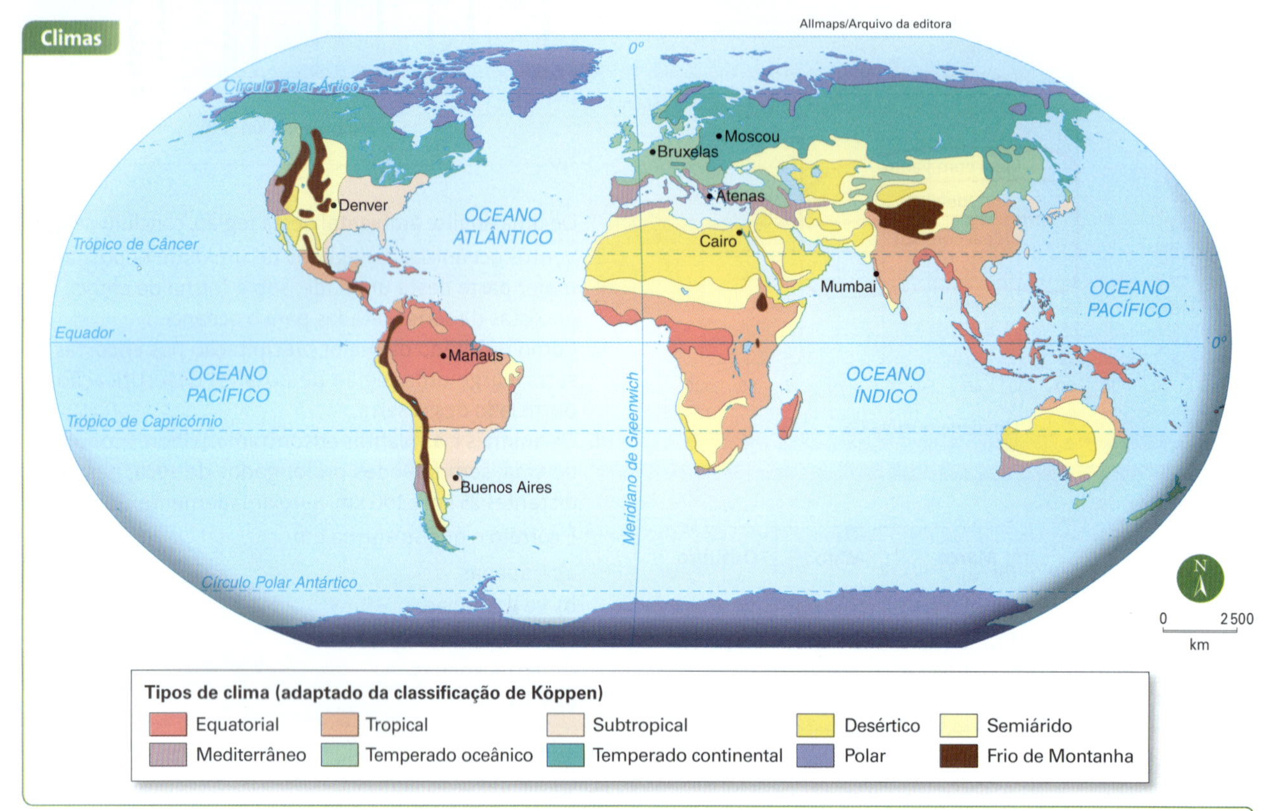

Adaptado de: IBGE. *Atlas geográfico escolar*. 6. ed. Rio de Janeiro, 2012. p. 58.

Esse mapa foi adaptado da classificação de Köppen, na qual são consideradas as médias de temperaturas e chuvas em um intervalo de pelo menos 30 anos.

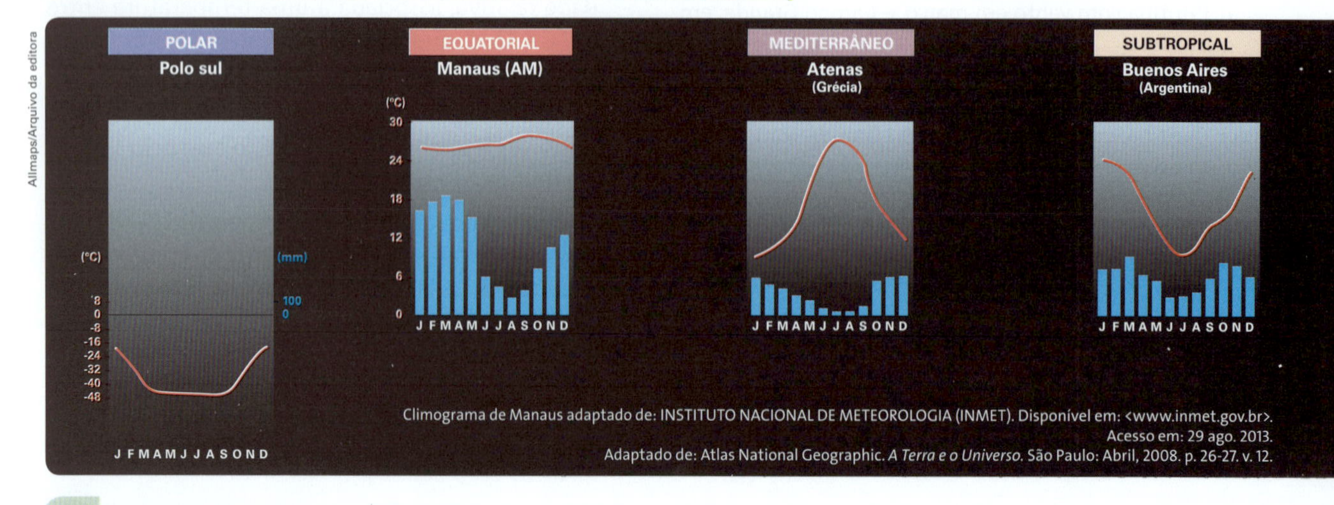

Climograma de Manaus adaptado de: INSTITUTO NACIONAL DE METEOROLOGIA (INMET). Disponível em: <www.inmet.gov.br>. Acesso em: 29 ago. 2013.
Adaptado de: Atlas National Geographic. *A Terra e o Universo*. São Paulo: Abril, 2008. p. 26-27. v. 12.

Polar (ou **glacial**): ocorre em regiões de latitudes elevadas, próximas aos círculos polares Ártico e Antártico, onde, por causa da inclinação do eixo terrestre, há grande variação na duração do dia e da noite e, consequentemente, na quantidade de radiação absorvida ao longo do ano. Aí também os raios solares sempre incidem de forma oblíqua. São climas que se caracterizam por baixas temperaturas o ano inteiro, atingindo no máximo 10 °C nos meses de verão, em regiões em que a camada de neve e gelo que recobre o solo derrete e o dia é muito mais longo que a noite (observe o climograma do polo sul, na página anterior).

Temperado: é apenas nas zonas climáticas temperadas e frias desta classificação que encontramos uma definição clara das quatro estações do ano: primavera, verão, outono e inverno. Há uma nítida distinção entre as localidades que sofrem influência da maritimidade ou da continentalidade. No **clima temperado oceânico** a amplitude térmica é menor e a pluviosidade, maior (como exemplo, reveja o climograma de Bruxelas na página 156). No **clima temperado continental** as variações de temperatura diária e anual são bastante acentuadas e os índices pluviométricos são menores (reveja o climograma de Moscou na página 156).

Mediterrâneo: regiões que apresentam esse clima têm verões quentes e secos, invernos amenos e chuvosos. Observe sua distribuição nas médias latitudes, em todos os continentes (veja o climograma de Atenas, na página anterior).

Tropical: as áreas de clima tropical apresentam duas estações bem definidas: inverno, geralmente ameno e seco; e verão, geralmente quente e chuvoso (observe o climograma de Mumbai, abaixo).

Equatorial: ocorre na zona climática mais quente do planeta. Caracteriza-se por temperaturas elevadas (médias mensais em torno de 25 °C), com pequena amplitude térmica anual, já que as variações de duração entre o dia e a noite e de inclinação de incidência dos raios solares são mínimas. Quanto ao regime das chuvas, não é possível generalizar como no caso da temperatura. Nas áreas mais chuvosas o índice supera os 3 000 mm/ano e não há ocorrência de estação seca, mas nas regiões menos chuvosas o índice cai para 1500 mm/ano com três meses de estiagem (observe o climograma de Manaus, na página anterior).

Subtropical: característico das regiões localizadas em médias latitudes, como Buenos Aires (observe o climograma na página anterior), nas quais já começam a se delinear as quatro estações do ano. Tem chuvas abundantes e bem distribuídas, verões quentes e invernos frios, com significativa amplitude térmica anual.

Árido (**ou desértico**): por causa da falta de umidade, caracteriza-se por elevada amplitude térmica diária e sazonal. Os índices pluviométricos são inferiores a 250 mm/ano (observe o climograma do Cairo, abaixo).

Semiárido: clima de transição, caracterizado por chuvas escassas e mal distribuídas ao longo do ano. Ocorre tanto em regiões tropicais, onde as temperaturas são elevadas o ano inteiro, quanto em Zonas temperadas, onde os invernos são frios (veja o climograma de Denver, abaixo).

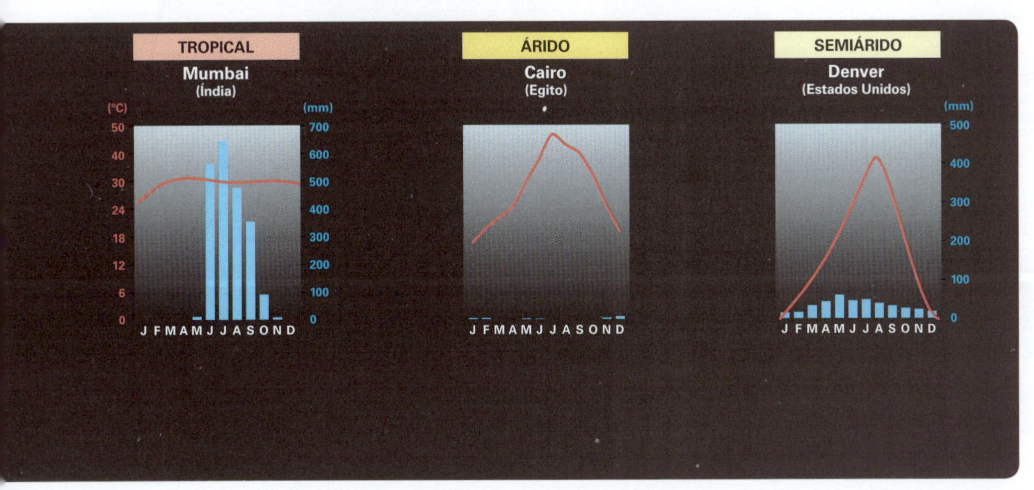

Os climogramas mostram as médias de temperatura e pluviosidade de um lugar específico e representam as características médias de um tipo climático, que na realidade é diverso. Por exemplo, nem toda a área de clima equatorial apresenta um climograma exatamente igual ao de Manaus, mas também não difere muito dele. Por isso, costuma-se fazer essa generalização de características climáticas de um lugar para uma região.

5 Climas no Brasil

Por possuir 92% do território na Zona intertropical do planeta, grande extensão no sentido norte-sul e litoral com forte influência das massas de ar oceânicas, o Brasil apresenta predominância de climas quentes e úmidos. Em apenas 8% do território, ao sul do trópico de Capricórnio, ocorre o clima subtropical, que apresenta maior variação térmica e estações do ano mais bem definidas.

Como podemos observar nos mapas, cinco massas de ar atuam no território brasileiro:

mEa (Massa Equatorial Atlântica): quente e úmida;

mEc (Massa Equatorial Continental): quente e úmida (apesar de continental, é úmida por se originar na Amazônia);

mTa (Massa Tropical Atlântica): quente e úmida;

mTc (Massa Tropical Continental): quente e seca;

mPa (Massa Polar Atlântica): fria e úmida.

Quanto à ação das massas de ar, é possível verificar nos climogramas da página a seguir que:

- em grande parte da Amazônia, como em Belém, o clima é quente e úmido o ano inteiro porque lá atuam somente massas quentes e úmidas (mEc e mEa). O índice de chuvas apresenta grande variação entre os meses do ano, mas a umidade relativa do ar permanece elevada mesmo nos períodos em que chove menos;
- no clima subtropical ocorrem verões quentes e invernos frios para o padrão brasileiro, com chuvas bem distribuídas, porque as massas de ar que lá atuam são quentes no verão (mTa), frias no inverno (mPa) e ambas são úmidas. É o que ocorre em Porto Alegre;
- quando a mTa e mPa se encontram, forma-se uma frente fria e há ocorrência de chuvas.

Note que as massas de ar equatoriais e tropicais têm sua ação atenuada no inverno pelo avanço da Massa Polar Atlântica.

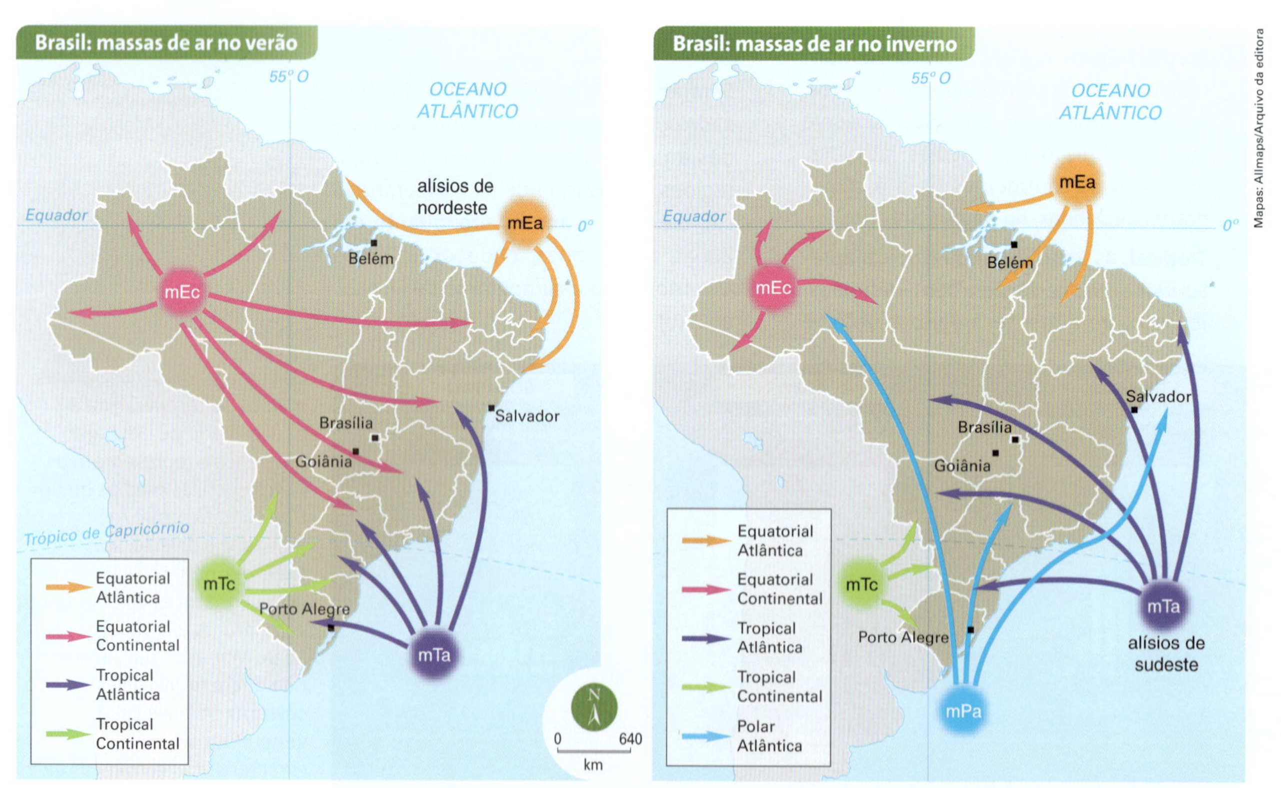

Adaptado de: GIRARDI, Gisele; ROSA, Jussara Vaz. *Atlas geográfico do estudante*. São Paulo: FTD, 2011. p. 25.

Vários especialistas se dedicaram à classificação climática do Brasil, cada qual adotando sua própria metodologia. Observe o exemplo da página seguinte, que considera as principais características de temperatura e umidade para delimitar os tipos climáticos.

Por estar representado em pequena escala e por causa das simplificações, esse mapa apresenta generalizações. Dentro de cada um dos tipos climáticos mapeados há grandes contrastes que não foram cartografados, como na área de clima subtropical, cuja região serrana está agrupada com a litorânea (de temperaturas médias mais elevadas), ou como na área de clima tropical, que agrupa Rio de Janeiro e Brasília, apesar de apresentarem comportamentos muito diferentes de temperatura e chuva ao longo do ano.

Gerson Gerloff/Pulsar Imagens

Neve precipitada em São José dos Ausentes, na serra gaúcha, em 2013.

Observe, a seguir, a classificação climática do Brasil elaborada pelo IBGE. Ela foi organizada com base na medição sistemática da temperatura e nos índices pluviométricos em estações meteorológicas espalhadas pelo país. Por ser mais detalhada, permite a observação das diferenças no comportamento da temperatura e das chuvas nas zonas climáticas, como a tropical e equatorial.

Brasil: climas

Belém
Salvador
Brasília
Goiânia
Porto Alegre

- Equatorial úmido
- Equatorial semiúmido
- Semiárido
- Tropical
- Tropical de altitude
- Subtropical

0 — 440 km

Allmaps/Arquivo da editora

Organizado por José Bueno Conti. In: ROSS, Jurandyr L. S. (Org.). *Geografia do Brasil*. 6. ed. São Paulo: Edusp, 2011. p. 107. (Didática 3).

Consulte o *site* do **Instituto Nacional de Meteorologia (INMET)**, onde você pode montar vários climogramas. Visite também o *site* do **Centro de Previsão do Tempo e Estudos Climáticos do Instituto Nacional de Pesquisas Espaciais (CPTEC – INPE)**. Veja orientações na seção **Sugestões de leitura, filme e *sites***.

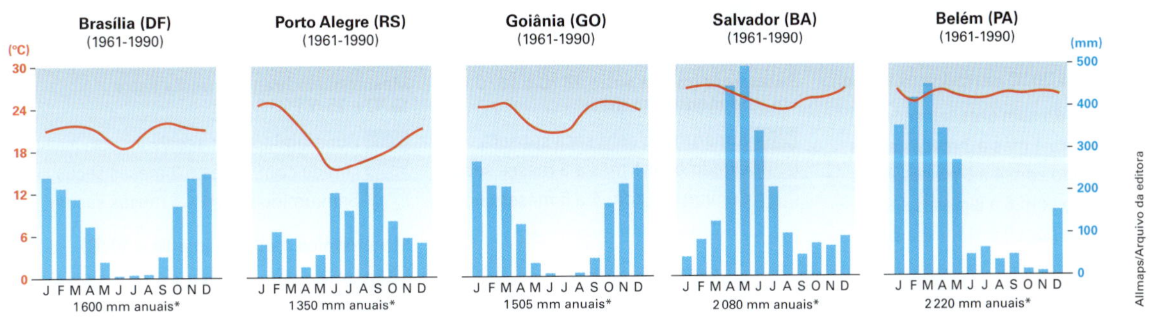

Adaptado de: INSTITUTO NACIONAL DE METEOROLOGIA (INMET). Disponível em: <www.inmet.gov.br>. Acesso em: 13 jan. 2014. *Valores aproximados.

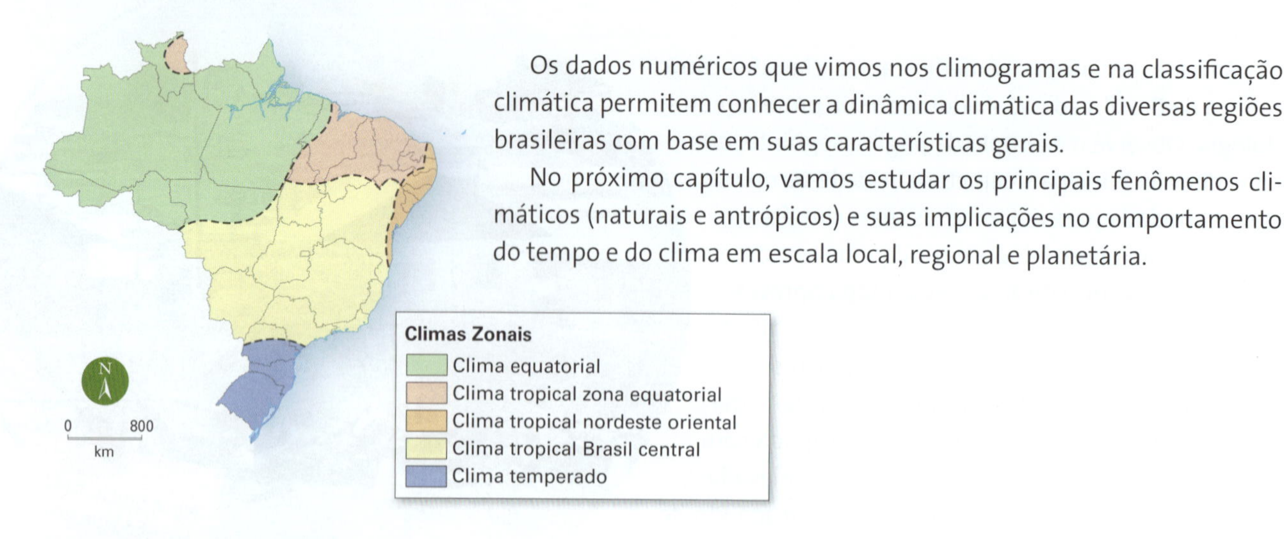

Os dados numéricos que vimos nos climogramas e na classificação climática permitem conhecer a dinâmica climática das diversas regiões brasileiras com base em suas características gerais.

No próximo capítulo, vamos estudar os principais fenômenos climáticos (naturais e antrópicos) e suas implicações no comportamento do tempo e do clima em escala local, regional e planetária.

Mapas: Allmaps/Arquivo da editora

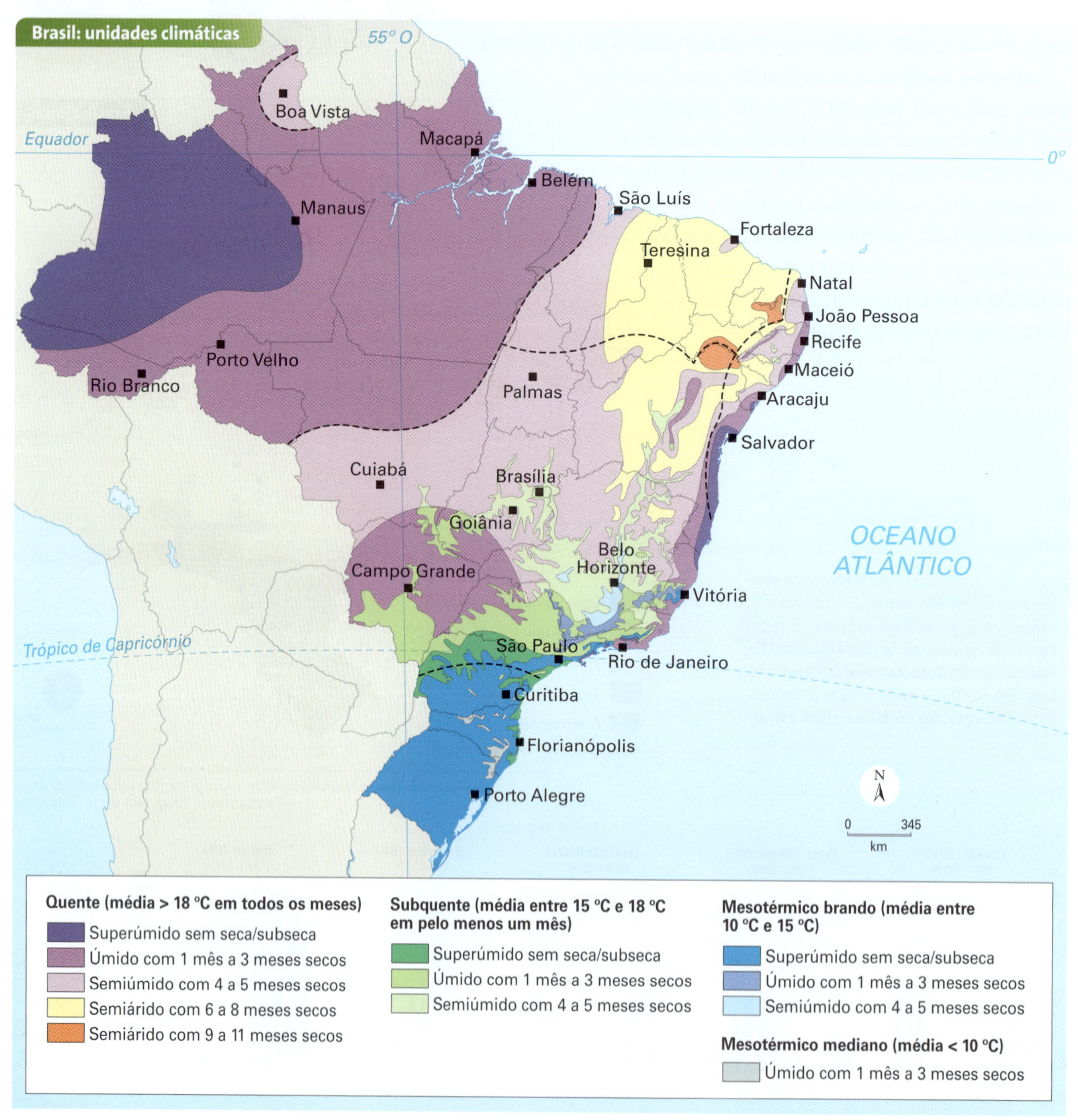

Adaptado de: IBGE. *Atlas geográfico escolar*. 6. ed. Rio de Janeiro, 2012. p. 99.

Atividades

Compreendendo conteúdos

1. Qual é a diferença entre tempo e clima? A cena da tirinha da abertura retrata as condições do tempo ou do clima?

2. Explique a influência da latitude e da altitude no clima.

3. Qual é a influência das massas de ar no clima?

4. Relacione as massas de ar com as características do clima no território brasileiro.

Desenvolvendo habilidades

Observe novamente os climogramas de Porto Alegre e Brasília, na página 169, e responda:

5. A que tipo de clima está associado cada gráfico?

6. Compare o regime de chuvas nas duas localidades e responda:
   a) Quais são os meses mais secos e mais chuvosos em cada gráfico?
   b) Qual é, aproximadamente, o índice anual de chuvas em Porto Alegre? E em Brasília?

7. Escolha dois climogramas presentes neste capítulo. Relacione-os com os mapas das classificações climáticas, compare o comportamento das médias mensais de temperatura nas duas localidades e responda:
   a) Quais são os meses mais quentes e os mais frios?
   b) Qual é a amplitude térmica anual em cada cidade?
   c) Qual é o tipo de clima associado a cada uma delas? Descreva as características da temperatura e da umidade no inverno e no verão de cada um deles.

8. Pesquise em um mapa a localização de Urubici (SC). Considerando o que você aprendeu neste capítulo, que fatores climáticos contribuem para que esse município apresente essa paisagem em dias mais frios?

Urubici, na serra catarinense, em foto de 2010.

Eduardo Marques/Tempo Editorial

Vestibulares de Norte a Sul

1. S (UFSC) A caracterização do clima de uma região depende de elementos como temperatura, umidade e pressão atmosférica. Há também fatores como a distância de uma região para o mar, correntes marítimas, latitude e altitude. Em áreas de baixa altitude, o calor é retido por mais tempo por causa da atmosfera mais densa. Se o ar é rarefeito, como ocorre em áreas de altitude elevada, há menor capacidade para manter o calor que vem do Sol. Em relação à latitude, quanto mais próxima dos polos uma região estiver (latitude maior), mais fria ela será, e, quanto mais próxima da linha do Equador (latitude menor), mais quente ficará a região.

Allmaps/Arquivo da editora

Sobre tipos climáticos brasileiros e seus respectivos regimes termopluviométricos, assinale a(s) proposição(ões) CORRETA(S).

(01) Equatorial: alta amplitude térmica e baixa umidade relativa do ar, o que alimenta o regime hidrográfico regional.

(02) Semiárido: baixa amplitude térmica e regime pluviométrico de longa estação chuvosa, mesmo que com pequena precipitação.

(04) Subtropical: regime pluviométrico regular durante todo o ano; apresenta a mais elevada amplitude térmica dos tipos climáticos brasileiros.

(08) Tropical de Altitude ou Típico: duas estações bem definidas, com verão chuvoso e inverno seco.

(16) Tropical Litorâneo: inverno muito frio e seco, pela ação da mPa, e verão mais úmido, devido à ação da mTa.

2. SE (Fuvest-SP) Observe os mapas.

Brasil: médias climatológicas de precipitação e de velocidade de vento

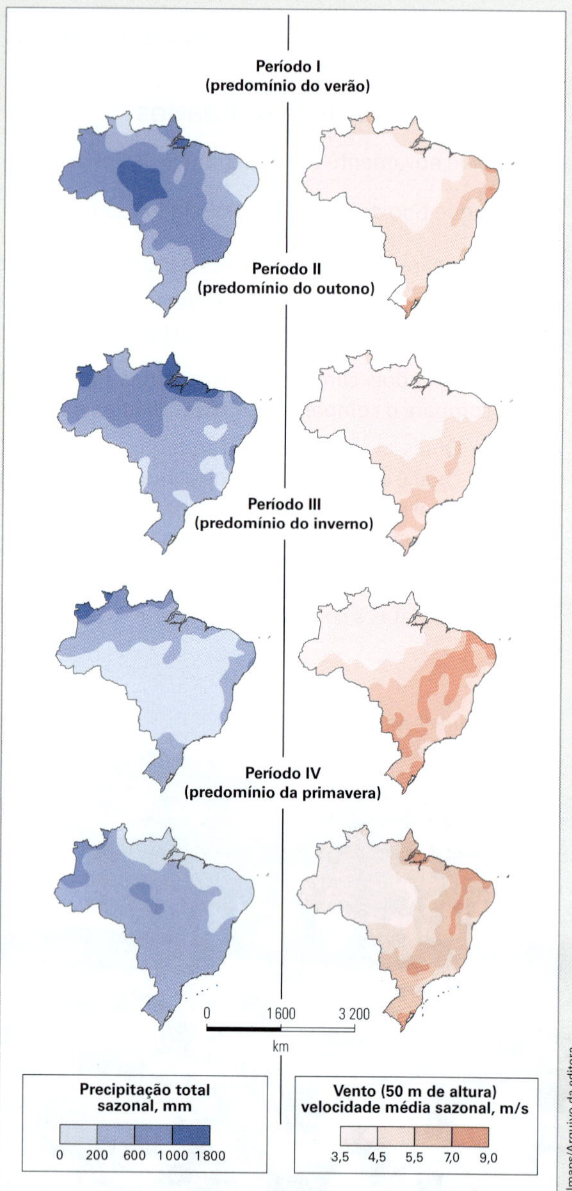

Allmaps/Arquivo da editora

Ministério de Minas e Energia, 2001. Adaptado.

Os períodos do ano que oferecem as melhores condições para a produção de energia hidrelétrica no Sudeste e energia eólica no Nordeste são aqueles em que predominam, nessas regiões, respectivamente,

a) primavera e verão.
b) verão e outono.
c) outono e inverno.
d) verão e inverno.
e) inverno e primavera.

CAPÍTULO

9 Os fenômenos climáticos e a interferência humana

Inacio Teixeira/Pulsar Imagens

Queimada em canavial. Ribeirão Preto (SP), 2012.

Desde sua origem a Terra sempre sofreu mudanças climáticas. Como vimos no capítulo 5, o planeta era uma esfera incandescente que foi se resfriando lentamente e há cerca de 250 milhões de anos os continentes formavam um único bloco, com condições climáticas muito diferentes das atuais.

As glaciações, as erupções vulcânicas e o El Niño são fenômenos naturais que provocam alterações climáticas em diversas escalas no tempo geológico. Entretanto, a poluição atmosférica e os desmatamentos provocados pela ação humana também têm alterado o clima no planeta. Neste capítulo vamos estudar as consequências das atividades humanas no sistema climático.

Erupção vulcânica lançando gases na atmosfera na Indonésia, em 2014.

Beawiharta/Reuters

1 Interferências humanas no clima

A ação humana sobre o clima ocorre em diferentes escalas. Além do lançamento de grandes quantidades de poluentes em casos de queimadas florestais ou emissões em usinas termelétricas e fábricas, há também, como lembrado pela Madre Teresa de Calcutá, a ação individual de cada habitante do planeta, um importante fator para a busca do equilíbrio ambiental.

"O que eu faço é uma gota no meio de um oceano. Mas, sem ela, o oceano será menor."

Madre Teresa de Calcutá (1910-1997), missionária na Índia e beata católica.

O efeito estufa e o aquecimento global

O efeito estufa é um fenômeno natural e fundamental para a vida na Terra. Ele consiste na retenção do calor irradiado pela superfície terrestre nas partículas de gases e de água em suspensão na atmosfera, evitando que a maior parte desse calor se perca no espaço exterior. A consequência é a manutenção do equilíbrio térmico do planeta e a sobrevivência das várias espécies vegetais e animais que compõem a biosfera. Sem esse fenômeno, seria impossível a vida na Terra como a conhecemos hoje (veja o infográfico nas páginas 176 e 177).

Você pode perceber o efeito estufa no cotidiano. Já reparou, por exemplo, em como o interior de um carro exposto ao sol fica quente e abafado? Isso acontece porque os raios solares entram pelo vidro, mas depois o calor não consegue sair.

A crescente emissão de certos gases que têm capacidade de absorver calor, como o metano, os clorofluorcarbonetos (CFCs) e, principalmente, o dióxido de carbono, faz com que a atmosfera retenha mais calor do que deveria em seu estado natural. O problema, portanto, não está no efeito estufa, mas em sua intensificação, causada pelo desequilíbrio da composição atmosférica. A intensa e permanente queima de combustíveis fósseis e de florestas tem elevado os níveis de dióxido de carbono na atmosfera desde a Primeira Revolução Industrial, com efeitos cumulativos. O gráfico a abaixo mostra a participação dos países na emissão de dióxido de carbono.

Consulte o *site* do **Ministério do Meio Ambiente** e da **National Oceanic and Atmospheric Administration**. Veja orientações na seção **Sugestões de leitura, filme e *sites***.

As mudanças climáticas decorrentes do aquecimento global provocado pela intensificação do efeito estufa levaram a Organização Meteorológica Mundial (OMM) e o Programa das Nações Unidas para o Meio Ambiente (Pnuma) a criar, em 1988, o Painel Intergovernamental de Mudanças Climáticas (IPCC, na sigla em inglês), um grupo formado por 2 500 cientistas de 130 países.

Segundo o 5º relatório do IPCC, divulgado em 2013, poderá ocorrer um aumento de 4 °C na temperatura do planeta até 2100. Além disso, o relatório afirma que a concentração de gases estufa na atmosfera continua aumentando, que o nível do mar está subindo e que a probabilidade de o aquecimento global ser causado por ações humanas é de 95%. Outra possível consequência do aquecimento global é a alteração nos climas e na distribuição das plantas pela superfície do planeta. O aumento da temperatura modifica o metabolismo e a transpiração das plantas, alterando a quantidade de água necessária ao seu desenvolvimento. Disso deve decorrer o aumento da produtividade agrícola em algumas regiões e a diminuição em outras.

GREINER, Alyson L. *Visualizing Human Geography*. [s. l.]: Wiley/National Geographic, 2011. p. 376.

Infográfico

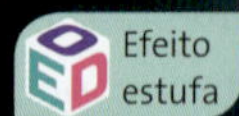

EFEITO ESTUFA

O efeito estufa natural mantém a temperatura média do planeta na faixa de 15 °C. Se não houvesse retenção de calor na atmosfera, a temperatura média do planeta seria negativa, próxima de −18 °C.

ESTUFA NATURAL

Geralmente, parte do calor emitido pela Terra volta ao espaço e parte continua nela, mantendo a temperatura na superfície. No entanto, a ação humana tem causado um aumento na retenção desse calor, podendo resultar em um aumento da temperatura média do planeta. Veja na sequência ao lado como isso ocorre.

1 Energia solar

Cerca de 30% da energia solar que atinge a atmosfera é refletida em suas camadas superiores e retorna ao espaço.

2 Absorção e conversão

Cerca de 20% da energia total que atinge a Terra é absorvida na superfície e depois irradiada na forma de calor.

O GÁS METANO

O gás metano tem uma capacidade de retenção de calor cerca de vinte vezes superior à do CO_2. Suas principais fontes de emissão são a flatulência de animais, a decomposição de lixo e o cultivo de arroz em terras inundadas. A pecuária de bovinos, ovinos e outros animais e a agricultura de várzea são responsáveis por cerca de 15% da poluição atmosférica mundial.

EMISSÃO DE GASES DO EFEITO ESTUFA

Muitos gases são emitidos em decorrência das atividades humanas, exceto o vapor de água presente naturalmente na atmosfera.

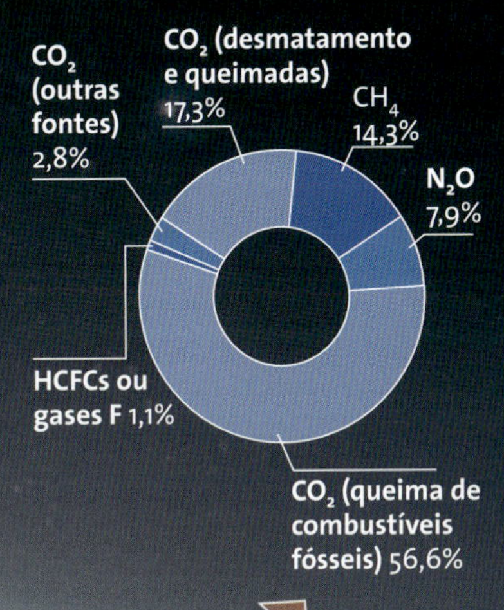

AÇÃO HUMANA

Os principais fatores de emissão de dióxido de carbono na atmosfera são provenientes das queimadas, principalmente em florestas tropicais, e da queima de combustíveis fósseis para obtenção da energia utilizada em transportes, indústrias, serviços e residências.

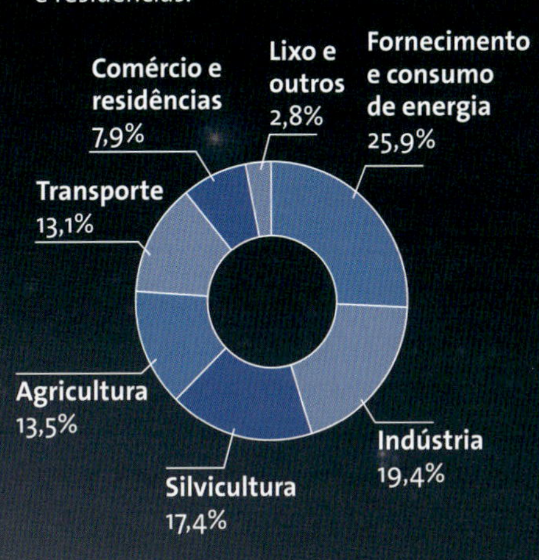

AQUECIMENTO GLOBAL

O arquipélago do Havaí está localizado distante dos grandes centros urbano-industriais. Os dados do gráfico foram coletados no observatório da ilha de Mauna Loa, a 3 500 m de altitude. O aumento da concentração de CO_2 em um lugar isolado como esse demonstra que a poluição está espalhada por todo o planeta.

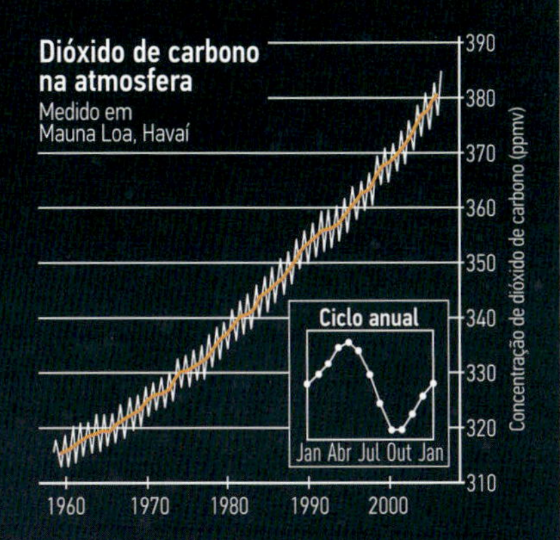

3 Intervenção humana

O dióxido de carbono e outros gases estufa emitidos pelas atividades humanas armazenam o calor irradiado e a energia solar refletida pela Terra.
O aumento na concentração de gases estufa aumenta a retenção desse calor nas camadas inferiores da atmosfera e provoca aumento na temperatura média.

CALOR COM CHUVA

O aumento na temperatura média do planeta provoca aumento da evaporação e, portanto, da concentração de vapor de água na atmosfera, o que causa um armazenamento ainda maior de calor.
Na região central das grandes cidades, o aumento da temperatura resultante da "ilha de calor" aumenta a evaporação e provoca índices de chuva maiores que na periferia.

Adaptado de: OXFORD Essential World Atlas. 5th ed. New York: Oxford University Press, 2008. p. 15.

Erika Onodera/Arquivo da editora

Redução da camada de ozônio

De toda a radiação solar que atinge a superfície da Terra, 45% é luz visível, 45% é radiação infravermelha e 10% são raios ultravioleta, cujo aumento de intensidade poderia comprometer as condições de vida no planeta e a própria sobrevivência da espécie humana.

Acima dos 15 km de altitude há uma grande concentração de ozônio, o que forma uma espécie de escudo ou filtro natural, com cerca de 30 km de espessura, contra a ação dos raios ultravioleta.

Desde a década de 1980 os satélites meteorológicos vêm fornecendo imagens que mostram a destruição da camada de ozônio, principalmente sobre a Antártida. O principal responsável por essa destruição é o gás CFC (clorofluorcarbono), usado como fluido de refrigeração em geladeiras e aparelhos de ar-condicionado e como solvente nas embalagens de aerossóis e nas espumas plásticas.

Em 1986, 120 países assinaram o Protocolo de Montreal (Canadá), um acordo de redução do uso de CFC. Todos os artigos que continham CFC deveriam ter sua produção e utilização interrompidas até 1996, e essa substância deveria ser substituída por outras inofensivas ao ozônio, como o HFC (hidrofluorcarbono) e outros, que atualmente são usados nas geladeiras. Além do grande buraco na camada de ozônio sobre a Antártida, foram detectados miniburacos também sobre o polo norte. A preocupação era se a circulação atmosférica não faria esses buracos se ampliarem, atingindo regiões mais habitadas. Governos e indústrias, sob pressão da sociedade civil, tomaram iniciativas para colocar em prática os acordos firmados pelo Protocolo de Montreal. Como mostra o gráfico desta página, desde então houve uma significativa redução da emissão desse gás e já há projeções de que a camada de ozônio pode ser completamente recomposta até meados deste século.

Consumo de substâncias qua agridem a camada de ozônio

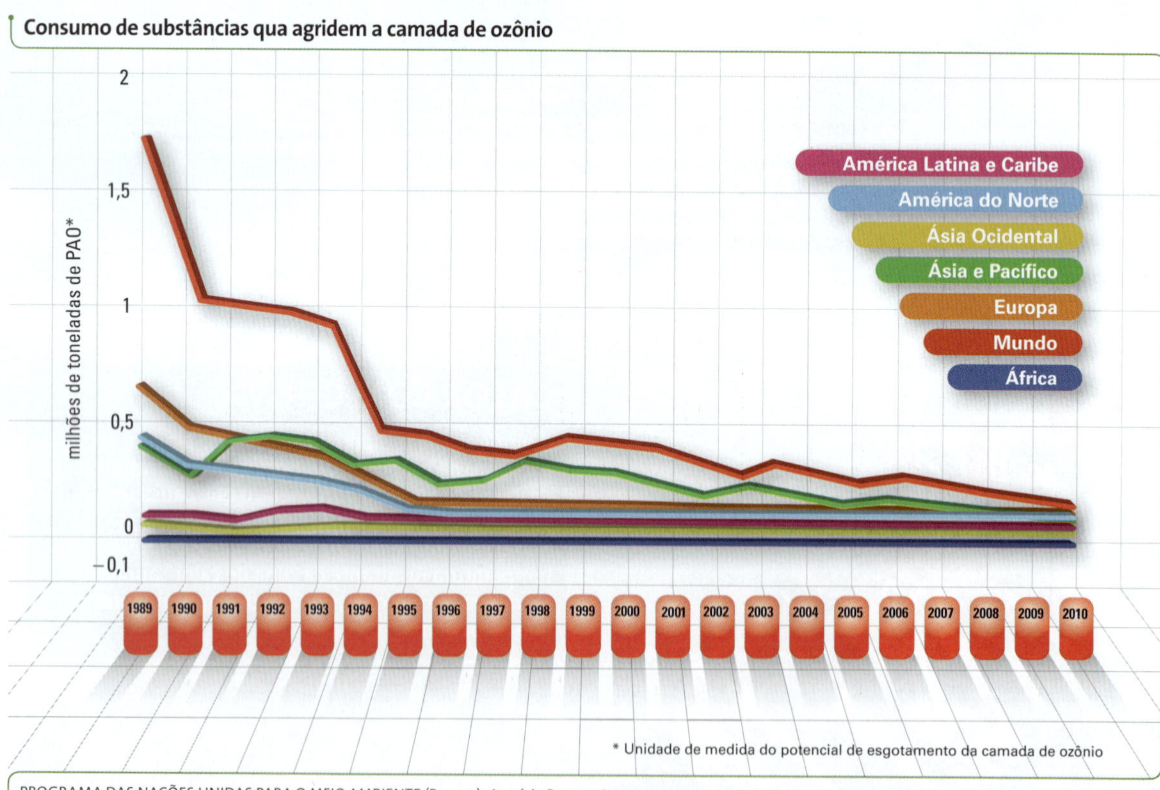

PROGRAMA DAS NAÇÕES UNIDAS PARA O MEIO AMBIENTE (Pnuma). *Anuário Pnuma*: temas emergentes en nuestro medio ambiente global 2012. Disponível em: <www.brasilpnuma.org.br/index.html>. Acesso em: 14 jan. 2014.

Ilhas de calor

A ilha de calor é uma das mais evidentes demonstrações da ação humana como fator de mudança climática. O fenômeno resulta da elevação das temperaturas médias nas áreas urbanizadas das grandes cidades, em comparação com áreas vizinhas.

A diferença de temperatura entre o centro da cidade e as áreas periféricas pode chegar até 7 °C. A expansão da mancha urbana de São Paulo, por exemplo, provocou um aumento de 1,3 °C na temperatura média anual entre 1920 e 2005, que subiu de 17,7 °C para 19 °C. Isso ocorre por causa das diferenças de irradiação de calor entre as áreas impermeabilizadas e as áreas verdes. A substituição da vegetação por grande quantidade de casas e prédios, viadutos, ruas e calçadas pavimentadas faz aumentar significativamente a irradiação de calor para a atmosfera, em comparação com as zonas rurais, onde, em geral, é maior a cobertura vegetal. Além disso, nas zonas centrais das grandes cidades é muito maior a concentração de gases e materiais particulados lançados por veículos automotores. Esses materiais são responsáveis por um efeito estufa localizado, que colabora para aumentar a retenção de calor. A isso se soma o calor liberado pelos motores dos veículos, o que acentua o fenômeno da ilha de calor. Nas grandes metrópoles os veículos atingem milhões de unidades; por exemplo, na cidade de São Paulo, em 2013, havia cerca de 7 milhões de veículos automotores em circulação.

A "ilha de calor" de São Paulo: temperatura da superfície

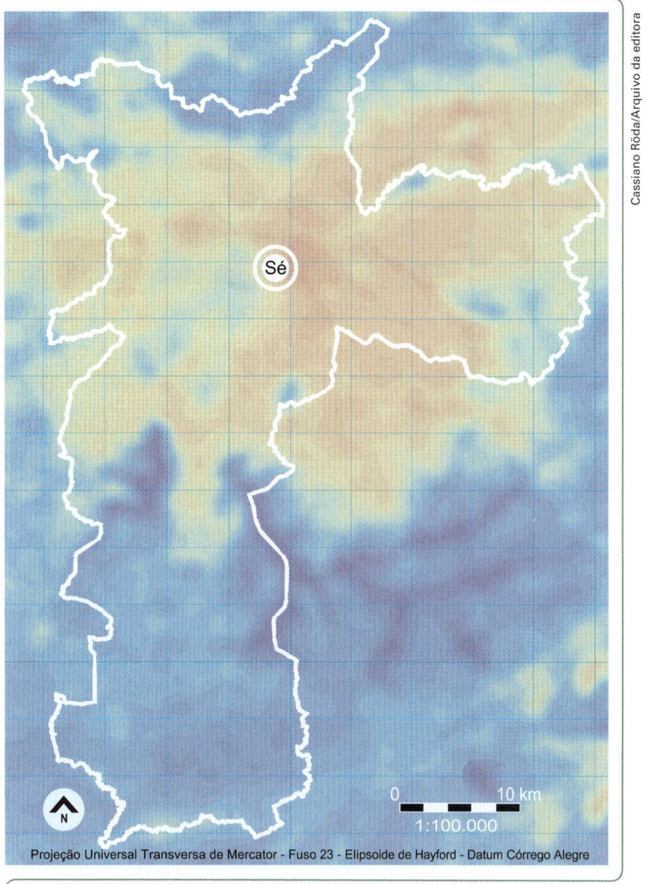

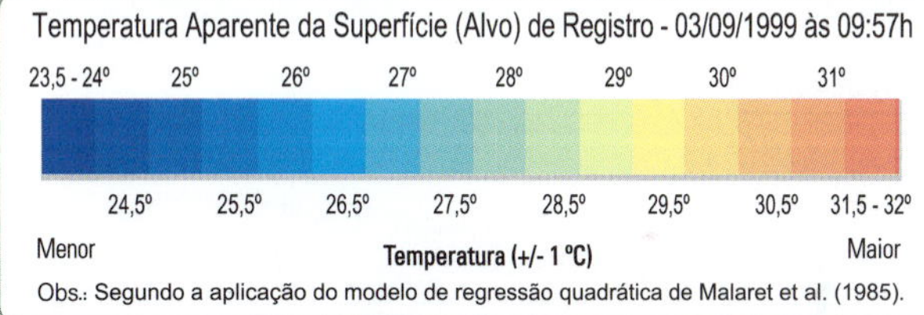

ATLAS ambiental do município de São Paulo. Disponível em: <http://atlasambiental.prefeitura.sp.gov.br/pagina.php?id=21>. Acesso em: 14 jan. 2014.

A Praça da Sé está localizada no centro histórico de São Paulo, uma área densamente urbanizada; ao norte e ao sul desse município encontramos áreas de preservação ambiental com domínio de floresta, devido à presença das serras da Cantareira e do Mar, respectivamente.

Deve-se salientar, no entanto, que uma cidade pode ter diversos picos de temperatura espalhados pela mancha urbana – como mostra, por exemplo, o mapa acima –, caracterizando várias ilhas de calor. Uma região densamente edificada e industrializada apresenta picos de temperatura mais elevados do que bairros residenciais com grandes áreas verdes.

A formação de ilhas de calor facilita a ascensão do ar, formando uma zona de baixa pressão. Isso faz com que os ventos soprem, pelo menos durante o dia, para essa área central, trazendo, muitas vezes, maiores quantidades de poluentes. Sobre a zona central da mancha urbana forma-se uma "cúpula" de ar pesadamente poluído. No caso das grandes metrópoles, com elevados índices de poluição, os ventos que sopram de zonas industriais periféricas rumo às zonas centrais concentram ainda maiores quantidades de poluentes. Nessas cidades, do alto dos prédios ou quando se está chegando por uma estrada, pode-se ver nitidamente uma "cúpula" acinzentada recobrindo-as.

As chuvas ácidas

Mesmo em ambiente não poluído, as chuvas são sempre ligeiramente ácidas. A combinação de gás carbônico e água presentes na atmosfera produz ácido carbônico, que dá às chuvas uma pequena acidez. O fenômeno das chuvas ácidas de origem antrópica causa, porém, graves problemas por resultar da elevação anormal dos níveis de acidez da atmosfera, em consequência do lançamento de poluentes produzidos sobretudo por atividades urbano-industriais. Trata-se de mais um fenômeno atmosférico causado, em escala local e regional, pela emissão de poluentes das indústrias, dos meios de transporte e de outras fontes de combustão. Os principais causadores desse fenômeno são o dióxido de nitrogênio e o trióxido de enxofre – que é a combinação do dióxido de enxofre, emitido pela queima de combustíveis fósseis, e do oxigênio, já presente na atmosfera.

O trióxido de enxofre e o dióxido de nitrogênio lançados na atmosfera, ao se combinarem com água em suspensão, transformam-se em ácido sulfúrico, ácido nítrico e nitroso, respectivamente, que têm elevada capacidade de corrosão.

A concentração de trióxido de enxofre aumentou na atmosfera com a ampliação do uso de combustíveis fósseis nos transportes, nas termelétricas e nas indústrias. Cerca de 90% do dióxido de enxofre é eliminado pela queima do carvão e do petróleo. Já pelo menos 70% do dióxido de nitrogênio é emitido pelos veículos automotores. Enquanto a concentração do primeiro está gradativamente diminuindo na atmosfera, a do segundo está aumentando, por causa da maior utilização do transporte rodoviário.

pH: expressão quantitativa para acidez ou alcalinidade de uma solução química. A escala pH varia de 0 a 14, sendo que pH 7 é neutro, menor que 7 é ácido e maior que 7 é alcalino ou básico. Portanto, quanto menor o pH, maior a acidez.

Os países que mais colaboram para a emissão desses gases são os industrializados do hemisfério norte. Por isso as chuvas ácidas ocorrem com mais intensidade nessas nações, principalmente no nordeste da América do Norte e na Europa ocidental, como se pode ver no mapa abaixo.

Chuvas ácidas

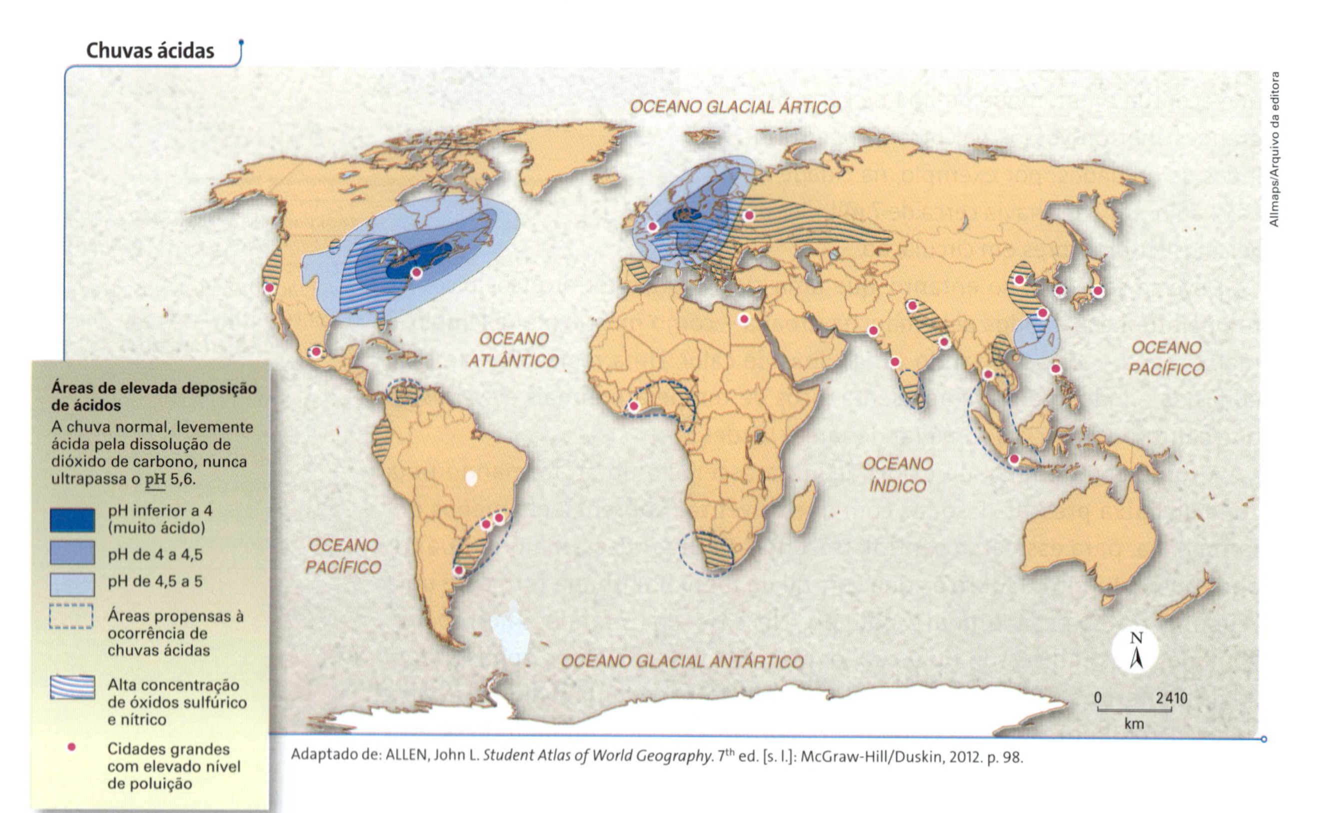

Adaptado de: ALLEN, John L. *Student Atlas of World Geography*. 7th ed. [s. l.]: McGraw-Hill/Duskin, 2012. p. 98.

A ação corrosiva da chuva ácida foi detectada no século XVIII e sua intensidade vem aumentando. Além de causar corrosão de metais e deterioração de monumentos históricos – alguns extremamente valiosos, como os monumentos gregos de Atenas –, as chuvas ácidas provocam impactos, muitas vezes, a centenas de quilômetros das fontes poluidoras.

Outra consequência das chuvas ácidas, que é tanto mais grave quanto mais próximo das fontes poluidoras, é a destruição da cobertura vegetal. Essa tragédia ecológica é muito comum nos países desenvolvidos. No Brasil, esse fenômeno ocorre de forma significativa na região metropolitana de São Paulo, nas cidades mineiras onde se produz aço e no Rio Grande do Sul, próximo às termelétricas movidas a carvão, cuja poluição atinge até o Uruguai (reveja o mapa de chuvas ácidas na página ao lado).

O caso mais grave, porém, aconteceu nas décadas de 1980 e 1990 em Cubatão, município da Região Metropolitana da Baixada Santista (SP). Em alguns pontos da escarpa da serra do Mar, nas proximidades das principais fontes poluidoras, parte da vegetação de pequeno e médio porte desapareceu. As árvores resistiram à poluição, mas, com a morte dos vegetais de pequeno porte, o solo ficou exposto, o que favoreceu a ocorrência de escorregamentos e agravou o desmatamento das encostas. Nos últimos anos, porém, a diminuição da emissão de poluentes pelas indústrias do polo petroquímico e siderúrgico de Cubatão permitiu a reconstituição da vegetação nas encostas afetadas pelo processo.

Rubens Chaves/Pulsar Imagens

Obra de Aleijadinho prejudicada pela chuva ácida em Congonhas (MG), em 2013.

Como vamos estudar no capítulo 12, a preocupação com os impactos ambientais, como os que vimos neste capítulo, vem desde a Conferência das Nações Unidas sobre o Homem e o Meio Ambiente, realizada na Suécia (Estocolmo) em 1972. As questões lá apontadas, como a incompatibilidade entre o modelo consumista de desenvolvimento e a conservação do meio ambiente, afloraram novamente na Conferência das Nações Unidas sobre o Meio Ambiente e Desenvolvimento realizada no Rio de Janeiro em 1992, na Rio + 10, realizada em Johannesburgo em 2002, e de forma mais tímida na Rio + 20, no Rio de Janeiro, em 2012.

Mesmo quando os países não chegaram a um acordo, como ocorreu num importante encontro realizado em Copenhague pelo Quadro das Nações Unidas sobre Mudança do Clima (COP 15), houve consenso mundial sobre a necessidade de compatibilizar crescimento econômico e conservação do meio ambiente para as futuras gerações, o que significa a defesa de um desenvolvimento sustentável.

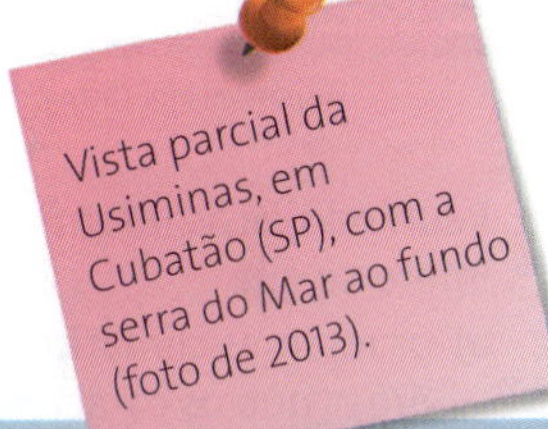
Vista parcial da Usiminas, em Cubatão (SP), com a serra do Mar ao fundo (foto de 2013).

Delfim Martins/Pulsar Imagens

Pensando no Enem

1.

Reprodução/ENEM, 2012

Disponível em: <http://clickdigitalsj.com.br>. Acesso em: 9 jul. 2009.

Reprodução/ENEM, 2012

Disponível em: <http://conexaoambiental.zip.net/images/charge.jpg>. Acesso em: 9 jul. 2009.

Reunindo-se as informações contidas nas duas charges, infere-se que

a) os regimes climáticos da Terra são desprovidos de padrões que os caracterizem.
b) as intervenções humanas nas regiões polares são mais intensas que em outras partes do globo.
c) o processo de aquecimento global será detido com a eliminação das queimadas.
d) a destruição das florestas tropicais é uma das causas do aumento da temperatura em locais distantes como os polos.
e) os parâmetros climáticos modificados pelo homem afetam todo o planeta, mas os processos naturais têm alcance regional.

Resolução

O desmatamento e as queimadas são fatores que reduzem a absorção e aumentam a emissão de gás carbônico na atmosfera, intensificando o aquecimento global e o efeito estufa em escala planetária. Portanto, a alternativa correta é a **D**.

2.

Em 1872, Robert Angus Smith criou o termo "chuva ácida", descrevendo precipitações ácidas em Manchester após a Revolução Industrial. Trata-se do acúmulo demasiado de dióxido de carbono e enxofre na atmosfera que, ao reagirem com compostos dessa camada, formam gotículas de chuva ácida e partículas de aerossóis. A chuva ácida não necessariamente ocorre no local poluidor, pois tais poluentes, ao serem lançados na atmosfera, são levados pelos ventos, podendo provocar a reação em regiões distantes. A água de forma pura apresenta pH 7, e, ao contatar agentes poluidores, reage modificando seu pH para 5,6 e até menos que isso, o que provoca reações, deixando consequências.

Disponível em: <www.brasilescola.com>. Acesso em: 18 maio 2010 (adaptado).

O texto aponta para um fenômeno atmosférico causador de graves problemas ao meio ambiente: a chuva ácida (pluviosidade com pH baixo). Esse fenômeno tem como consequência

a) a corrosão de metais, pinturas, monumentos históricos, destruição da cobertura vegetal e acidificação dos lagos.
b) a diminuição do aquecimento global, já que esse tipo de chuva retira poluentes da atmosfera.
c) a destruição da fauna e da flora e redução de recursos hídricos, com o assoreamento dos rios.
d) as enchentes, que atrapalham a vida do cidadão urbano, corroendo, em curto prazo, automóveis e fios de cobre da rede elétrica.
e) a degradação da terra nas regiões semiáridas, localizadas, em sua maioria, no nordeste do nosso país.

Resolução

A chuva tem um índice de acidez naturalmente baixo. A queima de combustíveis fósseis emite uma quantidade grande de dióxido de carbono e enxofre, intensificando a acidez da chuva nas regiões poluídas e naquelas para onde os ventos transportam os gases causadores do fenômeno. A alternativa **A** descreve as principais consequências econômicas, sociais e ambientais de sua ocorrência.

Considerando a Matriz de Referência do Enem, estas questões trabalham a **Competência de área 6 – Compreender a sociedade e a natureza, reconhecendo suas interações no espaço em diferentes contextos históricos e geográficos**, e as habilidades **H29 – Reconhecer a função dos recursos naturais na produção do espaço geográfico, relacionando-os com as mudanças provocadas pelas ações humanas** e **H30 – Avaliar as relações entre preservação e degradação da vida no planeta nas diferentes escalas.**

2 Fenômenos naturais

No transcorrer da história geológica, o planeta passou por várias mudanças em sua estrutura física, como a deriva continental, e seus sistemas climáticos, como a ocorrência de vários períodos glaciais – o último terminou há cerca de 11 mil anos.

Os fenômenos naturais provocam grandes alterações no clima de nosso planeta, tanto em escala local quanto global.

Inversão térmica

Trata-se de um fenômeno natural agravado pela ação humana, mais frequente nos meses de inverno, em períodos de penetração de massas de ar frio.

As inversões térmicas acontecem em escala local por apenas algumas horas. São mais comuns no final da madrugada e no início da manhã. Durante esse período, ocorre o pico da perda de calor do solo por irradiação; portanto, as temperaturas são mais baixas, tanto a do solo quanto a do ar. Quando a temperatura próxima ao solo cai abaixo de 4 °C, o ar, frio e pesado, fica retido em baixas altitudes. Esse fenômeno ocorre preferencialmente em áreas conhecidas como "fundo de vale", que permitem o aprisionamento do ar frio. Camadas mais elevadas da atmosfera são ocupadas com ar relativamente mais quente, que não consegue descer. Como resultado, a circulação atmosférica local fica bloqueada por certo tempo, ocorrendo uma inversão na posição habitual das camadas, com o ar frio permanecendo embaixo e o ar quente acima – daí o nome inversão térmica. Logo após o nascer do sol, à medida que o solo e o ar próximo a ele vão se aquecendo, o fenômeno vai gradativamente se desfazendo. O ar aquecido passa a subir e o ar resfriado, a descer, recuperando o padrão habitual da circulação atmosférica e desfazendo a inversão térmica.

Esse fenômeno pode ocorrer em qualquer lugar do planeta, porém é mais comum em áreas onde o solo ganha bastante calor durante o dia e o irradia com intensidade à noite.

Um ambiente favorável para a inversão térmica são as grandes cidades, que, pelo fato de apresentarem extensa área construída, desmatada e impermeabilizada por cimento e asfalto, absorvem grande quantidade de calor durante o dia. À noite, no entanto, perdem calor rapidamente. No meio urbano isso vem acompanhado de um problema extra: com a concentração do ar frio nas camadas mais baixas da atmosfera, ocorre também a retenção de toneladas de poluentes. É importante destacar que, em regiões onde o ar não é poluído, a ocorrência de inversão térmica não provoca nenhum problema ambiental. Já nas áreas urbanas que têm grande concentração de poluição no ar, esse fenômeno constitui um sério problema ambiental.

Durante o período de inversão térmica, a concentração de poluentes atmosféricos aumenta e, por vezes, há proibição de circulação de veículos nos centros urbanos. A foto mostra o fenômeno ao amanhecer, no inverno de 2012, em São Paulo (SP).

Nelson Antoine / Fotoarena

El Niño

Enquanto as inversões térmicas acontecem em escala local por apenas algumas horas, o El Niño é um fenômeno climático natural que ocorre em escala planetária por períodos de aproximadamente dois a sete anos. Ele se manifesta como um aquecimento (3 °C a 7 °C acima da média) das águas do oceano Pacífico nas proximidades da linha do equador, como podemos observar nos esquemas a seguir:

Condições climáticas normais

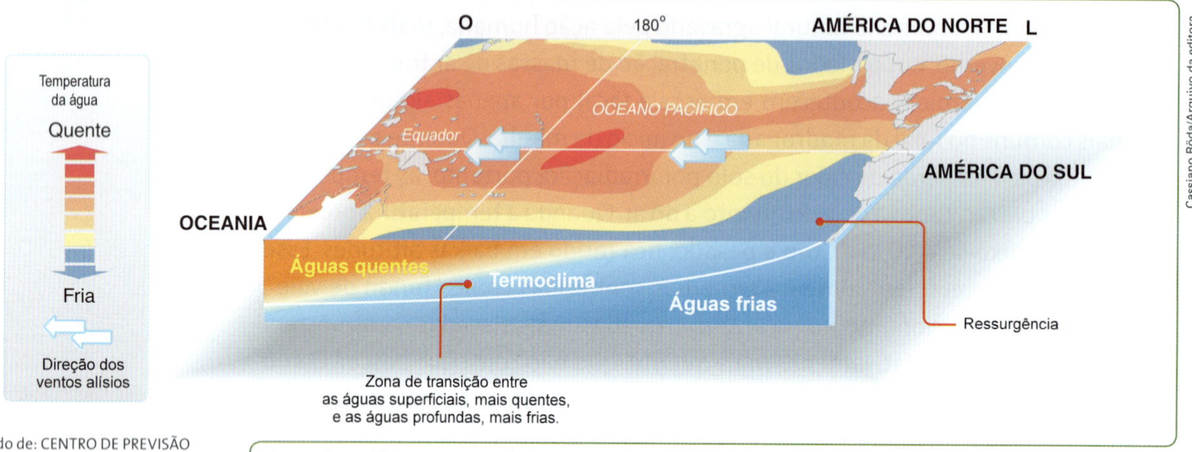

Adaptado de: CENTRO DE PREVISÃO DE TEMPO E ESTUDOS CLIMÁTICOS (CPTEC/INPE). Disponível em: <http://enos.cptec.inpe.br/>. Acesso em: 15 jan. 2014.

Os ventos alísios sopram de leste para oeste com velocidade média de 15 m/s, aumentando o nível das águas do oceano Pacífico nas proximidades da Austrália, onde ele é cerca de 50 cm superior ao das proximidades da América do Sul. Além disso, esses ventos provocam correntes que levam as águas da superfície, mais quentes, na mesma direção, favorecendo a **ressurgência** – processo pelo qual a água fria sobe à superfície – próximo à costa oeste da América do Sul. Por isso, em condições normais, observam-se águas superficiais relativamente mais frias no oceano Pacífico Equatorial Leste, junto à costa oeste da América do Sul, e relativamente mais aquecidas no Pacífico Equatorial Oeste, próximo à costa australiana e à região da Indonésia.

Condições climáticas de El Niño

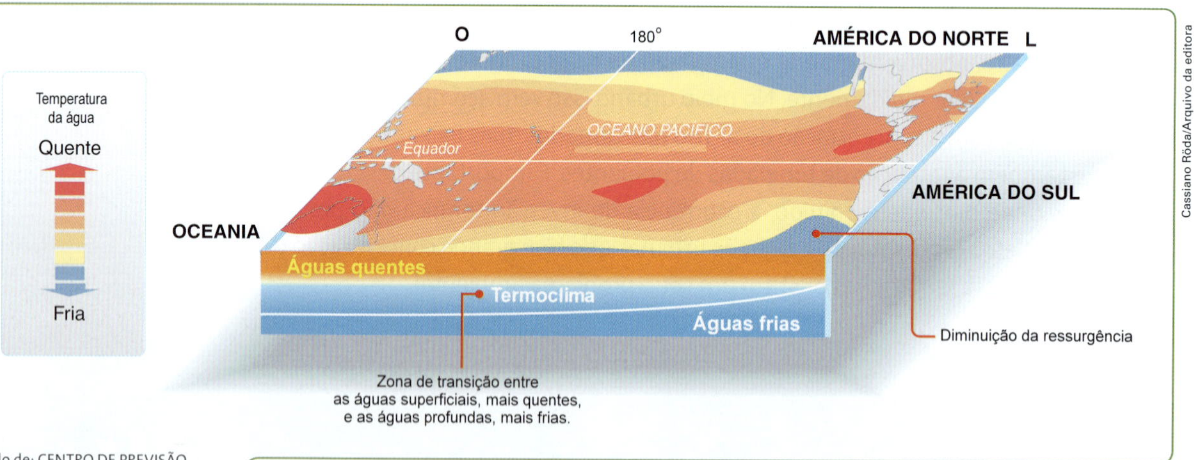

Adaptado de: CENTRO DE PREVISÃO DE TEMPO E ESTUDOS CLIMÁTICOS (CPTEC/INPE). Disponível em: <http://enos.cptec.inpe.br/>. Acesso em: 15 jan. 2014.

As condições que indicam a presença do fenômeno El Niño são o enfraquecimento dos ventos alísios, que diminuem para cerca de 1 a 2 m/s, e o aumento da Temperatura da Superfície do Mar (TSM) no oceano Pacífico Equatorial Leste. Como consequência, o nível das águas se eleva em direção à América do Sul e ocorre uma diminuição da ressurgência, dificultando o afloramento das águas mais frias próximo à costa oeste da América do Sul. Isso provoca grandes mudanças na circulação dos ventos e das massas de ar, além de evaporação mais intensa, com aumento do índice de chuvas em algumas regiões do planeta e ocorrência de estiagem em outras.

A razão da mudança na intensidade dos ventos alísios ainda é uma incógnita. Nos anos em que o fenômeno ocorre, a América do Sul sofre ainda a ação de uma massa de ar quente e úmida periódica que atua no sentido noroeste-sudeste. No Brasil, essa massa de ar desvia a umidade da Massa Equatorial Continental, a responsável pelas chuvas na caatinga, em direção ao sul do país. A consequência é a ocorrência de enchentes no Brasil meridional e de seca na região do clima semiárido nordestino e extremo norte do país, principalmente em Roraima. Outra consequência é o desvio da Massa Polar Atlântica para o oceano Atlântico antes de atingir a região Sudeste, o que atenua a queda normal de temperaturas no inverno.

Existe um fenômeno que ocorre com menor frequência e que tem características opostas às de El Niño. Por esse contraste, esse fenômeno foi denominado **La Niña**. Nos anos em que La Niña ocorre, há um resfriamento das águas superficiais do Pacífico na costa peruana, o que também altera as zonas de alta e baixa pressão, provocando mudanças na direção dos ventos e das massas de ar. As causas que determinam o aparecimento desses dois fenômenos naturais são desconhecidas. Observe os mapas.

A ocorrência de secas e períodos chuvosos na região semiárida do Nordeste brasileiro entre os meses de dezembro e fevereiro tem sua explicação associada, respectivamente, à ocorrência dos fenômenos El Niño e La Niña.

Efeitos do fenômeno El Niño em dezembro, janeiro e fevereiro

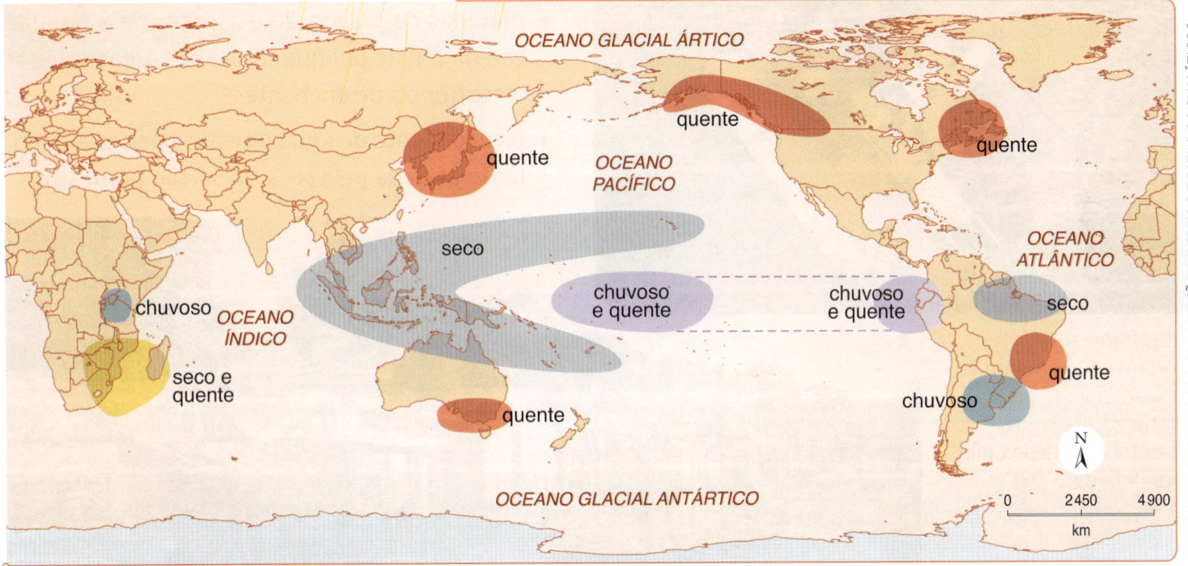

Adaptado de: CENTRO DE PREVISÃO DE TEMPO E ESTUDOS CLIMÁTICOS (CPTEC/INPE). Disponível em: <http://enos.cptec.inpe.br/img/DJF_el.jpg>. Acesso em: 15 jan. 2014.

Efeitos do fenômeno La Niña em dezembro, janeiro e fevereiro

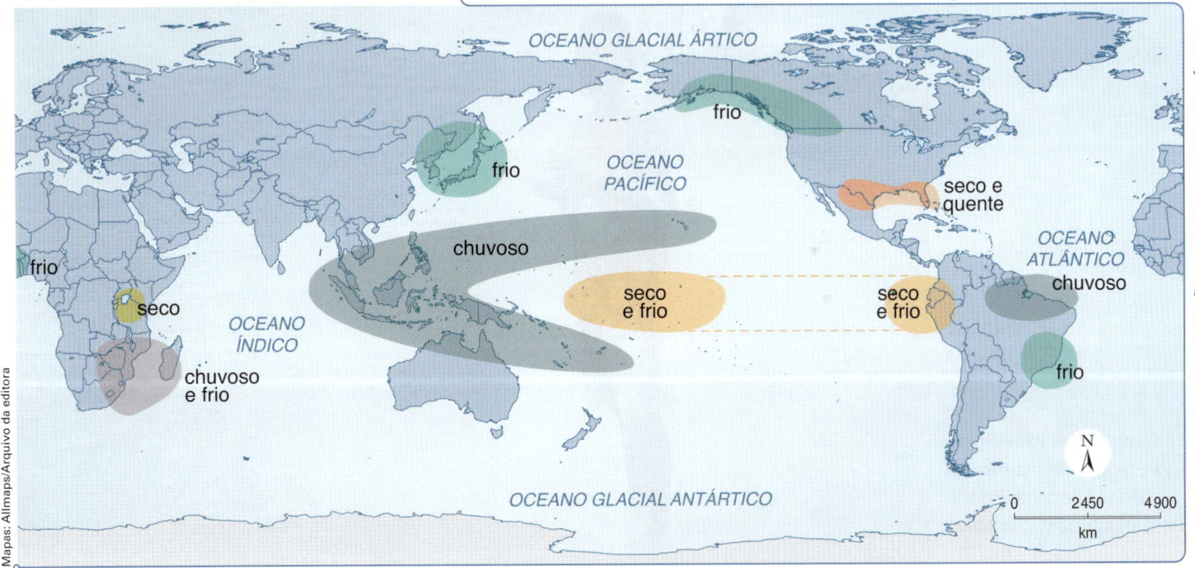

Adaptado de: CENTRO DE PREVISÃO DE TEMPO E ESTUDOS CLIMÁTICOS (CPTEC/INPE). Disponível em: <http://enos.cptec.inpe.br/img/DJF_la.jpg>. Acesso em: 15 jan. 2014.

Mapas: Allmaps/Arquivo da editora

Consulte o *site* do **CPTEC/INPE**. Veja orientações na seção **Sugestão de leitura, filme e *sites*.**

Atualmente, a ocorrência de El Niño e de La Niña pode ser prevista com seis a nove meses de antecedência. Existe, no oceano Pacífico, um conjunto de boias que monitoram a temperatura da superfície do mar e indicam os primeiros sinais da formação do fenômeno. O monitoramento permite adotar medidas para enfrentar os problemas gerados pela alteração climática.

Os impactos socioambientais provocados por esses fenômenos levaram o Senado Federal a criar, em 1997, uma comissão especial para elaborar propostas que minimizem seus efeitos no campo, nas cidades e no meio ambiente natural:

- assistência para evitar a desestruturação da produção agrícola provocada por estiagens no Nordeste e enchentes no Sul;
- adoção de medidas emergenciais para minimizar o êxodo rural e seus impactos na vida dos migrantes e na organização interna das cidades;
- medidas de prevenção contra a ocorrência de incêndios em áreas de preservação ambiental, como o que atingiu cerca de 20% do território do estado de Roraima em 1997 e 1998;
- medidas de prevenção e assistência à população da região Sul que reside em áreas sujeitas à ocorrência de enchentes;
- fornecimento de água e cestas básicas à população afetada pela seca no Sertão nordestino.

Mariana Bazo/Reuters/Latinstock

Cientistas franceses transportam equipamento para monitorar a temperatura do oceano Pacífico entre a costa do Chile e do Peru (foto de 2008).

STR/Agência France-Press

Enchente por excesso de chuva em ano de ocorrência do El Niño, na Cidade de Cartagena (Colômbia), em 2011.

3 Principais acordos internacionais

O Protocolo de Kyoto e o MDL

Está comprovado que alguns ciclos de aquecimento e resfriamento da Terra ocorrem naturalmente. Entretanto, não há consenso se hoje vivemos um período interglacial, que provoca uma elevação natural da temperatura, ou se o aquecimento global tem causas apenas antrópicas. O fato é que está havendo uma gradativa elevação da temperatura, o que acarreta diversos problemas ambientais.

Visando ao enfrentamento do problema, foi realizada em 1997 a Convenção da ONU sobre Mudanças Climáticas, em Kyoto (Japão). Nessa reunião foi firmado um acordo para a redução da emissão de gases do efeito estufa. Chamado de **Protocolo de Kyoto**, esse acordo entrou oficialmente em vigor no dia 16 de fevereiro de 2005, após ratificação da Rússia em novembro de 2004. Com base nos níveis de 1990, esse documento definiu uma redução média de 5,2%, meta que deveria ter sido atingida em 2012 e foi estendida até 2020 na Conferência das Partes (COP 18), realizada nesse mesmo ano. Para os principais países emissores, o índice fixado foi maior (membros da União Europeia, 8%; Estados Unidos, 7%; Japão, 6%). Entretanto, até esse ano a meta não foi cumprida, o Protocolo expirou e não havia sido realizado outro acordo que o substituísse, apesar das tentativas durante a Rio + 20, que estudaremos no capítulo 12.

Para os países em desenvolvimento não foram estabelecidos níveis de redução. Essa decisão provocou a oposição dos países desenvolvidos, que alegaram que o cumprimento do acordo limitaria o seu crescimento econômico.

A redução do nível de emissões de gases se ampara em algumas estratégias, dentre as quais se destacam:

- a reforma dos setores de energia e transportes;
- o aumento na utilização de fontes de energia renováveis;
- a limitação das emissões de metano no tratamento e destino final do lixo;
- a proteção das florestas e outros sumidouros de carbono.

No período de 1990 a 2001 o IPCC divulgou três relatórios sobre as mudanças climáticas, nos quais apontava a ocorrência do aquecimento global, mas não era conclusivo quanto às causas do fenômeno. O quadro mudou a partir de fevereiro de 2007, quando foi divulgado o quarto relatório do IPCC. O documento expôs a tese de que a emissão de gases é a grande responsável pelo aquecimento global e que esse fenômeno causa consequências ambientais, sociais e econômicas. Alguns cientistas discordam dessa avaliação e por isso são chamados de céticos.

O gráfico ao lado mostra três cenários previstos para o futuro quanto à elevação da temperatura média do planeta. Observe que, caso essa previsão se confirme e não forem feitos cortes drásticos na emissão de CO_2, deve haver uma grande elevação do aquecimento global.

Projeções para o aquecimento global

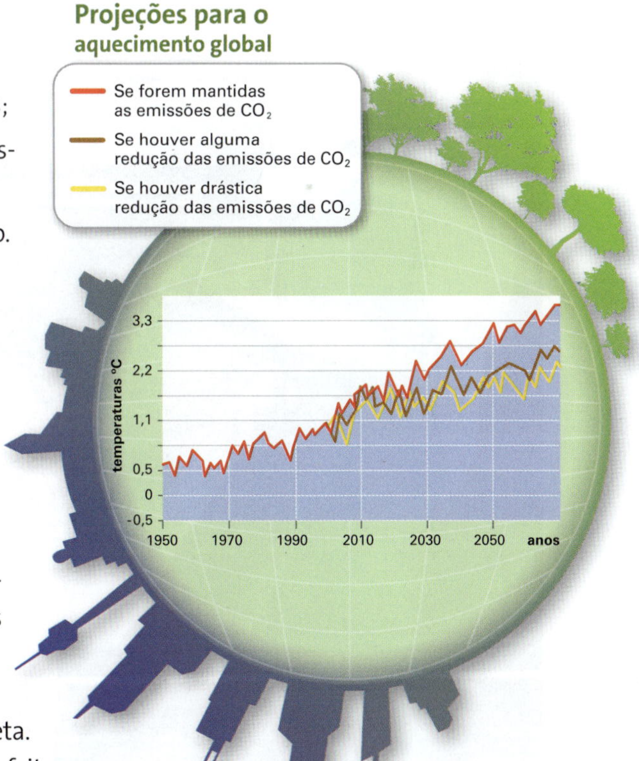

Adaptado de: *OXFORD Essential World Atlas*. 6th ed. New York: Oxford University Press, 2008. p. 15.

O Protocolo de Kyoto contém um interessante mecanismo de desenvolvimento limpo, proposto pela diplomacia brasileira, que permite ajustes de metas que atendem interesses tanto de países desenvolvidos quanto de países em desenvolvimento. Trata-se de um mecanismo de compensação, como mostra o texto a seguir.

Outras leituras

Mecanismo de Desenvolvimento Limpo (MDL)

A função do MDL

Vamos imaginar uma usina, nos Estados Unidos ou na Europa, responsável pela geração de tantos MW [*megawatt*], que funciona à base de carvão ou de petróleo e que movimenta toda uma região industrializada. Esta usina certamente não poderá, em curto ou médio prazo, reduzir a sua emissão, até porque não se converte parte do modelo, se converte uma usina toda. Esta usina precisa, então, ser transformada de uma usina térmica a carvão ou petróleo em uma usina de queima de outro combustível. Isto não é fácil. Assim, a relutância dos Estados Unidos em fazer valer o Protocolo de Kyoto é resultante de pressão exercida no Congresso americano para que isso não ocorra.

[...]

O Brasil, como tem sido historicamente um país de diplomacia competente, propôs uma inclusão ao Protocolo de Kyoto que se refere ao Mecanismo de Desenvolvimento Limpo e que diz mais ou menos o seguinte: esta usina do hemisfério norte, por exemplo, que está emitindo CO_2 e que não tem tempo suficiente para fazer uma reconversão dentro dos prazos estabelecidos pelo Protocolo, poderá pagar para que alguém aqui no Brasil, na Argentina, ou na África, por meio de um sistema de produção vegetal, capte carbono da atmosfera e transforme este carbono em celulose. Este sistema de produção vegetal poderá fixar um volume de carbono igual ou maior que aquele emitido pela usina em questão e esta deverá financiar o empreendimento agrícola compensador de sua emissão.

NASCIMENTO, Carlos Adilio Maia do. *Mecanismo de Desenvolvimento Limpo*. Instituto Brasileiro de Produção Sustentável e Direito Ambiental (IBPS). Disponível em: <http://ibps.com.br/category/especial/>. Acesso em: 15 jan. 2014.

Werner Rudhart/Kino.com.br

Sementes de mamona para a produção de *biodiesel* em Feira de Santana (BA), 2011.

As Conferências das Partes

A Organização das Nações Unidas (ONU) realiza, anualmente, algumas Conferências das Partes (COP, na sigla em inglês), onde se discutem ações práticas para execução de algum acordo internacional. Esses encontros recebem o nome da cidade onde são realizados – as partes são os países signatários do Acordo.

Por exemplo, a cada dois anos se realiza a Conferência das Partes da Convenção sobre Diversidade Biológica. Em 2010 aconteceu a COP 10 sobre o tema em Nagoya (Japão), no qual mais de 200 países chegaram a um acordo e assinaram um importante Tratado – o Protocolo de Nagoya –, que reconheceu o direito dos países e comunidades, como as indígenas, sobre sua biodiversidade.

Já para implementação do que foi acordado na Convenção-Quadro sobre Mudança do Clima das Nações Unidas, desde 1995 são realizados encontros anuais sobre o tema, e a COP 15, que aconteceu em Copenhague (Dinamarca), em 2009, provocou grande repercussão na imprensa. Nesse encontro, que contou com representantes de 193 países, as partes tentaram chegar a um acordo sobre ações que deveriam ser implantadas para dar continuidade ao Protocolo de Kyoto, que expirou em 2012, mas nada de prático foi decidido.

Em novembro de 2012 foi realizada em Doha (Catar) a COP 18. Nesse encontro houve a prorrogação do Protocolo de Kyoto até 2020.

Fotos: Karim Jaafar/Agência France-Presse

Atividades

Compreendendo conteúdos

1. Como se forma o fenômeno El Niño? Que consequências ele provoca no Brasil?
2. O que é inversão térmica? Explique como esse fenômeno agrava o problema da poluição em áreas urbanas.
3. Defina ilha de calor e efeito estufa.
4. Explique o que é chuva ácida e quais são suas consequências.

Desenvolvendo habilidades

5. Leia novamente o texto "Mecanismo de Desenvolvimento Limpo (MDL)", na página 188, e faça o que se pede a seguir.
   a) Explique como esse mecanismo funciona.
   b) Responda: por que o cultivo de plantas que possam ser usadas para a produção de energia apresenta uma dupla vantagem ambiental?
6. Observe a tirinha a seguir, releia a frase da Madre Teresa de Calcutá, na página 175, e escreva um texto expondo sua opinião sobre a importância das ações individuais e coletivas para melhorar as condições socioambientais em escala local e global.

Vestibulares de Norte a Sul

1. **S** (UFPR) A urbanização é um processo que apresentou considerável intensificação com o advento da Revolução Industrial. Desde então, as cidades passaram a concentrar cada vez mais pessoas, atividades e mercadorias, produzindo importantes alterações na natureza local. O clima urbano atesta um aspecto dessas alterações, fato evidenciado de maneira clara na poluição do ar das grandes cidades.

   Quanto à poluição do ar nas grandes cidades, é **incorreto** afirmar:

   a) A poluição atmosférica urbana pode ser tanto de origem natural quanto decorrente das atividades humanas.
   b) A ocorrência de chuvas ácidas nas cidades está relacionada, principalmente, à concentração de poluentes na atmosfera local.
   c) A poluição atmosférica é composta por gases e material particulado e, quando intensa e associada a nevoeiro, dá origem ao *smog*.
   d) Na estação de inverno, quando o ar torna-se mais pesado devido às baixas temperaturas, a atmosfera tende a concentrar poluentes.
   e) A concentração e dispersão de poluentes na atmosfera, ao longo do ano, se mantém constante, pois os gases e os materiais particulados são imunes às condições térmicas do ar.

2. **N** (Uepa) O crescimento econômico no mundo é responsável por transformações no espaço geográfico e é gerador de fortes impactos ambientais. A respeito desses impactos, é correto afirmar que:

   a) a concentração de indústrias na China movidas a carvão mineral e petróleo e a emissão de gás carbônico liberado pelos veículos são responsáveis pelas emissões de milhões de toneladas de gases poluentes na atmosfera.
   b) em grande parte das cidades do mundo a urbanização e a impermeabilização dos solos reduzem as cheias fluviais e preservam a qualidade das águas evitando assim a contaminação dos rios.
   c) o crescimento rápido e desordenado das cidades no mundo contribui para o aumento da poluição atmosférica e, ao mesmo tempo, melhora o acesso à água de qualidade às populações de baixa renda.
   d) o aumento anormal do CO_2 liberado pelas indústrias, veículos e desmatamento reduz o efeito estufa e contribui para níveis menores de aquecimento global no planeta.
   e) a grande concentração de pessoas e os incentivos governamentais para a ampliação de atividades produtivas agrícolas e industriais, ao longo dos rios, têm contribuído para a redução da poluição dos recursos hídricos no planeta.

3. **SE** (Fuvest-SP)

Figura 1

Figura 2

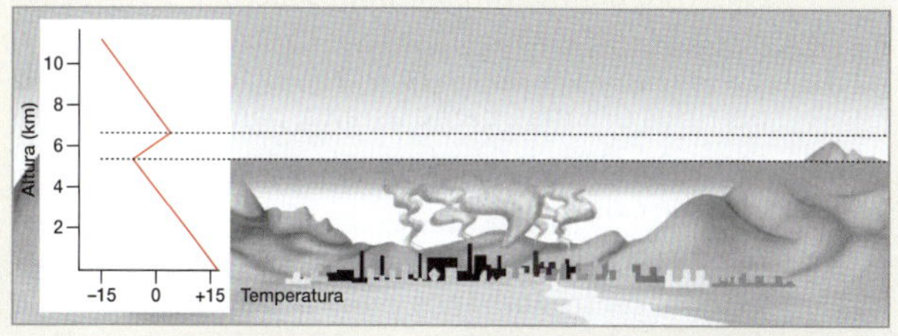

Disponível em: <www.cetesb.sp.gov.br>. Acesso em: 20 jun. 2009.

> Em algumas cidades, pode-se observar no horizonte, em certos dias, a olho nu, uma camada de cor marrom. Essa condição afeta a saúde, principalmente, de crianças e de idosos, provocando, entre outras, doenças respiratórias e cardiovasculares.
>
> Disponível em: <http://tempoagora.uol.com.br/noticias>. Acesso em: 20 jun. 2009. Adaptado.

As figuras e o texto acima referem-se a um processo de formação de um fenômeno climático que ocorre, por exemplo, na cidade de São Paulo. Trata-se de

   a) ilha de calor, caracterizada pelo aumento de temperaturas na periferia da cidade.
   b) zona de convergência intertropical, que provoca o aumento da pressão atmosférica na área urbana.
   c) chuva convectiva, caracterizada pela formação de nuvens de poluentes que provocam danos ambientais.
   d) inversão térmica, que provoca concentração de poluentes na baixa camada da atmosfera.
   e) ventos alísios de sudeste, que provocam o súbito aumento da umidade relativa do ar.

4. **NE** (UFPB) As ilhas de calor fazem parte do conjunto de fenômenos decorrentes da ação humana sobre o meio ambiente. A temperatura do ar atmosférico nos grandes centros urbanos é, muitas vezes, bem mais elevada do que nas áreas circundantes. Esse fenômeno também pode ser observado no interior de uma cidade, onde existem lugares específicos com temperaturas diferentes, de acordo com o uso e a ocupação do solo.

Esse fenômeno já foi constatado nas grandes metrópoles brasileiras, principalmente na cidade de São Paulo.

Com base no exposto e na literatura sobre o assunto, identifique as afirmativas corretas:

( ) A implantação de parques com áreas verdes favorece a absorção de calor nessas áreas, contribuindo, de maneira expressiva, para a formação de ilhas de calor.

( ) O entorno das grandes metrópoles brasileiras apresenta temperaturas superiores às constatadas nos seus centros, devido à concentração de vegetação nativa, que favorece a absorção de calor.

( ) A concentração de edifícios nos grandes centros urbanos interfere, de maneira significativa, na circulação dos ventos, dificultando a dissipação do calor.

( ) A elevada capacidade de absorção de calor das superfícies urbanas, como asfalto, paredes de tijolo e concreto, contribui fortemente para a formação de ilhas de calor.

( ) A escassez de áreas revestidas de vegetação, nos grandes centros urbanos, prejudica o albedo, ou seja, o poder refletor de determinada superfície, estabelecendo uma maior absorção de calor.

5. **SE** (Unicamp-SP)

> Segundo a base de dados internacional sobre desastres, da Universidade Católica de Louvain, Bélgica, entre 2000 e 2007, mais de 1,5 milhão de pessoas foram afetadas por algum tipo de desastre natural no Brasil. Os dados também mostram que, no mesmo período, ocorreram no país cerca de 36 grandes episódios de desastres naturais, com prejuízo econômico estimado em mais de US$ 2,5 bilhões.
>
> Adaptado de: MAFFRA, C. Q. T.; MAZZOLA, M. Vulnerabilidade ambiental: Desastres naturais ou fenômenos induzidos?. In: *Vulnerabilidade ambiental*. Brasília: Ministério do Meio Ambiente, 2007. p. 10.

É possível considerar que, no território nacional,

a) os desastres naturais estão associados diretamente a episódios de origem tectônica.

b) apenas a ação climática é o fator que justifica a marcante ocorrência dos desastres naturais.

c) a concentração das chuvas e os processos tectônicos associados são responsáveis pelos desastres naturais.

d) os desastres estão associados a fenômenos climáticos potencializados pela ação antrópica.

6. **CO** (Unemat-MT) As metrópoles são o ambiente que mais expressam a intervenção humana no meio natural.

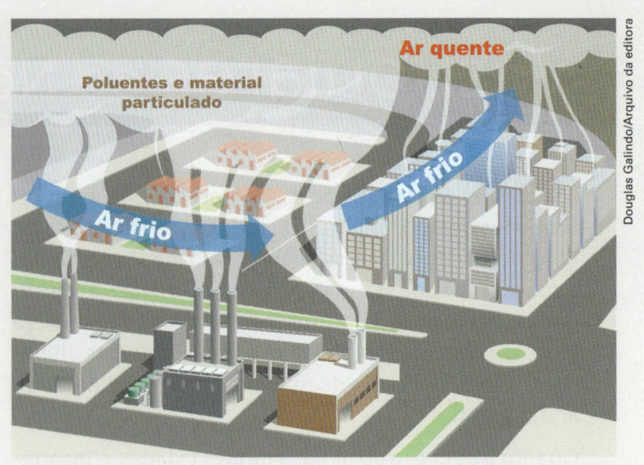

Geografia Pesquisa e Ação (2005)

A figura acima representa um fenômeno climático cada vez mais comum nas grandes cidades.

Assinale a alternativa que corresponde ao fenômeno representado na figura.

a) Chuvas ácidas.

b) Inversão térmica.

c) Ilha de calor.

d) *Smog*.

e) Efeito estufa.

7. **CO** (UFG-GO) Leia o texto a seguir.

> [...] A qualidade do ar da cidade não depende somente da quantidade de poluentes lançados pelas fontes emissoras, mas também da forma como a atmosfera age no sentido de concentrá-los ou dispersá-los. [...] Assume-se que os fenômenos de dispersão e remoção dos poluentes sejam comandados pelas feições regionais da atmosfera [...], pelos aspectos locais do clima urbano (ilhas de calor e circulação de ar) em consonância com as características da superfície urbana [...].
>
> TORRES, F. T. P.; MARTINS, L. A. Fatores que influenciam na concentração do material particulado na cidade de Juiz de Fora (MG). In: *Caminhos da Geografia*. Uberlândia (MG), 2005. v. 4, n. 16. p. 23-39. Adaptado.

O fenômeno descrito no texto é comum nas grandes áreas urbanas. Considerando-se essas informações e levando-se em conta a circulação geral da atmosfera em uma cidade situada na Região Metropolitana de São Paulo, durante a estação do inverno, contribuem para a concentração de poluentes no ar as condições do

a) tempo, relacionadas a grandes turbulências do ar.

b) clima, associadas ao encontro entre massas de ar.

c) clima, associadas a instabilidades atmosféricas.

d) tempo, favoráveis à dispersão do material particulado.

e) tempo, caracterizadas por estabilidade atmosférica.

CAPÍTULO

10 Hidrografia

Luciana Whitaker/Pulsar Imagens

Cataratas do Iguaçu, no lado argentino. Foto de 2013.

A distribuição das reservas de água no planeta é muito desigual. Por exemplo: o índice de chuvas chega próximo de zero em alguns desertos e supera 3 mil milímetros por ano em algumas regiões tropicais. Além disso, 97,5% da água estão nos oceanos e mares e, portanto, só podem ser utilizadas após dessalinização, o que aumenta muito seu custo. Dos 2,5% que restam – a água doce – somente cerca de 1/3 está disponível na superfície e no subsolo, o restante é constituído por geleiras e neves, portanto, de difícil utilização. Observe o gráfico desta página.

Neste capítulo veremos temas importantes para compreender a distribuição e a disponibilidade de água na superfície da Terra: o que são aquíferos e como eles se formam?; quais são os impactos ambientais que estão ocorrendo sobre eles?; como se formam e quais são as características dos rios e das bacias hidrográficas?. Vamos começar estudando a disponibilidade de água no mundo e no Brasil.

Disponibilidade de água no mundo

água salgada 97,5%

água doce 2,5%

geleiras polares e outras 69,5%

água subterrânea 30,1%

água de superfície e na atmosfera 0,4%

Lagos de água doce: **67,4%**
Subsolo: **20,7%**
Atmosfera: **9,5%**
Rios: **1,6%**
Biota: **0,8%**

Adaptado de: COLLEGE Atlas of the World. 2nd ed. Washington, D.C.: National Geographic/Wiley, 2010. p. 36.

Carroça usada para transporte de água em Malhada de Pedras (BA), em 2012. Há regiões do planeta onde a escassez de água é um sério problema.

Cesar Diniz/Pulsar Imagens

1 Pode faltar água doce?

O crescimento da população mundial é acompanhado por um correspondente aumento de demanda por água. Em muitas regiões do planeta, o consumo *per capita* de água também cresce em ritmo acelerado devido à melhoria do padrão de vida. Em 1900, cerca de 13% da população mundial vivia nas cidades; em 2013, segundo a ONU, os habitantes urbanos tinham atingido a marca de 53%. Esse aumento da população urbana se reflete num substancial acréscimo de consumo de água, porque nas cidades o uso doméstico *per capita* é, em geral, superior ao da zona rural.

As fontes de água doce, as mais vitais para os seres humanos, são justamente as que mais recebem poluentes. Muitos lugares do planeta, como cidades e zonas agrícolas, correm sério risco de ficar sem água. Quando a água precisa ser trazida de outros lugares seu custo eleva-se bastante.

O território brasileiro possui a maior disponibilidade de água doce do planeta, distribuída por uma densa rede hidrográfica que drena especialmente as regiões de climas mais úmidos. Essa disponibilidade é bastante desigual entre as regiões do país. A Amazônia possui 68,5% da água doce disponível em território brasileiro e o Centro-Oeste, 15,7%, enquanto as regiões densamente povoadas têm uma participação bem mais reduzida: o Sul possui 6,5%, o Sudeste, 6,0% e o Nordeste, 3,3%.

Quando observamos a disponibilidade *per capita* de água no mapa desta página, percebemos que muitas regiões em que esse recurso é naturalmente abundante acabam sofrendo com escassez em períodos de estiagem. É o caso, principalmente, das regiões metropolitanas e grandes cidades densamente povoadas. Observe no mapa que no Vale do rio Tietê (SP), uma região de clima tropical onde se concentram várias cidades de médio e grande porte e há predomínio de agricultura irrigada, a disponibilidade *per capita* de água é semelhante à encontrada em regiões de clima semiárido.

Brasil: disponibilidade de água (m³ *per capita*/ano)

Adaptado de: THÉRY, Hervé; MELLO, Neli Aparecida de. *Atlas do Brasil*: disparidades e dinâmicas do território. 2. ed. São Paulo: Edusp, 2009. p. 76.

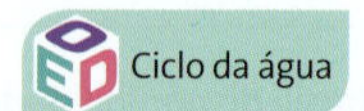

2 As águas subterrâneas

No estudo das águas correntes, paradas, oceânicas e subterrâneas, é importante considerar, de início, a água que provém da atmosfera. Ao entrar em contato com a superfície, a água das chuvas pode seguir três caminhos: escoar, infiltrar no solo ou evaporar. Por meio da evaporação, ela retorna à atmosfera. Já a água que se infiltra no solo e a que escoa pela superfície dirigem-se, pela ação da gravidade, às depressões ou às partes mais baixas do relevo, alimentando córregos, rios, lagos, oceanos ou aquíferos.

A água que se infiltra no solo alimenta os **aquíferos**. Nos períodos mais chuvosos, o **nível freático**, que é o limite dessa zona encharcada, se eleva, e na época de estiagem, abaixa. Ao cavar um poço, encontra-se água assim que o nível freático é atingido.

Distribuição de água no subsolo

água
infiltração
zona não saturada
zona saturada
poros
nível freático

Ilustrações: José Rodrigues/Arquivo da editora

Adaptado de: KARMANN, Ivo. Ciclo da água. In: TEIXEIRA, Wilson et al. (Org.). *Decifrando a Terra*. 2. ed. São Paulo: Oficina de Textos, 2009. p. 193.

Aquífero: zona encharcada do subsolo, ou seja, saturada de água. Camada de solo cujos poros encontram-se preenchidos por água. Essas camadas podem ser profundas ou mais próximas da superfície.

Posição do nível freático em relação ao vale

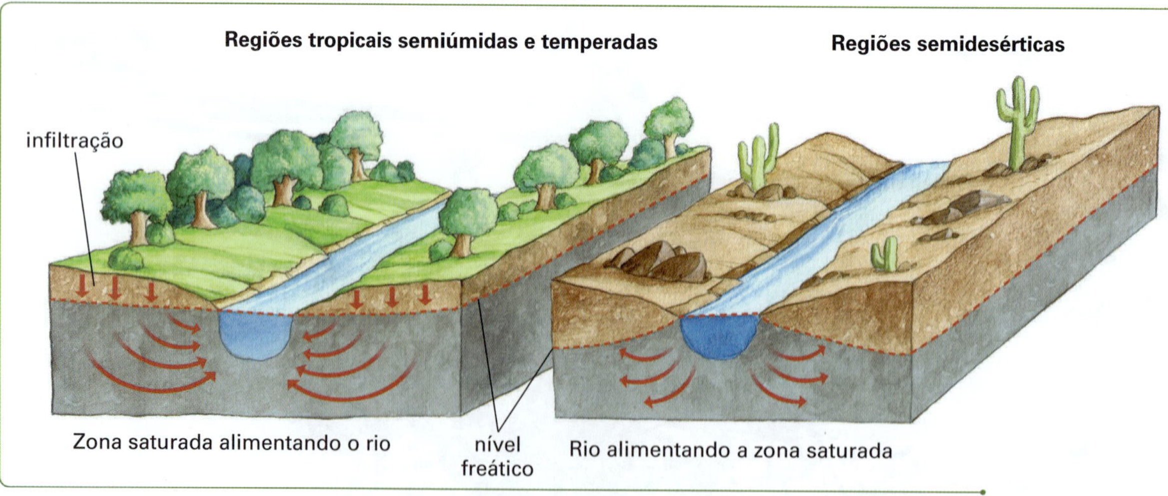

Adaptado de: KARMANN, Ivo. Ciclo da água. In: TEIXEIRA, Wilson et al. (Org.). *Decifrando a Terra*. 2. ed. São Paulo: Oficina de Textos, 2009. p. 194.

Quando o nível freático atinge a superfície, aparecem as nascentes dos rios. Em algumas regiões, principalmente nas tropicais semiúmidas e nas temperadas, o lençol freático abastece os rios em época de estiagem (neste caso os rios são chamados efluentes). Em outras, como nas regiões semidesérticas, são os rios que abastecem de água o solo quando chega a época da estiagem (rios influentes).

A água subterrânea também é muito importante para a manutenção da umidade do solo, que garante sua disponibilidade para a vegetação e para o abastecimento humano. Em regiões de clima árido e semiárido, ela pode ser o principal recurso hídrico disponível para a população e, às vezes, o único. Estima-se que metade da população mundial utilize a água subterrânea para suas necessidades diárias de consumo.

Por exemplo, segundo a Agência Nacional de Águas (ANA)[1] a população da Arábia Saudita, Dinamarca e Malta é abastecida exclusivamente por águas subterrâneas, enquanto França, Itália, Alemanha, Suíça, Áustria, Holanda, Marrocos e Rússia têm 70% de seu abastecimento humano obtido dessa forma. No Brasil, em Ribeirão Preto (SP), Maceió (AL), Mossoró (RN) e Manaus (AM), entre vários outros municípios, as águas subterrâneas também são amplamente utilizadas.

A maior disponibilidade de água subterrânea do Brasil é encontrada no aquífero Guarani, um dos maiores reservatórios de água doce do mundo. Ele possui uma área de 1,2 milhão de km² e abrange vários estados brasileiros, além de partes dos territórios do Paraguai, Argentina e Uruguai. Observe o mapa desta página.

Consulte o *site* da **Associação Brasileira de Águas Subterrâneas**. Veja orientações na seção **Sugestões de leitura, filme e *sites***.

Aquífero Guarani

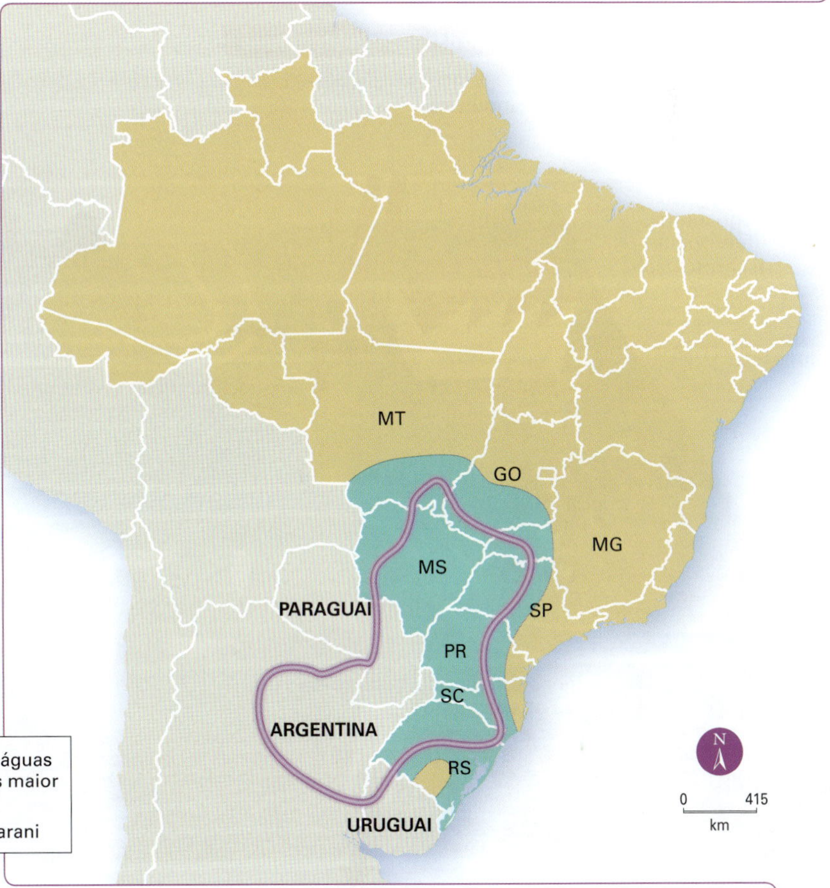

Allmaps/Arquivo da editora

Adaptado de: OEA. *Aquífero Guarani*: programa estratégico de ação. [s.l.] jan. 2009. p. 129, 141 e 143.

1 BRASIL. Ministério do Meio Ambiente. Secretaria de Recursos Hídricos. *Águas subterrâneas*: um recurso a ser conhecido e protegido. Brasília: 2007. p. 7. Disponível em: <http://pt.scribd.com/doc/54979720/10/Aguas-subterraneas-no-brasil>. Acesso em: 15 jan. 2014.

Outras leituras

Impactos sobre as águas subterrâneas

No Brasil, os problemas mais comuns das águas subterrâneas estão relacionados com a superexplotação, a poluição e a impermeabilização do solo.

a) Superexplotação

A superexplotação, ou seja, quando a extração de água ultrapassa o volume infiltrado, pode afetar o escoamento básico dos rios, secar nascentes, influenciar os níveis mínimos dos reservatórios, provocar subsidência (afundamento) dos terrenos, induzir o deslocamento de água contaminada, salinizar, provocar impactos negativos na biodiversidade e até mesmo exaurir completamente o aquífero.

Em áreas litorâneas, a superexplotação de aquíferos pode provocar a movimentação da água do mar no sentido do continente, ocupando os espaços deixados pela água doce (processo conhecido como intrusão da cunha salina).

b) Poluição das águas subterrâneas

[...] As fontes mais comuns de poluição e contaminação direta das águas subterrâneas são:

- **Deposição de resíduos sólidos no solo:** descarte de resíduos provenientes das atividades industriais, comerciais ou domésticas em depósitos a céu aberto, conhecidos como lixões. Nessas áreas, a água de chuva e o líquido resultante do processo de degradação dos resíduos orgânicos (denominado chorume) tendem a se infiltrar no solo, carregando substâncias potencialmente poluidoras, metais pesados e organismos patogênicos (que provocam doenças).
- **Esgotos e fossas:** o lançamento de esgotos diretamente sobre o solo ou na água, os vazamentos em coletores de esgotos e a utilização de fossas construídas de forma inadequada constituem as principais causas de contaminação da água subterrânea.

Principais fontes de contaminação das águas subterrâneas

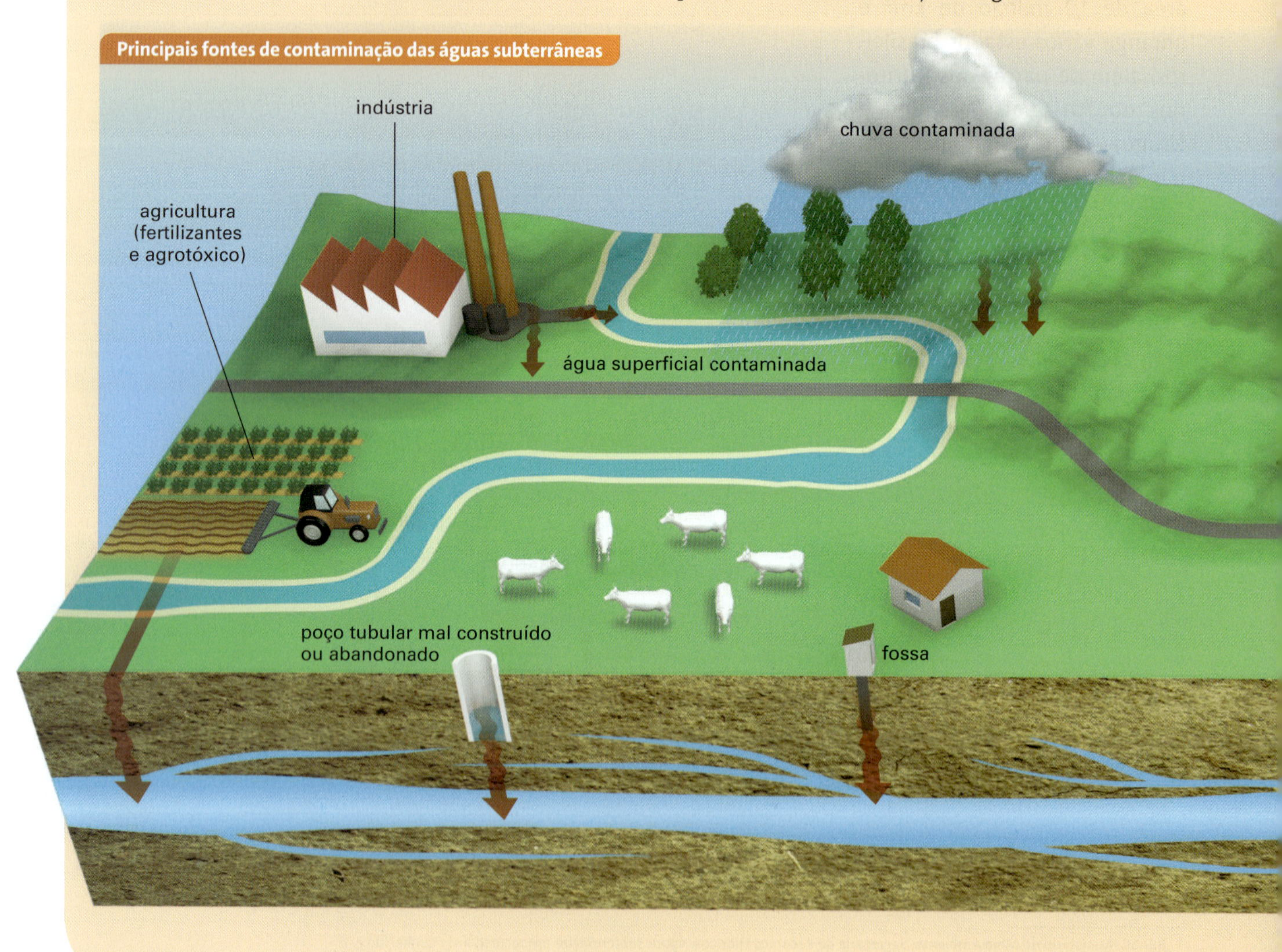

- **Atividades agrícolas:** fertilizantes e agrotóxicos utilizados na agricultura podem contaminar as águas subterrâneas com substâncias como compostos orgânicos, nitratos, sais e metais pesados. A contaminação pode ser facilitada pelos processos de irrigação mal manejados em que, ao se aplicar água em excesso, tende-se a facilitar que estes contaminantes atinjam os aquíferos.
- **Mineração:** a exploração de alguns minérios, com ou sem utilização de substâncias químicas em sua extração, produz rejeitos líquidos e/ou sólidos que podem contaminar os aquíferos.
- **Vazamento de substâncias tóxicas:** vazamentos de tanques em postos de combustíveis, oleodutos e gasodutos, além de acidentes no transporte de substâncias tóxicas, combustíveis e lubrificantes.
- **Cemitérios:** fontes potenciais de contaminação da água, principalmente por microrganismos.

c) Impermeabilização

O crescimento das cidades causa diversos impactos ao meio ambiente, refletindo diretamente na qualidade e quantidade da água. A impermeabilização do solo a partir da construção de casas, prédios, do asfaltamento de ruas, da ausência de jardins e parques, entre outros, reduz a capacidade de infiltração da água no solo.

Como a água não encontra locais para infiltrar, acaba escoando pela superfície, adquirindo velocidade nas áreas de declive acentuado, em direção às partes baixas do relevo. Os resultados desse processo são bastante conhecidos: redução do volume de água na recarga dos aquíferos, erosão dos solos, enchentes e **assoreamento** dos cursos de água.

Assoreamento: preenchimento de um leito fluvial, de um lago.

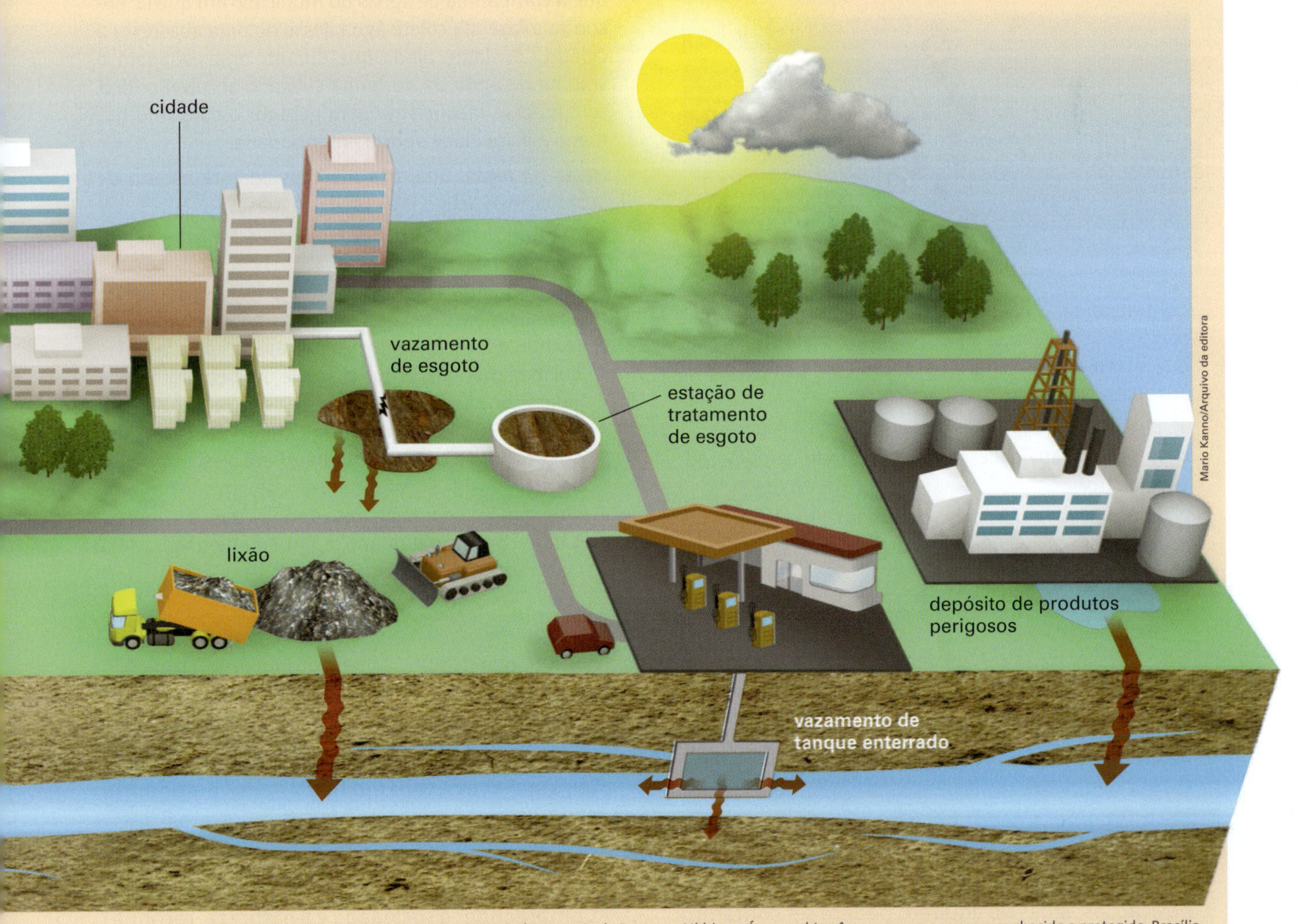

Adaptado de: BRASIL. Ministério do Meio Ambiente/Secretaria de Recursos Hídricos. *Águas subterrâneas*: um recurso a ser conhecido e protegido. Brasília: 2007. p. 18-20. Disponível em: <http://pt.scribd.com/doc/54979720/10/Aguas-subterraneas-no-brasil>. Acesso em: 15 jan. 2014.

Pensando no Enem

1. O aquífero Guarani se estende por 1,2 milhão de km^2 e é um dos maiores reservatórios de águas subterrâneas do mundo. O aquífero é como uma "esponja gigante" de arenito, uma rocha porosa e absorvente, quase totalmente confinada sob centenas de metros de rochas impermeáveis. Ele é recarregado nas áreas em que o arenito aflora à superfície, absorvendo água da chuva. Uma pesquisa realizada em 2002 pela Embrapa apontou cinco pontos de contaminação do aquífero por agrotóxico, conforme a figura:

Considerando as consequências socioambientais e respeitando as necessidades econômicas, pode-se afirmar que, diante do problema apresentado, políticas públicas adequadas deveriam

a) proibir o uso das águas do aquífero para irrigação.
b) impedir a atividade agrícola em toda a região do aquífero.
c) impermeabilizar as áreas onde o arenito aflora.
d) construir novos reservatórios para a captação da água na região.
e) controlar a atividade agrícola e agroindustrial nas áreas de recarga.

Resolução

- O aquífero Guarani estende-se por diferentes províncias e estruturas geológicas. Consequentemente, suas águas apresentam grande variação de composição química, sendo potáveis em algumas áreas e impróprias para abastecimento ou irrigação em outras. Além das diferenças naturais em sua composição, as águas do aquífero podem ser contaminadas pelas águas das chuvas que nele infiltram, daí a necessidade de controle das condições ambientais, evitando a contaminação dos solos por atividades agrícolas, industriais, instalação de lixões e quaisquer outras fontes de poluição. A alternativa correta, portanto, é a **E**.

2. O artigo 1º da Lei Federal n. 9 433/1997 (Lei das Águas) estabelece, entre outros, os seguintes fundamentos:

I. a água é um bem de domínio público;

II. a água é um recurso natural limitado, dotado de valor econômico;

III. em situações de escassez, os usos prioritários dos recursos hídricos são o consumo humano e a dessedentação de animais;

IV. a gestão dos recursos hídricos deve sempre proporcionar o uso múltiplo das águas.

Considere que um rio nasça em uma fazenda cuja única atividade produtiva seja a lavoura irrigada de milho e que a companhia de águas do município em que se encontra a fazenda colete água desse rio para abastecer a cidade. Considere, ainda, que, durante uma estiagem, o volume de água do rio tenha chegado ao nível crítico, tornando-se insuficiente para garantir o consumo humano e a atividade agrícola mencionada.

Nessa situação, qual das medidas adiante estaria de acordo com o artigo 1º da Lei das Águas?

a) Manter a irrigação da lavoura, pois a água do rio pertence ao dono da fazenda.
b) Interromper a irrigação da lavoura, para se garantir o abastecimento de água para consumo humano.
c) Manter o fornecimento de água apenas para aqueles que pagam mais, já que a água é um bem dotado de valor econômico.
d) Manter o fornecimento de água tanto para a lavoura quanto para o consumo humano, até o esgotamento do rio.
e) Interromper o fornecimento de água para a lavoura e para o consumo humano, a fim de que a água seja transferida para outros rios.

Resolução

- Segundo o Inciso III da Lei das Águas, em situações de escassez os usos prioritários dos recursos hídricos são o consumo humano e a dessedentação de animais. Portanto, em caso de estiagem deve-se priorizar o abastecimento humano em detrimento da produção agrícola. A alternativa correta é a **B**.
- Considerando a Matriz de Referência do Enem, estas questões trabalham a **Competência de área 6 – Compreender a sociedade e a natureza, reconhecendo suas interações no espaço em diferentes contextos históricos e geográficos**.

O poço e a fossa

Onde não há **saneamento básico** (água encanada e sistema de coleta de esgotos), as residências costumam ser abastecidas com água de poços e o esgoto é despejado em fossas. Os poços são cavidades circulares construídas para atingir um aquífero, podendo ser cavados manualmente ou por meio de equipamentos que atinjam grandes profundidades. Quando a água do poço chega à superfície do solo sem necessidade de bombeamento, esse poço é chamado **artesiano**.

Consulte o *site* da **Sabesp**, **Codevasf** e **Caesb**. Veja orientações na seção **Sugestões de leitura, filme e *sites***.

Podemos encontrar três tipos de fossas: a fossa negra, a fossa seca e a fossa séptica. Das três, a fossa séptica, graças às suas paredes impermeabilizadas, é a mais salubre, pois é a que oferece menos risco de poluir os aquíferos. A fossa negra é a mais condenável, pois geralmente é aberta a pequenas distâncias (entre 1,5 m e 20 m) dos lençóis freáticos ou dos poços, permitindo a contaminação da água. A fossa seca tem as mesmas características da fossa negra, mas é construída a uma distância superior a 20 metros em relação ao lençol freático.

As fossas sépticas constituem um aparelho sanitário por meio do qual os microrganismos presentes nos dejetos humanos transformam a matéria orgânica em substâncias minerais. Essas substâncias podem, então, entrar em contato com o solo e com o lençol freático sem o risco de contaminação.

É comum a abertura de poços próximos às fossas. Mas eles devem ser perfurados num local do terreno mais alto que o da fossa, e a distância entre eles deve ser de, no mínimo, 10 m. Quando a fossa é negra ou seca, ou, ainda, se é uma fossa séptica que apresenta vazamento, a água da chuva infiltra no solo, atravessa a fossa e depois atinge o poço, poluindo-o.

As paredes impermeabilizadas das fossas sépticas evitam a contaminação dos solos e dos aquíferos, o que só acontece em casos de vazamento, como mostra a ilustração.

Adaptado de: HIRATA, Ricardo. Recursos hídricos. In: TEIXEIRA, Wilson et al. (Org.). *Decifrando a Terra*. São Paulo: Oficina de Textos, 2008. p. 437.

Poço para obtenção de água na zona rural de Taquaritinga (SP), 2013. Se houvesse alguma fossa nas proximidades, o poço estaria com a água contaminada.

"Poucos rios surgem de grandes nascentes, mas muitos crescem recolhendo filetes de água."

Ovídio (43-17 a.C.), poeta romano.

3 Redes de drenagem e bacias hidrográficas

Os maiores rios são pequenos córregos nas proximidades de suas nascentes. À medida que avançam para a foz, isto é, de seu alto curso (ou **montante**) para o baixo curso (ou **jusante**), vão recebendo água de seus afluentes. Com isso ocorre um aumento gradativo no volume de água, aprofundando e/ou alargando o leito do rio, como lembra o poeta Ovídio.

O leito do rio é o trecho recoberto pelas águas, sendo sua largura variável conforme a quantidade de água existente no canal ao longo do ano. As margens são as partes laterais que demarcam o leito fluvial. Tomando-se o sentido do escoamento das águas, ou seja, olhando em direção à jusante, distinguimos a margem direita e a margem esquerda.

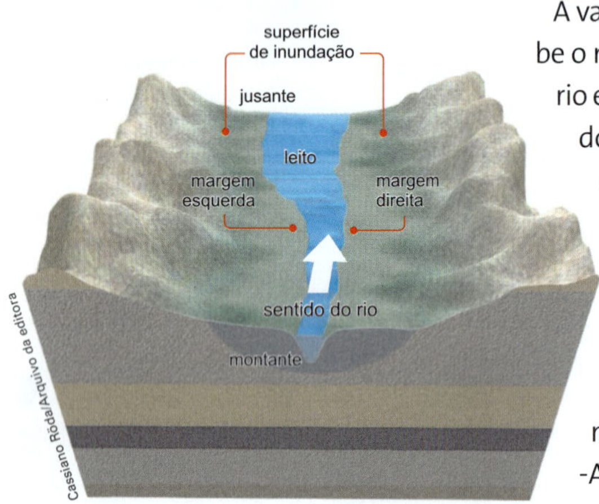

Organizado pelos autores

A variação na quantidade de água no leito do rio ao longo do ano recebe o nome de **regime**. Em determinada época do ano o nível de água do rio está baixo: é a chamada **vazante**; quando o volume de água é elevado, ocorre a **cheia** e, se as águas subirem muito, alagando grandes áreas, ocorrem as **enchentes**.

Se a variação do nível das águas depende exclusivamente da chuva, dizemos que o rio tem regime **pluvial**; se depende do derretimento de neve, o regime é **nival**; se de geleiras, é **glacial**. Muitos rios apresentam regime **misto** ou **complexo**, como no Japão, onde são alimentados pela chuva e pelo derretimento da neve das montanhas. No Brasil, apenas o rio Solimões-Amazonas tem esse regime, pois uma pequena quantidade de suas águas provém do derretimento de neve da cordilheira dos Andes, no Peru, onde se localiza sua nascente. Todos os demais rios brasileiros possuem regime pluvial simples, associado aos tipos climáticos regionais.

No período das cheias, a **calha** de muitos rios não suporta o escoamento de um volume maior de chuvas e as águas passam a ocupar um leito maior, a **várzea**, também chamada **planície de inundação**. A várzea pertence ao rio tanto quanto suas margens. Portanto, ocupar uma área de várzea com casas, fábricas, armazéns, etc. significa construir sobre uma parte integrante do rio onde podem ocorrer inundações periódicas.

Quanto à configuração de seus **canais**, os rios possuem quatro padrões, como se pode observar no boxe da página a seguir.

Inundação na várzea do rio Tietê, em São Paulo (SP). Embora o rio tenha sido canalizado, as enchentes continuam ocorrendo, como vemos nesta foto de 2011, e só constituem um problema porque a várzea do rio foi ocupada.

Para saber mais

Os canais fluviais

Os rios apresentam variados tipos de canais porque estão sujeitos a diferentes condições de clima, atravessam uma diversidade de formas de relevo, de tipos de rochas e de solo. Além disso, a densidade da vegetação nas suas margens é diversa, assim como a largura e a profundidade de seu leito.

Cada rio tem suas próprias características, que podem variar bastante ao longo de seu curso. Observe:

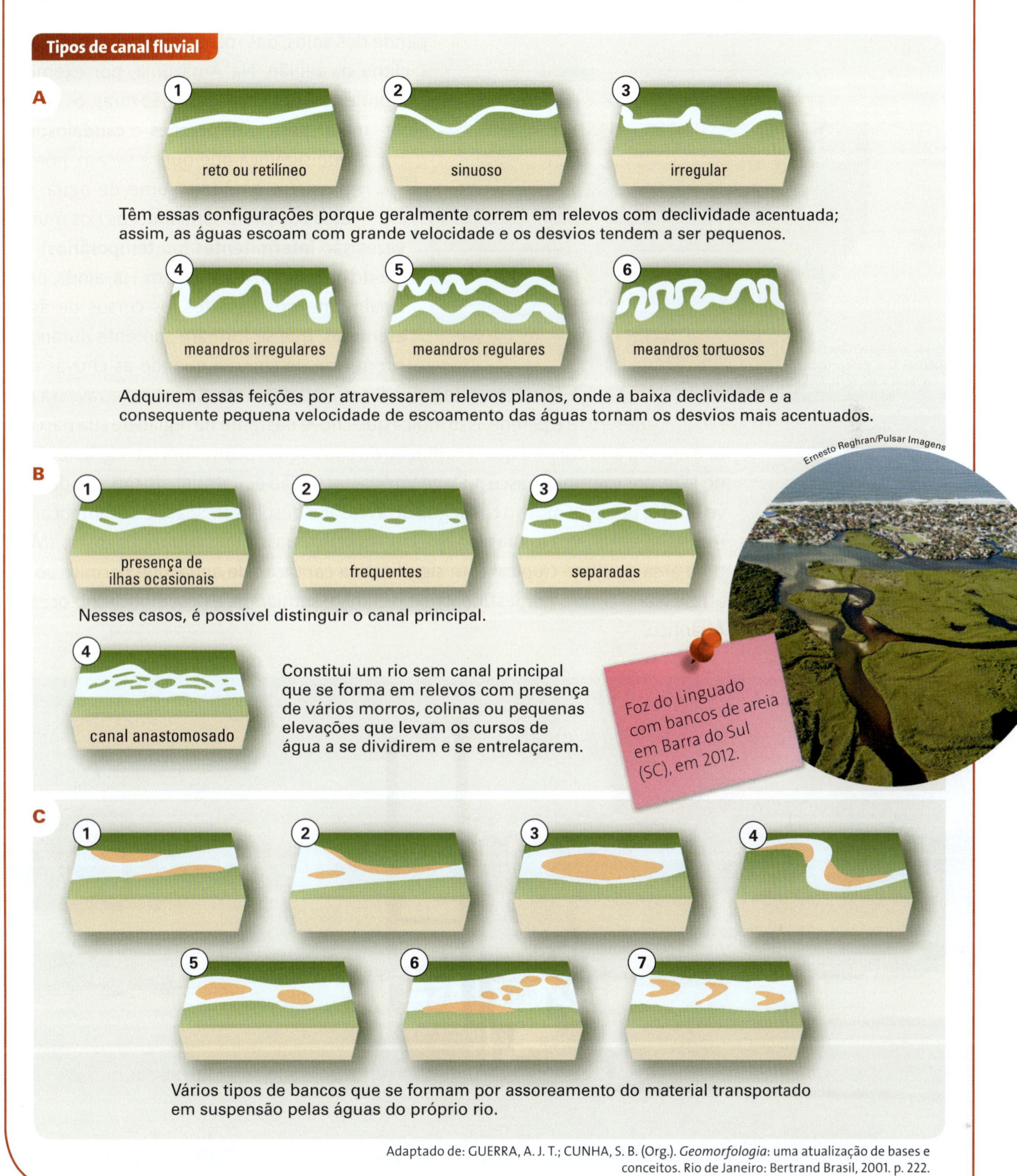

Adaptado de: GUERRA, A. J. T.; CUNHA, S. B. (Org.). *Geomorfologia*: uma atualização de bases e conceitos. Rio de Janeiro: Bertrand Brasil, 2001. p. 222.

As porções mais altas do relevo, sejam regiões serranas, planálticas, sejam simples colinas, funcionam como **divisores de águas**, que delimitam as **bacias hidrográficas**. Por elas converge toda a água das chuvas que escoa ao longo das **vertentes** (encostas do relevo) em direção aos seus pontos mais baixos, os fundos dos vales, onde se localizam os córregos e os rios. Assim, as bacias hidrográficas são constituídas pelas vertentes e pela rede de rios principais, afluentes e subafluentes, cujo conjunto forma uma **rede de drenagem**. Observe abaixo a ilustração que representa uma bacia hidrográfica.

Rede de drenagem: traçado dos rios e demais cursos de água sobre o relevo.

divisor de águas
vertente
rede de drenagem
fundo de vale
vertente
rede de drenagem
fundo de vale
Bacia hidrográfica do rio A
Bacia hidrográfica do rio B

Adaptado de: GROTZINGER, John; JORDAN, Tom. *Para entender a Terra*. 6. ed. Porto Alegre: Bookman, 2013. p. 510.

O volume de água de uma bacia hidrográfica depende dos solos, das rochas e principalmente do clima da região. Na Amazônia, por exemplo, onde as longas estiagens são raras, os rios de maior porte são **perenes** e **caudalosos**, o que significa que nunca secam, porque possuem grande volume de água. Em áreas de clima semiárido, os rios muitas vezes são **intermitentes** (ou **temporários**), secando no período de estiagem. Há, ainda, principalmente nos desertos, os cursos de água **efêmeros**, que se formam somente durante a ocorrência de chuvas; quando as chuvas cessam, tais rios secam rapidamente. Se um rio atravessa um deserto e é perene, isso indica que chove bastante na região de sua nascente e em seu alto curso, e que a captação de suas águas ocorre fora da região árida. O rio Nilo, por exemplo, nasce no lago Vitória, na região equatorial africana, onde chove muito; por esse motivo consegue atravessar o deserto do Saara e desembocar no mar Mediterrâneo. No Brasil, o rio São Francisco nasce na serra da Canastra (MG), uma área de clima tropical com significativa captação de água, que permite ao rio atravessar o Sertão nordestino, onde o clima é semiárido, e desembocar no oceano Atlântico.

O assoreamento pode comprometer a navegação, o abastecimento de água e a produção de hidreletricidade. Na foto, draga desassoreando o rio Paraguai em Cáceres (MT), em 2012.

Mario Friedlander/Pulsar Imagens

A inter-relação existente entre os elementos da natureza é bastante evidente no interior das bacias hidrográficas. Qualquer modificação que ocorra nessas bacias, como escorregamentos de terra, sulcos ou outras formas de erosão nas vertentes, desmatamento, aumento das manchas urbanas, etc., altera a quantidade de água que se infiltra no subsolo e alimenta os aquíferos, e altera também a quantidade de sedimentos que são transportados para o leito dos rios. Como resultado, o processo de assoreamento pode ser intensificado ou reduzido e as superfícies de inundação podem ser ampliadas ou diminuídas.

As bacias hidrográficas são importantes para a irrigação agrícola e o fornecimento de água potável à população. Os rios de planalto que apresentam grande desnível ao longo de seu curso podem ser aproveitados para a produção de hidreletricidade. Nesse caso, por causa da construção das barragens, a navegação depende da construção de **eclusas** para que as embarcações possam passar de um nível a outro. Veja a foto abaixo.

Os **rios de planície**, bem como os lagos, são facilmente navegáveis, desde que não se formem bancos de areia em seu leito (comum em áreas onde o solo está exposto à erosão) e não ocorra grande diminuição do nível das águas. Essas condições desfavoráveis podem impedir a navegação de embarcações com maior calado (a parte da embarcação que fica abaixo do nível da água).

Os lagos são depressões do relevo preenchidas por água (observe a foto abaixo). Podem ser temporários ou permanentes e ter diversas origens: movimentos tectônicos provocando o surgimento de depressões, movimento de geleiras escavando vales, meandros que ficaram isolados do curso de um rio, pequenas depressões de várzeas, crateras de vulcões, etc. Em regiões de estrutura geológica antiga, como no território brasileiro, a maioria das depressões já foi preenchida por sedimentos e tornaram-se bacias sedimentares.

Mauricio Simonetti/Pulsar Imagens

Barcaça entrando na eclusa da barragem da usina de Nova Avanhandava, em Buritama (SP), em 2010. Observe, ao fundo, a torre em nível superior, ao qual a barcaça será elevada.

Consulte o *site* do **Ministério do Meio Ambiente**. Veja orientações na seção **Sugestões de leitura, filme e *sites***.

Ao fim de um período de glaciação, as depressões escavadas pelo lento movimento das geleiras são preenchidas pelas águas da chuva e dos rios, formando lagos glaciais, muito comuns no Canadá e nos países escandinavos. Na foto de 2012, lago glacial em Alberta, no Canadá.

Robert Bush/Alamy/Other Images

Bacias hidrográficas brasileiras

O Brasil, em razão de sua grande extensão territorial e da predominância de climas úmidos, possui uma extensa e densa rede hidrográfica. Os rios brasileiros têm diversos usos, como o abastecimento urbano e rural, a irrigação, o lazer e a pesca. O transporte fluvial, embora ainda pouco utilizado, vem adquirindo cada vez mais importância no país. Em regiões planálticas, nossos rios apresentam um enorme potencial hidrelétrico (capacidade de geração de energia), bastante explorado no Centro-Sul e nos rios São Francisco e Tocantins, com tendência de crescimento na Amazônia e Centro-Oeste.

A seguir, veja as características da hidrografia brasileira.

- O Brasil não possui lagos tectônicos, pois as depressões tornaram-se bacias sedimentares. Em nosso território só há lagos de várzea (temporários, muito comuns no Pantanal) e lagunas ou lagoas costeiras (como a dos Patos, no Rio Grande do Sul, e a Rodrigo de Freitas, no Rio de Janeiro, ambas formadas por restingas, como estudamos no capítulo 6), além de centenas de represas e açudes resultantes da construção de barragens.
- Todos os rios brasileiros, com exceção do Amazonas, possuem regime simples pluvial.
- Todos os rios do país são exorreicos (*exo*, 'fora' em grego), possuem drenagem que se dirige ao oceano, para fora do continente. Mesmo os endorreicos (*endo*, 'dentro' em grego), que correm para o interior do continente, têm como destino final de suas águas o oceano, como acontece com o Tietê, o Paranaíba e o Iguaçu, entre outros afluentes do rio Paraná, que deságuam no mar (no **estuário** do rio da Prata, entre o Uruguai e a Argentina).
- Considerando-se os rios de maior porte, só encontramos regimes temporários no Sertão nordestino, onde o clima é semiárido. No restante do país, os grandes rios são perenes.
- Predominam os rios de planalto, muitos dos quais escoam por áreas de elevado índice pluviométrico. A existência de muitos desníveis no relevo e o grande volume de água proporcionam grande potencial hidrelétrico.

Estuário: foz de rio em encontro com o mar aberto, ocorrendo influência das marés e mistura de água salina do oceano com a água doce proveniente do continente; a foz em estuário é livre, sem formação dos braços que caracterizam os deltas.

Rio Grande próximo à sua foz com o rio São Francisco, em Barra (BA).

Zig Koch / Natureza Brasileira

O curso de um rio

- Em vários pontos do país há corredeiras, cascatas e, em algumas áreas, rios subterrâneos (atravessando cavernas), o que favorece o turismo. As cataratas do Iguaçu, situadas no rio de mesmo nome na fronteira Brasil-Argentina, nas proximidades da cidade de Foz do Iguaçu (PR), atraem visitantes de todo o mundo. Outras quedas-d'água de mesmo porte desapareceram nos últimos quarenta anos com a construção de represas de hidrelétricas, como as cataratas de Sete Quedas, no rio Iguaçu, que foi inundada com a construção da usina de Itaipu.

Fabio Colombini/Acervo do fotógrafo

Foz em estuário com formação de restinga na ilha do Cardoso (SP), em 2012. A maioria dos rios brasileiros possui esse tipo de foz, ou seja, deságua livremente no mar.

- Na região amazônica os rios têm grande importância como vias de transporte. Neles há barcos de todo tipo e tamanho, transportando pessoas e mercadorias. Nas demais regiões a navegação vem crescendo nos últimos anos, sobretudo na bacia Platina, onde uma sequência de eclusas já permite a navegação em um trecho de 1 400 quilômetros. É a hidrovia Tietê-Paraná (veja a foto da página 209).

Observe ao lado o mapa das principais bacias hidrográficas brasileiras e suas características mais importantes.

- **Bacia do rio Amazonas (ou Amazônica):** a maior bacia hidrográfica do planeta. Drena 56% do território brasileiro (3,8 milhões de km²) e tem suas vertentes delimitadas pelos divisores de água da cordilheira dos Andes, pelo planalto das Guianas e pelo planalto Central. Seu rio principal nasce no córrego Apacheta, no Peru, onde o curso de água recebe ainda os nomes de Lloqueta, Apurimac, Ene, Tambo e Ucayali; passa a ser denominado Solimões da fronteira brasileira até o encontro com o rio Negro e, a partir daí, recebe o nome de Amazonas. É o rio mais extenso (6 992 km no total) e de maior volume de água do planeta. Sua vazão média é de cerca de 132 mil m³/s e representa cerca de 18% da água doce que todos os rios do planeta lançam no oceano. Esse fato é explicado pela presença de afluentes nos dois hemisférios (norte e sul), o que permite dupla captação das cheias de verão.

Allmaps/Arquivo da editora

Adaptado de: AGÊNCIA NACIONAL DE ÁGUAS (ANA). Disponível em: <www.ana.gov.br>. Acesso em: 15 jan. 2014.

Alberto Cesar Araujo/Folhapress

Os afluentes do rio Amazonas nascem, em sua maioria, no planalto das Guianas e no planalto Central, possuindo o maior potencial hidrelétrico disponível do país – em 2014 estavam sendo construídas as usinas de Jirau e Santo Antônio no rio Madeira, e havia outras cinco projetadas para o rio Tapajós. Ao atingirem as terras baixas, tornam-se rios navegáveis. O rio Amazonas, que corre no centro da planície, é inteiramente navegável. Em território brasileiro, da divisa com o Peru até a foz, o rio Amazonas percorre mais de 3 mil km e tem uma variação altimétrica de apenas 65 metros.

Encontro das águas dos rios Solimões e Negro, em Manaus (AM), em 2011. Ao se juntarem, eles formam o rio Amazonas.

Consulte a indicação do filme **No rio das Amazonas**. Veja orientações na seção **Sugestões e leitura, filme e *sites***.

- **Bacia do rio Tocantins-Araguaia:** esta bacia drena 11% do território nacional (922 mil km^2) e possui vazão média de cerca de 13 mil m^3/s. No Bico do Papagaio, região que abrange parte dos estados do Tocantins, do Pará e do Maranhão, o rio Tocantins recebe seu principal afluente, o Araguaia, onde se encontra a maior ilha fluvial do mundo, a do Bananal. O rio Tocantins é utilizado para escoar parte da produção de grãos (principalmente soja) das regiões próximas e nele foi construída, em 2010, a usina hidrelétrica de Tucuruí, a segunda maior do país.
- **Bacias do Paraná, Paraguai e Uruguai:** estas bacias drenam 16% do território brasileiro (1,4 milhão de km^2) e são subdivisões da **bacia do rio da Prata (ou Platina)**, a segunda maior bacia hidrográfica do planeta. Vejamos seus rios mais importantes:

  Paraná: principal rio da bacia Platina, é formado pelos rios Grande e Paranaíba, na junção dos estados de São Paulo, Minas Gerais e Mato Grosso do Sul. Possui vazão média de 11,4 mil m^3/s e o maior potencial hidrelétrico instalado do país. Cerca de 600 km a jusante, delimita a fronteira entre o Brasil e o Paraguai, depois entre esse país e a Argentina, e em seguida percorre o território argentino até sua foz no oceano Atlântico, no estuário do rio da Prata.

Ismar Ingber/Tyba

Vista aérea do rio Tocantins em Imperatriz (MA), em 2012.

Paraguai: segundo dos grandes rios da bacia Platina, nasce em Mato Grosso, atravessa o relevo plano do Pantanal e avança pelo Paraguai até encontrar o rio Paraná. Com vazão média de 2,4 mil m³/s, é o segundo grande rio de planície do país, percorrendo 1 400 km em território brasileiro. O Paraguai e o trecho final do Paraná formam uma via naturalmente navegável, desde Cáceres, Mato Grosso, até Buenos Aires, Argentina, e Montevidéu, Uruguai (no trecho brasileiro, o Paraná é navegável, mas necessita de eclusas para vencer as barragens das represas).

Uruguai: com vazão média de 4,1 mil m³/s, percorre a fronteira Brasil-Argentina e a Uruguai-Argentina até desembocar no rio da Prata.

- **Bacia do rio São Francisco:** embora esta seja a menor das quatro grandes bacias hidrográficas brasileiras, ela é responsável pela drenagem de 7,5% do território nacional (639 mil km²) e possui uma vazão média de 2,8 mil m³/s. O rio São Francisco nasce na serra da Canastra, em Minas Gerais, atravessa o sertão semiárido e desemboca no oceano Atlântico, entre os estados de Sergipe e Alagoas. Tem poucos afluentes e é aproveitado para irrigação e navegação (entre Pirapora-MG e Juazeiro-BA), além de gerar grande quantidade de energia hidrelétrica, principalmente no seu curso inferior.

As barcaças que utilizam a hidrovia Tietê-Paraná transportam grãos e muitos outros produtos agrícolas. Na foto, transporte de soja em trecho desta hidrovia em Bariri (SP), em 2010.

Mauricio Simonetti/Pulsar Imagens

- **Bacia do rio Parnaíba:** drena 3,9% do território nacional e é a segunda mais importante da região Nordeste. Como parte dessa bacia está localizada em região de clima semiárido, apresenta pequena vazão média ao longo do ano (763 m³/s ou 0,5% do total do país). Possui afluentes temporários e, a jusante de Teresina (PI), alguns são perenes.
- **Bacias atlânticas ou costeiras:** o Brasil possui cinco conjuntos, ou agrupamentos de rios, chamados bacias hidrográficas do Atlântico: Nordeste Ocidental, Nordeste Oriental, Leste, Sudeste e Sul. As bacias que compõem cada um desses conjuntos não possuem ligação entre si; elas foram agrupadas por sua localização geográfica ao longo do litoral. O rio principal de cada uma delas tem sua própria bacia hidrográfica. Por exemplo, as bacias do Sudeste são formadas pelo agrupamento das bacias dos rios Paraíba do Sul, Doce e Ribeira de Iguape.

Atividades

Compreendendo conteúdos

1. Como se dá o abastecimento de água em um rio? Como se formam as nascentes?
2. Defina bacia hidrográfica e rede de drenagem.
3. Explique o que é assoreamento e quais são as suas consequências.
4. Por que os rios, especialmente em trechos de planície, possuem um leito maior e um leito menor? Mencione as consequências de não se levar em consideração esse fato na ocupação das várzeas de muitos rios, principalmente nas cidades.
5. Quais são as principais formas de aproveitamento econômico dos rios brasileiros?

Desenvolvendo habilidades

6. Observe a ilustração abaixo, que mostra o consumo indireto de água para produzir alguns alimentos. Isso ocorre porque a água é utilizada na irrigação das plantações e pastos e consumida pelos animais, além de muitos outros usos dentro da cadeia de produção dos alimentos.

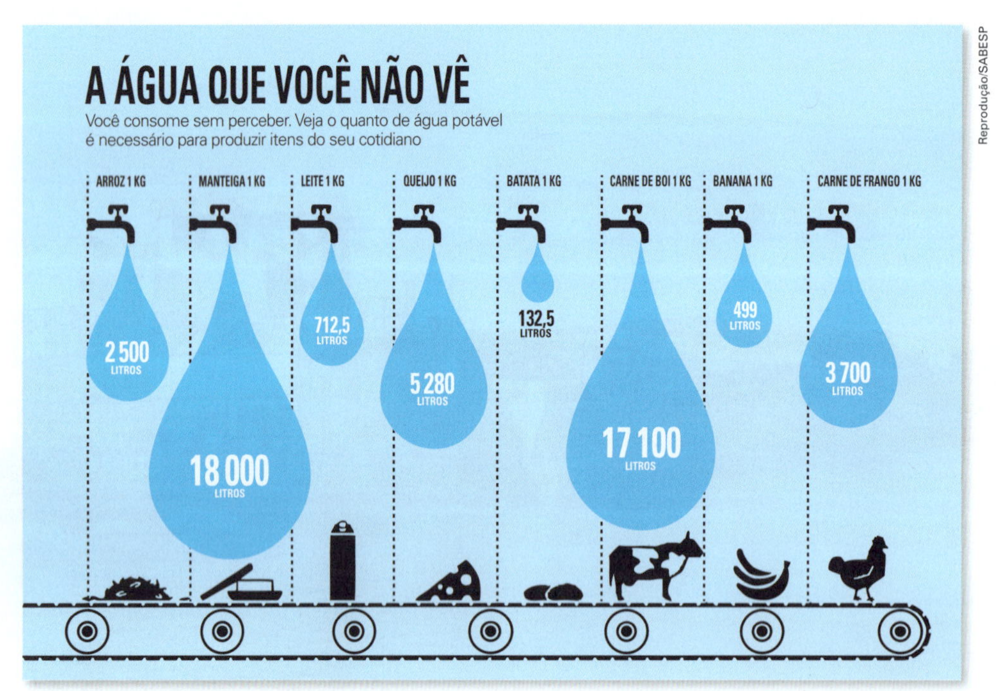

COMPANHIA de Saneamento Básico do Estado de São Paulo (SABESP).

Observe também este informativo, que mostra o desperdício de água quando esquecemos a torneira aberta.

Escreva um pequeno texto sobre a importância de evitarmos o desperdício para a busca do desenvolvimento sustentável. Em seguida, mostre seu texto para os colegas e comparem as respostas.

RIO DE JANEIRO (Estado). Companhia Estadual de Águas e Esgotos (Cedae). Disponível em: <www.cedae.com.br>. Acesso em: 15 jan. 2014.

Vestibulares de Norte a Sul

1. **NE** (UFPB) As águas subterrâneas são importantes reservatórios encontrados abaixo da superfície terrestre, em rochas porosas e permeáveis. Esses reservatórios, denominados de aquíferos, encontram-se em diferentes profundidades e sua exploração vem aumentando consideravelmente nos últimos anos. Considerando o exposto e a literatura sobre as águas subterrâneas, é correto afirmar:
   a) As águas subterrâneas são sempre potáveis e livres de qualquer tipo de contaminação oriunda da superfície.
   b) O uso excessivo da água subterrânea na agricultura pode elevar o nível do aquífero e comprometer a fertilidade do solo.
   c) Os aquíferos podem ser explorados, sem a necessidade de autorização do órgão competente, por qualquer cidadão, desde que seja o proprietário do terreno.
   d) O rompimento de tanques de combustíveis e de fossas residenciais é incapaz de contaminar os aquíferos, pois a profundidade impede o contato desses contaminantes.
   e) As atividades agrícolas desenvolvidas na superfície, como a adubação excessiva e o uso de agrotóxicos, podem contaminar os aquíferos.

2. **CO** (UFG-GO) Analise os mapas a seguir.

Classificação do relevo brasileiro

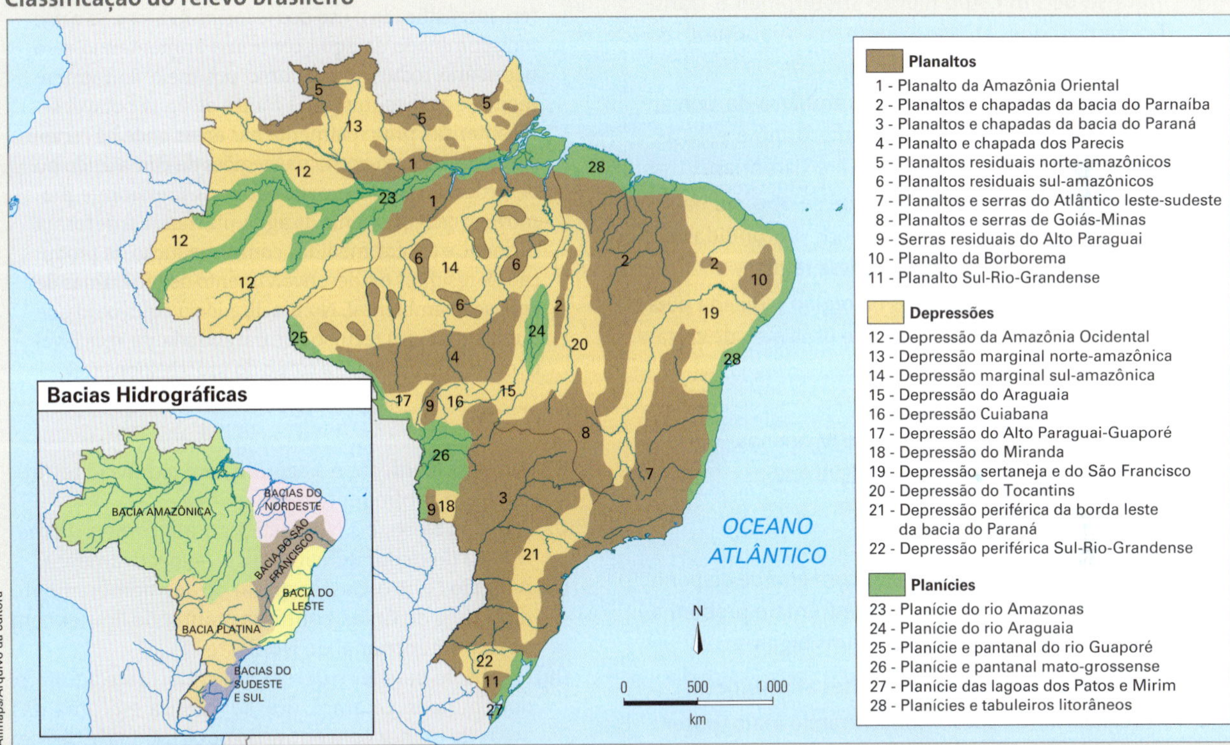

ROSS, J. L. S. (Org.). *Geografia do Brasil*. São Paulo: Edusp, 1998. p. 53. (Mapa do relevo). (Adaptado). SIMIELLI, M. E. *Geoatlas*. 4. ed. São Paulo: Ática, 1990. (Mapa das bacias hidrográficas). (Adaptado).

Os mapas apresentados destacam as unidades de relevo e as bacias hidrográficas do território brasileiro.

A comparação entre a localização geográfica dessas unidades e a rede hidrográfica revela que a bacia hidrográfica do Paraguai, no Brasil, possui a maior parte de sua área associada ao relevo de:

a) planície, com rios navegáveis de lento escoamento e pequeno potencial hidrelétrico, com ocorrência de enchentes frequentes no verão.
b) depressão, com rios intermitentes e perenes, em parte navegáveis, com nível muito baixo na estação seca.
c) planície, com rios perenes, navegáveis em grande parte, com elevado potencial hidrelétrico e desembocadura em região litorânea.
d) planalto, com rios em parte navegáveis, com grandes desníveis de altitude e elevado aproveitamento hidrelétrico.
e) depressão, com rios parcialmente navegáveis e de elevado potencial hidrelétrico, com desembocadura em região litorânea.

3. SE (Fuvest-SP) Observe o mapa.

Considere as afirmações sobre o sistema aquífero Guarani.

Sistema aquífero Guarani

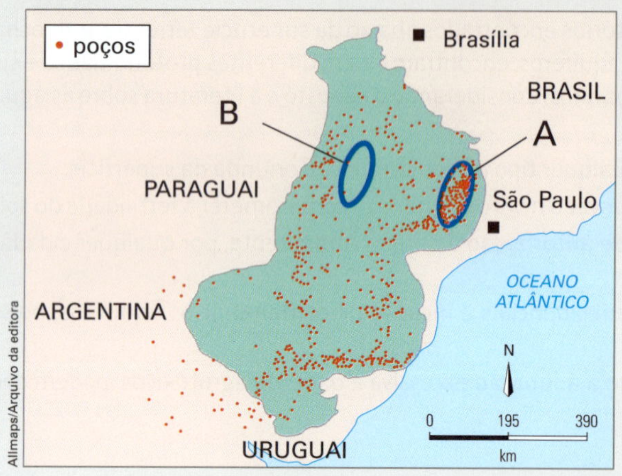

Ministério do Meio Ambiente, 2009. Adaptado.

I. Trata-se de um corpo hídrico subterrâneo e transfronteiriço que abrange parte da Argentina, do Brasil, do Paraguai e do Uruguai.

II. Representa o mais importante aquífero da porção meridional do continente sul-americano e está associado às rochas cristalinas do Pré-Cambriano.

III. A grande incidência de poços que se observa na região **A** é explicada por sua menor profundidade e intensa atividade econômica nessa região.

IV. A baixa incidência de poços na região indicada pela letra **B** deve-se à existência, aí, de uma área de cerrado com predomínio de planaltos.

Está correto o que se afirma em

a) I, II e III, apenas.
b) I e III, apenas.
c) II, III e IV, apenas.
d) II e IV, apenas.
e) I, II, III e IV.

4. S (UFRGS-RS) O Brasil é um país com grande disponibilidade de recursos hídricos, mas enfrenta o problema de escassez de água potável em alguns lugares.

A esse respeito, considere as seguintes afirmações.

I. As regiões Sul e Sudeste concentram o maior potencial hídrico e o maior contingente populacional do país.

II. A região Nordeste possui o menor potencial hídrico do país e o segundo maior contingente populacional entre as demais regiões do Brasil.

III. A impermeabilização do solo urbano e a manutenção dos índices de crescimento populacional, nas grandes cidades brasileiras, garantem a disponibilidade de água potável.

Quais estão corretas?

a) Apenas I.
b) Apenas II.
c) Apenas III.
d) Apenas II e III.
e) I, II e III.

5. NE (UFBA)

Considerando-se as informações do texto, o gráfico e os conhecimentos sobre a questão da água nas regiões brasileiras, nesse início do século XXI, pode-se afirmar:

Brasil: distribuição de recursos hídricos, da superfície e da população absoluta (em %) – 2007

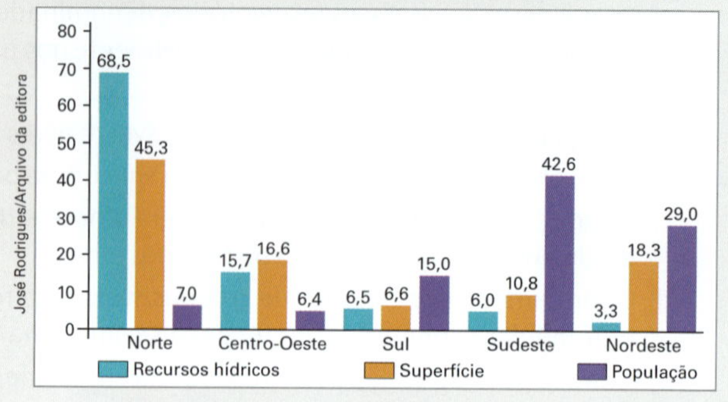

O desperdício e o aumento do consumo de água são [...] fatores preocupantes. O acelerado crescimento populacional e as demandas por alimentos e energia têm intensificado o uso dos recursos hídricos. Se o uso indiscriminado da água continuar aumentando, será necessário reduzir o consumo por meio do racionamento, e as disputas pelas fontes de água potável serão intensas, principalmente nas áreas onde há escassez desse recurso, como nas regiões de clima árido ou desértico. Portanto, é cada vez mais importante promover o uso consciente da água, utilizando-a de forma racional, e adotar medidas como a redução da produção de resíduos e o desenvolvimento de programas de educação ambiental. No Brasil, a ideia equivocada de que a água é um recurso natural abundante, reciclável e sempre disponível é a causa do uso irresponsável.

BIGOTTO; ALBUQUERQUE; VITIELLO, 2010. p. 155.

01) A região Nordeste é a segunda em extensão territorial e em contingente demográfico.

02) A região Norte e a Nordeste figuram como a de menor e a de maior déficit hídrico, respectivamente.

04) A região Centro-Oeste, apesar do desmembramento do estado de Goiás, continua mantendo limites com a faixa setentrional do Nordeste.

08) O subsolo brasileiro detém um importante aquífero, denominado Guarani, que se localiza em uma das áreas de menor concentração populacional e de menor consumo de água.

16) A região Sul é a mais heterogênea em relação à disponibilidade de recursos hídricos e de superfície, apesar de ser a segunda região mais populosa e povoada do país.

32) As regiões Sudeste e Nordeste, juntas, detêm mais de 70% da população brasileira, enquanto as regiões Norte e Centro-Oeste registram os mais baixos percentuais em relação a esse aspecto.

64) O crescimento populacional e os novos padrões gerais de consumo provocam, dentre outros aspectos, a poluição da água e a acidificação de rios e lagos, comprometendo atividades econômicas relacionadas a esses ecossistemas.

CAPÍTULO

11 Biomas e formações vegetais: classificação e situação atual

Parque Nacional da Serra dos Órgãos, em Petrópolis (RJ), 2013.

As formações vegetais são tipos de vegetação facilmente identificáveis na paisagem e que ocupam extensas áreas. É o elemento mais evidente na classificação dos biomas. Estes, por sua vez, são sistemas em que solo, clima, relevo, fauna e demais elementos da natureza interagem entre si formando tipos semelhantes de cobertura vegetal, como as Florestas Tropicais, as Florestas Temperadas, as Pradarias, os Desertos e as Tundras. Em escala planetária, os biomas são unidades que evidenciam grande homogeneidade nas características de seus elementos.

Há Florestas Tropicais na América, África, Ásia e Oceania que, embora semelhantes, possuem comunidades ecológicas com exemplares distintos. Alguns desses exemplares são chamados de endêmicos, ou seja, não ocorrem em nenhuma outra área do mundo. Entre outros fatores, isso se explica pela separação dos continentes: o afastamento físico fez com que as espécies vivessem evoluções paralelas apesar de distintas, processo que é chamado **especiação**. Observe dois exemplos nas fotografias desta página.

Neste capítulo, estudaremos os principais biomas – no planeta e no território brasileiro –, as principais agressões do ser humano às formações vegetais e questões sobre o Direito Ambiental.

Fabio Colombini/Acervo do fotógrafo

As plantas e os animais de um mesmo bioma não estão, necessariamente, em diferentes regiões do planeta. O chimpanzé (na foto abaixo, de 2012) é encontrado na Floresta Tropical de Uganda, mas não compõe a fauna das Florestas Tropicais sul-americanas. Por outro lado, várias espécies endêmicas de nosso continente não são encontradas nas florestas africanas, como é o caso do mico-leão-dourado (na foto à esquerda, de 2010), originário da Mata Atlântica brasileira.

Patrick Kientz/Biosphoto / Agência France-Presse

1 Principais características das formações vegetais

A formação vegetal é o elemento mais evidente na classificação dos ecossistemas e biomas, o que torna importante a observação da escala usada em sua representação, pois os mapas e planisférios que os delimitam trazem grandes generalizações. Observe novamente o mapa de climas brasileiros elaborado pelo IBGE, na página 169, e veja que ele delimita doze diferentes regimes de temperaturas e chuvas em nosso país.

Os elementos climáticos, em especial a temperatura e a umidade, são determinantes para o tipo de vegetação de uma área. Eles definem, por exemplo, a altura das plantas, a forma das folhas, a espessura dos caules, a fisionomia geral da vegetação, etc. Os diferentes climas servem de base para a seguinte classificação de plantas:

- **perenes** (do latim *perenne*, 'perpétuo, imperecível'): plantas que apresentam folhas durante o ano todo;
- **caducifólias, decíduas** (do latim *deciduus*, 'que cai, caduco') ou **estacionais**: plantas que perdem as folhas em épocas muito frias ou secas do ano;
- **esclerófilas** (do grego *sklerós*, 'duro, seco, difícil'): plantas com folhas duras, que têm consistência de couro (coriáceas);
- **xerófilas** (do grego *xêrós*, 'seco, descarnado, magro'): plantas adaptadas à aridez;
- **higrófilas** (do grego *hygrós*, 'úmido, molhado'): plantas, geralmente perenes, adaptadas a muita umidade;
- **tropófilas** (do grego *trópos*, 'volta, giro'): plantas adaptadas a uma estação seca e outra úmida;
- **aciculifoliadas** (do latim *acicula*, 'alfinete, agulhinha'): possuem folhas em forma de agulhas, como os pinheiros. Quanto menor a superfície das folhas, menos intensa é a transpiração e maior é a retenção de água pela planta;
- **latifoliadas** (do adjetivo *lato*, 'largo, amplo'): plantas de folhas largas, que permitem intensa transpiração; são geralmente nativas de regiões muito úmidas.

Os índices termopluviométricos, associados a outros fatores de variação espacial menor e que também influem no tipo de vegetação – como maior ou menor proximidade de cursos de água, os diferentes tipos de solo, a topografia e as variações de altitude –, determinam a existência de diferentes ecossistemas não contemplados nos mapas-múndi. Todas as formações vegetais têm grande importância para a preservação dos variados biomas e ecossistemas da Terra. Estudaremos a seguir as mais expressivas.

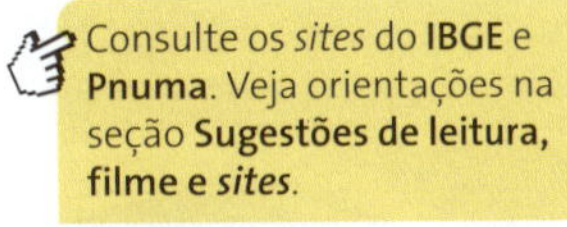
Consulte os *sites* do **IBGE** e **Pnuma**. Veja orientações na seção **Sugestões de leitura, filme e *sites***.

Osni de Oliveira/Arquivo da editora

Este mapa-múndi de vegetação retrata as condições originais dos biomas, não as atuais. Apesar de não mostrar o intenso desmatamento, ele nos ajuda a compreender a dinâmica da natureza na distribuição e organização da cobertura vegetal.

Planisfério: vegetação

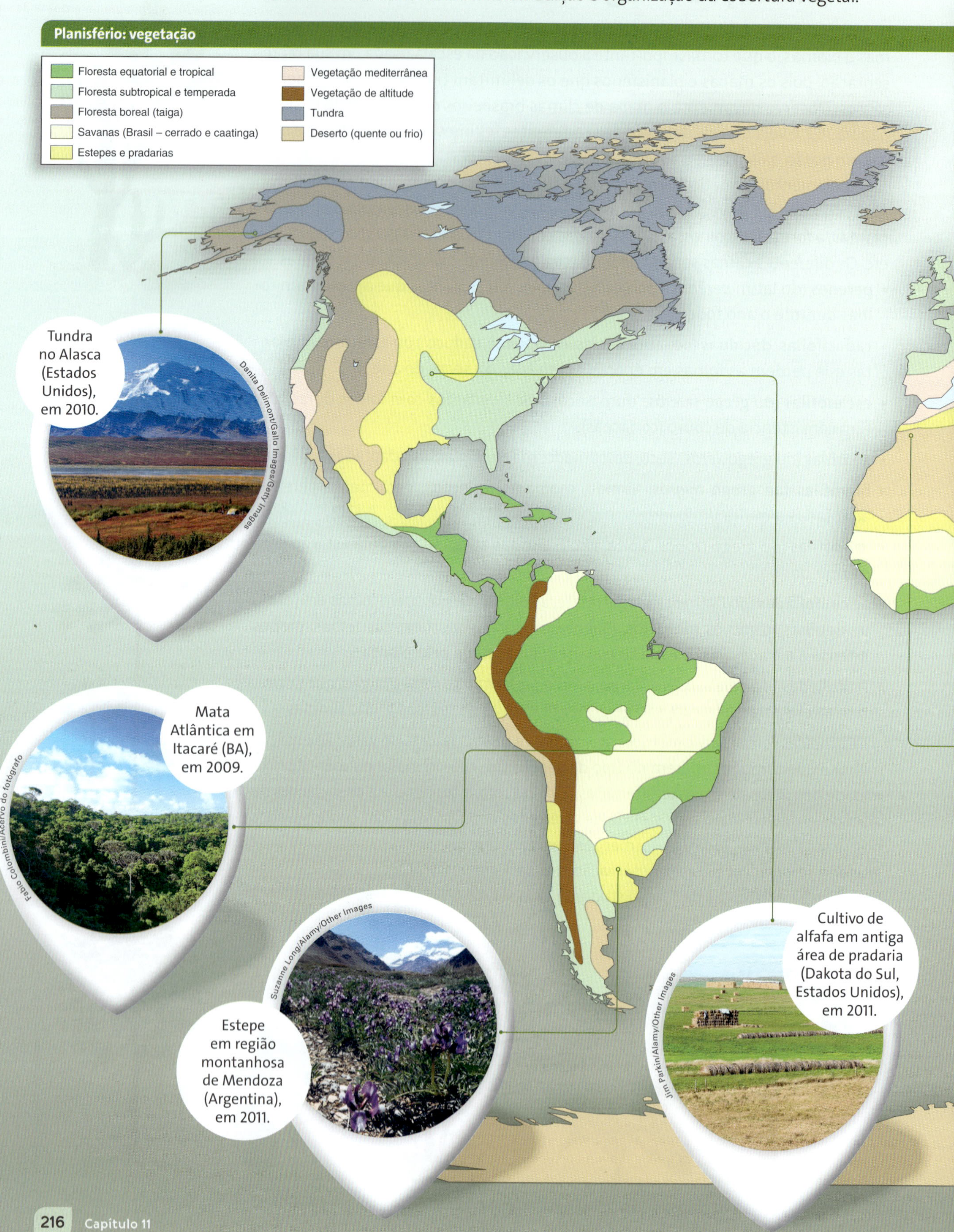

Tundra no Alasca (Estados Unidos), em 2010.

Danita Delimont/Gallo Images/Getty Images

Mata Atlântica em Itacaré (BA), em 2009.

Fabio Colombini/Acervo do fotógrafo

Estepe em região montanhosa de Mendoza (Argentina), em 2011.

Suzanne Long/Alamy/Other Images

Cultivo de alfafa em antiga área de pradaria (Dakota do Sul, Estados Unidos), em 2011.

Jim Parkin/Alamy/Other Images

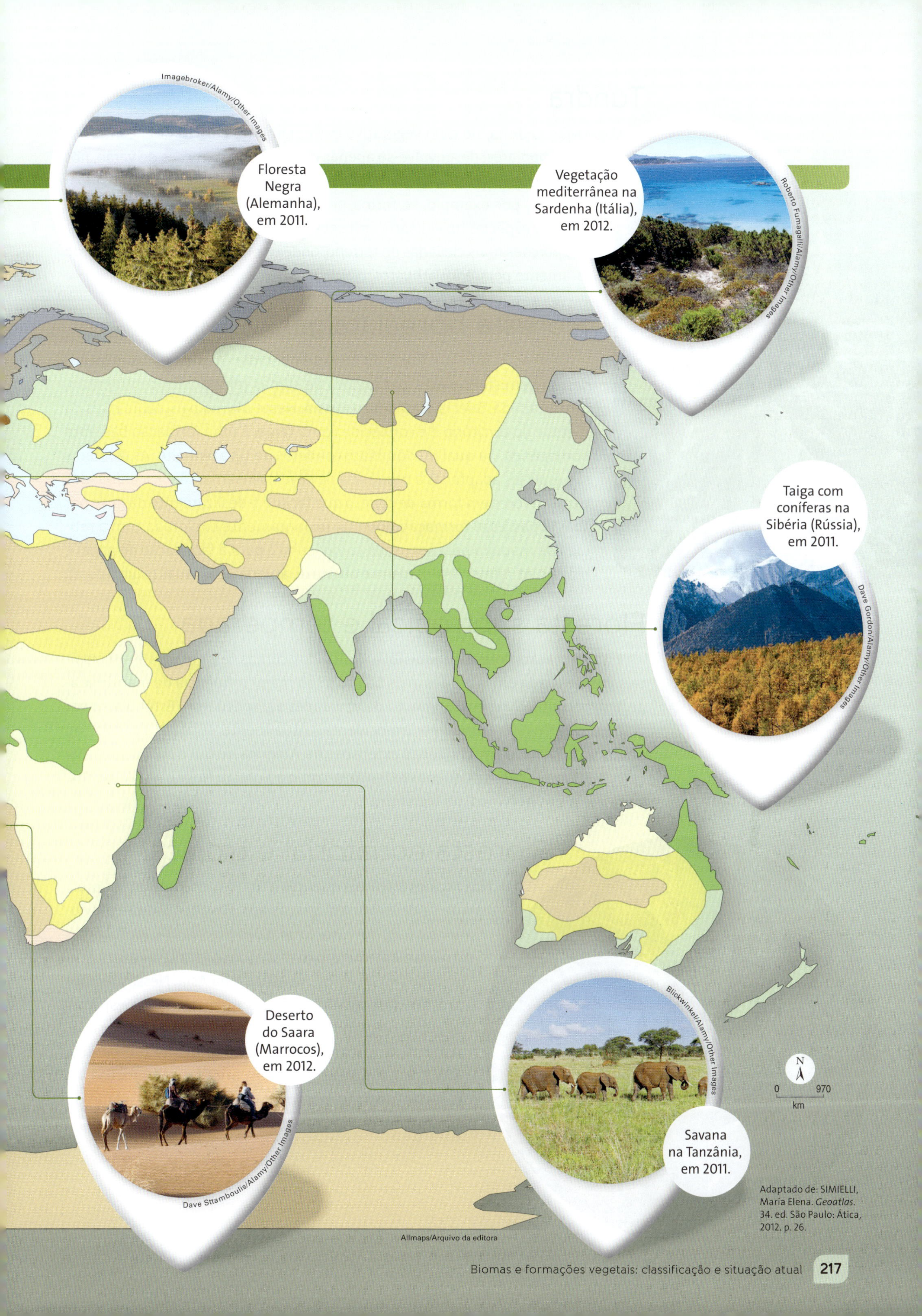

Adaptado de: SIMIELLI, Maria Elena. *Geoatlas*. 34. ed. São Paulo: Ática, 2012. p. 26.

Tundra

Vegetação rasteira, de ciclo vegetativo extremamente curto. Por encontrar-se em regiões subpolares, desenvolve-se apenas durante os três meses de verão, nos locais onde ocorre o degelo. O lago que você observa na fotografia da página 216, por exemplo, se forma nessa estação, com o derretimento da neve. As espécies típicas são os musgos, nas baixadas úmidas, e os liquens, nas porções mais elevadas do terreno, onde o solo é mais seco, aparecendo raramente pequenos arbustos.

Klaus Nowottnick/Agência France-Presse

Coníferas na Alemanha, em 2014.

Floresta boreal (taiga)

Formação florestal típica da zona temperada. Ocorre nas altas latitudes do hemisfério norte, em regiões de climas temperados continentais, como Canadá, Suécia, Finlândia e Rússia. Neste último país, cobre mais da metade do território e é conhecida como **taiga**. É uma formação bastante homogênea, na qual predominam coníferas do tipo pinheiro. As coníferas são espécies adaptadas à ocorrência de neve no inverno; são aciculifoliadas e com árvores em forma de cone, o que facilita o deslizamento da neve por suas copas. Essa formação florestal foi largamente explorada com a retirada de madeira para ser usada como lenha e para a fabricação de papel e móveis. Atualmente a madeira é obtida de árvores cultivadas (silvicultura).

Floresta subtropical e temperada

Esta formação florestal caducifólia, típica dos climas temperados e subtropicais, é encontrada em latitudes mais baixas e sob maior influência da maritimidade. Isso permitiu o desenvolvimento de atividades agropecuárias. Estendia-se por grandes porções da Europa centro-ocidental. Atualmente subsiste na Ásia, na América do Norte e em pequenas extensões da América do Sul e da Oceania. Na Europa, restam apenas pequenas extensões, como a floresta Negra, na Alemanha, e a floresta de Sherwood, na Inglaterra.

Floresta equatorial e tropical

Nas regiões tropicais quentes e úmidas encontramos florestas que se desenvolvem graças aos elevados índices pluviométricos. São, por isso, formações higrófilas e latifoliadas, extremamente heterogêneas, que se localizam em baixas latitudes na América, na África e na Ásia. Nessas regiões predominam climas tropicais e equatoriais e espécies vegetais de grande e médio porte, como o mogno, o jacarandá, a castanheira, o cedro, a imbuia e a peroba, além de palmáceas, arbustos, briófitas e bromélias. As florestas tropicais possuem a maior biodiversidade do planeta, com muitas espécies ainda desconhecidas.

Fabio Colombini/Acervo do fotógrafo

Cananeia (SP), 2012.

Mediterrânea

Desenvolve-se em regiões de clima mediterrâneo, que apresentam verões quentes e secos e invernos amenos e chuvosos. É encontrada em pequenas porções da Califórnia (Estados Unidos, onde é conhecida como **Chaparral**), do Chile, da África do Sul e da Austrália. As maiores ocorrências estão no sul da Europa – onde foi largamente desmatada para o cultivo de oliveiras (espécie nativa dessa formação vegetal) e videiras (nativas da Ásia) – e no norte da África.

Pradarias

Compostas basicamente de gramíneas, são encontradas principalmente em regiões de clima temperado continental. Desenvolvem-se na Rússia e Ásia central, nas Grandes Planícies americanas, nos Pampas argentinos, no Uruguai, na região Sul do Brasil e na Grande Bacia Artesiana (Austrália). Muito usada como pastagem, essa formação é importante por enriquecer o solo com matéria orgânica. Um dos solos mais férteis do mundo, denominado *tchernozion* ('terras negras', em russo), é encontrado sob as pradarias da Rússia e da Ucrânia.

Estepes

Nessas formações a vegetação é herbácea, como nas Pradarias, porém mais esparsa e ressecada. Desenvolve-se em uma faixa de transição entre climas tropicais e desérticos, como na região do Sahel, na África, e entre climas temperados e desérticos, como na Ásia central. Essa vegetação foi muito degradada por atividades econômicas, como o pastoreio.

Deserto

Bioma cujas espécies vegetais estão adaptadas à escassez de água em regiões de índice pluviométrico inferior a 250 mm anuais. Apresenta espécies vegetais xerófilas, destacando-se as cactáceas. Algumas dessas plantas são suculentas (armazenam água no caule) e não possuem folhas ou evoluíram para espinhos, reduzindo a perda de água pela evapotranspiração. Essas plantas aparecem nos desertos da América, África, Ásia e Oceania – todos os continentes, com exceção da Europa. No Saara, em lugares em que a água aflora à superfície, surgem os oásis, onde há palmeiras.

Cactos no deserto do Arizona (Estados Unidos), em 2007.

Cecoffman/Shutterstock/Glow Images

Savana

Em regiões onde o índice de chuvas é elevado, porém concentrado em poucos meses do ano, podem desenvolver-se as savanas, formação vegetal complexa que apresenta estratos arbóreo, arbustivo e herbáceo. As savanas são encontradas em grandes extensões da África, na América do Sul (no Brasil, corresponde ao domínio dos Cerrados) e em menores porções na Austrália e na Índia. Sua área de abrangência tem sido muito utilizada para a agricultura e a pecuária, o que acentuou sua devastação, como tem ocorrido no Brasil central. No continente africano, esse bioma abriga animais de grande porte, como leões, elefantes, girafas, zebras, antílopes e búfalos.

Vegetação de altitude

Em regiões montanhosas há uma grande variação altitudinal da vegetação, como mostra a ilustração desta página. À medida que aumenta a altitude e diminui a temperatura, os solos ficam mais rasos e a vegetação, mais esparsa. Nessas condições, surgem as florestas nas áreas mais baixas e, nas mais altas, os campos de altitude.

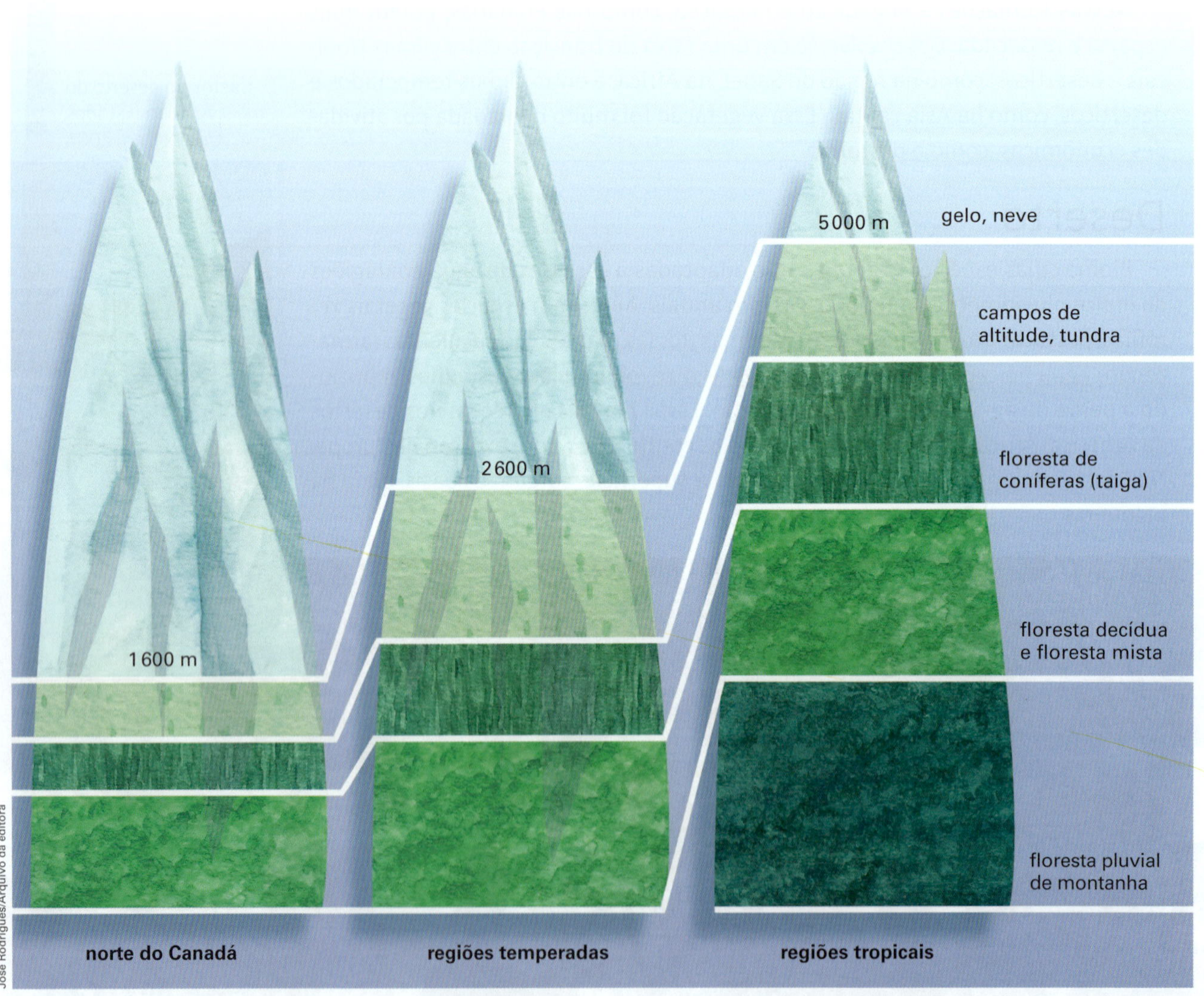

Adaptado de: ATLANTE Zanichelli 2009. Bologna: Zanichelli, 2008. p. 177.

2 A vegetação e os impactos do desmatamento

Impacto ambiental é um desequilíbrio provocado pela ação dos seres humanos sobre o meio ambiente. Pode resultar também de acidentes naturais: a erupção de um vulcão pode provocar poluição atmosférica; o choque de um meteoro, destruição de espécies animais e vegetais; um raio, incêndio numa floresta, etc.

Quando os ecossistemas sofrem impactos ambientais, geralmente a vegetação é o primeiro elemento da natureza a ser atingido, pois é reflexo das condições naturais de solo, relevo e clima do lugar em que ocorre.

Observe, no mapa abaixo, como era a distribuição das formações vegetais pelo planeta antes das intervenções humanas. Perceba como atualmente todas elas, em maior ou menor grau, encontram-se modificadas. Em muitos casos, sobraram apenas alguns redutos em que a vegetação original é encontrada, nos quais, embora com pequenas alterações, ainda preserva suas características principais. Essa devastação deve-se basicamente a fatores econômicos.

A primeira consequência do desmatamento é o comprometimento da biodiversidade, por causa da diminuição ou, muitas vezes, da extinção de espécies vegetais e animais. Muitas espécies ainda são desconhecidas da sociedade urbano-industrial. Com o desmatamento, há o risco de elas serem destruídas antes de serem descobertas e estudadas.

Florestas originais e remanescentes

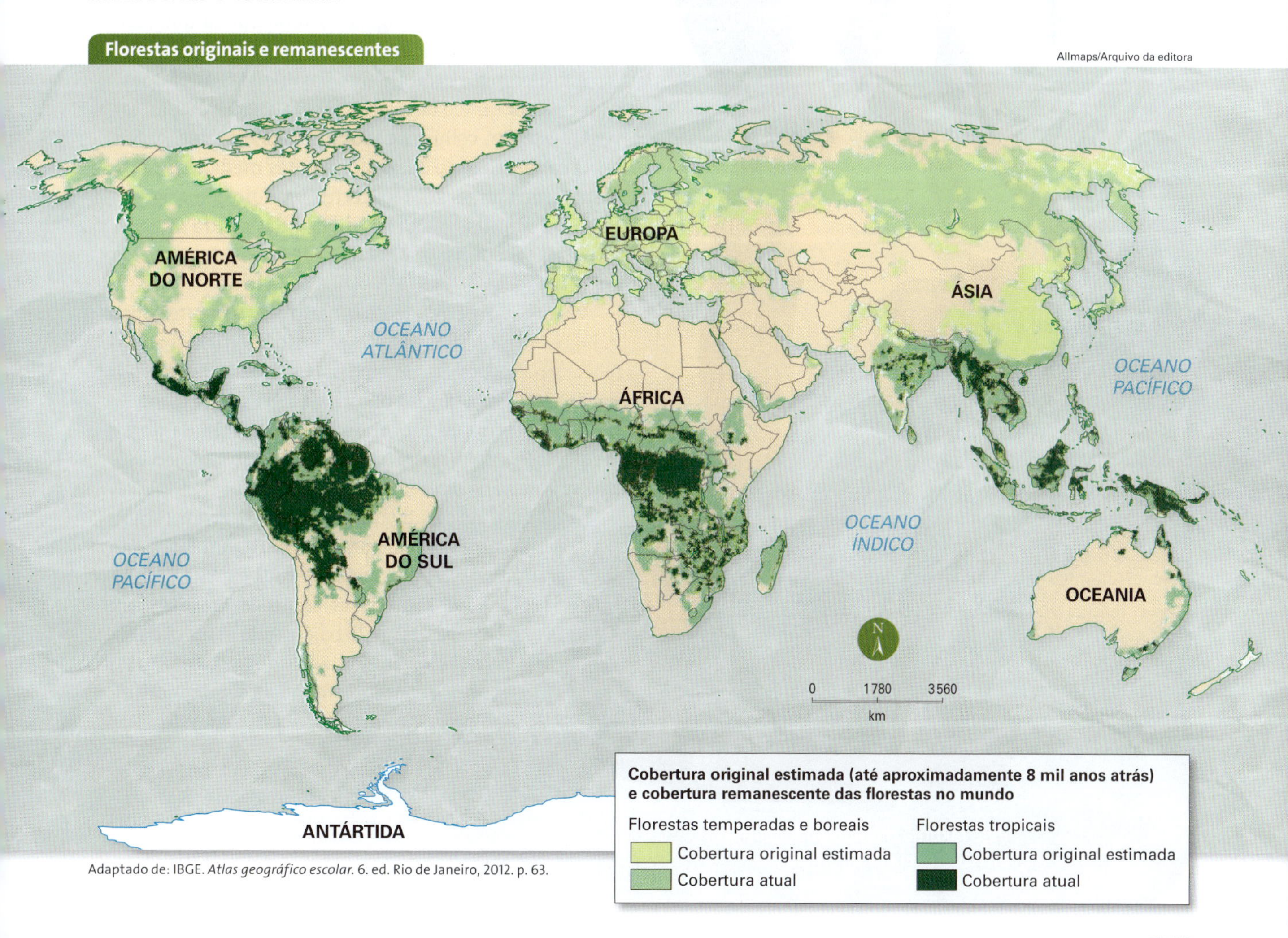

Adaptado de: IBGE. *Atlas geográfico escolar.* 6. ed. Rio de Janeiro, 2012. p. 63.

Na floresta Amazônica há uma enorme quantidade de espécies endêmicas. Parte desse patrimônio genético é conhecido pelas várias etnias indígenas que ali habitam (saiba mais lendo o texto a seguir). No entanto, a maioria dessas comunidades nativas está sofrendo um processo de integração à sociedade urbano-industrial que tem levado à perda do patrimônio cultural desses povos, dificultando a preservação dos seus conhecimentos. Outro ponto importante que afeta os interesses nacionais dos países onde há florestas tropicais, incluindo o Brasil, é a biopirataria, por meio da qual muitas empresas assumem práticas ilegais para garantir o direito de explorar, futuramente, uma possível matéria-prima para a indústria farmacêutica e de cosméticos, entre outras.

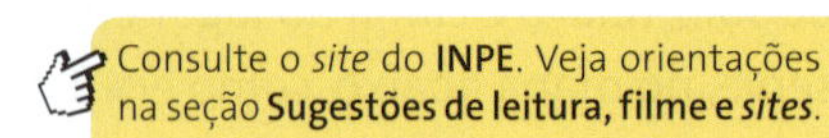

Consulte o *site* do **INPE**. Veja orientações na seção **Sugestões de leitura, filme e *sites***.

Outras leituras

Plantas medicinais

[...]

Através dos dados fornecidos pela Organização Mundial da Saúde (OMS), constata-se que o uso de plantas medicinais pela população mundial tem sido muito significativo nos últimos anos, sendo que este uso tem sido incentivado pela própria OMS.

As plantas produzem substâncias responsáveis por uma ação farmacológica ou terapêutica que são denominadas de princípios ativos.

A fitoterapia é o tratamento das doenças, alterações orgânicas, por meio de drogas vegetais secas ou partes vegetais recém-colhidas e seus extratos naturais.

O conhecimento das propriedades medicinais das plantas, dos minerais e de certos produtos de origem animal é uma das maiores riquezas da cultura indígena. Uma sabedoria tradicional que passa de geração em geração.

Vivendo em permanente contato com a natureza, os índios e outros povos da floresta estão habituados a estabelecer relações de semelhança entre as características de certas substâncias naturais e seu próprio corpo.

O índio tem um profundo conhecimento da flora medicinal, e dela retira os mais variados remédios, que emprega de diferentes formas.

As práticas curativas das tribos indígenas estão profundamente relacionadas com a maneira que o índio percebe a doença e suas causas. Tanto as medidas curativas como as preventivas são realizadas pelo pajé, sendo estes rituais carregados de elementos mágicos e místicos que refletem o modo de ser do índio e o relacionamento deste com o mundo.

[...]

SOSSAE, Flávia Cristina. Plantas medicinais. *Centro de divulgação científica e cultural (USP)*. Disponível em: <www.cdcc.usp.br/bio/mat_plantas_med.htm>. Acesso em: 21 jan. 2014.

Renato Soares/Pulsar Imagens

Pajé Takumã manipulando plantas em Querência (MT), em 2011.

Ricardo Azoury/Pulsar Imagens

Os incêndios florestais, geralmente criminosos, provocam uma série de impactos na fauna, flora, solo e atmosfera. Na foto, de 2010, desmatamento e queimada em floresta em Manacapuru (AM).

No Brasil, os incêndios ou queimadas de florestas, que consomem uma quantidade incalculável de **biomassa** todos os anos, são provocados para o desenvolvimento de atividades agropecuárias, muitas vezes em grandes projetos que recebem incentivos governamentais e, portanto, sob o amparo da lei. Podem também ser resultado de práticas criminosas ou ainda de acidentes, incluindo naturais.

No entanto, como Aristóteles nos faz pensar, a natureza responde às agressões sofridas. As consequências socioambientais das interferências humanas em regiões de florestas são várias. Uma das principais é o aumento do processo erosivo, o que leva a um empobrecimento dos solos, podendo ampliar ou formar áreas desertificadas em regiões de clima árido, semiárido e subúmido. Leia o texto a seguir.

"A natureza não faz nada em vão."

Aristóteles (384 a.C.-322 a.C.), filósofo grego.

Biomassa: quantidade total de matéria viva de um ecossistema, geralmente expressa em massa por unidade de área ou de volume.

Outras leituras

Desertificação no Brasil

As áreas susceptíveis à desertificação e enquadradas no escopo de aplicação da Convenção das Nações Unidas para o Combate à Desertificação são aquelas de clima árido, semiárido e subúmido seco. Conforme a definição aceita internacionalmente, o índice de aridez, definido como a razão entre a precipitação e a evapotranspiração potencial, estabelece as seguintes classes climáticas:

Hiperárido	< 0,03
Árido	0,03-0,20
Semiárido	0,21-0,50
Subúmido seco	0,51-0,65
Subúmido úmido	> 0,65

[...] No Brasil as áreas susceptíveis estão localizadas na região Nordeste e no norte de Minas Gerais.

O mapa da susceptibilidade do Brasil, elaborado pelo MMA a partir de trabalho realizado pelo Centro de Sensoriamento Remoto do Ibama, determinou três categorias de susceptibilidade: alta, muito alta e moderada. As duas primeiras referem-se respectivamente às áreas áridas e semiáridas definidas pelo índice de aridez. A terceira é resultado da diferença entre a área do Polígono das Secas e as demais categorias. Assim, de um total de 980 711,58 km^2 de áreas susceptíveis, 238 644,47 km^2 são de susceptibilidade muito alta, 384 029,71 km^2 são de susceptibilidade alta e 358 037,40 km^2 são moderadamente susceptíveis.

O processo de desertificação se manifesta de duas maneiras diferentes:

I. difuso no território, abrangendo diferentes níveis de degradação dos solos, da vegetação e dos recursos hídricos;

II. concentrado em pequenas porções do território, porém com intensa degradação dos recursos da terra.

Os estudos disponíveis indicam que a área afetada de forma muito grave é de 98 595 km^2, 10% do Semiárido, e as áreas afetadas de forma grave atingem 81 870 km^2, 8% do território. Deve-se acrescentar que as demais áreas sujeitas ao antropismo, 393 897 km^2, sofrem degradação moderada.

Além destas áreas com níveis de degradação difusos, podem ser citadas quatro áreas com intensa degradação, segundo a literatura especializada, os chamados Núcleos de Desertificação. São eles: Gilbués-PI, Irauçuba-CE, Seridó-RN e Cabrobó-PE, totalizando uma área de 18 743,5 km^2.

[...]

Brasil: desertificação

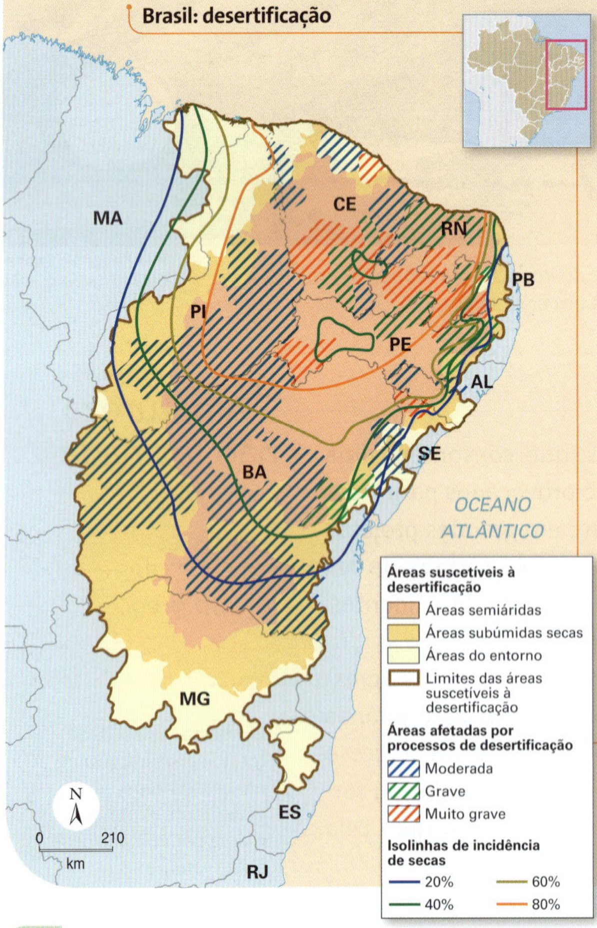

Allmaps/Arquivo da editora

Áreas suscetíveis à desertificação
Áreas semiáridas
Áreas subúmidas secas
Áreas do entorno
Limites das áreas suscetíveis à desertificação
Áreas afetadas por processos de desertificação
Moderada
Grave
Muito grave
Isolinhas de incidência de secas
20%
40%
60%
80%

Consequências da desertificação

A degradação das terras secas causa sérios problemas econômicos. Isto se verifica principalmente no setor agrícola, com o comprometimento da produção de alimentos. Além do enorme prejuízo causado pela quebra de safras e diminuição da produção, existe o custo quase incalculável de recuperação da capacidade produtiva de extensas áreas agrícolas e da extinção de espécies nativas, algumas com alto valor econômico e outras que podem vir a ser aproveitadas na agropecuária, inclusive no melhoramento genético, ou nas indústrias farmacêutica, química e outras.

[...]

DESERTIFICAÇÃO no Brasil. In: Instituto Interamericano de Cooperação para a Agricultura. Programa de Combate à Desertificação e Mitigação dos Efeitos da Seca na América do Sul. Brasília, DF. Disponível em: <www.iicadesertification.org.br>. Acesso em: 21 jan. 2014.

3 Biomas e formações vegetais do Brasil

O Brasil apresenta grande variedade de ecossistemas. Essa variedade relaciona-se à grande diversidade da fauna e da flora brasileiras, das quais muitas espécies são nativas do Brasil, como a jabuticaba, o amendoim, o abacaxi e a castanha-do-pará. No entanto, esses ecossistemas já sofreram grandes impactos negativos desde o início da colonização, com o desenvolvimento das atividades econômicas e a consequente ocupação do território, como se pode constatar ao comparar os dois mapas desta página.

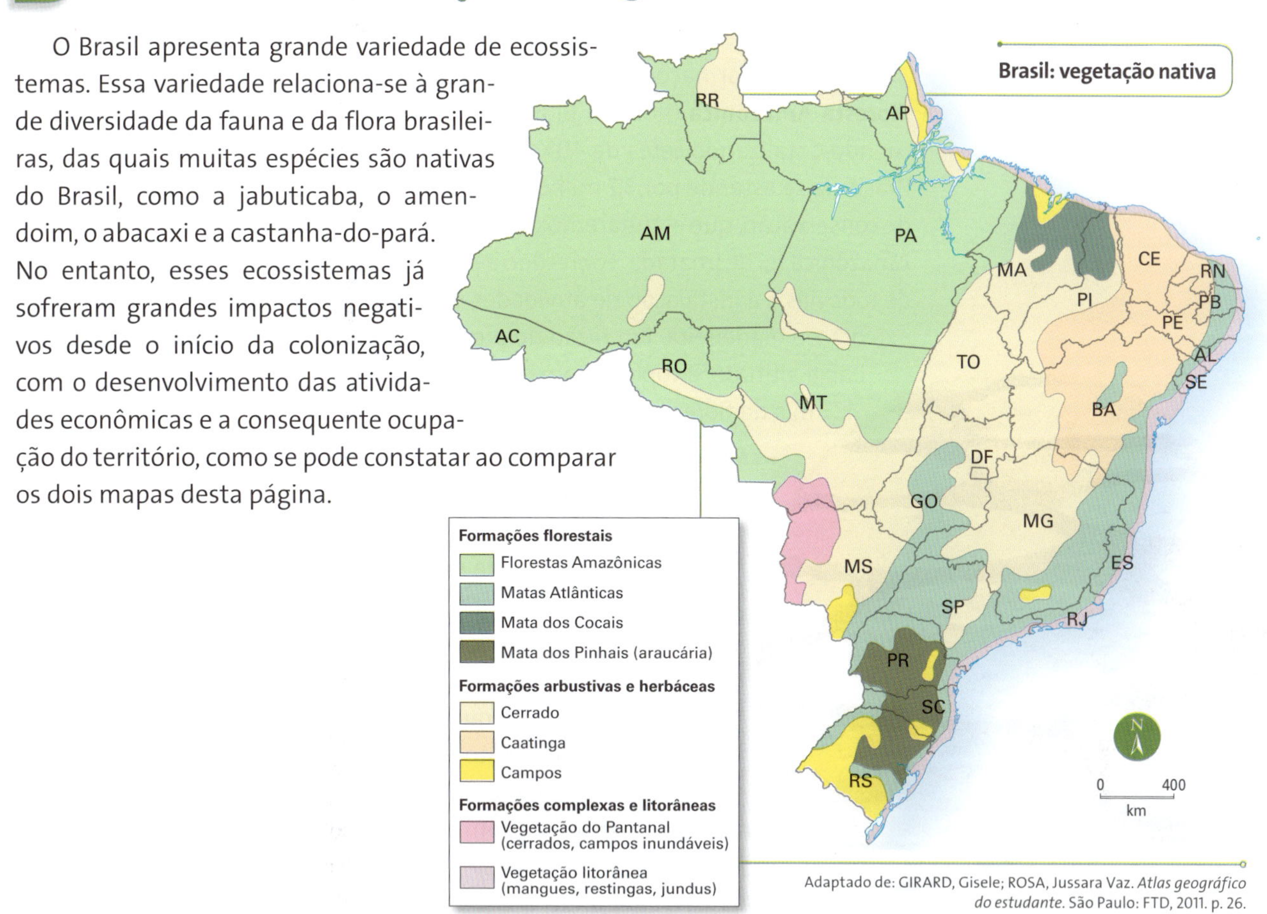

Adaptado de: GIRARD, Gisele; ROSA, Jussara Vaz. *Atlas geográfico do estudante*. São Paulo: FTD, 2011. p. 26.

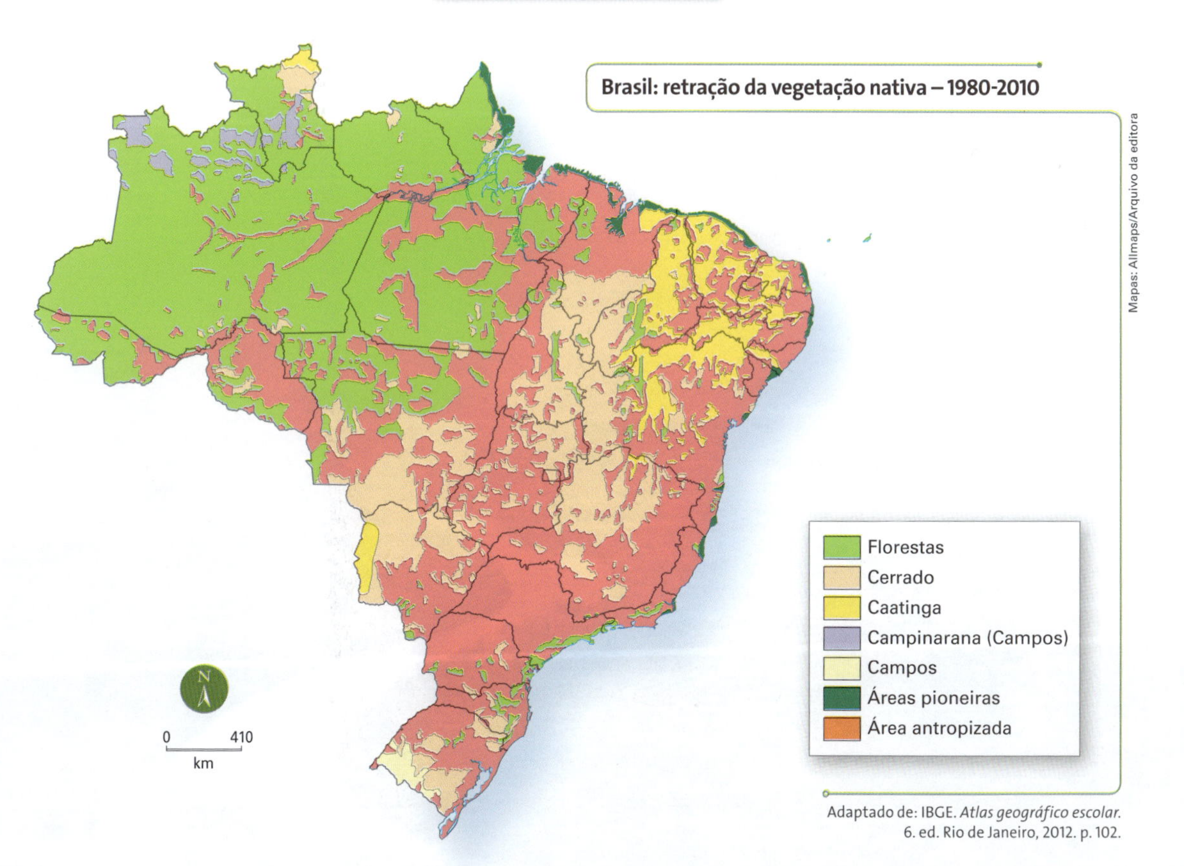

Adaptado de: IBGE. *Atlas geográfico escolar*. 6. ed. Rio de Janeiro, 2012. p. 102.

Mapas: Allmaps/Arquivo da editora

As características das formações vegetais brasileiras

As principais formações vegetais no território brasileiro são:

- **Floresta Amazônica** (floresta pluvial equatorial): é a maior floresta tropical do mundo, totalizando cerca de 40% das florestas pluviais tropicais do planeta. No Brasil ela se estende por 3,7 milhões de km^2 e 10% dessa área constitui unidades de conservação, que estudaremos a seguir. Cerca de 15% da vegetação da Floresta Amazônica foi desmatada, sobretudo a partir da década de 1970 com a construção de rodovias e a instalação de atividades mineradoras, garimpeiras, agrícolas e de exploração madeireira. Em razão do predomínio das planícies e dos planaltos de baixa altitude, a topografia não provoca modificações profundas na fisionomia da floresta, que apresenta três estratos de vegetação:
  - **caaigapó** ('mata molhada', em tupi-guarani) ou **igapó**: desenvolve-se ao longo dos rios, numa área permanentemente alagada. Em comparação com os outros estratos da floresta é a que possui menor quantidade de espécies e é constituída por árvores de menor porte, incluindo palmeiras, e plantas aquáticas, destacando-se a vitória-régia;
  - **várzea**: área sujeita a inundações periódicas, com a vegetação de médio porte raramente ultrapassando os 20 m de altura, como o pau-mulato e a seringueira. Como se situa entre as matas de igapó e de terra firme, possui características de ambas;
  - **caaetê** ('mata seca', em tupi-guarani) ou **terra firme**: área que nunca inunda, na qual se encontra vegetação de grande porte, com árvores chegando aos 60 m de altura, como a castanheira-do-pará e o cedro. O entrelaçamento das copas das árvores forma um dossel que dificulta a penetração da luz, originando um ambiente sombrio e úmido no interior da floresta.

Edson Grandisoli/Pulsar Imagens

Vitória-régia em Manaus (AM), em 2012.

Vista aérea da Floresta Amazônica e do rio Araguari (AP), em 2012.

Rogério Reis/Pulsar Imagens

- **Mata Atlântica** (floresta pluvial tropical): originalmente cobria uma área de 1 milhão de km², estendendo-se ao longo do litoral desde o Rio Grande do Norte até o Rio Grande do Sul e alargando-se significativamente para o interior em Minas Gerais e São Paulo. É um dos biomas mais importantes para a preservação da biodiversidade brasileira e mundial, mas é também o mais ameaçado. Restam apenas 7% da área original da Mata Atlântica. Desses 7% remanescentes, quatro quintos estão localizados em propriedades privadas. As unidades de conservação abrangendo esse bioma constituem apenas 2% da Mata Atlântica original, que foi o *habitat* do pau-brasil, hoje quase extinto.

Fabio Colombini/Acervo do fotógrafo

Interior da Mata Atlântica em Ubatuba (SP), em 2013.

- **Mata de Araucárias** ou **Mata dos Pinhais** (floresta pluvial subtropical): nativa do Brasil, é uma floresta na qual predomina a araucária (*Araucaria angustifolia*), também conhecida como pinheiro-do--paraná ou pinheiro brasileiro, espécie adaptada a climas de temperaturas moderadas a baixas no inverno, solos férteis e índice pluviométrico superior a 1 000 mm anuais. Originariamente, essa floresta dominava vastas extensões dos planaltos da região Sul e pontos altos da serra da Mantiqueira nos estados de São Paulo, Rio de Janeiro e Minas Gerais. Nesse bioma é comum a ocorrência de erva-mate, além de grande variedade de espécies valorizadas pela indústria madeireira, como os ipês. Foi desmatada, sobretudo com a retirada de madeira para a fabricação de móveis.

Gerson Gerloff/Pulsar Imagens

Araucária em Bom Retiro (SC), em 2012.

- **Mata dos Cocais**: esta formação vegetal se localiza no estado do Maranhão, encravada entre a Floresta Amazônica, o Cerrado e a Caatinga, caracterizando-se como mata de transição entre formações bastante distintas. É constituída por palmeiras, com grande predominância do babaçu e ocorrência esporádica de carnaúba; desde o período colonial, a região é explorada economicamente pelo extrativismo de óleo de babaçu e cera de carnaúba. Atualmente, porém, vem sendo desmatada pelo cultivo de grãos para exportação, com destaque para a soja.

Carnaúbas e vegetação de cerrado em Guadalupe (PI), em 2011.

Ricardo Teles/Pulsar Images

Delfim Martins/Pulsar Imagens

• **Caatinga**: vegetação xerófila, adaptada ao clima semiárido, na qual predominam arbustos caducifólios e espinhosos; ocorrem também cactáceas, como o xique-xique e o mandacaru, comuns no Sertão nordestino. A palavra caatinga significa, em tupi-guarani, 'mata branca', cor predominante da vegetação durante a estação seca. No verão, em razão da ocorrência de chuvas, brotam folhas verdes e flores. Sua área original era de 740 mil km^2. Atualmente 50% de sua área foi devastada e menos de 1% está protegido em unidades de conservação.

Caatinga em Salgueiro (PE), em 2012. Essa foto foi tirada no período de seca, quando a vegetação está sem folhagem.

Haroldo Palo Jr./kino.com.br

Cerrado em Brasília (DF), em 2012.

• **Cerrado**: originalmente cobria cerca de 2 milhões de km^2 do território brasileiro, mas cerca de 40% de sua área foi desmatada. É constituído por vegetação caducifólia, predominantemente arbustiva, de raízes profundas, galhos retorcidos e casca grossa (que dificulta a perda de água). Duas das espécies mais conhecidas são o pequizeiro e o buriti. A vegetação próxima ao solo é composta de gramíneas, que secam no período de estiagem. É uma formação adaptada ao clima tropical típico, com chuvas abundantes no verão e inverno seco, desenvolvendo-se, sobretudo, no Centro-Oeste brasileiro. Esse bioma também ocupa porções significativas do estado de Roraima. Nas regiões Sudeste e Nordeste do país aparecem em manchas isoladas, cercadas por outro tipo de vegetação. Em regiões mais úmidas, como nas baixadas próximas aos grandes rios, nas proximidades do Pantanal e outras, esta formação se torna mais densa e com árvores maiores, caracterizando o chamado "cerradão".

• **Pantanal**: estende-se, em território brasileiro, por 140 mil km^2 dos estados de Mato Grosso do Sul e Mato Grosso, em planícies sujeitas a inundações. No Pantanal há vegetação rasteira, floresta tropical e mesmo vegetação típica do cerrado nas regiões de maior altitude. O Pantanal, portanto, não é uma formação vegetal, mas um complexo que agrupa várias formações e que também abriga fauna muito rica. Esse bioma vem sofrendo diversos problemas ambientais, decorrentes principalmente da ocupação em regiões mais altas, onde nasce a maioria dos rios. A agricultura e a pecuária provocam erosão dos solos, assoreamento e contaminação dos rios por agrotóxicos.

Ernesto Reghran/Pulsar Imagens

Vista aérea do Pantanal em Corumbá (MS), em 2010.

Para saber mais

Podemos encontrar pequenas formações florestais em meio a outros tipos de vegetação, tais como:

- **Mata de galeria** ou **mata ciliar**: tipo de formação vegetal que acompanha o curso de rios do cerrado, onde é muito frequente, e da caatinga. Nas áreas próximas às margens dos rios perenes, o solo é permanentemente úmido, criando condições para o desenvolvimento dessa mata, mais densa do que o bioma onde está encravada.
- **Capão**: em localidades que correspondem a pequenas depressões, com baixos índices de chuvas, o nível hidrostático (ou lençol freático) aflora ou chega muito próximo à superfície. Aí se desenvolvem os capões, formações arbóreas geralmente arredondadas em meio à vegetação mais rala ou rasteira.

João Prudente/Pulsar Imagens

Mata ciliar no rio Atibaia, em Campinas (SP), em 2012. Esta formação é muito importante para a conservação dos rios. Quando chove, a mata funciona como um filtro da água que escoa pela superfície. Quando a mata é retirada, a sedimentação ocorre no leito dos rios, provocando assoreamento e outros problemas ambientais.

- **Campos naturais**: formações rasteiras ou herbáceas constituídas por gramíneas que atingem até 60 cm de altura. Sua origem pode estar associada a solos rasos ou temperaturas baixas em regiões de altitudes elevadas, áreas sujeitas a inundação periódica ou ainda a solos arenosos. Os campos mais expressivos do Brasil localizam-se no Rio Grande do Sul, na chamada Campanha Gaúcha – apropriados inicialmente como pastagem natural, atualmente são amplamente cultivados tanto para alimentar o gado quanto para produção agrícola mecanizada. Destacam-se, ainda, os campos inundáveis da ilha de Marajó (PA) e do Pantanal (MT e MS), utilizados respectivamente para criação de gado bubalino e bovino, além de manchas isoladas na Amazônia, com destaque ao estado de Roraima, e nas regiões serranas do Sudeste.

Pampas em Vacaria (RS), em 2010.

Haroldo Palo Jr./kino.com.br

- **Vegetação litorânea**: são consideradas formações vegetais litorâneas a restinga e os manguezais. A restinga se desenvolve no cordão arenoso formado junto à costa, com predominância de vegetação rasteira, chamada de pioneira por possibilitar a fixação do solo e permitir a ocupação posterior por arbustos e algumas árvores, como chapéu-de-sol, coqueiro e goiabeira. Os manguezais são nichos ecológicos responsáveis pela reprodução de grande número de espécies de peixes, moluscos e crustáceos. Desenvolvem-se nos estuários e a vegetação – arbustiva e arbórea – é halófila (adaptada ao sal da água do mar), podendo apresentar raízes que, durante a maré baixa, ficam expostas. As principais ameaças à preservação dessas formações vegetais são o avanço da urbanização, a pesca predatória, a poluição dos estuários e o turismo desordenado, incentivando a instalação de aterros.

Edson Grandisoli/Pulsar Imagens

Mangue no período de maré baixa em Itacaré (BA), em 2012.

Para saber mais

Os domínios morfoclimáticos

Em 1965, o geógrafo Aziz Ab'Sáber (1924-2012) estabeleceu uma classificação dos domínios morfoclimáticos brasileiros, na qual cada domínio corresponde a uma diferente associação das condições de relevo, clima e vegetação. Trata-se de uma síntese do que foi estudado isoladamente nos capítulos anteriores. Assim, por exemplo, o domínio equatorial amazônico é formado por terras baixas (relevo), florestadas (vegetação) e equatoriais (clima). Observe o mapa.

Brasil: domínios morfoclimáticos

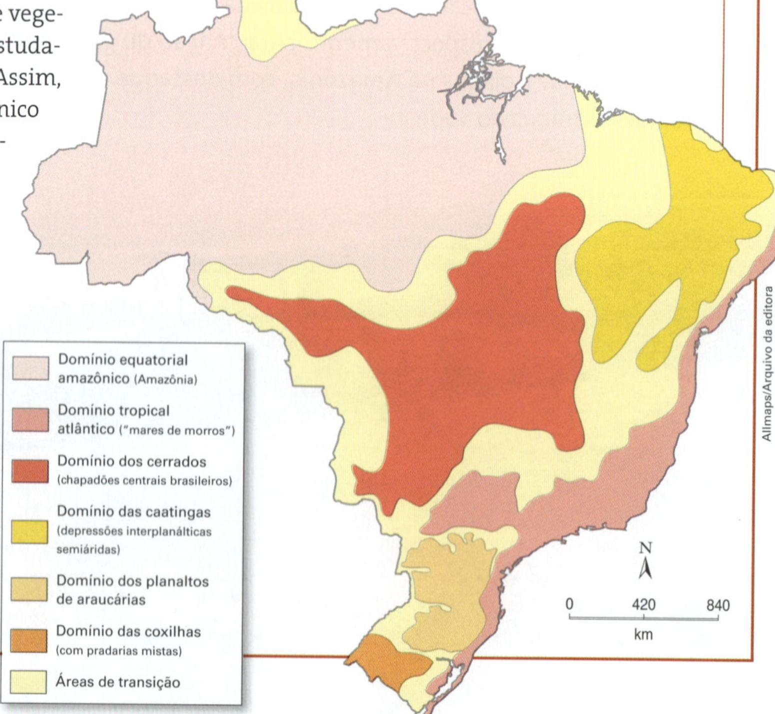

Compare este mapa com o da vegetação nativa do Brasil, na página 225. Você perceberá que há uma relativa coincidência entre formações vegetais e domínios morfoclimáticos. Isso ocorre porque a vegetação é a face mais visível dos domínios.

Adaptado de: AB'SÁBER, Aziz. *Os domínios de natureza no Brasil*: potencialidades paisagísticas. São Paulo: Ateliê Editorial, 2003.

Pensando no Enem

1.

> A Floresta Amazônica, com toda a sua imensidão, não vai estar aí para sempre. Foi preciso alcançar toda essa taxa de desmatamento de quase 20 mil quilômetros quadrados ao ano, na última década do século XX, para que uma pequena parcela de brasileiros se desse conta de que o maior patrimônio natural do país está sendo torrado.
>
> AB'SÁBER, A. *Amazônia*: do discurso à práxis. São Paulo: Edusp, 1996.

Um processo econômico que tem contribuído na atualidade para acelerar o problema ambiental descrito é:

a) expansão do Projeto Grande Carajás, com incentivos à chegada de novas empresas mineradoras.
b) difusão do cultivo da soja com a implantação de monoculturas mecanizadas.
c) construção da rodovia Transamazônica, com o objetivo de interligar a região Norte ao restante do país.
d) criação de áreas extrativistas do látex das seringueiras para os chamados povos da floresta.
e) ampliação do polo industrial da Zona Franca de Manaus, visando atrair empresas nacionais e estrangeiras.

Resolução

A expansão das fronteiras agropecuárias para instalação de culturas voltadas para a exportação é o principal fator de desmatamento na periferia da Amazônia (Acre, Rondônia, norte do Mato Grosso, sul do Pará, norte de Tocantins e oeste do Maranhão). Em sua maioria, os grandes empreendimentos respeitam o percentual de desmatamento estabelecido pelo Código Florestal, mas há muitos outros tipos de agressão à floresta que ocorrem de forma descontrolada, como a extração ilegal de madeira, o garimpo, a agricultura itinerante de subsistência e outros. A alternativa correta, portanto, é a **B**, a única que aborda tema da atualidade. As demais alternativas tratam de temas que provocaram impactos no passado: o Projeto Grande Carajás foi planejado para promover desenvolvimento econômico com a implantação de extrativismo mineral, construção de ferrovia, porto e usina hidrelétrica na década de 1970; a construção da rodovia Transamazônica também remonta à década de 1970; as áreas extrativistas existem desde o século XIX e praticamente não provocam impacto ambiental; a Zona Franca de Manaus foi criada em 1967.

2. O gráfico a seguir mostra a área desmatada da Amazônia, em km², a cada ano, no período de 1988 a 2008.

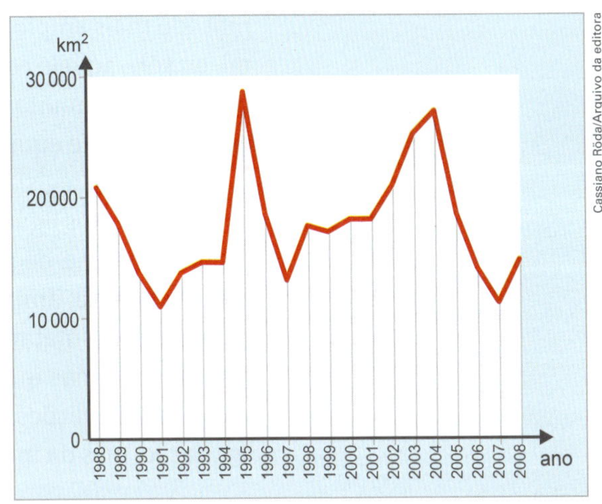

Fonte: MMA.

As informações do gráfico indicam que:

a) o maior desmatamento ocorreu em 2004.
b) a área desmatada foi menor em 1997 do que em 2007.
c) a área desmatada a cada ano manteve-se constante entre 1998 e 2001.
d) a área desmatada por ano foi maior entre 1994 e 1995 do que entre 1997 e 1998.
e) o total de área desmatada em 1992, 1993 e 1994 é maior que 60 000 km.

Resolução

Esta questão trabalha a leitura de um gráfico que nos mostra os dados quantitativos de desmatamento na Amazônia durante o período abordado. A resposta correta é a **D**. As demais alternativas fazem afirmações que não correspondem aos dados apresentados no gráfico: o maior desmatamento ocorreu em 1995, quase 30 000 km²; em 2007, a área desmatada foi menor que em 1997; de 1998 a 2001, a área desmatada aumentou, embora em ritmo lento; a área desmatada entre 1992 e 1994 foi de cerca de 42 000 km², menos que 60 000 km².

Considerando a Matriz de Referência do Enem, estas questões trabalham a **Competência de Área 6 – Compreender a sociedade e a natureza, reconhecendo suas interações no espaço em diferentes contextos históricos e geográficos** e a habilidade **H29 – Reconhecer a função dos recursos naturais na produção do espaço geográfico, relacionando-os com as mudanças provocadas pelas ações humanas.**

4 A legislação ambiental e as unidades de conservação

Você sabia que a expressão "meio ambiente" envolve todas as dimensões que tornam a vida das pessoas mais saudável e equilibrada, como a qualidade do ar e o conforto acústico? É por isso que essa expressão deve ser entendida em seu significado mais amplo, englobando tanto o meio ambiente natural quanto o cultural, ou seja, aquele construído pelo trabalho humano. Pense no lugar em que você mora: nele há muita poluição e barulho, ou ele corresponde a um meio ambiente ecologicamente equilibrado?

No Brasil, a legislação relativa ao meio ambiente é ampla e bem elaborada. Ela aborda aspectos ligados ao desmatamento, à emissão de gases, ao lançamento de resíduos, ao uso de agrotóxicos, etc. Os problemas ambientais que observamos com frequência, amplamente divulgados pelos meios de comunicação – queimadas ilegais, desmatamentos, poluição atmosférica e dos recursos hídricos e vários outros problemas que comprometem a qualidade de vida das pessoas e a preservação das condições atuais às futuras gerações –, não resultam da limitação da legislação, mas da ineficiência das ações educativas e de fiscalização.

Histórico das leis ambientais brasileiras

Ao longo dos períodos colonial e imperial de nossa história, foram elaboradas algumas leis voltadas à proteção do meio ambiente, mas elas tinham abrangência restrita, como a proteção ao pau-brasil e a algumas espécies animais. Já no período republicano, em 1911 foi criada a primeira reserva florestal do país, onde atualmente se encontra o estado do Acre; em 1921 foi criado o Serviço Florestal do Brasil, que hoje é o Instituto do Meio Ambiente e dos Recursos Naturais Renováveis (Ibama); e em 1934 foi aprovada a primeira versão do Código Florestal, que estudaremos neste capítulo.

Consulte o *site* do **Ibama**. Veja orientações na seção **Sugestões de leitura, filme e *sites***.

Durante o período da ditadura militar (1964-1985), foram criados projetos de ocupação humana e econômica das regiões Norte e Centro-Oeste que provocaram grandes impactos negativos ao meio ambiente. Esses projetos previam a expansão da agricultura e a criação de gado em áreas de floresta e a prática de garimpo, mineração e extração de madeira, instituída com a abertura das rodovias de integração.

Como os impactos, principalmente na floresta Amazônica, trouxeram repercussão negativa em escala mundial, em 1974 o governo brasileiro promoveu mudanças de estratégia, implantando ações de proteção ambiental: combate à erosão, criação das Estações Ecológicas e Áreas de Proteção Ambiental, metas para o zoneamento industrial e criação da Secretaria Especial do Meio Ambiente.

Solano José/Agência Estado

Construção da rodovia Transamazônica em Altamira (PA), em 1972.

Em 1979, foi criado o Conselho Nacional do Meio Ambiente (Conama), que instituiu, em 1981, a Política Nacional do Meio Ambiente (PNMA, Lei n. 6 938). Essa lei promoveu um grande avanço ao apresentar as bases para a proteção ambiental e conceituar expressões como "meio ambiente", "poluidor", "poluição" e "recursos naturais". A PNMA busca a preservação e a recuperação das áreas ambientalmente degradadas, visando garantir condições de desenvolvimento social e econômico, a segurança nacional e a proteção da dignidade da vida humana. A partir de sua publicação se instituiu que o meio ambiente é um bem público a ser resguardado e protegido, em prol da coletividade.

Em 1986, o Conama publicou uma resolução sobre o tema, em que se destaca a exigência de elaboração do Estudo de Impacto Ambiental (EIA), de caráter técnico e detalhista, e do seu respectivo Relatório de Impacto Ambiental (Rima), menos detalhado e acessível aos que não são especialistas na área. Esses dois documentos são necessários para o licenciamento e autorização expedidos pelo Ibama para a realização de qualquer obra ou atividade que provoque impactos ambientais.

Leia, na seção *Outras Leituras* da página a seguir, a norma legal que instituiu no Brasil a obrigatoriedade de realização do EIA e de sua divulgação ao público em um Rima. Obrigatoriamente, no EIA/Rima deve-se desenvolver um diagnóstico ambiental, considerando o meio físico, o biológico e o socioeconômico.

Outro grande destaque na evolução do Direito Ambiental brasileiro foi atingido com a Constituição Federal de 1988, a primeira de nossa história a dedicar um capítulo a esse tema e a incorporar o conceito de desenvolvimento sustentável. Ela estabelece, no artigo 225, que "Todos têm direito ao meio ambiente ecologicamente equilibrado, bem de uso comum do povo e essencial à sadia qualidade de vida, impondo-se ao poder público e à coletividade o dever de defendê-lo e preservá-lo para as presentes e futuras gerações". O parágrafo terceiro desse mesmo artigo estipula que: "As condutas e atividades consideradas lesivas ao meio ambiente sujeitarão os infratores, pessoas físicas ou jurídicas, a sanções penais e administrativas, independentemente da obrigação de reparar os danos causados".

Extração de petróleo no Amazonas, em 1974.

Kenji Honda/Agência Estado

Rogerio Santana/Reuters/Latinstock

Derramamento de petróleo em Campos (RJ), em 2011. Após a promulgação da Lei dos Crimes Ambientais e a instituição de multas pesadas e da responsabilidade penal dos envolvidos, os acidentes ambientais têm sido menos frequentes e a ação de recuperação ambiental, muito mais eficiente. Nas décadas de 1970 e 1980, acidentes como este eram frequentes; atualmente, há um controle bastante rigoroso para que não aconteça esse tipo de crime.

A previsão de sanções penais significa a criminalização das atividades prejudiciais ao meio ambiente, o que foi regulamentado somente dez anos depois, em 1998, com a Lei n. 9 605. Conhecida como Lei dos Crimes Ambientais, ela define os crimes contra a fauna e a flora, além dos relacionados à poluição, ao ordenamento urbano, ao patrimônio cultural e outros. Quem comete agressões ambientais como desmatamento, poluição do ar ou de águas, ou falsificação de Relatório de Impacto Ambiental, é punido com multa, proibição de exercício de certas atividades e até mesmo cadeia.

Biota: conjunto dos seres vivos – animais e vegetais – que vivem na superfície da Terra.

Outras leituras

Resolução Conama 001, de 23 de janeiro de 1986

Dispõe sobre os critérios e diretrizes básicas para o processo de Estudos de Impactos Ambientais (EIA) e Relatório de Impactos Ambientais (Rima).

[...]

Artigo 1º – Para efeito desta Resolução, considera-se impacto ambiental qualquer alteração das propriedades físicas, químicas e biológicas do meio ambiente, causada por qualquer forma de matéria ou energia resultante das atividades humanas que, direta ou indiretamente, afetam:

I. a saúde, a segurança e o bem-estar da população;
II. as atividades sociais e econômicas;
III. a **biota**;
IV. as condições estéticas e sanitárias do meio ambiente;
V. a qualidade dos recursos ambientais.

Artigo 2º – Dependerá de elaboração de Estudo de Impacto Ambiental e respectivo Relatório de Impacto Ambiental (Rima), a serem submetidos à aprovação do órgão estadual competente, e do Ibama em caráter supletivo, o licenciamento de atividades modificadoras do meio ambiente, tais como:

I. estradas de rodagem com duas ou mais faixas de rolamento;
II. ferrovias;
III. portos e terminais de minério, petróleo e produtos químicos;
IV. aeroportos [...];
V. oleodutos, gasodutos, minerodutos, troncos coletores e emissários de esgotos sanitários;
VI. linhas de transmissão de energia elétrica, acima de 230 Kv;
VII. obras hidráulicas para exploração de recursos hídricos, tais como: barragem para fins hidrelétricos acima de 10 MW, de saneamento ou de irrigação, abertura de canais para navegação, drenagem e irrigação, retificação de cursos de água, abertura de barras e embocaduras, transposição de bacias, diques;

[...]

BRASIL. Presidência da República Federativa. Legislação. Disponível em: <www.presidencia.gov.br>. Acesso em: 21 jan. 2014.

O Código Florestal

O Código Florestal foi criado em 1934 e reformulado duas vezes: em 1965 e em 2012 (Lei n. 12 561/12). Nesse ano houve muitos embates entre ambientalistas – que queriam ampliar as áreas de preservação e a obrigação de recompor o que foi desmatado irregularmente – e grandes proprietários – que queriam autorização para ampliar as áreas de agricultura e pecuária sem recompor os biomas. Esta é uma das mais importantes leis ambientais do país e estabelece as normas de ocupação e uso do solo em todos os biomas brasileiros. Os incisos II e III do artigo 1º, parágrafo 2º, merecem destaque, pois definem as áreas de preservação e as reservas legais:

Consulte o *site* do **Ipam** e do **Ministério do Meio Ambiente (MMA)**. Veja orientações na seção **Sugestões de leitura, filme e *sites*.**

- **Áreas de Preservação Permanente (APPs)**: só podem ser desmatadas com autorização do Poder Executivo Federal e em caso de uso para utilidade pública ou interesse social, como a construção de uma rodovia. São as margens de rios, lagos ou nascentes, várzeas, encostas íngremes, mangues e outros ambientes (observe a ilustração desta página). A principal função das APPs é preservar a disponibilidade de água, a paisagem, o solo e a biodiversidade.
- **Reservas Legais**: em cada um dos sete biomas brasileiros, os proprietários de terras são obrigados a preservar uma parte de vegetação nativa. Na Amazônia são obrigados a manter 80% da propriedade com floresta nativa, índice que cai para 35% no cerrado localizado dentro da Amazônia e 20% em todas as demais regiões e biomas do país. É importante notar que o Código Florestal rege apenas as propriedades que podem ser utilizadas para atividades agrícolas, e não se aplica, portanto, no interior das unidades de conservação, como os parques e as reservas ecológicas, como estudaremos a seguir, que têm legislação própria que cuida de sua preservação.

Em topos de morro e áreas com inclinação superior a 45° só é permitida a exploração onde ela já ocorre, como no caso do cultivo de uva na serra Gaúcha.

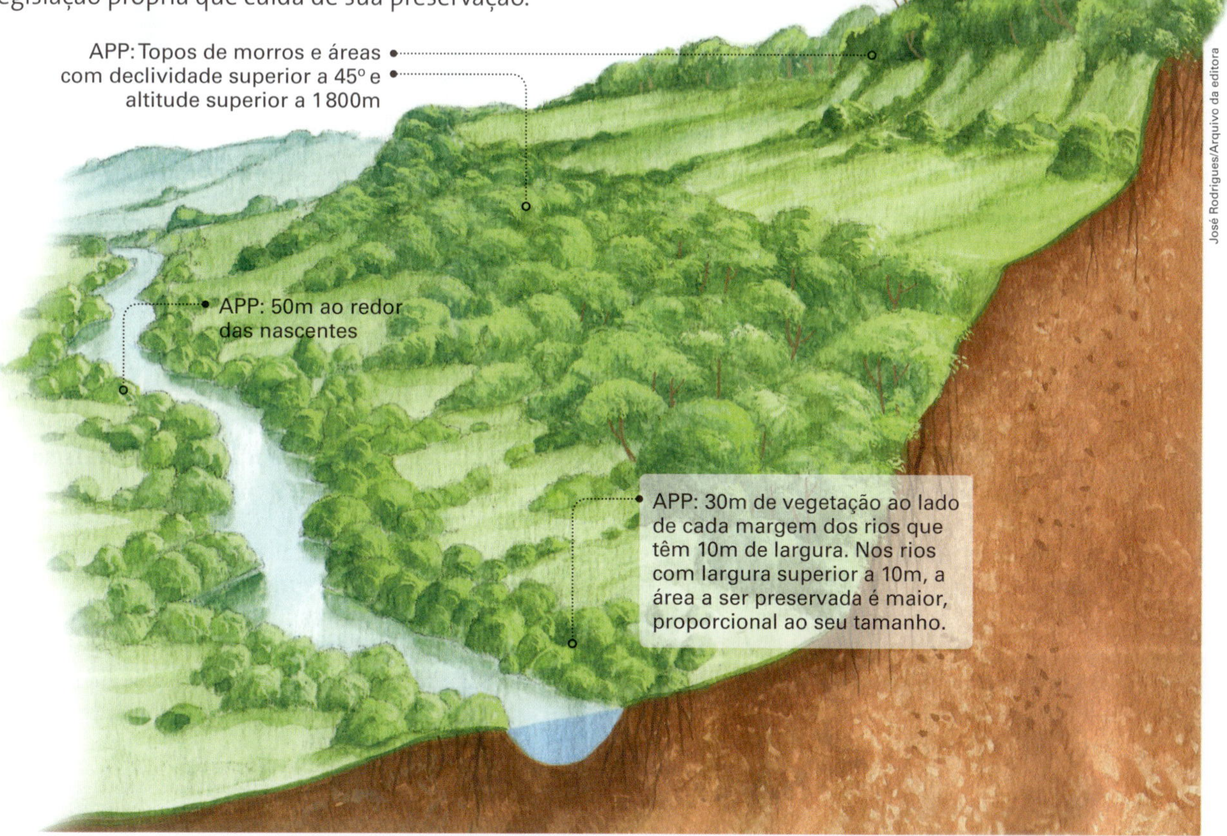

Formato comunicação/Arquivo da editora. Organizado pelos editores.

As unidades de conservação

Unidades de conservação conforme a restrição ao uso	
Unidades de Proteção Integral	**Unidades de Uso Sustentável**
Estação Ecológica	Área de Proteção Ambiental
Reserva Biológica	Área de Relevante Interesse Ecológico
Parque Nacional	Floresta Nacional
Monumento Natural	Reserva Extrativista
Refúgio de Vida Silvestre	Reserva de Fauna
	Reserva de Desenvolvimento Sustentável
	Reserva Particular do Patrimônio Natural

BRASIL. Presidência da República Federativa. Lei n. 9 985/2000. Institui o Sistema Nacional de Unidades de Conservação da Natureza (SNUC). Disponível em: <www.planalto.gov.br>. Acesso em: 21 jan. 2014.

As **unidades de conservação** são áreas de preservação agrupadas conforme a restrição ao uso. As unidades classificadas como de restrição total são denominadas **Unidades de Proteção Integral**; aquelas cujo nível de restrição é menor e têm uso voltado ao desenvolvimento cultural, educacional e recreacional são denominadas **Unidades de Uso Sustentável**. Um exemplo destas é o Parque Nacional da Serra dos Órgãos, que aparece na imagem de abertura deste capítulo.

Ao todo foram definidas 12 unidades de conservação, que estão agrupadas na tabela ao lado, de acordo com seu nível de restrição. No mapa da página seguinte, pode-se observar a distribuição dessas unidades no território brasileiro.

Os principais objetivos da criação das unidades de conservação são apresentados a seguir.

Fabio Colombini/Acervo do fotógrafo

Na foto de 2010, placa no Parque Estadual de Itaúnas, em Conceição da Barra (ES).

Outras leituras

Objetivos das unidades de conservação

O Código Florestal, com várias outras leis que se seguiram, serviu de base para a criação do Sistema Nacional de Unidades de Conservação da Natureza, que têm como propósitos:

I. contribuir para a manutenção da diversidade biológica e dos recursos genéticos no território nacional e nas águas jurisdicionais;
II. proteger as espécies ameaçadas de extinção no âmbito regional e nacional;
III. contribuir para a preservação e a restauração da diversidade de ecossistemas naturais;
IV. promover o desenvolvimento sustentável a partir dos recursos naturais;
V. promover a utilização dos princípios e práticas de conservação da natureza no processo de desenvolvimento;
VI. proteger paisagens naturais e pouco alteradas de notável beleza cênica;
VII. proteger as características relevantes de natureza geológica, geomorfológica, espeleológica, arqueológica, paleontológica e cultural;
VIII. proteger e recuperar recursos hídricos e edáficos;
IX. recuperar ou restaurar ecossistemas degradados;
X. proporcionar meios e incentivos para atividades de pesquisa científica, estudos e monitoramento ambiental;
XI. valorizar econômica e socialmente a diversidade biológica;
XII. favorecer condições e promover a educação e interpretação ambiental, a recreação em contato com a natureza e o turismo ecológico;
XIII. proteger os recursos naturais necessários à subsistência de populações tradicionais, respeitando e valorizando seu conhecimento e sua cultura e promovendo-as social e economicamente.

BRASIL. Presidência da República Federativa. Lei n. 9 985/2000. Institui o Sistema Nacional de Unidades de Conservação da Natureza (SNUC). Disponível em: <www.planalto.gov.br>. Acesso em: 21 jan. 2014.

Para a criação dessas unidades, o Ibama, ao lado do Banco Mundial e do WWF, organização não governamental atuante no mundo inteiro, propôs uma classificação para os biomas brasileiros: Amazônia, Caatinga, Campos Sulinos, Mata Atlântica, Pantanal, Cerrado e Costeiro. Também foram delimitados os ecótonos, zonas de transição entre esses ecossistemas, que apresentam características mistas.

Consulte o *site* do **Fundo Mundial para a Natureza (WWF)**. Veja orientações na seção **Sugestões de leitura, filme e *sites***. Consulte também os *sites* de outras ONGs ambientalistas, também indicados nessa seção: **Greenpeace** e **SOS Mata Atlântica**.

É importante destacar que a criação de leis, decretos e normas voltados à questão ambiental ao longo da história brasileira é consequência do aumento da importância do tema no mundo e no Brasil. Essa evolução deu-se de forma lenta, mas contínua. Como veremos no próximo capítulo, esse processo foi influenciado pelas conquistas obtidas em âmbito internacional nas diversas conferências mundiais voltadas ao meio ambiente, e parte da sociedade civil brasileira cumpriu um importante papel ao pressionar os governos e legisladores em aprovar leis eficazes e incluir o tema na própria Constituição do país.

A degradação ambiental compromete a qualidade de vida das gerações atuais e futuras. Na foto, praia poluída na baía de Guanabara (RJ), em 2012.

Luciana Whitaker/Pulsar Imagens

Brasil: biomas e unidades de conservação

Amazônia
Caatinga
Campos Sulinos
Cerrado
Costeiro
Ecótonos
Mata Atlântica
Pantanal
Unidades de Conservação Federais

0 375 750
km

OCEANO ATLÂNTICO

Zona Econômica Exclusiva (200 milhas náuticas da costa)

Allmaps/Arquivo da editora

Existem unidades de conservação em todos os biomas brasileiros definidos pelo Ibama. Há também unidades de conservação mantidas por estados e até por municípios, criadas por leis estaduais e municipais. Observe que no mapa estão localizados os ecótonos, Amazônia-Caatinga, Amazônia-Cerrado e Cerrado-Caatinga. Essa denominação lhes foi atribuída justamente por estarem entre os biomas da Caatinga, da Amazônia e do Cerrado.

Adaptado de: INSTITUTO Brasileiro do Meio Ambiente e dos Recursos Naturais Renováveis (Ibama). Disponível em: <www.ibama.gov.br>. Acesso em: 21 jan. 2014; MINISTÉRIO DO MEIO AMBIENTE. Disponível em: <www.mma.gov.br>. Acesso em: 21 jan. 2014.

Pensando no Enem

1. A Lei Federal n. 9 985/2000, que instituiu o sistema nacional de unidades de conservação, define dois tipos de áreas protegidas. O primeiro, as unidades de proteção integral, tem por objetivo preservar a natureza, admitindo-se apenas o uso indireto dos seus recursos naturais, isto é, aquele que não envolve consumo, coleta, dano ou destruição dos recursos naturais. O segundo, as unidades de uso sustentável, tem por função compatibilizar a conservação da natureza com o uso sustentável de parcela dos recursos naturais. Nesse caso, permite-se a exploração do ambiente de maneira a garantir a perenidade dos recursos ambientais renováveis e dos processos ecológicos, mantendo-se a biodiversidade e os demais atributos ecológicos, de forma socialmente justa e economicamente viável.

Considerando essas informações, analise a seguinte situação hipotética.

Ao discutir a aplicação de recursos disponíveis para o desenvolvimento de determinada região, organizações civis, universidade e governo resolveram investir na utilização de uma unidade de proteção integral, o Parque Nacional do Morro do Pindaré, e de uma unidade de uso sustentável, a Floresta Nacional do Sabiá. Depois das discussões, a equipe resolveu levar adiante três projetos:

- o projeto I consiste em pesquisas científicas embasadas exclusivamente na observação de animais;
- o projeto II inclui a construção de uma escola e de um centro de vivência;
- o projeto III promove a organização de uma comunidade extrativista que poderá coletar e explorar comercialmente frutas e sementes nativas.

Nessa situação hipotética, atendendo-se à lei mencionada acima, é possível desenvolver tanto na unidade de proteção integral quanto na de uso sustentável:

a) apenas o projeto I.
b) apenas o projeto III.
c) apenas os projetos I e II.
d) apenas os projetos II e III.
e) todos os três projetos.

Resolução

O projeto I envolve apenas observação de animais por pequena quantidade de pesquisadores e não provoca consumo, coleta, dano ou destruição dos recursos naturais, sendo, portanto, o único permitido em Unidades de Proteção Integral. Os projetos II e III compatibilizam a conservação da natureza com o uso sustentável de parcela dos recursos naturais, sendo permitidos apenas em Unidades de Uso Sustentável. A resposta correta, portanto, é **A**.

2.

Percentual de biomas protegidos por unidades de conservação federais – Brasil, 2006

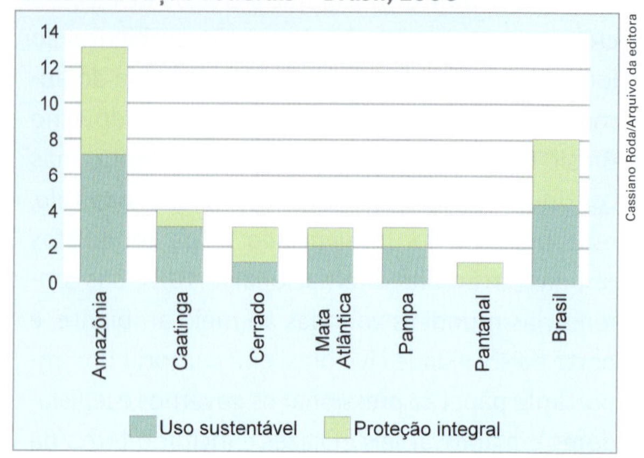

Ministério do Meio Ambiente. Cadastro Nacional de Unidades de Conservação.

Analisando-se os dados do gráfico apresentado, que remetem a critérios e objetivos no estabelecimento de unidades de conservação no Brasil, constata-se que:

a) o equilíbrio entre unidades de conservação de proteção integral e de uso sustentável já atingido garante a preservação presente e futura da Amazônia.
b) as condições de aridez e a pequena diversidade biológica observadas na Caatinga explicam por que a área destinada à proteção integral desse bioma é menor que a dos demais biomas brasileiros.
c) o Cerrado, a Mata Atlântica e o Pampa, biomas mais intensamente modificados pela ação humana, apresentam proporção maior de unidades de proteção integral que de unidades de uso sustentável.
d) o estabelecimento de unidades de conservação deve ser incentivado para a preservação dos recursos hídricos e a manutenção da biodiversidade.
e) a sustentabilidade do Pantanal é inatingível, razão pela qual não foram criadas unidades de uso sustentável nesse bioma.

Resolução

A alternativa correta é a **D**. Apesar da criação de unidades de conservação na Amazônia, o desmatamento continua acontecendo de forma acentuada; na Caatinga predominam unidades de uso sustentável por causa da ocupação humana; no Cerrado, na Mata Atlântica e nos Pampas há maior proporção de unidades de uso sustentável; em nenhum bioma a sustentabilidade é inatingível, trata-se de uso que busca harmonizar o meio ambiente com a ocupação humana e o desenvolvimento de atividades econômicas que garantam a preservação ambiental para as presentes e futuras gerações.

Atividades

Compreendendo conteúdos

1. Explique por que as formações vegetais do planeta apresentam fisionomias diferenciadas. Dê exemplos.
2. Cite os principais impactos ambientais provocados pelo desmatamento, sobretudo nas florestas tropicais.
3. Quais são as principais características das formações desérticas?
4. Identifique os principais tipos de florestas e descreva suas características gerais.
5. Explique por que o território brasileiro possui grande diversidade de formações vegetais.
6. Qual foi a importância da instituição, em 1981, da Política Nacional do Meio Ambiente?
7. Quais são os principais pontos da Lei dos Crimes Ambientais?
8. Segundo o Código Florestal, o que são as Áreas de Preservação Permanente (APPs)?

Desenvolvendo habilidades

9. Leia o texto atentamente e, em seguida, faça o que se pede.

A evolução da floresta

O solo foi menos determinante que a chuva e a temperatura no estabelecimento da Mata Atlântica. Exceto pelas faixas litorâneas de dunas, seus solos tiveram origens **graníticas**, **basálticas** e **gnáissicas** antigas, altamente intemperizados e, consequentemente, de baixa fertilidade. Chuva abundante e clima quente formaram solos profundos e argilosos, ricos em ferro e, por isso, tipicamente avermelhados. Possuem pouca capacidade de reter água ou nutrientes e apenas de má vontade os concedem às plantas. Em algumas formações, inibem a penetração das raízes e, quando os lavradores os expõem à luz solar e à chuva, podem tornar-se mais ácidos, prejudicando ainda mais as trocas de nutrientes [...].

DEAN, Warren. *A ferro e fogo*: a história e a devastação da Mata Atlântica brasileira. São Paulo: Companhia das Letras, 1996. p. 27.

Granito, basalto e gnaisse: tipos de rocha.

Mencione, com base no texto, alguns exemplos das interações que ocorrem entre os elementos da natureza.

10. Os textos a seguir apresentam posições divergentes sobre o Código Florestal Brasileiro. Esse debate ocorreu durante as discussões sobre a elaboração de seu texto-base, que foi aprovado com pequenas modificações.

Após a leitura, reflita sobre os aspectos que você considera positivos e negativos e faça uma redação defendendo o seu ponto de vista. Considere dois preceitos constitucionais: a função social da propriedade e o direito de todos de viver em um ambiente ecologicamente equilibrado.

Debate: O projeto do novo Código Florestal é bom para o país?

Sim

Antonio Fernando Pinheiro Pedro (advogado)

O Código Florestal de 1934 pretendia ordenar e planificar unilateralmente nosso território, nele apondo, por mero procedimento administrativo, áreas de preservação, parques e reservas, nos moldes da legislação fascista italiana e alemã. O valor econômico da mata nativa, no entanto, não era o foco da lei. O objetivo era a "homogeneização florestal" para a produção de madeira, de modo a prover a indústria siderúrgica e a expansão ferroviária.

Promulgado 31 anos depois, o Código Florestal de 1965 quis compensar a fraca implementação de seu antecessor, generalizando a imposição de restrições territoriais nas propriedades privadas, como se o ordenamento pretendido no atacado pelo Código de 1934 pudesse ser substituído por outro instituto no varejo pelo Código de 1965.

O avanço da tecnologia, a transformação empresarial dos latifúndios, a concentração industrial e a migração da população para as cidades, nas décadas que se sucederam, alteraram toda a perspectiva do marco florestal de 1965.

[...]

Surgiram novos conflitos sem que os anteriores fossem resolvidos, o que gerou profunda insegurança jurídica no campo e nas cidades, jogando numa pretensa ilegalidade comunidades ribeirinhas, assentadas pelo Incra [Instituto Nacional de Colonização e Reforma Agrária], propriedades rurais e urbanas, clubes, ancoradouros, marinas, casas, hotéis.

[...]

O texto resultante – aprovado por parlamentares de esquerda, de centro, de direita, progressistas, conservadores, de situação e oposição, centenas deles integrantes da chamada frente parlamentar ambientalista – privilegiou a formação de grandes fragmentos florestais, a manutenção do equilíbrio ecológico e manteve os institutos da Reserva Legal e das APPs.

Não

Guilherme José Purvin de Figueiredo (procurador do Estado de São Paulo)

A Constituição de 1988 elevou a função social da propriedade ao patamar de garantia fundamental e a vinculou ao dever de proteção da natureza. O direito ao meio ambiente é, a um só tempo, princípio da ordem econômica (artigo 170, VI), dimensão da função social da propriedade rural (artigo 186, II) e direito humano fundamental (artigo 225). Sua defesa é garantia constitucional assegurada ao cidadão pela via da ação popular (artigo 5º, LXXIII).

As Áreas de Preservação Permanente (APPs) possibilitam o fluxo gênico das espécies, funcionando como corredores ecológicos. No campo e na cidade, eles têm a função de proteger as margens dos rios e as encostas de morros contra erosão e desmoronamento.

[...]

O projeto do deputado federal Aldo Rebelo modifica o marco de medição das APPs, antecipando-o para o nível regular das águas dos rios. Assim, compromete a segurança da população e contribui para a perda de terras férteis. Esta alteração será devastadora em rios de calha aberta e pouca declividade, comuns no Pantanal Mato-Grossense. [...] Ao admitir a plantação de *pinnus* e eucalipto em APPs de topo de morro, o projeto sentencia de morte o que resta da Mata Atlântica.

Este projeto do deputado Aldo Rebelo contraria uma evolução histórica ao desobrigar o pequeno proprietário de recompor reserva legal, afrontando o *caput* [do latim, 'cabeça'; o enunciado do artigo] do artigo 225, que impõe a todos o dever de preservar o meio ambiente. E ainda incentiva o desmatamento ao permitir que as APPs sejam computadas na área de reserva legal. Nega, enfim, o princípio da função social da propriedade ao abolir os instrumentos que legitimam a intervenção em áreas de risco sem ônus ao contribuinte.

Ordem dos Advogados do Brasil (OAB/SP). *Jornal do Advogado*. Ano XXXVI, n. 362, p. 12-13, jun. 2011.

Vestibulares de Norte a Sul

1. **SE** (Vunesp-SP) Para o geógrafo Aziz Nacib Ab'Sáber, o domínio morfoclimático e fitogeográfico pode ser entendido como um conjunto espacial extenso, com coerente grupo de feições do relevo, tipos de solo, formas de vegetação e condições climático-hidrológicas.

São características do domínio morfoclimático dos Mares de Morros:

a) relevo com morros residuais; solos litólicos; vegetação formada por cactáceas, bromeliáceas e árvores; clima semiárido.
b) relevo com topografia mamelonar; solos latossólicos; floresta latifoliada tropical; climas tropical e subtropical úmido.
c) relevo de chapadas e extensos chapadões; solos latossólicos; vegetação com arbustos de troncos e galhos retorcidos; clima tropical.
d) relevo de planaltos ondulados; manchas de terra roxa; vegetação de pinhais altos, esguios e imponentes; clima temperado úmido de altitude.
e) relevo baixo com suaves ondulações; terrenos basálticos; vegetação herbácea; clima subtropical.

Domínios morfoclimáticos brasileiros: áreas nucleares, 1965

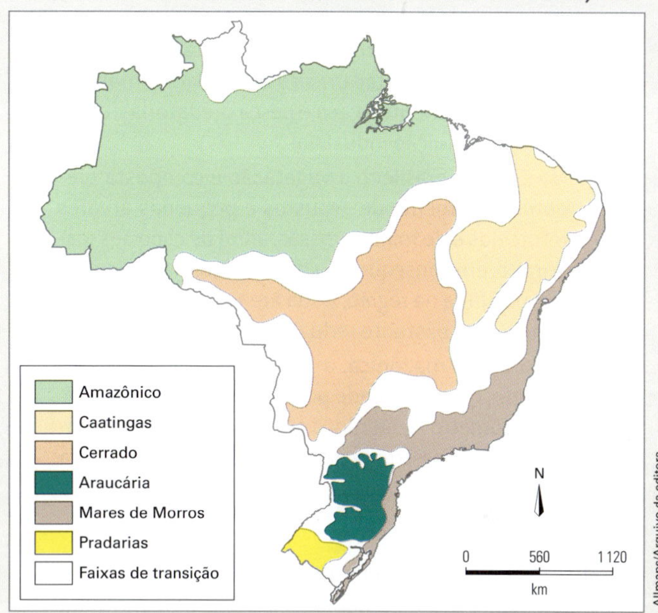

Adapado de: AB'SÁBER, Aziz Nacib. *Os domínios de natureza no Brasil*, 2003.

2. **NE** (UFPE) Leia o texto transcrito a seguir.

> As riquezas naturais do Brasil são legendárias. O país tem o maior bioma de floresta úmida do mundo, a Amazônia, que contém de longe a maior parcela das florestas úmidas remanescentes. A Amazônia Legal cobre cerca de 60% do território brasileiro e abriga 21 milhões de habitantes, 12% da população total, dos quais 70% vivem em cidades e vilarejos. O Brasil também tem o maior manancial de água doce do mundo, e a região amazônica sozinha responde por quase um quinto das reservas mundiais. O uso sustentável dessas enormes riquezas não apenas garantiria os recursos para o futuro, como poderia ser também uma fonte de maior equidade e redução de pobreza, uma vez que os recursos naturais representam uma proporção muito maior dos bens dos pobres (cerca de 80%) do que dos ricos.
>
> BANCO MUNDIAL. *Causas do Desmatamento da Amazônia Brasileira*. 1. ed, Brasília, 2003.

Acerca do tema abordado no texto, analise as proposições abaixo.

( ) A floresta latifoliada perenifólia observada em amplos setores da Amazônia brasileira, um dos ricos biomas brasileiros, é heteróclita e reflete condições atmosféricas (temperatura, umidade e precipitação) reinantes no ambiente bioclimático equatorial.

( ) Do ponto de vista social, é correto dizer que os benefícios privados da pecuária em larga escala na Amazônia são distribuídos de forma excludente, pouco colaborando, assim, para reduzir a desigualdade econômica e social da região.

( ) As evidências geoecológicas disponíveis indicam que, na Amazônia, os custos dos desmatamentos, do ponto de vista ambiental, são significativos, superando, inclusive, os benefícios privados da pecuária, especialmente no tocante ao patrimônio genético e ambiental.

( ) O cultivo da soja vem-se expandindo, consideravelmente, no bioma Cerrado, provocando uma pressão à expansão da fronteira agrícola para as regiões florestadas amazônicas.

( ) Apesar da intensa pressão antrópica sobre o espaço florestal amazônico, a existência local do processo de lixiviação dos solos, que os enriquece em fósforo e matéria orgânica, pode ser um fator fundamental para colaborar no reflorestamento da região.

3. **S** (UEPG-PR) Com relação às principais formações vegetais brasileiras e problemas ambientais nas suas áreas de abrangência, assinale o que for correto.

01) A vegetação do Pantanal mato-grossense é variada, possuindo áreas de florestas, Cerrado e campos e grande quantidade de plantas aquáticas, e essa é uma região livre de problemas ambientais, uma vez que ali não se desenvolvem atividades agropecuárias, de exploração de minerais e de atividades ilegais de caça e pesca.

02) Entre os principais problemas que afetam regiões da Mata Atlântica destacam-se a especulação imobiliária, desmatamentos, caça e pesca predatórias, queimadas e poluição industrial.

04) No Cerrado brasileiro a vegetação é composta predominantemente de arbustos e pequenas árvores retorcidas e de folhas grossas, além de espécies rasteiras e, em consequência dos avanços da agricultura e pecuária na região, a sua área original de abrangência está bastante reduzida.

08) A floresta Amazônica, a maior floresta pluvial do planeta, que se estende por mais de quatro milhões de quilômetros quadrados em terras brasileiras, continua sendo destruída pela extração de árvores para comércio e, por meio de queimadas, para abertura de espaços para a agricultura e pecuária.

4. **N** (UFT-TO) As queimadas no Brasil são problemas ambientais oriundos, sobretudo, das práticas da agricultura que causam prejuízos ao meio ambiente e à saúde da população. Com base no mapa abaixo que mostra as queimadas no Brasil num determinado período de 2010 segundo o INPE (Instituto Nacional de Pesquisa Espacial), assinale a alternativa correta que indica quais os biomas mais afetados na área de alta concentração das queimadas.

Queimadas

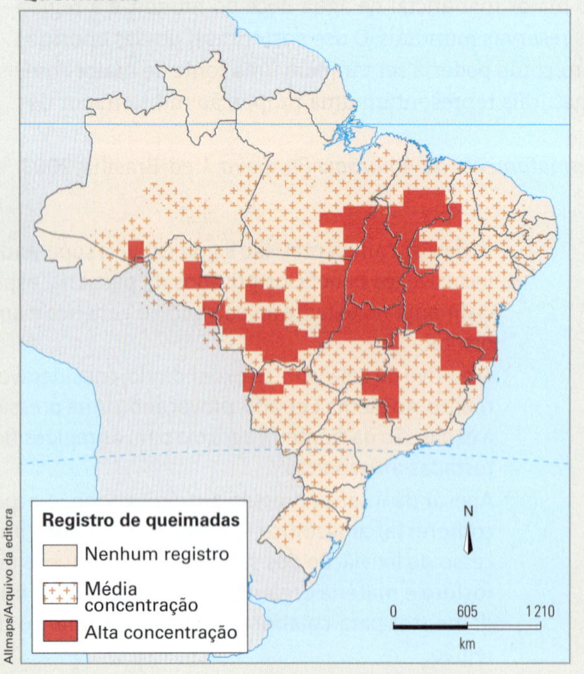

a) Caatinga, Campos, floresta Amazônica.
b) Cerrado, floresta Amazônica, Caatinga.
c) Cerrado, Mata da Araucária, Vegetação Litorânea.
d) Floresta Amazônica, Campos, Mata de Araucária.
e) Vegetação do Pantanal, Mata Atlântica, Caatinga.

5. **CO** (UFG-GO)

Texto 1

Dentre as formações vegetais brasileiras, aspectos hidrológicos distinguem áreas de ocorrência de Cerrado e de Caatinga. Verifica-se, por exemplo, que a rede de drenagem intermitente é um dos fatores determinantes para diferenciar as depressões semiáridas ocupadas pela Caatinga, dos planaltos semiúmidos ocupados pelo Cerrado.

SILV, C. R. *Geodiversidade do Brasil*: conhecer o passado, para entender o presente e prever o futuro. Rio de Janeiro: CPRM, 2008. p. 44. (Adaptado).

Texto 2

Na região do Cerrado são registrados casos, como no oeste da Bahia, onde já ocorreu o desaparecimento de mananciais importantes, em mais de duas décadas de exploração agrícola. Conhecido como "floresta invertida" por ter mais matéria orgânica vegetal no subsolo do que na parte superior, o sistema radicular nas áreas de Cerrado é extenso e capaz de reter no mínimo 70% das águas das chuvas.

BARBOSA, A. S. Elementos para entender a transposição do rio São Francisco. *Cadernos do CEAS* – Centro de Estudos e Ação Social. Salvador, n. 227, jul.-set. 2007. p. 95-105. (Adaptado).

Os textos apresentados descrevem algumas condições ambientais presentes no Cerrado e na Caatinga. Dentre essas condições, o ambiente das depressões é submetido a um regime climático quente e semiárido, com estiagem prolongada, no qual a vegetação é representada por formações com predomínio de

a) espécies semicaducifólias e caducifólias, desenvolvidas sobre solos profundos, resultantes de acelerados processos intempéricos físicos e químicos.
b) espécies xeromórficas, caducifólias, cactáceas, que se desenvolvem em solos rasos e pedregosos, resultantes de intenso intemperismo físico.
c) buritizais nas veredas, desenvolvidas sobre solos hidromórficos, argilosos e mal drenados, em vales pouco íngremes, com afloramento do nível freático.
d) árvores lenhosas com cascas grossas, desenvolvidas sobre solos ácidos, bastante evoluídos, configurados por horizontes pouco diferenciados.
e) árvores com raízes profundas e espécies arbustivas, desenvolvidas sobre solos de perfil homogêneo, resultantes de intenso intemperismo químico e lixiviação.

CAPÍTULO

12 As conferências em defesa do meio ambiente

Escultura de Frans Krajcberg, sem título, 1996.

Frans Krajcberg/Coleção do artista

Atualmente o debate sobre o meio ambiente faz parte da agenda mundial. A maioria das pessoas e organizações considera que o enfrentamento dos problemas ambientais – poluição do ar e das águas, contaminação dos solos, erosão, desmatamentos, entre outros – e suas consequências envolvem a necessidade de vincular as três esferas do desenvolvimento sustentável: desenvolvimento humano, crescimento econômico e preservação ambiental. Apesar disso, interesses de países e empresas, fragilidades legais ou dificuldades de aplicação das leis restringem a contemplação dessas esferas.

Como foi a evolução histórica das interferências humanas nos ecossistemas? Será que é viável expandir o modelo de consumo dos países desenvolvidos para toda a população do planeta? O que foi discutido nas conferências mundiais sobre meio ambiente? Neste capítulo vamos estudar esses assuntos, o que nos ajudará a entender e acompanhar a discussão de temas socioeconômicos e ambientais recorrentes na imprensa.

Poluição atmosférica em Jilin (China), em 2014.

Stringer/Reuters/Latinstock

1 Interferências humanas nos ecossistemas

Desde que os mais distantes antepassados do *Homo sapiens* atual surgiram na Terra, há mais de 1 milhão de anos, a espécie humana vem transformando a natureza. No início, essa transformação causava impacto ambiental irrelevante, seja pelo fato de haver uma pequena população vivendo no planeta, seja por não dispor de técnicas que lhe permitissem fazer grandes transformações no espaço geográfico.

Com o passar do tempo, alguns grupos humanos começaram a cultivar alimentos e a domesticar animais, fixando-se em determinados lugares, processo chamado de sedentarização. Com a revolução agrícola, em aproximadamente 10000 a.C., e o surgimento das primeiras cidades, há mais ou menos 4 500 anos, o impacto sobre a natureza aumentou gradativamente, por causa do maior consumo de energia e matérias-primas.

Desde o surgimento do ser humano, a população mundial demorou milhares de anos para atingir os 170 milhões de habitantes, no início da era cristã. Depois, precisou de "apenas" 1 700 anos para quadruplicar, atingindo os 700 milhões às vésperas da Revolução Industrial. A partir daí, passou a crescer num ritmo acelerado, como mostra o gráfico desta página.

Isso levou muitas pessoas a concluir que o crescente aumento dos impactos ambientais na época contemporânea era resultado apenas do acelerado crescimento demográfico. É importante perceber que, além do crescimento demográfico, ocorreram avanços técnicos – sobretudo a partir da Revolução Industrial, nos séculos XVIII e XIX –, que aumentaram cada vez mais a capacidade de transformação da natureza e, portanto, os impactos ambientais.

É importante lembrar que os ecossistemas têm grande capacidade de regeneração e recuperação ante eventuais impactos esporádicos, descontínuos ou localizados, muitos dos quais decorrentes da própria natureza. Contudo, a agressão causada pelas atividades humanas é contínua, não dando tempo para que o ambiente se regenere. Portanto, é urgente a necessidade de se rediscutir o modelo de desenvolvimento, o modelo de consumo, a desigual distribuição de riqueza e o padrão tecnológico existentes no mundo atual. Veja o infográfico das páginas a seguir.

Crescimento da população mundial – 1500-2050

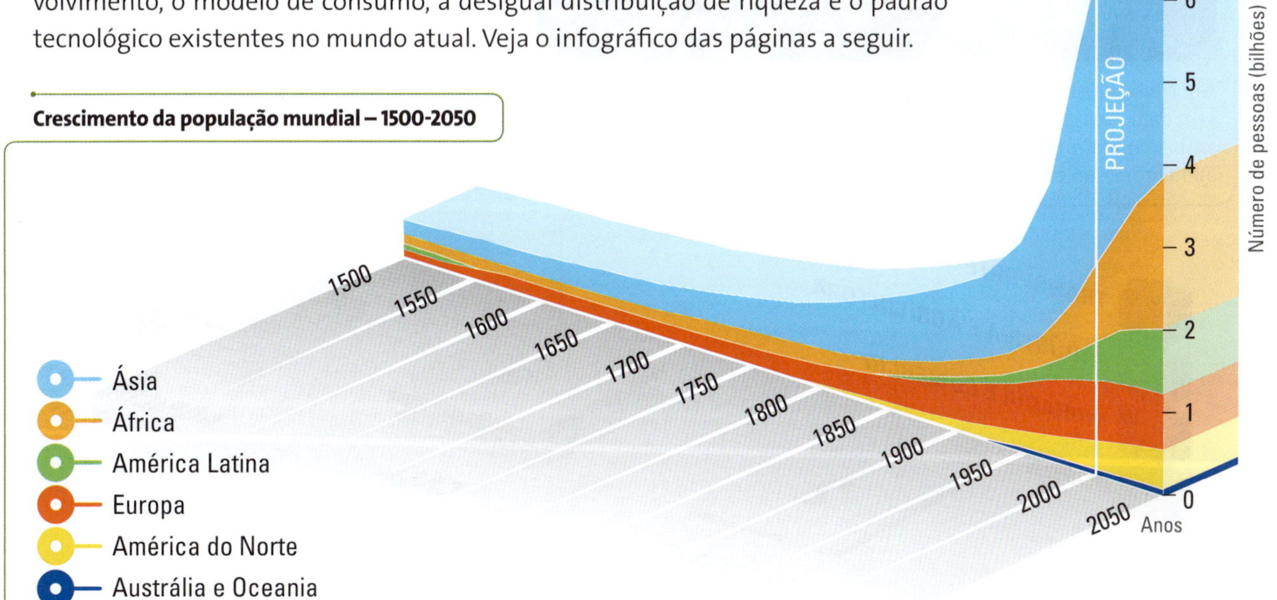

COLLEGE Atlas of the World. 2nd ed. Washington, D.C.: National Geographic/Wiley, 2010. p. 45.

Infográfico

EVOLUÇÃO DAS TÉCNICAS DE TRANSFORMAÇÃO DO ESPAÇO GEOGRÁFICO

A humanidade sempre buscou obter energia de forma mais eficiente para aumentar sua capacidade de trabalho e seu conforto. Ao longo de sua história, houve grandes avanços técnicos, que aumentaram a sua capacidade de transformar a natureza e interferir no espaço geográfico. O gráfico mostra como o consumo de energia por habitante cresceu com o desenvolvimento técnico da sociedade. Consequentemente, houve também um aumento significativo do impacto ambiental. No entanto, isso se tornou uma preocupação mundial apenas a partir da década de 1970.

The Bridgeman/Keystone

Egípcios usando o *shaduf*, equipamento para retirar água do rio Nilo (Peter Jackson, sem data). Nessa época já havia retirada de vegetação nativa em pequenas extensões, para uso do solo na agricultura e na pecuária.

akg-images/Latinstock

Retornando da caça (Período Mesolítico), de Franz Jung-Ilsenheim, sem data. Nessa época, a ação do ser humano sobre o meio ambiente restringia-se à interferência em algumas cadeias alimentares, ao caçar animais e colher vegetais para seu consumo.

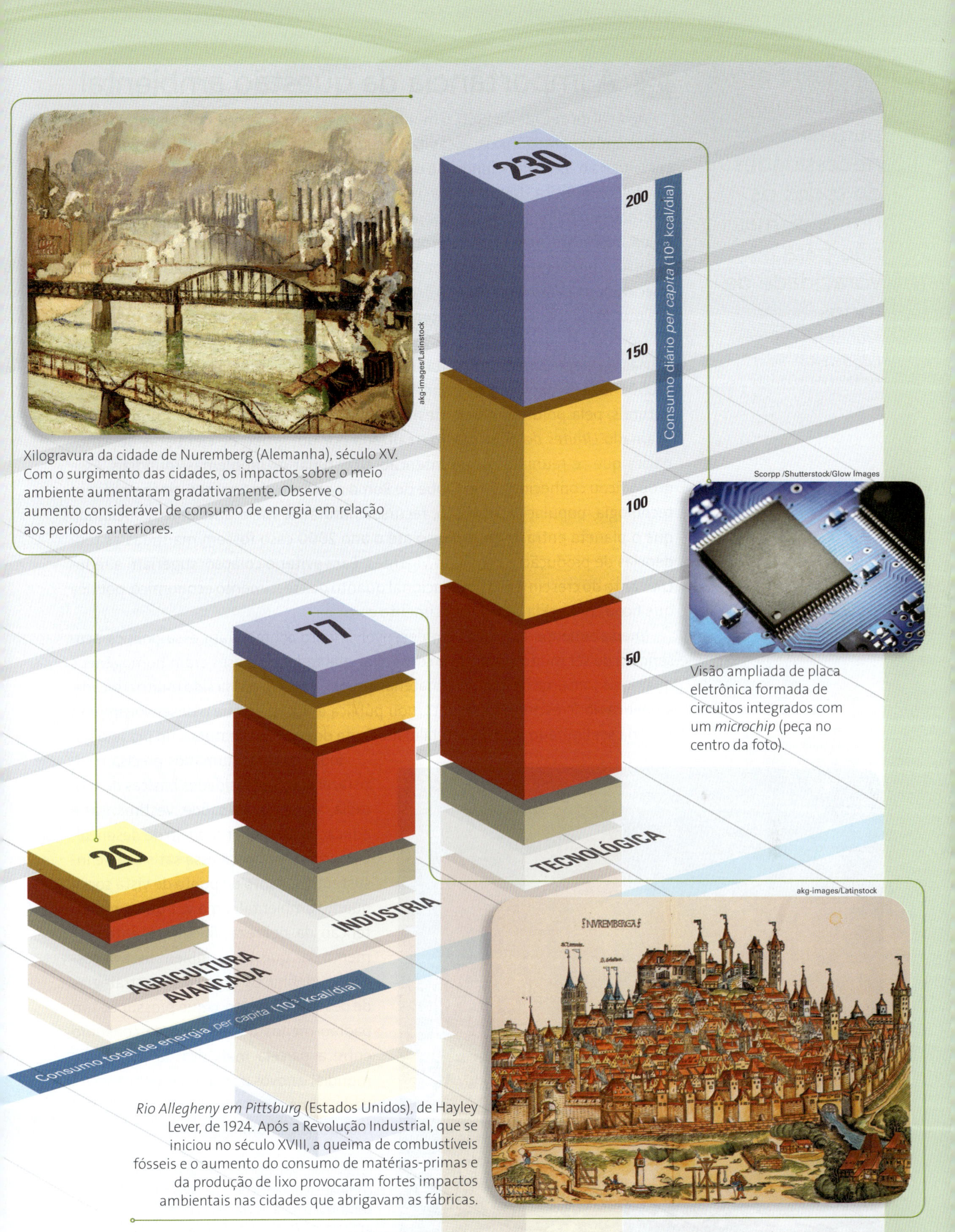

Xilogravura da cidade de Nuremberg (Alemanha), século XV. Com o surgimento das cidades, os impactos sobre o meio ambiente aumentaram gradativamente. Observe o aumento considerável de consumo de energia em relação aos períodos anteriores.

Visão ampliada de placa eletrônica formada de circuitos integrados com um *microchip* (peça no centro da foto).

Rio Allegheny em Pittsburg (Estados Unidos), de Hayley Lever, de 1924. Após a Revolução Industrial, que se iniciou no século XVIII, a queima de combustíveis fósseis e o aumento do consumo de matérias-primas e da produção de lixo provocaram fortes impactos ambientais nas cidades que abrigavam as fábricas.

Adaptado de: TEIXEIRA, Wilson et al. (Org.). *Decifrando a Terra*. 2. reimp. São Paulo: Oficina de Textos, 2003. p. 519.

"A Terra provê o suficiente para as necessidades de todos os homens, mas não para a voracidade de todos."

Mahatma Gandhi (1869-1948), líder político indiano.

2 A importância da questão ambiental

Ao final da década de 1960, o mundo estava polarizado entre dois blocos políticos e econômicos antagônicos: o capitalista, sob a influência dos Estados Unidos (que comandava o "primeiro mundo"), e o socialista (ou "segundo mundo"), sob a influência da União Soviética. Nessa época, os problemas ambientais começavam a ser enfrentados no primeiro mundo, sobretudo na Europa, e os países do segundo mundo ainda buscavam acelerar seu processo de industrialização promovendo grandes agressões ambientais. Entre os países em desenvolvimento (na época também conhecidos como "terceiro mundo"), em sua maioria capitalistas, também imperava um modelo de crescimento econômico bastante agressivo ao meio ambiente.

No início da década de 1970, as principais correntes de pensamento sobre as causas da degradação ambiental culpavam a busca incessante do crescimento econômico e a "explosão demográfica" pelo aumento da exploração dos recursos naturais, pela poluição e pelo desmatamento. Em 1971 foi publicado um estudo chamado *Limites do crescimento*, realizado por um grupo de cientistas de vários países que se reuniam com a intenção de estudar os problemas mundiais. Esse grupo ficou conhecido como Clube de Roma e seu estudo analisou cinco variáveis: tecnologia, população, nutrição, recursos naturais e meio ambiente, concluindo que o planeta entraria em colapso até o ano 2000 caso fossem mantidas as tendências de produção e consumo vigentes. Para evitar o colapso, sugeriam a redução tanto do crescimento populacional quanto do crescimento econômico, política que ficou conhecida como "crescimento zero".

Imediatamente, os países em desenvolvimento contestaram essa política acusando-a de ser muito simplista e considerar que todos os países eram homogêneos quanto ao consumo de energia e matérias-primas. Embora tenha sido muito criticada, a política do "crescimento zero" tornou pública a noção de que o desenvolvimento poderia ser limitado pela disponibilidade finita dos recursos naturais do planeta.

Todos os seres humanos precisam satisfazer suas necessidades básicas de moradia, alimentação, saúde, vestimentas e educação. Qualquer modelo de desenvolvimento que impeça essa satisfação é insustentável tanto do ponto de vista social quanto ambiental, uma vez que a manutenção da pobreza dificulta o enfrentamento das questões ambientais. É necessário redefinir os objetivos e estratégias de desenvolvimento, o que pressupõe um padrão menos dispendioso de consumo entre a parcela mais rica da população mundial e novos paradigmas para a sociedade como um todo, como nos alertou Mahatma Gandhi.

Jorge Rios Ponce/Corbis/Latinstock

O desenvolvimento sustentável envolve o combate à pobreza porque sua manutenção contribui para a degradação humana e do meio ambiente. Na foto, de 2011, lixo domiciliar acumulado no rio Grijalba (México).

3 A inviabilidade do modelo consumista de desenvolvimento

Os países desenvolvidos abrigam em torno de um quinto da população mundial, ou cerca de 1,4 bilhão de habitantes. No entanto, eles respondem pelo consumo de mais da metade de todos os recursos (matérias-primas, energia e alimentos) produzidos ou extraídos da natureza. Caso esse padrão de consumo fosse estendido aos dois terços da humanidade que atualmente vivem em condições de pobreza ou miséria, a demanda por matérias-primas e energia e a produção de lixo levariam as agressões ambientais a patamares insustentáveis, como vem ocorrendo em vastas áreas rurais e urbanas do território chinês.

Há mais de duas décadas a China vem apresentando os mais elevados índices de crescimento econômico do mundo, com grande incremento na produção industrial (segundo o Banco Mundial, seu PIB cresceu em média 10,6% ao ano no período 1990-2000 e 9,3% entre 2001 e 2010). Esse explosivo crescimento aumentou muito a demanda por matérias-primas e fontes de energia e, consequentemente, a produção de resíduos que poluem o ar, a água e o solo – em 2008, a China já era o maior emissor de dióxido de carbono na atmosfera.

Como a preservação do meio ambiente reduziria a competitividade de sua economia, até o final do século passado o governo chinês fez vistas grossas e permitiu que os níveis de poluição atingissem patamares insustentáveis. Embora atualmente a China seja um dos países que mais investem na busca de energias renováveis e não poluentes e em preservação ambiental, algumas regiões ainda estão com sérios problemas de abastecimento de água para a população e da irrigação agrícola em razão do desmatamento (que compromete as nascentes) e da poluição provocada pelo lançamento nos rios de esgoto domiciliar e industrial sem tratamento. Nas maiores cidades, a poluição atmosférica provocada pelos veículos e indústrias tornou a qualidade do ar quase sempre imprópria, comprometendo a saúde da população.

Raimundo Paccó/framephoto/Folhapress

Extração ilegal de madeira na ilha de Marajó (PA), em 2012. O comércio ilegal de madeira extraída de matas nativas provoca danos irreparáveis ao meio ambiente, como a extinção de espécies vegetais e animais.

Consulte os *sites* do **Programa das Nações Unidas para o Meio Ambiente (Pnuma)** e do **Ministério do Meio Ambiente (MMA)**. Veja orientações na seção **Sugestões de leitura, filme e *sites***.

Além de utilizar seus próprios recursos naturais de forma ecologicamente insustentável, a China transformou-se num grande importador de matérias-primas e fontes de energia, contribuindo para a elevação do preço de muitos produtos primários no mercado internacional e interferindo no meio ambiente de lugares muito distantes de seu território. Especialmente em países africanos, como Angola, Nigéria e Sudão do Sul, a China tem investido em vários projetos de extração de minérios e de petróleo para garantir o abastecimento de seu parque industrial.

O exemplo chinês nos mostra que a grande questão que se coloca hoje em dia para todos os países é a busca de um modelo de desenvolvimento que seja social e ecologicamente sustentável, isto é, que não cause tantos impactos ao meio ambiente e que promova melhor distribuição da riqueza. Até mesmo alguns artistas plásticos têm se engajado em questões ecológicas, buscando chamar a atenção das pessoas para os riscos dos impactos ambientais, questionando a relação natureza-sociedade e adotando uma postura crítica em relação à sociedade de consumo. É o caso, por exemplo, de Frans Krajcberg (1921), cujo trabalho você observou na abertura deste capítulo. Nascido na Polônia e naturalizado brasileiro, Krajcberg fotografa e recolhe restos de madeira provenientes de queimadas, que depois são utilizados como matéria-prima em seus trabalhos de arte.

Ivania Sant'Anna/kino.com.br

Muitos consumidores preferem comprar produtos cuja utilização e processo de fabricação seguem normas de preservação ambiental ou beneficiam entidades e organizações que atuam na área.

Para atingir um modelo de desenvolvimento social e ecologicamente sustentável, no entanto, seria necessário, como veremos a seguir, um novo modelo de sociedade. Essa discussão esteve presente em várias conferências mundiais sobre meio ambiente, população e desenvolvimento: Estocolmo-72, Rio-92, Conferência sobre População e Desenvolvimento (realizada no Cairo, Egito, em 1994), Conferência Mundial sobre Assentamentos Humanos – *Habitat* II (Istambul, Turquia, em 1996), Rio + 10 (Johannesburgo, África do Sul, 2002) e Rio + 20 (Rio de Janeiro, 2012).

O fortalecimento da democracia e da cidadania em escala mundial pode colaborar, pela pressão da sociedade civil organizada, para a solução desses complexos problemas. A seguir, vamos estudar as principais conferências mundiais sobre meio ambiente e desenvolvimento.

Durante a Olimpíada de Pequim, uma das maiores preocupações do governo chinês foi o controle da poluição atmosférica. Várias medidas paliativas de controle foram tomadas, como restrição à circulação de veículos e rodízio de funcionamento das indústrias poluidoras para que a qualidade do ar não comprometesse o desempenho dos atletas. Na foto, estádio olímpico de Pequim em março de 2008.

Diego Azubel/epa/Corbis/Latinstock

4 Estocolmo-72

SCANPIX SWEDEN/Agência France-Presse

Em imagem de maio de 1972, Monica Sandorf mostra cartaz anunciando a Conferência das Nações Unidas sobre o Homem e o Meio Ambiente, em Estocolmo.

Como vimos, os impactos ambientais são decorrência de modelos de desenvolvimento que encaram a natureza e seus complexos e frágeis ecossistemas apenas como inesgotáveis fontes de energia e de matérias-primas, além de receptáculo dos resíduos poluentes produzidos pelas cidades, indústrias e atividades agrícolas. Todos esses impactos foram provocados porque a natureza era vista apenas como fonte de lucros.

A humanidade progrediu tanto em termos tecnológicos que passou a ver a natureza como algo separado dela mesma. Já nos séculos XVIII e XIX, os impactos ambientais provocados pela crescente industrialização eram muito grandes. Entretanto, ainda eram localizados e atingiam basicamente os trabalhadores, as camadas mais pobres da população. Os proprietários das fábricas moravam distante das regiões fabris e tinham como se refugiar das diversas formas de poluição. Com o passar do tempo, em virtude da crescente expansão do processo de industrialização e urbanização, os impactos ambientais foram aumentando, até que, após a Segunda Guerra Mundial (1939-1945), passaram a ter consequências globais.

Para debater tais problemas, foi realizada, de 5 a 16 de junho de 1972, a Conferência das Nações Unidas sobre o Homem e o Meio Ambiente, em Estocolmo (Suécia). Nesse encontro, foram rediscutidas as polêmicas sobre o antagonismo entre desenvolvimento e meio ambiente apresentadas em 1971 pelo Clube de Roma.

Como vimos, a política do "crescimento zero" propunha o controle da natalidade e o congelamento do crescimento econômico como única solução para evitar que o aumento dos impactos ambientais levasse a uma tragédia ecológica mundial. Obviamente, essa era uma péssima solução para os países em desenvolvimento, os que mais necessitavam de crescimento econômico para promover as melhorias da qualidade de vida da população.

A Declaração de Estocolmo, documento elaborado ao final do encontro, composto por uma lista de 26 princípios, estipulou ações para que os países buscassem resolver os conflitos inerentes entre as práticas de preservação ambiental e o crescimento econômico. Ficou estabelecido o respeito à soberania das nações, isto é, a liberdade de os países em desenvolvimento buscarem o crescimento econômico e a justiça social explorando de forma sustentável seus recursos naturais.

Outras decisões importantes desse encontro foram a criação do Programa das Nações Unidas para o Meio Ambiente (Pnuma) e a instituição do dia 5 de junho, data do seu início, como Dia Internacional do Meio Ambiente.

Ao longo da década de 1970, após a Conferência, vários países passaram a criar órgãos de defesa do meio ambiente e legislações de controle contra a poluição ambiental – em vários países, poluir passou a ser crime.

Alain Nogues/Corbis Sygma/Latinstock

Na Conferência das Nações Unidas sobre o Homem e o Meio Ambiente, os Estados Unidos foram representados pela artista de cinema Shirley Temple, que aparece na foto. Estocolmo, 1972.

5 O desenvolvimento sustentável

Em 1983, a Assembleia Geral da ONU indicou a então primeira-ministra da Noruega, Gro Harlem Brundtland, para presidir uma comissão encarregada de estudar o tema ambiental. Em 1987, foi publicado pela Comissão Mundial sobre o Meio Ambiente e o Desenvolvimento da ONU um estudo denominado *Nosso futuro comum*, mais conhecido como *Relatório Brundtland*. Esse estudo, que defendia o desenvolvimento para todos, buscava um equilíbrio entre as posições antagônicas surgidas na Estocolmo-72 e criou a noção de desenvolvimento sustentável, "aquele que atende às necessidades do presente sem comprometer a possibilidade de as gerações futuras atenderem às suas próprias necessidades". Já as sociedades sustentáveis estariam baseadas em igualdade econômica, justiça social, preservação da diversidade cultural, da autodeterminação dos povos e da integridade ecológica. Isso obrigaria pessoas e países a mudanças não apenas econômicas, mas sociais, morais e éticas. A Constituição Federal brasileira de 1988 foi promulgada um ano após a publicação desse relatório e incorporou em seu texto o conceito de desenvolvimento sustentável, sendo a primeira da história brasileira a dedicar um capítulo ao meio ambiente.

Johannes Eisele/Agência France-Presse

O estabelecimento de um modelo de desenvolvimento sustentável envolve ações individuais e coletivas nas escalas local, regional, nacional e mundial. Na foto, de 2013, pessoas protestam em Berlim (Alemanha) contra o armazenamento de lixo nuclear.

Para saber mais

Educação ambiental

Como vimos, o desenvolvimento sustentável envolve a participação do Estado e das empresas, mas também a conscientização de todas as pessoas para que se evite o consumo excessivo de energia e matérias-primas, que gera desperdício.

Um passo importante para a busca de um novo modelo de conscientização foi dado em 1999, com a promulgação da Lei n. 9 795, que dispõe sobre a Educação Ambiental e institui a Política Nacional de Educação Ambiental.

A partir daquele ano, o tema meio ambiente foi fortalecido, tanto por seu tratamento particular dado pelas disciplinas escolares, quanto por sua presença nos projetos interdisciplinares desenvolvidos nas escolas de Ensino Fundamental e Médio. Leia seus artigos iniciais:

Artigo 1º *– Entendem-se por educação ambiental os processos por meio dos quais o indivíduo e a coletividade constroem valores sociais, conhecimentos, habilidades, atitudes e competências voltadas para a conservação do meio ambiente, bem de uso comum do povo, essencial à sadia qualidade de vida e sua sustentabilidade.*

Artigo 2º *– A educação ambiental é um componente essencial e permanente da educação nacional, devendo estar presente, de forma articulada, em todos os níveis e modalidades do processo educativo, em caráter formal e não formal.*

[...]

Artigo 5º *– São objetivos fundamentais da educação ambiental:*

I. o desenvolvimento de uma compreensão integrada do meio ambiente em suas múltiplas e complexas relações, envolvendo aspectos ecológicos, psicológicos, legais, políticos, sociais, econômicos, científicos, culturais e éticos;

II. a garantia de democratização das informações ambientais;

III. o estímulo e o fortalecimento de uma consciência crítica sobre a problemática ambiental e social;

IV. o incentivo à participação individual e coletiva, permanente e responsável, na preservação do equilíbrio do meio ambiente, entendendo-se a defesa da qualidade ambiental como um valor inseparável do exercício da cidadania;

[...]

PRESIDÊNCIA DA REPÚBLICA. Casa Civil. Subchefia para Assuntos Jurídicos. Lei n. 9 795, de 27 de abril de 1999. Disponível em: <www.planalto.gov.br/ccivil_03/Leis/L9795.htm>. Acesso em: 21 jan. 2014.

Pensando no Enem

1. No presente, observa-se crescente atenção aos efeitos da atividade humana, em diferentes áreas, sobre o meio ambiente, sendo constante, nos fóruns internacionais e nas instâncias nacionais, a referência à sustentabilidade como princípio orientador de ações e propostas que deles emanam. A sustentabilidade explica-se pela
   a) incapacidade de se manter uma atividade econômica ao longo do tempo sem causar danos ao meio ambiente.
   b) incompatibilidade entre crescimento econômico acelerado e preservação de recursos naturais e de fontes não renováveis de energia.
   c) interação de todas as dimensões do bem-estar humano com o crescimento econômico, sem a preocupação com a conservação dos recursos naturais que estivera presente desde a Antiguidade.
   d) proteção da biodiversidade em face das ameaças de destruição que sofrem as florestas tropicais devido ao avanço de atividades como a mineração, a monocultura, o tráfico de madeira e de espécies selvagens.
   e) necessidade de satisfazer as demandas atuais colocadas pelo desenvolvimento sem comprometer a capacidade de as gerações futuras atenderem suas próprias necessidades nos campos econômico, social e ambiental.

Resolução

O desenvolvimento sustentável visa garantir as necessidades das gerações futuras sem comprometer as das atuais gerações nas esferas ambiental, econômica e social. Busca a preservação das condições ambientais associada ao crescimento econômico e desenvolvimento social.

2. A biodiversidade diz respeito tanto a genes, espécies, ecossistemas, como a funções, e coloca problemas de gestão muito diferenciados. É carregada de normas de valor. Proteger a biodiversidade pode significar:
   - a eliminação da ação humana, como é a proposta da ecologia radical;
   - a proteção das populações cujos sistemas de produção e cultura repousam num dado ecossistema;
   - a defesa dos interesses comerciais de firmas que utilizam a biodiversidade como matéria-prima, para produzir mercadorias.

Adaptado de: GARAY, I.; DIAS, B. *Conservação da biodiversidade em ecossistemas tropicais.*

De acordo com o texto, no tratamento da questão da biodiversidade no planeta:
   a) o principal desafio é conhecer todos os problemas dos ecossistemas, para conseguir protege-los da ação humana.
   b) os direitos e os interesses comerciais dos produtores devem ser defendidos, independentemente do equilíbrio ecológico.
   c) deve-se valorizar o equilíbrio do meio ambiente, ignorando-se os conflitos gerados pelo uso da terra e seus recursos.
   d) o enfoque ecológico é mais importante do que o social, pois as necessidades das populações não devem constituir preocupação para ninguém.
   e) há diferentes visões em jogo, tanto as que só consideram aspectos ecológicos, quanto as que levam em conta aspectos sociais e econômicos.

Resolução

Nesta questão os alunos devem considerar que a resposta correta envolve as três dimensões do desenvolvimento sustentável: preservação ambiental associada à justiça social e crescimento econômico.

Em ambas as questões, a alternativa correta é a **E.** Até a década de 1970, quando aconteceu a primeira conferência mundial sobre meio ambiente (Estocolmo-72), predominava o discurso de que o crescimento econômico e o desenvolvimento social deveriam constar do planejamento dos governos sem que houvesse preocupação com a preservação ambiental, como se as três esferas do desenvolvimento sustentável pudessem caminhar de forma independente. Estas questões trabalham a Competência de área 6 – **Compreender a sociedade e a natureza, reconhecendo suas interações no espaço em diferentes contextos históricos e geográficos,** e a habilidade H30 – **Avaliar as relações entre preservação e degradação da vida no planeta nas diferentes escalas.**

Reprodução/UNICEF

6 Rio-92

A Conferência das Nações Unidas sobre Meio Ambiente e Desenvolvimento, também conhecida como Cúpula da Terra, Rio-92 ou Eco-92, foi realizada em 1992 no Rio de Janeiro e reuniu representantes de 178 países, além de milhares de membros de Organizações Não Governamentais (ONGs) numa conferência paralela. Esse encontro, que na fase preparatória teve como subsídio o Relatório Brundtland, definiu uma série de resoluções, visando alterar o atual modelo consumista e excludente de desenvolvimento para outro, social e ecologicamente mais sustentável.

O objetivo fundamental era tentar minimizar os impactos ambientais no planeta, garantindo, assim, o futuro das próximas gerações. Na busca do desenvolvimento sustentável, foram elaboradas duas convenções, uma sobre **biodiversidade**, outra sobre mudanças climáticas; uma declaração de princípios relativos às florestas e um plano de ação. Observe o esquema a seguir.

Biodiversidade: total de espécies da flora e da fauna encontradas em um ecossistema. Quanto maior o número de espécies, maior a biodiversidade.

- **Convenções**: têm como agente financiador o Fundo Global para o Meio Ambiente – GEF (do inglês, Global Environment Facility), criado em 1990 e dirigido pelo Banco Mundial, com apoio técnico e científico dos Programas das Nações Unidas para o Desenvolvimento (Pnud) e para o Meio Ambiente (Pnuma). Essas convenções tratavam de:
  - **biodiversidade**: em vigor desde 1993, buscava frear a destruição da fauna e da flora, concentradas principalmente nas florestas tropicais, as mais ricas em biodiversidade, preservando a vida no planeta.
  - **mudanças climáticas**: em vigor desde 1994, estabeleceu medidas para diminuir a emissão de poluentes pelas indústrias, automóveis e outras fontes poluidoras. Nessa convenção, foi assinado o **Protocolo de Kyoto** (Japão, 1997).
- **Declaração de princípios relativos às florestas**: é uma série de indicações sobre manejo, uso sustentável e outras práticas voltadas à preservação desses biomas.
- **Plano de ação**: mais conhecido como **Agenda 21**, é um programa para a implantação de um modelo de desenvolvimento sustentável em todo o mundo durante o século XXI. Como requer volumosos recursos, os países desenvolvidos comprometeram-se a contribuir com 0,7% de seus PIBs para essa finalidade. Para fiscalizar a aplicação da Agenda 21, foi criada a Comissão de Desenvolvimento Sustentável, que agrega 53 países-membros, entre os quais o Brasil. Muitos países, contudo, não estão cumprindo o compromisso, com raras exceções, como os países nórdicos.

Chegada do navio Gaia no Rio de Janeiro (RJ), para a Eco 92.

7 Rio + 10

Reprodução/Arquivo da Editora

A Cúpula Mundial sobre o Desenvolvimento Sustentável, conhecida como Rio + 10, foi realizada em Johannesburgo, África do Sul, em 2002, reunindo delegações de 191 países. O principal objetivo do encontro foi realizar um balanço dos resultados práticos obtidos depois da Rio-92.

Nesse encontro foram discutidos quatro temas, escolhidos como mais importantes para a busca do desenvolvimento sustentável:

- erradicação da pobreza;
- mudanças no padrão de produção e consumo;
- utilização sustentável dos recursos naturais;
- possibilidades de se compatibilizar os efeitos da globalização com a busca do desenvolvimento sustentável.

Desde o início das discussões ficou acordado entre os participantes que na ocasião não seriam discutidos os temas das duas convenções assinadas na Rio-92 (biodiversidade e mudanças climáticas), mas sim os mecanismos que possibilitassem ampliar sua implantação na prática. Essa intenção ficou descrita no documento final do encontro: Plano de Implementação da Agenda 21, no qual se propõem alterações nos padrões mundiais de produção e consumo, com utilização racional dos recursos naturais e busca de modelos sustentáveis que utilizem menor quantidade de energia e produzam menos resíduos poluentes.

Porém, o Plano de Implementação da Agenda 21 acabou se restringindo a um conjunto de diretrizes que cada país signatário pode ou não realizar na prática. Como não há nenhum órgão internacional de controle, os acordos realizados nas conferências da ONU constituem o consenso mínimo sobre os temas abordados após as nações presentes apresentarem suas posições.

Segundo o próprio documento oficial do encontro, "[...] na prática, os documentos aprovados em Johannesburgo apenas representam um conjunto de diretrizes e princípios para as nações, cabendo a cada país transformá-las em leis nacionais para garantir a sua realização".

Consulte os *sites* do **Rio + 10 Brasil**. Veja orientações na seção **Sugestões de leitura, filme e *sites***.

Yoav Lemmer/Agência France-Presse/Getty Images

Cúpula Mundial sobre o Desenvolvimento Sustentável, realizada em Johannesburgo (África do Sul), em 2002.

8 Rio + 20

A Conferência das Nações Unidas sobre Desenvolvimento Sustentável foi realizada no Rio de Janeiro em junho de 2012.

Inicialmente, havia a expectativa de que fossem realizadas ações concretas para colocar em prática os temas discutidos durante a Rio-92, como a implantação da Agenda 21 em escala global e outros também ligados ao desenvolvimento sustentável, na busca de maior justiça social, crescimento econômico e preservação ambiental. Entretanto, o documento final ficou restrito a uma série de declarações e não vinculou nenhuma obrigação aos países participantes.

Esse documento, chamado *O futuro que queremos*, não apresentou nenhum avanço teórico ou prático em relação às conferências anteriores. Foi apresentada a proposta de criação do conceito de **economia verde**, mas após muitas críticas e discussões teóricas não se chegou a um consenso sobre o seu conteúdo. Muitas outras decisões importantes, como a criação de um mecanismo de financiamento ao desenvolvimento sustentável e a concretização de um acordo para a proteção do alto-mar, foram adiadas para os próximos encontros.

Reprodução/http://www.rio20.gov.br/

Leia sobre as dificuldades de implementação de algumas medidas discutidas durante o encontro na reportagem do boxe a seguir, publicada um dia após o seu final.

Outras leituras

O futuro que eles quiseram

O que era esperado e o que a Rio + 20 produziu na prática

Transição para a economia verde

Esperado: como financiar a transição para a economia verde e o acesso a tecnologias mais limpas.

Resultado: economia verde aparece no texto final como um dos "instrumentos" para o desenvolvimento sustentável, mas sai da Rio + 20 sem um conjunto rígido de regras.

***Status* do Pnuma**

Esperado: que o Pnuma se tornasse uma agência independente da ONU com contribuições de todos os países-membros.

Resultado: países concordaram em "fortalecer" e promover "mudanças de patamar" do Pnuma, mas não o transformaram em agência.

PIB

Esperado: que fosse lançado processo na ONU para desenvolver indicadores econômicos que complementassem ou substituíssem o PIB.

Resultado: Assembleia Geral da ONU pede que Comissão de Estatística das Nações Unidas estude indicadores de crescimento para "complementar" PIB.

Objetivos de Desenvolvimento Sustentável (ODS)

Esperado: que fossem definidas metas sociais e ambientais para substituir as atuais Metas do Milênio, que terminam em 2015.

Resultado: Assembleia Geral da ONU criará neste ano grupo de trabalho de 30 integrantes para propor metas de desenvolvimento sustentável em 2013.

Oceanos

Esperado: que saísse da Rio + 20 um acordo de implementação da Convenção da ONU sobre o direito do mar, de 1982, para proteger a biodiversidade em alto-mar.

Resultado: texto apenas menciona "tomar uma decisão" até 2015 sobre criar ou não esse instrumento.

Pobreza

Esperado: metas para a erradicação da pobreza.

Resultado: texto final menciona que é "essencial haver sistemas de proteção social para reduzir as desigualdades e a exclusão social", mas definição das metas deve vir com os Objetivos do Desenvolvimento Sustentável (ODS).

CONFERÊNCIA repete promessas e adia ações para 2015. *Folha de S.Paulo*. São Paulo, 23 jun. 2012. Cotidiano, p. 11. Disponível em: <http://acervo.folha.com.br/fsp/2012/06/23/15//5795865>. Acesso em: 21 jan. 2014.

Atividades

Compreendendo conteúdos

1. Qual foi a proposta levantada pelos países industrializados durante a Conferência Estocolmo-72? Como reagiram os países em desenvolvimento?

2. Explique o significado da expressão "desenvolvimento sustentável".

3. O que é a Agenda 21?

4. Por que é inviável expandir os padrões de consumo dos países desenvolvidos a todos os habitantes do planeta?

Desenvolvendo habilidades

5. Leia o texto e responda às questões a seguir.

Desenvolvimento Sustentável (DS)

[...]

Para alcançarmos o DS, a proteção do ambiente tem que ser entendida como parte integrante do processo de desenvolvimento e não pode ser considerada isoladamente; é aqui que entra uma questão sobre a qual talvez você nunca tenha pensado: qual a diferença entre **crescimento** e **desenvolvimento**? A diferença é que o **crescimento** não conduz automaticamente à igualdade nem à justiça sociais, pois não leva em consideração nenhum outro aspecto da qualidade de vida a não ser o acúmulo de riquezas, que se faz nas mãos apenas de alguns indivíduos da população. O **desenvolvimento**, por sua vez, preocupa-se com a geração de riquezas sim, mas tem o objetivo de distribuí-las, de melhorar a qualidade de vida de toda a população, levando em consideração, portanto, a qualidade ambiental do planeta.

O DS tem seis aspectos prioritários que devem ser entendidos como metas:

1. a satisfação das necessidades básicas da população (educação, alimentação, saúde, lazer, etc.);
2. a solidariedade para com as gerações futuras (preservar o ambiente de modo que elas tenham chance de viver);
3. a participação da população envolvida (todos devem se conscientizar da necessidade de conservar o ambiente e fazer cada um a parte que lhe cabe para tal);
4. a preservação dos recursos naturais (água, oxigênio, etc.);
5. a elaboração de um sistema social garantindo emprego, segurança social e respeito a outras culturas (erradicação da miséria, do preconceito e do massacre de populações oprimidas, como, por exemplo, os índios);
6. a efetivação dos programas educativos.

[...]

MENDES, Marina Ceccato. *Desenvolvimento Sustentável*. Disponível em: <http://educar.sc.usp.br/biologia/textos/m_a_txt2.html>. Acesso em: 21 jan. 2014.

a) Segundo o texto, qual é a diferença entre crescimento e desenvolvimento?
b) Por que a erradicação da miséria, citada na meta 5, é um dos componentes para a busca do desenvolvimento sustentável?

Vestibulares de Norte a Sul

1. **CO** (UnB-DF)

Em 1992, ouvi a fala dos 182 chefes de Estado na Conferência do Rio. E as palavras ditas por todos eles (menos o dos Estados Unidos da América) eram: solidariedade e partilha! Se a competitividade continuar nos padrões atuais e se a industrialização acelerada fizer elevar a temperatura média do oceano, com o aumento do dióxido de carbono na alta atmosfera, os países do extremo sul da Ásia, compostos de milhares de ilhas, por exemplo, serão submergidos em menos de vinte anos.

Segundo a ONU, mais de 25 milhões de pessoas migram para terras menos ameaçadas. As crianças do mundo, representadas nessa conferência por algumas crianças canadenses, diziam: "Nós sabemos como salvar o mundo, pois sabemos como compartilhar." Assim, quando a competitividade parece a ponto de destruir a espécie, volta à mente de todos uma única saída: o retorno à solidariedade e à partilha.

MURANO, Rose Marie. *Um mundo novo em gestação*. São Paulo: Verus, 2003. p. 50-51 (com adaptações).

O fragmento de texto acima alude à morte de determinados modelos de desenvolvimento e à necessidade de novos parâmetros para o desenvolvimento socioeconômico. Em relação aos temas evocados na tira e no texto acima, julgue os itens a seguir.

a) A acelerada industrialização contemporânea tem promovido a concentração espacial das atividades desse setor, apoiada, fundamentalmente, em fatores locacionais, entre eles, a proximidade dos mercados consumidores.

b) Um dos efeitos ambientais da utilização de combustíveis fósseis diz respeito ao clima urbano, cujo elemento temperatura apresenta elevação, tornando o efeito estufa particularmente mais intenso no meio urbano.

c) A preocupação das nações com o meio ambiente advém, originariamente, da desigual repartição dos recursos naturais no globo. Devido a esse aspecto geográfico, determinadas nações tornaram-se as mais ricas e as mais desenvolvidas, por que exploram intensamente suas próprias reservas como grandes produtoras e consumidoras, sem considerarem a importância da preservação ambiental.

d) A acirrada competitividade que marca, atualmente, o comércio internacional provoca a diminuição da interdependência entre os mercados, alijando grupos de países e de blocos regionais, como o formado por Brasil, Rússia, Índia e China, o chamado BRIC.

e) A migração desencadeada por degradação ambiental ou desastres naturais que alteram as condições de vida de uma população constitui desafio, por ser, potencialmente, causa de conflitos sociais, econômicos e políticos.

2. **NE** (Uece-CE)

Cabe ressaltar que a compreensão das relações sociedade/natureza e da questão ambiental passa também pelo conhecimento do processo de produção do espaço, já que a devastação do planeta pela técnica leva o homem a pensar na produção do espaço pela técnica.

BERNARDES, Júlia Adão; FERREIRA, Francisco Pontes de Miranda. Sociedade Natureza. p. 17-42. apud. A Questão Ambiental. CUNHA, Sandra Baptista da; GUERRA, Antonio José Teixeira (Org.). Rio de Janeiro: Bertrand Brasil, 2005.

A partir da análise do excerto é correto afirmar que

a) os desdobramentos da discussão da questão ambiental geraram profundas modificações na estrutura da atual sociedade global com a garantia da sustentabilidade das bases ecológicas.

b) ainda é necessário o amadurecimento do discurso ambiental global, principalmente para que as ações democráticas globais e internas, dos países, possam realmente promover a correta gestão dos recursos naturais e o equilíbrio na convivência do homem com a natureza.

c) a industrialização promoveu o desenvolvimento e a independência social e econômica dos países desenvolvidos e em desenvolvimento no século XX.

d) nos dias atuais, o uso racional dos recursos naturais, o preço e o valor de troca dos serviços, bens e mercadorias não constituem nenhuma forma de antagonismo na análise da produção espacial.

3. **S** (UEL-PR) Texto para a próxima questão:

1932. Acervo CDPH-UEL, Fundo Nixdorf.

Calvin. Disponível em: <http://karlacunha.com.br/wpcontent/uploads/2009/10/charge_calvin_haroldo-480x304.jpg>. Acesso em: 29 jun. 2011.

Os processos sociais de modernização e industrialização desenvolvidos no século XX alteraram radicalmente a atitude do homem ante a natureza. Com base nas figuras e nos conhecimentos sobre o tema, considere as afirmativas a seguir.

I. Durante o século XX, as relações do homem com a natureza estavam em harmonia, baseadas em relações de reciprocidade. No final daquele período, a poluição gerada pela industrialização fez com que os homens desbravassem territórios inóspitos.
II. No início do século XX, a Marcha para o Oeste, nos Estados Unidos, expressão de um movimento socioeconômico, ocorreu preservando o direito dos povos indígenas.
III. No início do século XX, a natureza no Brasil era considerada um obstáculo a ser transposto para o desenvolvimento. No final do mesmo século, o conceito de desenvolvimento sustentável implicou a tese do crescimento econômico com o respeito à natureza.
IV. O século XX exigiu novas posturas do homem ante a natureza, sobretudo porque ela foi publicamente aceita como um organismo vivo e autônomo, logo independente das intervenções humanas.

Assinale a alternativa correta.

a) Somente as afirmativas I e II são corretas.
b) Somente as afirmativas II e IV são corretas.
c) Somente as afirmativas III e IV são corretas.
d) Somente as afirmativas I, II e III são corretas.
e) Somente as afirmativas I, III e IV são corretas.

4. **N** (UFPA)

> É o uso do território, e não o território em si mesmo, o que faz dele o objeto da análise social [...] O que ele tem de permanente é ser nosso quadro de vida. Seu entendimento é, pois, fundamental para afastar o risco da alienação, o risco de perda do sentido da existência individual e coletiva, o risco de renúncia ao futuro.
>
> SANTOS, Milton. O retorno do território. In: *Da totalidade ao lugar*. São Paulo: Edusp, 2005. p. 138. Adaptado.

Os usos do território na Amazônia são marcados por conflitos que envolvem vários sujeitos e intenções com vistas a estabelecer seus interesses. Os conflitos ocorrem tanto no interior das políticas do governo federal para a região, quanto nos setores econômicos; envolvem ainda as chamadas populações tradicionais que são afetadas pelas ações políticas e econômicas. Neste sentido, é correto afirmar:

a) No interior das ações políticas do governo federal para Amazônia, temos a proposta ambientalista do Programa de Aceleração do Crescimento, cujo vetor principal são as obras de infraestrutura energética e viária, como, por exemplo, a construção do complexo hidroelétrico de Belo Monte e o asfaltamento da BR-163.
b) As propostas desenvolvimentistas do governo federal para a região, sintetizadas no Plano Amazônia Sustentável, conjunto de proposições estruturadas no desenvolvimento sustentável, na biodiversidade, na sociodiversidade e no respeito às populações tradicionais, que objetivam a construção da economia sustentável, encontram maiores dificuldades para serem executadas.
c) A região do Baixo Amazonas é marcada por acordos de convivência que envolvem empresas mineradoras, madeireiros, pecuaristas e populações tradicionais, sobretudo ribeirinhas e quilombolas, acerca dos usos dos recursos naturais: florestas, água, solo e subsolo.
d) Os acordos entre instituições estatais, empresários e populações tradicionais foram fundamentais para demarcação de parques nacionais, reservas biológicas, estações ecológicas, áreas de particular interesse ecológico, reservas extrativistas, florestas nacionais, terras indígenas. Permitiram, assim, que os conflitos por recursos naturais tenham praticamente sido eliminados da dinâmica regional da Amazônia.
e) A ação unificada e harmoniosa do Incra, Ibama e Sudam contém o desmatamento, protege as unidades de conservação, amplia o número de assentamentos e titulações de áreas quilombolas, bem como garante extensas áreas para as monoculturas e pecuária.

Caiu no Enem

1.

> No dia 1º de julho de 2012, a cidade do Rio de Janeiro tornou-se a primeira do mundo a receber o título da Unesco de Patrimônio Mundial como Paisagem Cultural.
>
> A candidatura, apresentada pelo Instituto do Patrimônio Histórico e Artístico Nacional (Iphan), foi aprovada durante a 36ª Sessão do Comitê do Patrimônio Mundial.
>
> O presidente do Iphan explicou que "a paisagem carioca é a imagem mais explícita do que podemos chamar de civilização brasileira, com sua originalidade, desafios, contradições e possibilidades". A partir de agora, os locais da cidade valorizados com o título da Unesco serão alvo de ações integradas visando à preservação da sua paisagem cultural.
>
> Disponível em: <www.cultura.gov.br>. Acesso em: 7 mar. 2013. (Adaptado.)

O reconhecimento da paisagem em questão como patrimônio mundial deriva da

a) presença do corpo artístico local.
b) imagem internacional da metrópole.
c) herança de prédios da ex-capital do país.
d) diversidade de culturas presente na cidade.
e) relação sociedade-natureza de caráter singular.

2.

> Pensando nas correntes e prestes a entrar no braço que deriva da Corrente do Golfo para o norte, lembrei-me de um vidro de café solúvel vazio. Coloquei no vidro uma nota cheia de zeros, uma bola cor rosa-choque. Anotei a posição e data: latitude 49°49' N, longitude 23°49' W.
>
> Tampei e joguei na água. Nunca imaginei que receberia uma carta com a foto de um menino norueguês, segurando a bolinha e a estranha nota.
>
> KLINK, A. *Parati:* entre dois polos. São Paulo: Companhia das Letras, 1998. (Adaptado.)

No texto, o autor anota sua coordenada geográfica, que é

a) a relação que se estabelece entre as distâncias representadas no mapa e as distâncias reais da superfície cartografada.
b) o registro de que os paralelos são verticais e convergem para os polos, e os meridianos são círculos imaginários, horizontais e equidistantes.
c) a informação de um conjunto de linhas imaginárias que permitem localizar um ponto ou acidente geográfico na superfície terrestre.
d) a latitude como distância em graus entre um ponto e o meridiano de Greenwich, e a longitude como a distância em graus entre um ponto e o equador.
e) a forma de projeção cartográfica, usada para navegação, onde os meridianos e paralelos distorcem a superfície do planeta.

3. "Em casa que não entra Sol entra médico."

Esse antigo ditado reforça a importância de, ao construirmos casas, darmos orientações adequadas aos dormitórios, de forma a garantir o máximo conforto térmico e salubridade.

Assim, confrontando casas construídas em Lisboa (ao norte do trópico de Câncer) e em Curitiba (ao sul do trópico de Capricórnio), para garantir a necessária luz do Sol, as janelas dos quartos não devem estar voltadas, respectivamente, para os pontos cardeais:

a) norte / sul.
b) sul / norte.
c) leste / oeste.
d) oeste / leste.
e) oeste / oeste.

4. Um leitor encontra o seguinte anúncio entre os classificados de um jornal:

> **VILA DAS FLORES**
>
> Vende-se terreno plano medindo 200 m². Frente voltada para o Sol no período da manhã.
>
> Fácil acesso.
>
> (443) 0677-0032

Interessado no terreno, o leitor vai ao endereço indicado e, lá chegando, observa um painel com a planta a seguir, onde estavam destacados os terrenos ainda não vendidos, numerados de I a V:

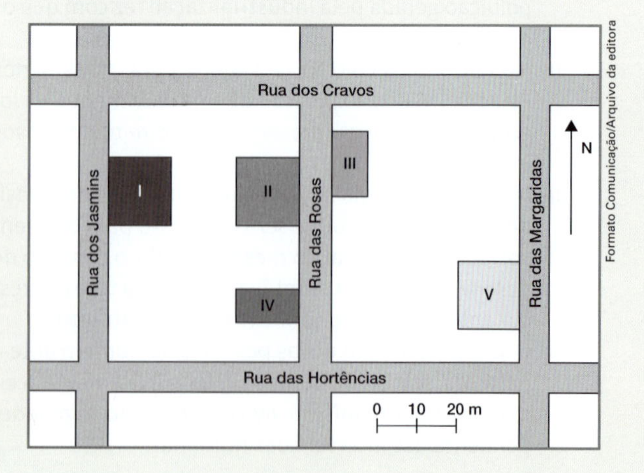

Formato Comunicação/Arquivo da editora

Considerando as informações do jornal, é possível afirmar que o terreno anunciado é o:

a) I.
b) II.
c) III.
d) IV.
e) V.

5. Existem diferentes formas de representação plana da superfície da Terra (planisfério). Os planisférios de Mercator e de Peters são atualmente os mais utilizados. Apesar de usarem projeções, respectivamente, conforme e equivalente, ambas utilizam como base da projeção o modelo:

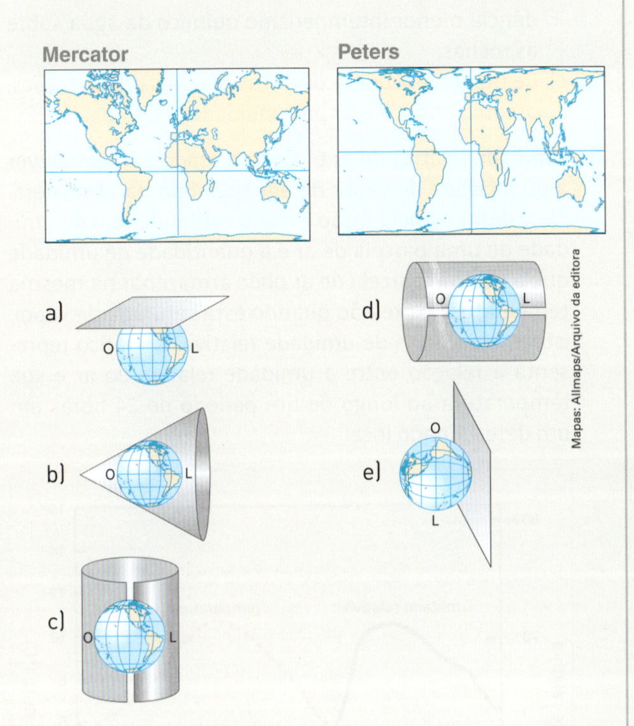

6.

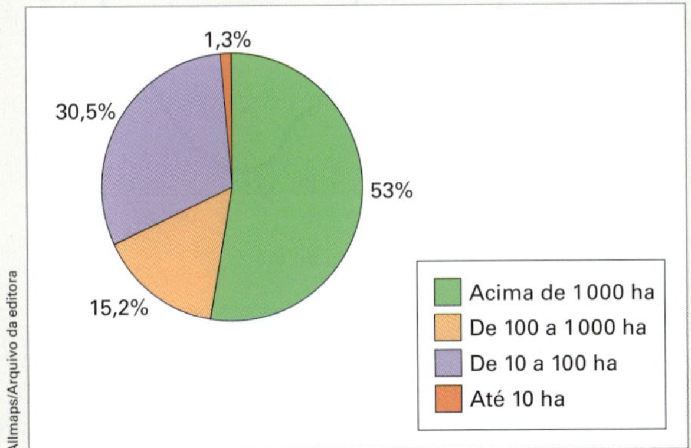

INCRA. *Estatísticas cadastrais 1998.*

O gráfico representa a relação entre o tamanho e a totalidade dos imóveis rurais no Brasil. Que característica da estrutura fundiária brasileira está evidenciada no gráfico apresentado?

a) A concentração de terras nas mãos de poucos.
b) A existência de poucas terras agricultáveis.
c) O domínio territorial dos minifúndios.
d) A primazia da agricultura familiar.
e) A debilidade dos *plantations* modernos.

7. Suponha que o universo tenha 15 bilhões de anos de idade e que toda a sua história seja distribuída ao longo de 1 ano — o calendário cósmico — de modo que cada segundo corresponda a 475 anos reais e, assim, 24 dias do calendário cósmico equivaleriam a cerca de 1 bilhão de anos reais. Suponha, ainda, que o universo comece em 1º de janeiro a zero hora no calendário cósmico e o tempo presente esteja em 31 de dezembro às 23h59min59,99s.

A escala a seguir traz o período em que ocorreram alguns eventos importantes nesse calendário.

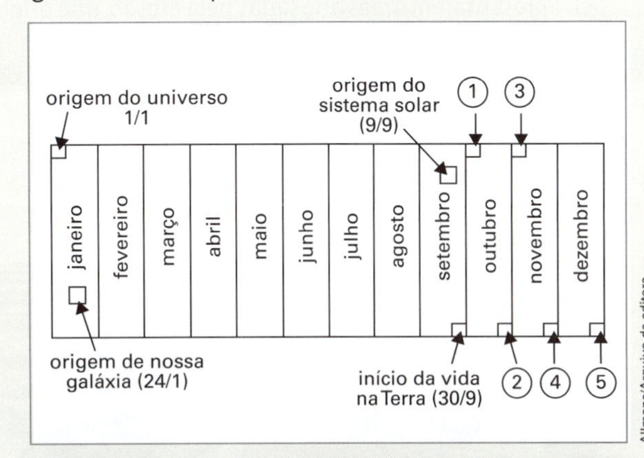

Se a arte rupestre representada fosse inserida na escala, de acordo com o período em que foi produzida, ela deveria ser colocada na posição indicada pela seta de número

a) 1.
b) 2.
c) 3.
d) 4.
e) 5.

8.

As plataformas ou crátons correspondem aos terrenos mais antigos e arrasados por muitas fases de erosão. Apresentam uma grande complexidade litológica, prevalecendo as rochas metamórficas muito antigas (Pré-Cambriano Médio e Inferior). Também ocorrem rochas intrusivas antigas e resíduos de rochas sedimentares. São três áreas de plataforma ou crátons no Brasil: a das Guianas, a Sul-Amazônica e a do São Francisco.

ROSS, J. L. S. *Geografia do Brasil*. São Paulo: Edusp, 1998.

As regiões cratônicas das Guianas e a Sul-Amazônica têm como arcabouço geológico vastas extensões de escudos cristalinos, ricos em minérios, que atraíram a atenção de empresas nacionais e estrangeiras do setor de mineração e destacam-se pela sua história geológica por

a) apresentarem áreas de intrusões graníticas, ricas em jazidas minerais (ferro, manganês).
b) corresponderem ao principal evento geológico do Cenozoico no território brasileiro.
c) apresentarem áreas arrasadas pela erosão, que originaram a maior planície do país.
d) possuírem em sua extensão terrenos cristalinos ricos em reservas de petróleo e gás natural.
e) serem esculpidas pela ação do intemperismo físico, decorrente da variação de temperatura.

9.

Reprodução/ENEM, 2011

Disponível em: <http://BP.blogspot.com>. Acesso em: 24 ago. 2011.

Na imagem, visualiza-se um método de cultivo e as transformações provocadas no espaço geográfico. O objetivo imediato da técnica agrícola utilizada é

a) controlar a erosão laminar.
b) preservar as nascentes fluviais.
c) diminuir a contaminação química.
d) incentivar a produção transgênica.
e) implantar a mecanização intensiva.

10.

Allmaps/Arquivo da editora

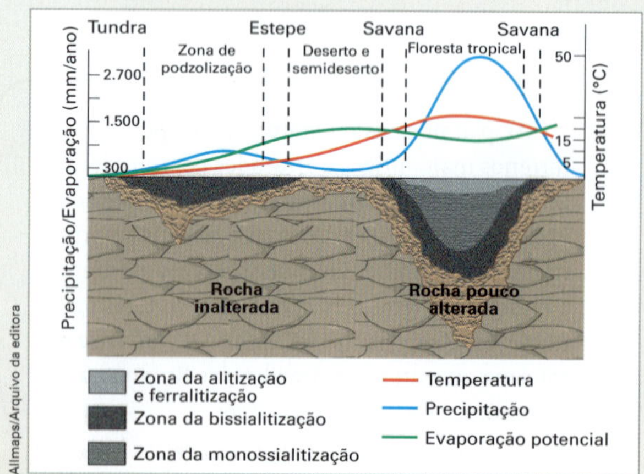

TEIXEIRA, W. et al. *Decifrando a Terra*. São Paulo: Nacional, 2009. (Adaptado.)

O gráfico relaciona diversas variáveis ao processo de formação dos solos. A interpretação dos dados mostra que a água é um dos importantes fatores de pedogênese, pois nas áreas

a) de clima temperado ocorrem alta pluviosidade e grande profundidade de solos.
b) tropicais ocorre menor pluviosidade, o que se relaciona com a menor profundidade das rochas inalteradas.
c) de latitudes em torno de 30° ocorrem as maiores profundidades de solo, visto que há maior umidade.
d) tropicais a profundidade do solo é menor, o que evidencia menor intemperismo químico da água sobre as rochas.
e) de menor latitude ocorrem as maiores precipitações, assim como a maior profundidade dos solos.

11. Umidade relativa do ar é o termo usado para descrever a quantidade de vapor de água contido na atmosfera. Ela é definida pela razão entre o conteúdo real de umidade de uma parcela de ar e a quantidade de umidade que a mesma parcela de ar pode armazenar na mesma temperatura e pressão quando está saturada de vapor, isto é, com 100% de umidade relativa. O gráfico representa a relação entre a umidade relativa do ar e sua temperatura ao longo de um período de 24 horas em um determinado local.

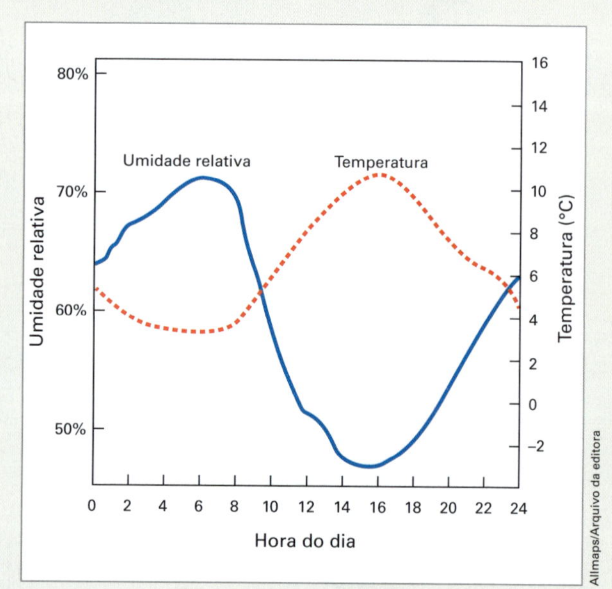

Allmaps/Arquivo da editora

Considerando-se as informações do texto e do gráfico, conclui-se que

a) a insolação é um fator que provoca variação da umidade relativa do ar.
b) o ar vai adquirindo maior quantidade de vapor de água à medida que se aquece.
c) a presença de umidade relativa do ar é diretamente proporcional à temperatura do ar.
d) a umidade relativa do ar indica, em termos absolutos, a quantidade de vapor de água existente na atmosfera.
e) a variação da umidade do ar se verifica no verão, e não no inverno, quando as temperaturas permanecem baixas.

12.

Ocorrência de chuva ácida

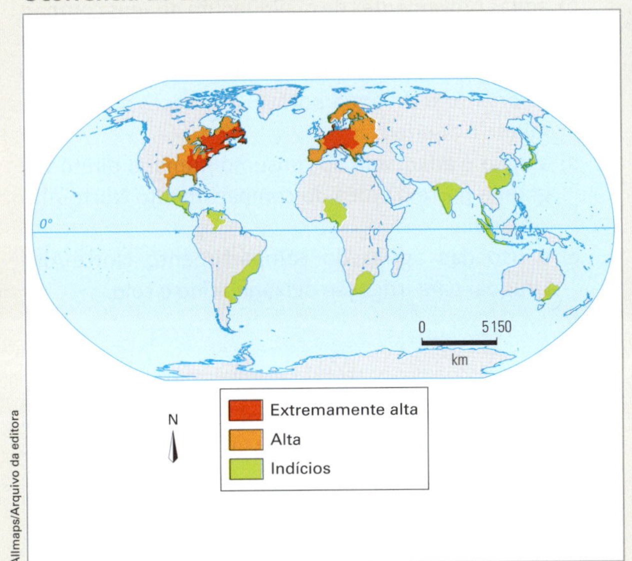

Disponível em: <http://img15.imageshack.us>. (Adaptado.)

A maior frequência na ocorrência do fenômeno atmosférico apresentado na figura relaciona-se a

a) concentrações urbano-industriais.
b) episódios de queimadas florestais.
c) atividades de extrativismo vegetal.
d) índices de pobreza elevados.
e) climas quentes e muito úmidos.

13. Chuva ácida é o termo utilizado para designar precipitações com valores de pH inferiores a 5,6. As principais substâncias que contribuem para esse processo são os óxidos de nitrogênio e de enxofre provenientes da queima de combustíveis fósseis e, também, de fontes naturais. Os problemas causados pela chuva ácida ultrapassam fronteiras políticas regionais e nacionais. A amplitude geográfica dos efeitos da chuva ácida está relacionada principalmente com

a) a circulação atmosférica e a quantidade de fontes emissoras de óxidos de nitrogênio e de enxofre.
b) a quantidade de fontes emissoras de óxidos de nitrogênio e de enxofre e a rede hidrográfica.
c) a topografia do local das fontes emissoras de óxidos de nitrogênio e de enxofre e o nível dos lençóis freáticos.
d) a quantidade de fontes emissoras de óxidos de nitrogênio e de enxofre e o nível dos lençóis freáticos.
e) a rede hidrográfica e a circulação atmosférica.

14. As florestas tropicais úmidas contribuem muito para a manutenção da vida no planeta, por meio do chamado sequestro de carbono atmosférico. Resultados de observações sucessivas, nas últimas décadas, indicam que a floresta amazônica é capaz de absorver até 300 milhões de toneladas de carbono por ano. Conclui-se, portanto, que as florestas exercem importante papel no controle

a) das chuvas ácidas, que decorrem da liberação, na atmosfera, do dióxido de carbono resultante dos desmatamentos por queimadas.
b) das inversões térmicas, causadas pelo acúmulo de dióxido de carbono resultante da não dispersão dos poluentes para as regiões mais altas da atmosfera.
c) da destruição da camada de ozônio, causada pela liberação, na atmosfera, do dióxido de carbono contido nos gases do grupo dos clorofluorcarbonos.
d) do efeito estufa provocado pelo acúmulo de carbono na atmosfera, resultante da queima de combustíveis fósseis, como carvão mineral e petróleo.
e) da eutrofização das águas, decorrente da dissolução, nos rios, do excesso de dióxido de carbono presente na atmosfera.

15.

Desde a sua formação, há quase 4,5 bilhões de anos, a Terra sofreu várias modificações em seu clima, com períodos alternados de aquecimento e resfriamento e elevação ou decréscimo de pluviosidade, sendo algumas em escala global e outras em nível menor.

ROSS, J. S. (Org.). *Geografia do Brasil*. São Paulo: Edusp, 2003. (Adaptado.)

Um dos fenômenos climáticos conhecidos no planeta atualmente é o El Niño, que consiste

a) na mudança da dinâmica da altitude e da temperatura.
b) nas temperaturas suavizadas pela proximidade com o mar.
c) na modificação da ação da temperatura em relação à latitude.
d) no aquecimento das águas do oceano Pacífico, que altera o clima.
e) na interferência de fatores como pressão e ação dos ventos do oceano Atlântico.

16.

O ecossistema urbano é criado pelo homem e consome energia produzida por ecossistemas naturais, alocando-a segundo seus próprios interesses. Caracteriza-se por um elevado consumo de energia, tanto somática (aquela que chega às populações pela cadeia alimentar), quanto extrassomática (aquela que chega pelo aproveitamento de combustíveis), principalmente após o advento da tecnologia de ponta. Cada vez mais aumenta o uso de energia extrassomática nas cidades, o que ocasiona a produção de seu subproduto, a poluição. A poluição urbana mais característica é a poluição do ar.

Almanaque Brasil Socioambiental. São Paulo: Instituto Socioambiental, 2008.

Os efeitos da poluição atmosférica podem ser agravados pela inversão térmica, processo que ocorre muito no sul do Brasil e em São Paulo. Esse processo pode ser definido como

a) processo no qual a temperatura do ar se apresenta inversamente proporcional à umidade relativa do ar, ou seja, ar frio e úmido ou ar quente e seco.
b) precipitações de gotas d'água (chuva ou neblina) com elevada temperatura e carregadas com ácidos nítrico e sulfúrico, resultado da poluição atmosférica.
c) inversão da proteção contra os raios ultravioleta provenientes do Sol, a partir da camada mais fria da atmosfera, que esquenta e amplia os raios.
d) fenômeno em que o ar fica estagnado sobre um local por um período de tempo e não há formação de ventos e correntes ascendentes na atmosfera.
e) fenômeno no qual os gases presentes na atmosfera permitem a passagem da luz solar, mas bloqueiam a irradiação do calor da Terra, impedindo-o de voltar ao espaço.

17.

O aquífero Guarani, megarreservatório hídrico subterrâneo da América do Sul, com 1,2 milhão de km², não é o "mar de água doce" que se pensava existir. Enquanto em algumas áreas a água é excelente, em outras, é inacessível, escassa ou não potável. O aquífero pode ser dividido em quatro grandes compartimentos. No compartimento Oeste, há boas condições estruturais que proporcionam recarga rápida a partir das chuvas e as águas são, em geral, de boa qualidade e potáveis. Já no compartimento Norte-Alto Uruguai, o sistema encontra-se coberto por rochas vulcânicas, a profundidades que variam de 350 m a 1200 m. Suas águas são muito antigas, datando da Era Mesozoica, e não são potáveis em grande parte da área, com elevada salinidade, sendo que os altos teores de fluoretos e de sódio causam alcalinização no solo.

Scientific American Brasil, n. 47, abr. 2006. (Adaptado.)

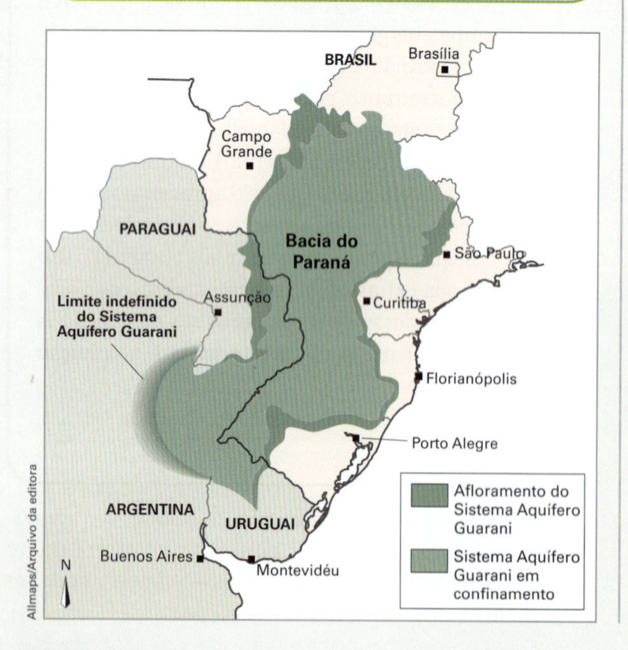

Em relação ao aquífero Guarani, é correto afirmar que
a) seus depósitos não participam do ciclo da água.
b) águas provenientes de qualquer um de seus compartimentos solidificam-se a 0 °C.
c) é necessário, para utilização de seu potencial como reservatório de água potável, conhecer detalhadamente o aquífero.
d) a água é adequada ao consumo humano direto em grande parte da área do compartimento Norte-Alto Uruguai.
e) o uso das águas do compartimento Norte-Alto Uruguai para irrigação deixaria ácido o solo.

18.

Segundo a análise do Prof. Paulo Canedo de Magalhães, do Laboratório de Hidrologia da COPPE, UFRJ, o projeto de transposição das águas do rio São Francisco envolve uma vazão de água modesta e não representa nenhum perigo para o Velho Chico, mas pode beneficiar milhões de pessoas. No entanto, o sucesso do empreendimento dependerá do aprimoramento da capacidade de gestão das águas nas regiões doadora e receptora, bem como no exercício cotidiano de operar e manter o sistema transportador.

Embora não seja contestado que o reforço hídrico poderá beneficiar o interior do Nordeste, um grupo de cientistas e técnicos, a convite da SBPC, numa análise isenta, aponta algumas incertezas no projeto de transposição das águas do rio São Francisco. Afirma também que a água por si só não gera desenvolvimento e será preciso implantar sistemas de escoamento de produção, capacitar e educar pessoas, entre outras ações.

Ciência Hoje, v. 37, n. 217, jul. 2005. (Adaptado.)

Os diferentes pontos de vista sobre o megaprojeto de transposição das águas do rio São Francisco quando confrontados indicam que
a) as perspectivas de sucesso dependem integralmente do desenvolvimento tecnológico prévio da região do semiárido nordestino.
b) o desenvolvimento sustentado da região receptora com a implantação do megaprojeto independe de ações sociais já existentes.
c) o projeto deve limitar-se às infraestruturas de transporte de água e evitar induzir ou incentivar a gestão participativa dos recursos hídricos.
d) o projeto deve ir além do aumento de recursos hídricos e remeter a um conjunto de ações para o desenvolvimento das regiões afetadas.
e) as perspectivas claras de insucesso do megaprojeto inviabilizam a sua aplicação, apesar da necessidade hídrica do semiárido.

19.

> A urbanização afeta o funcionamento do ciclo hidrológico, pois interfere no rearranjo dos armazenamentos e na trajetória das águas.
>
> CHRISTOFOLETTI, A. Aplicabilidade do conhecimento geomorfológico nos projetos de planejamento. In: GUERRA, A. J. T.; CUNHA, S. B. (Org.). *Geomorfologia:* uma atualização de bases e conceitos. Rio do Janeiro: Bertrand Brasil, 1995.

Os efeitos da urbanização sobre os corpos hídricos apresentados no texto resultam em

a) circulação difusa da água pela superfície, provocada pelas edificações urbanas.
b) redução da quantidade da água do rio, em virtude do aprofundamento do seu leito.
c) alteração do mecanismo de evaporação, dada a pouca profundidade do lençol freático.
d) redução da capacidade de infiltração da água no solo, em decorrência da sua impermeabilização.
e) assoreamento no curso superior dos rios, trecho de maior declividade, em função do transporte e deposição dos sedimentos.

20.

> Então, a travessia das veredas sertanejas é mais exaustiva que a de uma estepe nua. Nesta, ao menos, o viajante tem o desafogo de um horizonte largo e a perspectiva das planuras francas. Ao passo que a outra o afoga; abrevia-lhe o olhar; agride-o e estonteia-o; enlaça-o na trama espinescente e não o atrai; repulsa-o com as folhas urticantes, com o espinho, com os gravetos estalados em lanças, e desdobra-se-lhe na frente léguas e léguas, imutável no aspecto desolado; árvore sem folhas, de galhos estorcidos e secos, revoltos, entrecruzados, apontando rijamente no espaço ou estirando-se flexuosos pelo solo, lembrando um bracejar imenso, de tortura, da flora agonizante...
>
> CUNHA, E. *Os sertões*. Disponível em: <http://pt.scribd.com>. Acesso em: 2 jun. 2012.

Os elementos da paisagem descritos no texto correspondem a aspectos biogeográficos presentes na

a) composição de vegetação xerófila.
b) formação de florestas latifoliadas.
c) transição para mata de grande porte.
d) adaptação à elevada salinidade.
e) homogeneização da cobertura perenifólia.

21. A malária é uma doença típica de regiões tropicais. De acordo com dados do Ministério da Saúde, no final do século XX, foram registrados mais de 600 mil casos de malária no Brasil, 99% dos quais na região amazônica. Os altos índices de malária nessa região podem ser explicados por várias razões, entre as quais:

a) as características genéticas das populações locais facilitam a transmissão e dificultam o tratamento da doença.
b) a falta de saneamento básico propicia o desenvolvimento do mosquito transmissor da malária nos esgotos não tratados.
c) a inexistência de predadores capazes de eliminar o causador e o transmissor em seus focos impede o controle da doença.
d) a temperatura elevada e os altos índices de chuva na floresta equatorial favorecem a proliferação do mosquito transmissor.
e) o Brasil é o único país do mundo que não implementou medidas concretas para interromper sua transmissão em núcleos urbanos.

22. Em 2003, deu-se início às discussões do Plano Amazônia Sustentável, que rebatiza o Arco do Desmatamento, uma extensa faixa que vai de Rondônia ao Maranhão, como Arco do Povoamento Adensado, a fim de reconhecer as demandas da população que vive na região. A Amazônia Ocidental, em contraste, é considerada nesse plano como uma área ainda amplamente preservada, na qual se pretende encontrar alternativas para tirar mais renda da floresta em pé do que por meio do desmatamento. O quadro apresenta as três macrorregiões e três estratégias que constam do Plano.

Allmaps/Arquivo da editora

Estratégias:

I. Pavimentação de rodovias para levar a soja até o rio Amazonas, por onde será escoada.
II. Apoio à produção de fármacos, extratos e couros vegetais.
III. Orientação para a expansão do plantio de soja, atraindo os produtores para áreas já desmatadas e atualmente abandonadas.

Considerando as características geográficas da Amazônia, aplicam-se às macrorregiões Amazônia Ocidental, Amazônia Central e Arco do Povoamento Adensado, respectivamente, as estratégias

a) I, II e III.
b) I, III e II.
c) III, I e II.
d) II, I e III.
e) III, II e I.

23.

Percentual de biomas protegidos por unidades de conservação federais – Brasil, 2006

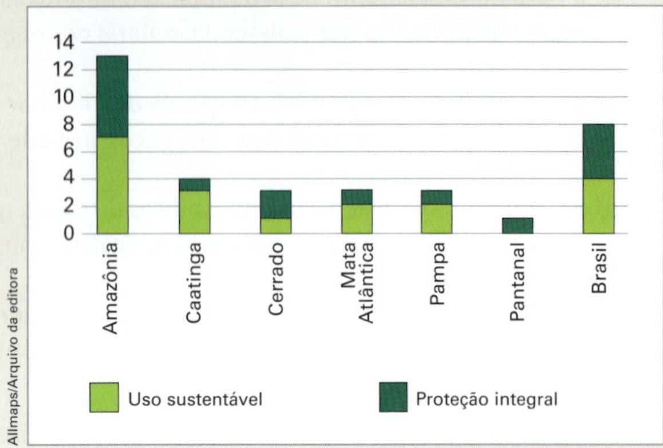

Allmaps/Arquivo da editora

MINISTÉRIO DO MEIO AMBIENTE. Cadastro Nacional de Unidades de Conservação.

Analisando-se os dados do gráfico apresentado, que remetem a critérios e objetivos no estabelecimento de unidades de conservação no Brasil, constata-se que

a) o equilíbrio entre unidades de conservação de proteção integral e de uso sustentável já atingido garante a preservação presente e futura da Amazônia.
b) as condições de aridez e a pequena diversidade biológica observadas na Caatinga explicam por que a área destinada à proteção integral desse bioma é menor que a dos demais biomas brasileiros.
c) o Cerrado, a Mata Atlântica e o Pampa, biomas mais intensamente modificados pela ação humana, apresentam proporção maior de unidades de proteção integral que de unidades de uso sustentável.
d) o estabelecimento de unidades de conservação deve ser incentivado para a preservação dos recursos hídricos e a manutenção da biodiversidade.
e) a sustentabilidade do Pantanal é inatingível, razão pela qual não foram criadas unidades de uso sustentável nesse bioma.

24.

Reprodução/ENEM, 2010

Disponível em: <www.ra-bugio.org.br>. Acesso em: 28 jul. 2010.

A imagem retrata a araucária, árvore que faz parte de um importante bioma brasileiro que, no entanto, já foi bastante degradado pela ocupação humana. Uma das formas de intervenção humana relacionada à degradação desse bioma foi

a) o avanço do extrativismo de minerais metálicos voltados para a exportação na região Sudeste.
b) a contínua ocupação agrícola intensiva de grãos na região Centro-Oeste do Brasil.
c) o processo de desmatamento motivado pela expansão da atividade canavieira no Nordeste brasileiro.
d) o avanço da indústria de papel e celulose a partir da exploração da madeira, extraída principalmente no Sul do Brasil.
e) o adensamento do processo de favelização sobre áreas da Serra do Mar na região Sudeste.

25.

A abertura e a pavimentação de rodovias em zonas rurais e regiões afastadas dos centros urbanos, por um lado, possibilita melhor acesso e maior integração entre as comunidades, contribuindo com o desenvolvimento social e urbano de populações isoladas. Por outro lado, a construção de rodovias pode trazer impactos indesejáveis ao meio ambiente, visto que a abertura de estradas pode resultar na fragmentação de *habitats*, comprometendo o fluxo gênico e as interações entre espécies silvestres, além de prejudicar o fluxo natural de rios e riachos, possibilitar o ingresso de espécies exóticas em ambientes naturais e aumentar a pressão antrópica sobre os ecossistemas nativos.

BARBOSA, N. P. U; FERNANDES, G. W. A destruição do jardim. *Scientific American Brasil*. Ano 7, n. 80, dez. 2008. (Adaptado.)

Nesse contexto, para conciliar os interesses aparentemente contraditórios entre o progresso social e urbano e a conservação do meio ambiente, seria razoável

a) impedir a abertura e a pavimentação de rodovias em áreas rurais e em regiões preservadas, pois a qualidade de vida e as tecnologias encontradas nos centros urbanos são prescindíveis às populações rurais.
b) impedir a abertura e a pavimentação de rodovias em áreas rurais e em regiões preservadas, promovendo a migração das populações rurais para os centros urbanos, onde a qualidade de vida é melhor.
c) permitir a abertura e a pavimentação de rodovias apenas em áreas rurais produtivas, haja vista que nas demais áreas o retorno financeiro necessário para produzir uma melhoria na qualidade de vida da região não é garantido.
d) permitir a abertura e a pavimentação de rodovias, desde que comprovada a sua real necessidade e após a realização de estudos que demonstrem ser possível contornar ou compensar seus impactos ambientais.
e) permitir a abertura e a pavimentação de rodovias, haja vista que os impactos ao meio ambiente são temporários e podem ser facilmente revertidos com as tecnologias existentes para recuperação de áreas degradadas.

Respostas

Capítulo 1

Planeta Terra: coordenadas, movimentos e fusos horários

Vestibulares de Norte a Sul

1. F, F, V, V
2. V, F, V, V, F
3. C
4. A

Capítulo 2

Representações cartográficas, escalas e projeções

Vestibulares de Norte a Sul

1. B
2. E
3. A soma é 23.
4. a) Temos:

   D = 1112 km
   d = 2 cm
   E = ?

   Para chegar à resposta, pode-se aplicar uma regra de três simples:

   2 cm — 1112 km ou 111200000 cm
   1 — N
   N × 2 = 1 × 111200000
   N = 111200000 / 2
   N = 55600000

   Pode-se também aplicar a fórmula: N = D/d.

   Como a escala = 1/N,

   portanto, a escala do mapa é de 1/55 600 000 ou 1 : 55 600 000.

   b) Ponto C: 5° S, 40° W.
   Ponto D: 15° S, 50° W.

   c) Em Porto Velho são 13h.

   d) A circunferência equatorial da Terra é de 40 032 km. De acordo com a escala do mapa, 1 cm = 556 km. No mapa, 1 cm corresponde a 5°. A circunferência inteira tem 360°, logo 360° / 5° = 72 (intervalos de 5°). Portanto, a circunferência da Terra é 72 × 556 = 40 032 km.

Capítulo 3

Mapas temáticos e gráficos

Vestibulares de Norte a Sul

1. A
2. E

Capítulo 4

Tecnologias modernas utilizadas pela Cartografia

Vestibulares de Norte a Sul

1. A
2. a) O Sistema de Posicionamento Global utiliza um conjunto de satélites em órbita da Terra que permitem a orientação e a navegação terrestre, aquática e aérea. Há o segmento espacial composto de pelo menos 24 satélites ativos e o segmento terrestre composto de antenas e aparelhos de recepção móveis ou acoplados a veículos. É necessário receber o sinal de rádio de quatro satélites para que se possa calcular as coordenadas de latitude e longitude. O GPS foi criado e é operado pelo governo dos Estados Unidos.

   b) Por meio de um aparelho GPS é possível obter, entre outras, as seguintes informações:
   - coordenadas geográficas de latitude e longitude;
   - altitude do relevo e hora precisa;
   - rotas para veículos no trânsito urbano e em viagens (nesse caso é necessário estar acoplado a mapas em algum SIG);
   - rastreamento de veículos, sobretudo de cargas.

Capítulo 5

Estrutura geológica

Vestibulares de Norte a Sul

1. B
2. D
3. A
4. A
5. B
6. B
7. C

Capítulo 6

Estruturas e formas do relevo

Vestibulares de Norte a Sul

1. E
2. A
3. F, V, V, F, V
4. C
5. D
6. E

Capítulo 7

Solos

Vestibulares de Norte a Sul

1. A
2. F, F, V, F, V
3. C
4. D

Capítulo 8

Climas

Vestibulares de Norte a Sul

1. A soma é 12.
2. D

Capítulo 9

Os fenômenos climáticos e a interferência humana

Vestibulares de Norte a Sul

1. E
2. A
3. D
4. F, F, V, V, V
5. D
6. B
7. E

Capítulo 10

Hidrografia

Vestibulares de Norte a Sul

1. E
2. A
3. B
4. B
5. A soma é 99.

Capítulo 11

Biomas e formações vegetais: classificação e situação atual

Vestibulares de Norte a Sul

1. B
2. V, V, V, V, F
3. A soma é 14.
4. B
5. B

Capítulo 12

As conferências em defesa do meio ambiente

Vestibulares de Norte a Sul

1. F, V, F, F, V
2. B
3. C
4. B

Caiu no Enem

1. E
2. C
3. B
4. D
5. C
6. A
7. E
8. A
9. A
10. E
11. A
12. A
13. A
14. D
15. D
16. D
17. C
18. D
19. D
20. A
21. D
22. D
23. D
24. D
25. D

Sugestões de leitura, filme e *sites*

Introdução

Livro

- ***A geografia: isso serve, em primeiro lugar, para fazer a guerra.***
  Yves Lacoste. 19. ed. Campinas, São Paulo: Papirus, 2011.
  Esse livro gerou bastante polêmica quando foi lançado porque apontava o aspecto ideológico da "Geografia dos professores", que ao longo de muito tempo acabou servindo, na prática, para mascarar o que o autor classifica como "Geografia dos Estados Maiores", ou seja, os interesses geopolíticos dos Estados nacionais e também dos grandes grupos econômicos.

Capítulo 1

Livros

- ***Atlas geográfico escolar***
  IBGE. 6. ed. Rio de Janeiro, 2012.
  Voltado para alunos de Ensino Fundamental e Médio, este atlas traz algumas noções básicas de Astronomia na seção "Nosso lugar no Universo". Pode ser consultado em papel ou baixado do portal do IBGE. Disponível em: <http://biblioteca.ibge.gov.br/d_detalhes.php?id=264669>.
- ***O ABCD da Astronomia e Astrofísica***
  Jorge Ernesto Horvath. São Paulo: Livraria da Física, 2008.
  Trata dos temas mais importantes da Astronomia. No capítulo 2, por exemplo, analisa o planeta Terra: sua forma, seus movimentos, as estações do ano, etc.

Sites

- ***Centro de Divulgação da Astronomia (CDA) – USP***
  <www.cdcc.usp.br/cda>
  No *site* do CDA-USP há diversas informações sobre Astronomia: orientação, pontos cardeais, estações do ano, etc.
- ***Fundação Planetário da Cidade do Rio de Janeiro***
  <www.planetariodorio.com.br>
  No portal do Planetário do Rio há diversas informações interessantes sobre Astronomia, especialmente nos "artigos astronômicos".
- ***Observatório Astronômico Frei Rosário – UFMG***
  <www.observatorio.ufmg.br/pas44.htm>
  Neste observatório da UFMG há diversas informações sobre Astronomia e animações que mostram os movimentos de translação e de rotação, a duração do dia nos solstícios e equinócios, a insolação diferencial da Terra, etc.
- ***Observatório Nacional – MCT***
  <http://pcdsh01.on.br>
  No portal do Observatório Nacional, do Ministério da Ciência e Tecnologia, é possível obter com precisão a Hora Legal Brasileira, ver os mapas dos fusos horários brasileiros e do horário de verão em vigor.
- ***SPTuris***
  <www.cidadedesaopaulo.com/sp>
  Na página da empresa de turismo e eventos do município de São Paulo, há diversas informações sobre as atrações da cidade, plantas turísticas, calendários de eventos, etc.
- ***Time and Date***
  <www.timeanddate.com/time/map>
  Neste *site* é possível visualizar um mapa-múndi atualizado com os fusos horários civis de todos os países e a hora das principais cidades (informações em inglês).
- ***Viva o Centro de São Paulo***
  <www.vivaocentro.org.br>
  No *site* desta associação voltada para a valorização do centro da cidade de São Paulo estão disponíveis muitas informações interessantes e diversos roteiros turísticos.

Capítulo 2

Livros

- ***Atlas geográfico escolar***
  IBGE. 6. ed. Rio de Janeiro, 2012.
  A seção "Introdução à Cartografia" deste atlas traz algumas noções básicas dessa disciplina que auxiliam na leitura e interpretação de mapas. Pode ser consultado em papel ou baixado do portal do IBGE. Disponível em: <http://biblioteca.ibge.gov.br/d_detalhes.php?id=264669>.
- ***Cartografia básica***
  Paulo Roberto Fitz. São Paulo: Oficina de Textos, 2008.
  De forma introdutória e em linguagem acessível, este livro aborda os temas básicos da Cartografia: escalas, tipos de representações, projeções, cartografia temática, aerofotogrametria, sensoriamento remoto e gráficos.

Sites

- ***IBGE***
  <www.ibge.gov.br>
  Oferece um manual de noções básicas de Cartografia, um glossário cartográfico, além de uma grande diversidade de mapas.
- ***LABTATE – UFSC***
  <www.labtate.ufsc.br>
  Disponibiliza informações sobre Cartografia, diversos tipos de mapas, apoio didático, etc.

- ***Oxford Cartographers***
  <www.oxfordcartographers.com>
  Diversos mapas podem ser visualizados no *site* da empresa, que é responsável pelos direitos da projeção de Peters e do *Atlas mundial de Peters* (em inglês).

Capítulo 3

Livros

- ***Atlas geográfico escolar***
  IBGE. 6. ed. Rio de Janeiro: IBGE, 2012.
  Este atlas oferece uma enorme quantidade de mapas temáticos do Brasil e do mundo. Pode ser consultado em papel ou baixado do portal do IBGE. Disponível em: <http://biblioteca.ibge.gov.br/d_detalhes.php?id=264669>.
- ***Gráficos e mapas: construa-os você mesmo***
  Marcello Martinelli. São Paulo: Moderna, 1998.
  Ensina de forma prática como fazer diversos tipos de gráficos e de mapas temáticos.
- ***Mapas da geografia e cartografia temática***
  Marcello Martinelli. 5. ed. São Paulo: Contexto, 2010.
  Discute os fundamentos metodológicos da cartografia temática levando em consideração aspectos da semiologia e da comunicação visual. Aprofunda a discussão sobre os métodos de representação: qualitativa, quantitativa, ordenada e dinâmica.

Sites

- ***Biblioteca Perry-Castañeda (Universidade do Texas)***
  <www.lib.utexas.edu/maps/world.html>
  Oferece uma grande variedade de mapas físicos, políticos e temáticos – mundiais, regionais e nacionais – e plantas de diversas cidades do mundo.
- ***IBGE***
  <http://mapas.ibge.gov.br/tematicos>
  Oferece diversos mapas topográficos e temáticos do Brasil. Clicando em "Geociências", você poderá visualizá-los.
- ***Seção Cartográfica da ONU***
  <www.un.org/Depts/Cartographic/english/htmain.htm>
  Na seção de Cartografia da ONU há diversos mapas políticos e temáticos. Há também mapas de suas missões de paz.
- ***Worldmapper***
  <www.sasi.group.shef.ac.uk/worldmapper/index.html>
  Mantido pela Universidade de Sheffield (Reino Unido), entre outras entidades, este *site* disponibiliza diversas anamorfoses, algumas das quais animadas. Há uma animação muito interessante: primeiro visualiza-se um mapa-múndi tradicional, que mostra o tamanho dos países segundo sua extensão territorial; ao apertar o botão "avançar" ele gradativamente se transforma em uma anamorfose, mostrando o tamanho dos países de acordo com sua população.

Capítulo 4

Livro

- ***Geoprocessamento sem complicação***
  Paulo Roberto Fitz. São Paulo: Oficina de Textos, 2008.
  De forma introdutória e em linguagem acessível, aborda os aspectos mais importantes do geoprocessamento. Discute também a estrutura e as funções de um SIG.

Sites

- ***Atlas Geográfico Escolar do IBGE (versão internet)***
  <http://atlasescolar.ibge.gov.br>
  Além dos conteúdos disponíveis na versão em papel, explica conceitos e técnicas da Cartografia por meio de animações: por exemplo, um avião fazendo fotos aéreas, a movimentação dos satélites do GPS, entre outras.
- ***Base***
  <www.baseaerofoto.com.br>
  No *site* da empresa Base Aerofotogrametria e Projetos S.A. há informações sobre aerofoto, imagens e um vídeo mostrando as etapas da produção de mapas a partir de fotos aéreas.
- ***CBERS***
  <www.cbers.inpe.br>
  Na página eletrônica do INPE/Satélite Sino-Brasileiro de Recursos Terrestres há diversas imagens do território brasileiro feitas pelos satélites CBERS 2 e 2-B.
- ***CPTEC***
  <http://satelite.cptec.inpe.br>
  Na página do Centro de Previsão de Tempo e Estudos Climáticos, também do INPE, estão disponíveis imagens de diversos satélites mostrando o deslocamento das massas de ar sobre o território brasileiro e que, portanto, permitem a previsão do tempo.
- ***Embrapa***
  <www.cdbrasil.cnpm.embrapa.br>
  O projeto Brasil Visto do Espaço, da Empresa Brasileira de Pesquisa Agropecuária, oferece imagens (geradas pelos satélites Landsat) de cada um dos estados brasileiros, cobrindo 100% do território nacional. Em aproximações sucessivas é possível visualizar detalhes de cidades, áreas industriais, rios, barragens, montanhas, florestas, desmatamentos, entre outros elementos do espaço geográfico brasileiro.
- ***ESA Eduspace***
  <www.esa.int/esaMI/Eduspace_PT/index.html>
  Neste *site* mantido pela Agência Espacial Europeia (ESA) e voltado para professores e alunos de Ensino Médio há diversas informações sobre sensoriamento remoto, satélites de observação da Terra, Cartografia, além de uma rica galeria de imagens.
- ***FlightAware***
  <http://pt.flightaware.com>
  No *site* da empresa é possível visualizar o movimento de aviões em voo, fazer consultas por número de voo para acompanhar rotas e detectar atrasos.
- ***Google Earth***
  <www.google.com/earth/index.html>
  Formado por um mosaico digital de imagens de satélites, esta página do Google permite visualizar lugares de todo o planeta, embora em muitos deles não haja imagens de visualização detalhada. O programa só funciona conectado à internet, e é necessário instalá-lo (pode ser baixado gratuitamente no *site* do Google).

- ***Google Maps Brasil***
  <http://maps.google.com.br/maps>
  Neste *site* você encontra endereços de cidades do Brasil e de outros países. Digitando o nome e o número da rua ou avenida, aparece na tela a planta da cidade indicando exatamente o local procurado. O sistema também mostra o roteiro entre dois pontos e permite ver uma mesma área como mapa ou imagem de satélite. Por meio de uma ferramenta chamada *street view*, é possível ainda observar fotos em 360 graus de ruas e avenidas de diversas cidades do mundo.
- ***GPS***
  <www.gps.gov>
  No *site* Global Positioning System, mantido pelo governo dos Estados Unidos, há diversas informações sobre o GPS (em inglês, espanhol e francês), incluindo vídeos que mostram como o sistema funciona.
- ***Inde***
  <www.inde.gov.br>
  No portal brasileiro de dados geoespaciais – SIG Brasil – está disponível um vídeo que mostra a importância dos SIG e o funcionamento da Infraestrutura Nacional de Dados Espaciais (Inde), coordenada pela Comissão Nacional de Cartografia (Concar), órgão vinculado ao Ministério do Planejamento, Orçamento e Gestão.
- ***Spring***
  <www.dpi.inpe.br/spring/portugues/index.html>
  Nesta *home page* é possível obter mais informações sobre o Sistema de Processamento de Informações Georreferenciadas (Spring) e até mesmo baixar livremente esse SIG desenvolvido pelo INPE com a participação de outras instituições como a Embrapa (veja lista completa no *site*).

Capítulo 5

Livros

- ***A deriva dos continentes***
  Samuel Murgel Branco; Fábio Cardinale Branco. São Paulo: Moderna, 1996. (Polêmica).
  Apresenta a formação e estrutura do nosso planeta, a teoria de Weneger, o paleomagnetismo e algumas relações entre energia, cadeias alimentares e a vida.
- ***Minerais, minérios, metais. De onde vêm? Para onde vão?***
  Eduardo Leite do Canto. São Paulo: Moderna, 2000. (Polêmica).
  Apresenta alguns conceitos e a história geológica do nosso planeta, analisa as questões físicas, econômicas, sociais e ambientais ligadas à extração de ouro, ferro, alumínio e outros metais.

Sites

- ***Global Volcanism Program***
  <www.volcano.si.edu>
  Especializado em vulcões, esse *site* do Smithsonian Institute (Washington D.C., Estados Unidos) oferece mapas, imagens e muitas outras informações sobre o assunto (em inglês).
- ***IBGE***
  <www.ibge.gov.br/ibgeteen/atlasescolar/apresentacoes/formacaodoscontinentes.swf>
  Possui um *link* para estudantes chamado "Ibgeteen", onde está disponível um atlas escolar que contém animações muito interessantes sobre a separação dos continentes.
- ***Instituto Astronômico e Geofísico – USP***
  <www.iag.usp.br/siae98/default.htm>
  Possui uma página chamada "Investigando a Terra", com diversas informações interessantes sobre Geologia, Astronomia, Meteorologia e outras.
- ***Iris***
  <www.iris.edu>
  Sediado em Washington D.C., Estados Unidos, o Incorporated Research Institutions of Seismology (Iris) mostra em que regiões houve terremoto nos últimos dias ou de um ano para cá. No *site* (em inglês) você encontra também um mapa que localiza os sismógrafos existentes em todos os continentes e mostra em que lugar é dia e em que lugar é noite no momento do acesso.
- ***Sociedade Brasileira de Geologia***
  <http://sbgeo.org.br>
  Elenca dezenas de *links* de museus, órgãos públicos e privados, revistas especializadas e outros que abordam os temas estudados neste capítulo, além de muitos assuntos ligados à Geologia.

Capítulo 6

Site

- ***Embrapa***
  <www.relevobr.cnpm.embrapa.br/index.htm>
  No *site* da Empresa Brasileira de Pesquisa Agropecuária você encontra mapas e imagens de satélites que mostram em detalhes o relevo brasileiro, além de dados e curiosidades como crateras de vulcões extintos, impacto de meteoritos e outros.

Capítulo 7

Site

- ***Embrapa***
  <www.cnps.embrapa.br>
  No *site* da Empresa Brasileira de Pesquisa Agropecuária você encontra a Unidade de Pesquisa Embrapa Solos, com informações, textos acadêmicos e curiosidades sobre solos.

Capítulo 8

Livros

- ***Clima e meio ambiente***
  José Bueno Conti. São Paulo: Atual, 1998. (Meio ambiente).
  Analisa os mecanismos do clima, os fenômenos climáticos, algumas relações do ser humano com a natureza e o clima urbano e rural.

- ***Meteorologia prática***
  Artur Gonçalves Ferreira. São Paulo: Oficina de Textos, 2006.
  Trata dos fundamentos de sensoriamento remoto, satélites meteorológicos, composição e outras características da atmosfera, circulação global, tempestades e outros temas, com riqueza de ilustrações e imagens de satélite.
- ***Vai chover no fim de semana?***
  Ronaldo Rogério de Freitas Mourão. São Leopoldo (RS): Unisinos, 2003. (Aldus).
  Livro de divulgação científica que aborda vários temas interessantes de Meteorologia e Climatologia, como previsão do tempo, raios, relâmpagos e trovões, furacões, mudanças climáticas e outros.

Sites

- ***CPTEC – INPE***
  <http://videoseducacionais.cptec.inpe.br>
  Oferece vários materiais educacionais sobre mudança climática e outros temas.
- ***Instituto Astronômico e Geofísico – USP***
  <www.iag.usp.br/siae98/default.htm>
  O *site* possui uma página chamada "Investigando a Terra", onde há diversas informações sobre Geologia, Astronomia, clima e Meteorologia, entre outras informações.
- ***Instituto Nacional de Meteorologia***
  <www.inmet.gov.br>
  Neste *site* você encontra várias informações e imagens sobre previsão do tempo e pode montar climogramas de todas as capitais brasileiras.
- ***NOAA***
  <www.pmel.noaa.gov>
  No *site* da National Oceanic and Atmospheric Administration, do governo dos Estados Unidos, há informações sobre tempo, clima, fenômenos climáticos, ecossistemas e outros temas (em inglês).
- ***OMM***
  <www.wmo.int>
  O *site* da Organização Meteorológica Mundial (em inglês, espanhol e francês) é muito rico em informações, textos, imagens e notícias sobre tempo, clima e diversos outros assuntos ambientais.

Capítulo 9

Livros

- ***Poluentes atmosféricos***
  Maria Elisa Marcondes Helene. São Paulo: Scipione, 2001. (Ponto de apoio).
  Discute as mais importantes questões ligadas à poluição do ar: principais tipos de poluentes, consequências mais importantes e estratégias para evitar o aquecimento global.
- ***O aquecimento global. Causas e efeitos de um mundo mais quente***
  Fred Pearce. São Paulo: Publifolha, 2002. (Mais ciência).
  Explica o que é o efeito estufa, as evidências de alterações climáticas e as opções para evitar o agravamento do fenômeno.

Sites

- ***CPTEC – INPE***
  <http://videoseducacionais.cptec.inpe.br>
  Neste *link* do CPTEC – INPE estão disponíveis vários materiais educacionais sobre mudança climática e outros temas.
- ***Ministério do Meio Ambiente***
  <www.mma.gov.br>
  Apresenta textos sobre mudanças climáticas e qualidade ambiental.
- ***National Oceanic and Atmospheric Administration***
  <www.pmel.noaa.gov>
  Fornece informações sobre tempo, clima, fenômenos climáticos, ecossistemas e outros temas (em inglês).

Capítulo 10

Livro

- ***O atlas da água***
  Robin Clarke; Jannet King. São Paulo: Publifolha, 2005.
  Livro muito bem ilustrado e rico em dados estatísticos, gráficos e mapas, abordando os limites da disponibilidade da água no planeta, suas formas de uso, relação com a saúde, as agressões aos rios e aquíferos e outros temas.

Filme

- ***No rio das Amazonas***
  Direção: Ricardo Dias. Brasil, 1995.
  Retrata a travessia feita pelo zoólogo e músico Paulo Vanzolini no rio Amazonas. Nessa viagem ele desvenda a vida e a cultura das populações ribeirinhas.

Sites

- ***Associação Brasileira de Águas Subterrâneas***
  <www.abas.org/educacao.php>
  Essa associação mantém um *site* em que disponibiliza vários textos, revistas e estudos sobre o tema. No campo Educação você encontra informações interessantes sobre a disponibilidade e importância das águas subterrâneas.
- ***Caesb***
  <www.caesb.df.gov.br>
  No *site* da Companhia de Saneamento Ambiental do Distrito Federal há o espaço Educativo, onde estão disponíveis várias informações úteis e interessantes sobre economia de água, vazamentos e outros temas.
- ***Codevasf***
  <www.codevasf.gov.br>
  No *site* da Companhia de Desenvolvimento dos Vales do São Francisco e do Parnaíba estão disponíveis informações sobre os recursos hídricos, aspectos sociais, econômicos e ambientais dos vales dos rios São Francisco e Parnaíba.
- ***Ministério do Meio Ambiente***
  <www.mma.gov.br>
  No *site* do MMA você encontra várias informações sobre água doce, água nas cidades, bacias hidrográficas e outros temas.

- ***Sabesp***
  <www.sabesp.com.br>
  No *site* da Companhia de Saneamento Básico do Estado de São Paulo você encontra um espaço dedicado a professores e estudantes, onde são tratados assuntos ligados a água, esgoto e outros temas interessantes.

Capítulo 11

Livros

- ***A conservação das florestas tropicais***
  Sueli Ângelo Furlan; João Carlos Nucci. São Paulo: Atual, 1999. (Meio ambiente).
  Trata da importância das florestas tropicais para o clima, da destruição, conservação e recuperação das matas.
- ***A ferro e fogo: a história e a devastação da Mata Atlântica brasileira***
  Warren Dean. São Paulo: Companhia das Letras, 1998.
  Apresenta a evolução biogeográfica da floresta e a forma como o desenvolvimento das atividades econômicas dizimou quase toda a mata.
- ***Brasil: paisagens naturais: espaço, sociedade e biodiversidade nos grandes biomas brasileiros***
  Marcelo Leite. São Paulo: Ática, 2007.
  Livro bem ilustrado e de leitura agradável que aborda a localização, características físicas, biodiversidade, população, economia e conservação dos biomas brasileiros.
- ***Florestas: desmatamento e destruição***
  Maria Elisa Marcondes Helene. São Paulo: Scipione, 1996. (Ponto de apoio).
  Apresenta as causas e consequências do desmatamento, a diversidade biológica das florestas, o efeito estufa e a importância do reflorestamento.

Sites

- ***Fundo Mundial para a Natureza (WWF)***
  <www.wwf.org.br>
  Neste *site* você encontra notícias recentes e várias informações sobre o tema meio ambiente. Uma seção chamada "Publicações" reúne inúmeros textos sobre diversos assuntos relacionados a esse tema. Essas publicações encontram-se em formato PDF e podem ser baixadas para consulta.
- ***Greenpeace***
  <www.greenpeace.org/brasil/pt>
  O Greenpeace chegou ao Brasil no mesmo ano em que o país abrigou a Eco-92. A seção "Multimídia" disponível no *site* dessa ONG ambientalista oferece inúmeras fotos e vídeos relacionados às suas atuações no Brasil e no mundo.
- ***Ibama***
  <www.ibama.gov.br>
  Conheça o histórico desse órgão do Ministério do Meio Ambiente em seu *site*, que oferece também várias informações e imagens sobre recursos naturais, legislação, fiscalização e outros temas.
- ***Ipam***
  <www.ipam.org.br>
  O Instituto de Pesquisa Ambiental da Amazônia divulga informações sobre ecologia e comunidade, manejo florestal e políticas ambientais.
- ***Ministério do Meio Ambiente (MMA)***
  <www.mma.gov.br>
  O Ministério do Meio Ambiente mantém a Secretaria de Biodiversidade e Florestas, que disponibiliza informações sobre florestas, meio ambiente, conservação e muitos outros temas.
- ***SOS Mata Atlântica:***
  <www.sosmatatlantica.org.br>
  O *site* da SOS Mata Atlântica traz diversas informações sobre esse bioma, os projetos em andamento dessa ONG ambientalista, notícias recentes, eventos programados, uma galeria de fotos e vídeos, entre outros conteúdos.

Capítulo 12

Livro

- ***O desafio do desenvolvimento sustentável***
  Roberto Giansanti. São Paulo: Atual, 1998. (Meio ambiente).
  Aborda os principais impactos ambientais em escala local, nacional e mundial, as possíveis saídas para reduzi-los, entre elas os acordos internacionais e a tentativa de implementação do desenvolvimento sustentável.

Sites

- ***Ministério do Meio Ambiente (MMA)***
  <www.mma.gov.br>
  No *site* do Ministério, você tem acesso a vários dados sobre a Agenda 21, biodiversidade, políticas de desenvolvimento sustentável, legislação e vários outros temas ligados à questão ambiental no Brasil e no mundo.
- ***Pnuma Brasil***
  <www.brasilpnuma.org.br>
  No *site* do Comitê Brasileiro do Programa das Nações Unidas para o Meio Ambiente (Pnuma Brasil) estão disponíveis vários relatórios, estudos e *links* sobre meio ambiente no Brasil e no mundo.
- ***Rio + 10 Brasil***
  <www.ana.gov.br/AcoesAdministrativas/RelatorioGestao/Rio10/Riomaisdez/index.html>
  No *site* oficial da Conferência há diversas informações sobre o encontro de 2002, como entrevistas, documentos oficiais e ações práticas realizadas em vários lugares do Brasil.